普通高等教育
软件工程 "十二五"规划教材

12th Five-Year Plan Textbooks
of Software Engineering

工业和信息化普通高等教育
"十二五"规划教材

电路与电子技术基础

郝晓丽 ◎ 主编
廖丽娟 武淑红 ◎ 副主编

The Circuit and
Electronic Technology

人民邮电出版社
北京

图书在版编目（CIP）数据

电路与电子技术基础 / 郝晓丽主编. -- 北京：人
民邮电出版社，2014.10
普通高等教育软件工程"十二五"规划教材
ISBN 978-7-115-36272-8

Ⅰ. ①电… Ⅱ. ①郝… Ⅲ. ①电路理论－高等学校－
教材②电子技术－高等学校－教材 Ⅳ. ①TM13②TN01

中国版本图书馆CIP数据核字(2014)第196145号

内 容 提 要

本书分为三篇。第一篇为电路分析，主要介绍电路的基本概念和基本定律，直流电路分析、动态电路时域分析、正弦稳态交流电路分析；第二篇为模拟电子技术，主要介绍半导体器件基础、放大电路基础、集成运算放大电路及其应用；第三篇为数字电子技术，主要介绍逻辑代数基础、组合逻辑电路、触发器、时序逻辑电路、数/模和模/数转换等。

本教材知识全面，深入浅出，简单易懂，在基础理论知识够用的前提下，注重了理论联系实际，培养学生的实践能力。

本书适合作为高等院校计算机、电子信息、物联网等专业的教科书，也可以作为自学考试和从事电子技术工程人员的自学用书。

◆ 主　　编　郝晓丽
　　副 主 编　廖丽娟　武淑红
　　责任编辑　邹文波
　　责任印制　彭志环　杨林杰
◆ 人民邮电出版社出版发行　　北京市丰台区成寿寺路 11 号
　　邮编　100164　　电子邮件　315@ptpress.com.cn
　　网址　http://www.ptpress.com.cn
　　固安县铭成印刷有限公司印刷
◆ 开本：787×1092　1/16
　　印张：19　　　　　　　　　　2014 年 10 月第 1 版
　　字数：502 千字　　　　　　　2024 年 7 月河北第 24 次印刷

定价：42.00 元
读者服务热线：(010)81055256　印装质量热线：(010)81055316
反盗版热线：(010)81055315

前　言

　　随着电路分析及电子技术在各个领域广泛的应用，它越来越成为电类专业的重要课程。然而，由于学时数的限制以及高校培养目标改革等诸多原因，以往的相关教材显得篇幅过于庞大，内容多，学时长，容易造成学生学习吃力，负担过重。同时，考虑到计算机类、电子信息类、通信工程及物联网等专业对电路、电子技术课程的不同教学要求，迫切需要一本简单明了、涵盖内容广的教材。本书是顺应"软件工程专业培养计划"的实施，结合当前各专业人才培养厚基础、宽口径的特点，为缩短专业课程学时、较广覆盖教学内容、提高工程化需求编写而成的。

　　本书将电路分析、模拟电子技术、数字电子技术进行整合，以"学基本概念、架构知识框架、建应用思路"为出发点，将电路分析知识以必需、够用作为授课基础，模拟电子技术的讲授以放大电路为核心进行展开，数字电路则以芯片外部结构及应用为目的进行全书构架。在结构上，既要保持整个知识体系的完整性和连贯性，又要突出各篇章内容的独立性和特殊性；在分析方法上，将"电路分析法为基础、着重系统的外部特性"进行重点层次划分；在实践上，每章根据其内容，辅以仿真实验，并可将其进一步推行至实物实验，提高学生的实践能力，加强学生对知识点的理解和掌握。

　　本书的编写融入了编者们丰富的教学实践经验，为了有效地实现课程整合，从内容的选取和衔接、例题和仿真的选定，到重点难点的体现，都做了细致的准备和充分的总结，形成了以深入浅出、通俗易懂为风格，以仿真为依托、技术应用为主线的编写特点。本书适合作为高等院校计算机、电子信息、物联网等专业的教科书，也可以作为自学考试和从事电子技术工程人员的自学用书。

　　本书编写的原则是：

　　（1）保证知识的基础性，强调概念和基本理论；

　　（2）内容的精心筛选，体现主次详略得当；

　　（3）联系实际应用，理论与实践并重；

　　（4）辅以仿真，便于知识的理解；

　　（5）突出集成电路芯片的外部特点及应用。

　　本书由太原理工大学郝晓丽担任主编，廖丽娟、武淑红担任副主编。其中，郝晓丽编写第3章、第9章、第11章，廖丽娟编写第5章，武淑红编写第2章、第10章，相洁编写第1章，李梅编写第4章，王芳编写第6章，宁爱平编写第7章，马垚编写8章。本书的编写思路与内容选择由所有作者共同讨论确定，全书由郝晓丽统稿，廖丽娟、武淑红在本书的定位及编写过程中，付出了大量辛苦的劳动，在此表示感谢。在本书的编写过程中，引用的相关资料，已列于书末的参考文献中，在此一并向资料的作者表示诚挚的谢意。

　　限于编者的水平，书中难免存在错误和不足之处，欢迎使用本书的教师、学生和工程技术人员批评指正，以便改进和提高。

编　者

2014 年 8 月

目 录

第一篇
电路基础

在当今高度信息化和自动化的社会中，小到家庭生活，大到工农业生产以及科学研究，甚至是军事研究和航空航天探索，电路与系统无处不在。人们听的收音机，通信用的电话、手机，上网用的笔记本电脑以及各种功能的家用电器都离不开电路，工厂企业自动生产线的控制离不开电路，大型医疗设备、水下核潜艇以及航天飞机等的控制更离不开电路与系统。

第1章
电路的基本概念和基本定律

学习电路基础课程主要是掌握电路的基本概念、基本定理和分析方法。本章主要介绍电路的基本概念，重点包括电路和电路模型、基本变量、基本元件以及电路的基本定律——基尔霍夫定律。

1.1　电路和电路模型

电路是电气设备或电气元件按一定的方式组成并具有一定功能的连接整体，电路为电流提供了通路。

在现代化农业生产、国防建设、科学研究及日常生活中，使用着各种各样的电气设备，例如电动机、雷达导航设备、计算机、电视机以及手机等。广义上说，这些电气设备都是实际电路。

图 1.1（a）是一个简单的照明电路，由电池、开关、连接导线、灯泡组成。其作用是把由电池提供的电能传送给灯泡并转换成光能。电池就是该照明电路的电源，提供电能，它的作用是将化学能转换为电能；灯泡是负载，将电源提供的电能转换为光和热能；导线和开关是电源与负载的中间环节，起着连接电源与负载、传输电能及控制的作用。电源、负载和连接导线是任何实际电路不可缺少的组成部分。

图 1.1（b）是计算机电路组成的简化框图，它的基本功能是通过对输入信号的处理实现数值计算。人们在键盘上输入计算数据和步骤，编码器将输入信号表示成二进制数码，经运算、存储、控制部件处理得到计算结果，然后在显示器上输出。

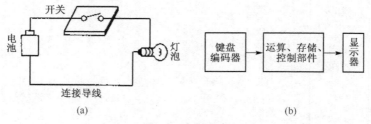

图 1.1　实际电路

实际电路种类繁多，其结构形式多种多样，但从电路的组成和功能上来看，可将电路分为两大类。一类完成能量的产生、传输、分配和转换，典型的例子就是电力系统。一般电力系统包括发电厂、输变电环节和负载三个组成部分。在各类发电厂中，发电机组分别把不同形式的能量（热电厂的热能、水电厂的水能和核电厂的原子能）转换为电能，并通过输变电环节将电能输送给各用户，通过用户的电灯、电动机、电炉等用电设备把电能转化为其他形式的能量，如灯泡将电能转换成光能，电动机将电能转换成机械能，电炉则将电能转换成热能。这类电路具有电压高（如我国电力系统的运行电压已达 750kV）、电流大、功率强的特点，所以称为强电系统。另一类电路实现信息的传递和处理，如手机、电话、收音机、电视机、计算机等电路。这类电路对输入信号（如声音、音乐、图像等）进行变换或处理成为人们需要的输出信号送到扬声器或显像管等输出设备中进行播出或显示。由于这类电路所涉及的电压和电流都较小，所以称为弱电系统。

在实际电路中使用着各种各样的电气元器件，如电阻器、电容器、电感器、灯泡、电池、晶体管、变压器等。对于一个实际元件来说，其电磁性能也不是单一的。例如，滑线变阻器由导线绕制而成，但有电流通过时，不仅具有电阻的性质（会消耗电能），而且具有电感的性质（还会产生磁场）；不仅如此，导线的匝与匝之间还存在着分布电容，具有电容的性质。上述电性质交织在一起共同产生作用，而且电压、电流频率不同时，其表现程度也不一样。

在电路分析中，如果对实际器件的所有性质都加以考虑，将是十分困难的。为此，在电路理论中采用了模型的概念，对于组成实际电路的各种器件，我们忽略其次要因素，只抓住其主要电磁特性，对实际元件加以近似使之理想化，用具有单一电磁性能的理想电路元件来代表它。这与经典力学中采用质点作为小物体的模型一样，用理想电路元件模型进行电路问题的研究与分析可以使问题的处理大为简化，从而便于人们去认识和掌握它们。

对于电路模型的概念特别需要强调的有下面几点。

（1）理想电路元件是一种理想的模型，它在物理上具有某种确定的电磁性能，在数学上也具有严格的定义，但实际中并不存在。理想电阻元件只消耗电能而没有电场和磁场特性，其元件模型如图 1.2（a）所示；理想电容元件只储存电能，既不消耗电能也不储存磁能，其元件模型如图 1.2（b）所示；理想电感元件只储存磁能，既不消耗电能也不储存电能，其元件模型如图 1.2（c）所示。

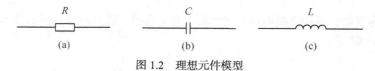

图 1.2　理想元件模型

（2）不同的实际电路部件只要具有相同的主要电磁特性，在一定的条件下可用同一个电路模型来表示。比如电阻器、灯泡、电炉等，这些器件在电路中的主要特性都是消耗电能，因此都可用理想电阻元件作为它们的模型。

（3）同一个实际电路部件在不同的条件下可以用不同的模型来表示。例如，一个线圈在工作频率较低时，用理想电感元件作为模型；在需要考虑能量损耗时，使用理想电阻和电感元件串联电路作为模型；而在工作频率较高时，则应进一步考虑线圈绕线之间相对位置的影响，这时模型中还应包含理想电容元件。图1.3表示线圈在不同条件下的理想模型。

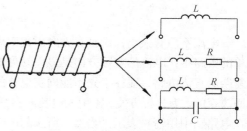

图 1.3　实际电感的不同模型

通常，当实际电路的几何尺寸远小于电路工作时电磁波长时，可以认为元件的参数都"集总"在一个点上，形成所谓的集总参数元件。理想元件是抽象的模型，没有体积大小，是集总参数元件。由集总参数元件构成的电路称为集总参数电路。我们用能足够精确反映其电磁性质的一些理想电路元件或它们的组合来模拟实际元件。

在集总参数电路中，电路元件的电能消耗及电能、磁能的储存等现象可以分开研究，而且这些电磁过程都集中在元件的内部进行，任何时刻该电路任何地方的电流、电压都是与空间位置无关的确定值。

本书只讨论集总参数电路，后面所说的"元件"、"电路"均指理想化的集总参数的元件和电路。

1.2　电路的基本变量

在电路分析中，电流、电压、功率与能量是描述电路工作状态和特性的变量，一般都是时间的函数。其中人们所关心的物理量有电流和电压，它们是电路分析中最常用的两个基本变量。在具体展开分析和讨论之前，建立和深刻理解与这些电路基本变量相关的概念是非常重要的。本节重点讨论电流、电压的定义和参考方向，以及电路功率的计算。

1.2.1　电流及其参考方向

电荷有规则的定向运动形成传导电流。虽然看不见摸不着，但人们可通过电流的各种效应（如磁效应、热效应）来感觉它的客观存在。所以，毫无疑问，电流是客观存在的物理现象。

电流的强弱用单位时间内通过导体横截面的电荷量定义。设在 dt 时间内通过导体某一横截面的电荷量为 $dq(t)$，通过该截面的电流为 $i(t)$，则

$$i(t) = \frac{dq(t)}{dt} \tag{1.1}$$

若 $dq(t)/dt$ 为常数，即是直流电流，用大写字母 I 表示，这时通过导体的横截面的电荷量为 q 与时间 t 成正比，即

$$I = \frac{q}{t} \tag{1.2}$$

在国际单位制中，电流的单位是安培（A），简称"安"。电力系统中嫌安培单位小，有时取千安（kA）为电流的单位。而无线电系统中（如晶体管电路中）又嫌安培这个单位太大，常用毫安（mA）、微安（μA）作电流单位。它们之间的换算关系是

$$1\ kA = 10^3\ A$$
$$1\ mA = 10^{-3}\ A$$
$$1\ \mu A = 10^{-6}\ A$$

电流不但有大小，而且有方向。我们规定正电荷运动的方向为电流的真实方向。在一些很简单的电路中，电流的实际方向是显而易见的，它是从电源正极流出，流向电源负极的。对于比较复杂的直流电路，往往事先不能确定电流的实际方向；对于交流电，其电流的实际方向是随时间而改变的。为分析方便，需引入电流的参考方向这一概念。参考方向是人们任意选定的一个方向，在电路图中用箭头表示。当然，所选的电流参考方向不一定就是电流的实际方向。当所设的电流参考方向与实际方向一致时，电流为正值（$i > 0$）；当所设的电流参考方向与实际方向相反时，电

流为负值（$i < 0$）。这样，在选定的电流参考方向下，根据电流的正负，就可以确定电流的实际方向，如图1.4所示。电流虽是代数量，但其数值的正负只有与参考方向的假定相对应才有明确的物理意义。所以在分析电路时，首先要假定电流的参考方向，并以此为标准去分析计算，最后从结果的正负值来确定电流的实际方向。

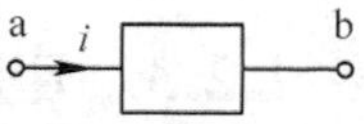

图 1.4　电流参考方向

今后若无特殊说明，就认为电路图上所标箭头是电流的参考方向。

1.2.2　电压及其参考方向

将单位正电荷从 a 点移至 b 点电场力做功的大小称为 a、b 两点间的电位差，即 a、b 两点间的电压。用符号 $u(t)$ 表示，即

$$u(t) = \frac{\mathrm{d}w(t)}{\mathrm{d}q(t)} \tag{1.3}$$

式中，$\mathrm{d}q(t)$ 为由 a 点移至 b 点的电荷量，单位为库仑（C）；$\mathrm{d}w(t)$ 是为移动电荷 $\mathrm{d}q(t)$ 电场力所做的功，单位为焦耳（J）。电位、电压的单位都是伏特（V），1V 电压相当于为移动 1C 正电荷电场力所做的功为 1J。在电力系统中嫌伏特单位小，有时用千伏（kV）。在无线电电路中嫌伏特单位太大，常用毫伏（mV）、微伏（μV）作电压单位。它们之间的换算关系是

$$1\,\mathrm{kV} = 10^{3}\,\mathrm{V}$$

$$1\,\mathrm{mV} = 10^{-3}\,\mathrm{V}$$

$$1\,\mu\mathrm{V} = 10^{-6}\,\mathrm{V}$$

电压大小、方向均恒定不变时为直流电压，常用大写 U 表示。这种情况下，电场力做的功与电荷量成正比，即

$$U = \frac{w}{q} \tag{1.4}$$

电压的实际方向规定为从高电位点指向低电位点，是电位真正降低的方向。电位、电压都是代数量，也有参考方向问题。和电流一样，电路中两点间的电压也可任意选定一个参考方向。所谓电压参考方向，就是所假设的电位降低的方向，在电路图中用"+"、"−"号标出，"+"表示参考极性的高电位端，"−"表示参考极性的低电位端，如图 1.5 所示。参考方向和电压的正负值来反映该电压的实际方向。当电压的参考方向与实际方向一致时，电压为正（$u > 0$）；相反时，电压为负（$u < 0$）。

也可以用带下脚标的字母表示。如电压 u_{ab}，脚标中第一个字母 a 表示假设电压参考方向的正极性端，第二个字母 b 表示假设电压参考方向的负极性端。同电流参考方向一样，不标注电压参考方向的情况下，电压的正负是毫无意义的，所以求解电路时必须首先要假定电压的参考方向。

对一个元件或一段电路上的电压、电流的参考方向可以分别独立地任意指定，但为了方便，常常采用关联参考方向，即电流的参考方向和电压的参考方向一致，如图 1.6（a）所示。这时在电路图上只需标明电流参考方向或电压参考极性中的任何一种即可。电流、电压参考方向相反时称为非关联参考方向，如图 1.6（b）所示。

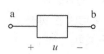

图 1.5　电压参考方向

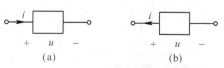

图 1.6　电流、电压的关联与非关联参考方向

1.2.3 电路中的功率和能量

单位时间内做功的大小称做功率，也称为做功的速率。在电路问题中涉及的电功率即是电场力做功的速率，以符号 $p(t)$ 表示。功率的数学定义式可写为

$$p(t) = \frac{\mathrm{d}w(t)}{\mathrm{d}t} \tag{1.5}$$

式中 $\mathrm{d}w(t)$ 为 $\mathrm{d}t$ 时间内电场力所做的功。功率的单位为瓦（W）。1 瓦功率就是每秒做功 1 焦耳，即 $1\mathrm{W} = 1\ \mathrm{J/s}$。

当电压电流参考方向关联时，得

$$p(t) = \frac{\mathrm{d}w}{\mathrm{d}t} = \frac{\mathrm{d}w}{\mathrm{d}q}\frac{\mathrm{d}q}{\mathrm{d}t} = ui \tag{1.6}$$

如果元件电压电流取非关联参考方向，可以把电压或电流看成关联参考方向时的负值，只需在式（1.6）中冠以负号，即

$$p(t) = -ui \tag{1.7}$$

其计算结果的意义与式（1.6）相同。

根据电压电流参考方向是否关联，可以选择不同的公式计算功率，但不论使用哪个公式，都是计算的吸收功率。当 $p > 0$ 时，表示 $\mathrm{d}t$ 时间内电场力对电荷 $\mathrm{d}q$ 做功 $\mathrm{d}w$，这部分能量被元件吸收，所以 p 是元件的吸收功率；在 $p < 0$ 时，表示元件吸收负功率，实际上是该元件向外电路提供功率或产生功率。

在直流情况下，电压和电流都是常数，则式（1.6）和式（1.7）可分别改写为

$$P = UI \tag{1.8}$$
$$P = -UI \tag{1.9}$$

若已知元件吸收功率为 $p(t)$，并设 $w(-\infty) = 0$，则对式（1.5）从 $-\infty$ 到 t 积分，可求得从 $-\infty$ 到 t 的时间内元件吸收的能量（u、i 为关联参考方向）为

$$w(t) = \int_{-\infty}^{t} p(\xi)\mathrm{d}\xi = \int_{-\infty}^{t} u(\xi)i(\xi)\mathrm{d}\xi \tag{1.10}$$

如果对于任意时刻 t，均有 $w(t) \geqslant 0$，则称该元件（或电路）是无源元件，否则就称其为有源元件。所以，无源元件是指在接入任一电路进行工作的全部时间范围内，总的输入能量不为负值的元件；而有源元件在它接入电路进行工作的某个时刻 t，$w(t) < 0$，即供出能量，甚至任何时刻一直供出能量。

例 1.1　如图 1.7 所示电路，方框分别代表一个元件，各电压、电流的参考方向均已设定。已知 $I_1 = 2\,\mathrm{A}$，$I_2 = -1\,\mathrm{A}$，$I_3 = -1\,\mathrm{A}$，$U_1 = 7\,\mathrm{V}$，$U_2 = 5\,\mathrm{V}$，$U_3 = 4\,\mathrm{V}$，$U_4 = -3\,\mathrm{V}$，$U_5 = 8\,\mathrm{V}$。求各元件吸收或向外提供的功率。

解： 元件 2、3、4 的电压、电流为关联方向，

$$P_2 = U_2 I_3 = 5 \times (-1) = -5\ \mathrm{W}$$

$P_2 < 0$，表明元件 2 向外提供功率。

$$P_3 = U_3 I_1 = 4 \times 2 = 8\ \mathrm{W}$$

$$P_4 = U_4 I_2 = (-3) \times (-1) = 3\ \mathrm{W}$$

$P_3 > 0$，$P_4 > 0$，表明元件 3、4 均吸收功率。

元件 1、5 的电压、电流为非关联方向。

$$P_1 = -U_1 I_1 = -7 \times 2 = -14\ \mathrm{W}$$

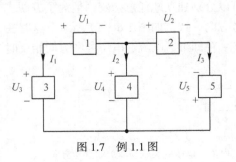

图 1.7　例 1.1 图

$P_1<0$，表明元件 1 向外提供功率。

$$P_5 = -U_5I_3 = -8 \times (-1) = 8 \text{ W}$$

$P_5>0$，表明元件 5 吸收功率。

电路向外提供的总功率为

$$P_{供} = P_1 + P_2 = 5 + 14 = 19 \text{ W}$$

电路吸收的总功率为

$$P_{吸} = P_3 + P_4 + P_5 = 8 + 8 + 3 = 19 \text{ W}$$

计算结果表明对于任何完整的电路，吸收功率等于供出功率，这正是能量守恒定律的具体体现。

1.3　电路的基本元件

电路元件是组成电路的最基本元件，它通过端子与外部连接，元件的特性通过与端子有关的物理量描述，每种元件都反映某种确定的电磁特性，具有精确的数学定义和特定的表示符号，以及不同于其他元件的特性。

根据能量特性电路元件可以分为有源元件和无源元件，根据与外部电路连接的端子数目分为二端、三端或四端元件等，还可以分为线性和非线性元件、时变元件和非时变元件等。

基本的无源元件有电阻、电感和电容，这三种元件都是二端元件。有源元件有独立电源和受控电源。

了解元件的特性，也就是要了解它端子上的电压与电流之间的关系，这种关系称为元件的伏安特性，即 VAR（Volt Ampere Relation）。伏安特性决定了元件在电路中的表现。

1.3.1　电阻元件

一个二端元件，如果在任意时刻 t，其 VAR 能用 u–i 平面（或 i–u 平面）上的曲线所确定，就称其为二端电阻元件，简称电阻元件。它是实际电路中的电灯泡、电炉、滑杆电阻器、半导体二极管等所有消耗能量的器件的理想化模型。

如果电阻元件的伏安关系不随时间变化（即它不是时间的函数），则称其为时不变（或非时变）的，否则称为时变的。如其伏安特性是通过原点的直线，则称为线性的，否则称为非线性的。本书涉及最多的是线性时不变电阻元件。

线性时不变电阻元件的伏安特性是 u–i 平面上一条通过原点的直线，如图 1.8（b）所示。

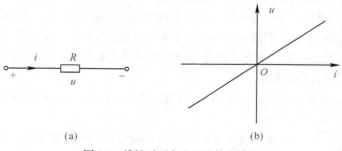

(a)　　　　　　　　　　　　　　　　(b)

图 1.8　线性时不变电阻及伏安特性

在电压、电流参考方向相关联（见图1.8（a））的条件下，其电压与电流的关系就是熟知的欧姆定律，即

$$u(i) = Ri(t) \qquad (1.11)$$

或写为

$$i(t) = Gu(i) \qquad (1.12)$$

式中，R 为元件的电阻，单位为欧姆，简称欧（Ω）。该式表明在一定电压下，电阻 R 越大，电流 i 越小，所以电阻 R 是表征电阻元件对电流阻碍程度的参数；G 是元件的电导，单位为西门子，简称西（S），该式表明在一定电压下，电导 G 越大，电流 i 越大，所以电导 G 是表征电阻元件对电流传导程度的参数；电阻 R 和电导 G 是联系电阻元件的电压与电流的电气参数。对于线性时不变电阻元件，R 和 G 都是与电压、电流无关的常量，它们的关系是

$$G = \frac{1}{R} \qquad (1.13)$$

对线性电阻，当 $R=\infty$ 或 $G=0$，称为开路，其伏安特性曲线与 u 轴重合，此时无论端电压为何值，其端电流恒为零；当 $R=0$ 或 $G=\infty$，称为短路，其伏安特性曲线与 i 轴重合，电阻元件相当于一段理想导线，此时无论端电流为何值，其端电压恒为零。开路和短路时，其电路符号及伏安特性分别如图1.9（a）、（b）所示。

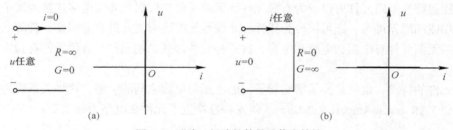

图 1.9　开路、短路的符号及伏安特性

在这样的电阻、电导上，t 时刻的电压（或电流）只与 t 时刻的电流（或电压）有关。这说明电阻、电导上的电压（或电流）不能记忆 t 时刻以前电流（或电压）的"历史"作用。所以说电阻、电导元件是无记忆性元件，又称即时元件。

根据式（1.6）和欧姆定律，可得电阻 R 的吸收功率为

$$p = ui = Ri^2 = Gu^2 \qquad (1.14)$$

从式（1.14）可以看出，电阻元件的功率与通过的电流的平方或端电压的平方成正比，其功率恒大于零。因此，电阻元件是一个只消耗电能而非储存电能的元件，称为耗能元件。

作为理想元件，电阻元件上的电压、电流可以不受限制地满足欧姆定律。但在实际使用中还应该考虑电气元件、设备的额定值问题，实际使用中超过额定值运行，会使设备、元件缩短使用寿命或遭致毁坏而造成事故。例如一个标有 1/4 W、10 kΩ 的电阻，表示该电阻的阻值为 10 kΩ、额定功率为 1/4 W，由 $p=I^2R$ 的关系，还可求得它的额定电流为 5 mA。上述电阻在使用电流超过 5 mA 时，将使电阻因过热而损坏。

例 1.2　如图 1.10 所示的电路，已知 $R=5$ kΩ，$U = -10$ V，求电阻中流过的电流和电阻的吸收功率。

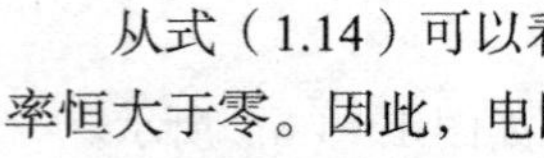

解： 由于电阻上电流电压为非关联参考方向，因此按欧姆定律，其电流

图 1.10　例 1.2 图

$$I = -\frac{U}{R} = -\frac{(-10)}{5 \times 10^3} = 2 \times 10^{-3}\,\text{A} = 2\,\text{mA}$$

注意上面算式中公式前面的负号与算式括号中的负号，其含义是不同的，前者表示 R 中电流电压参考方向非关联，后者表示 R 上电压参考方向与实际方向相反。电阻的吸收功率为

$$P = -UI = -(-10) \times 2 \times 10^{-3} = 20 \times 10^{-3}\,\text{W} = 20\,\text{mW}$$

或者

$$P = RI^2 = 5 \times 10^3 \times (2 \times 10^{-3})^2 = 20\,\text{mW}$$

$$P = \frac{U^2}{R} = \frac{(-10)^2}{5 \times 10^3} = 20\,\text{mW}$$

1.3.2　电容元件

一个二端元件，如果在任意时刻 t，其所积累的电荷 $q(t)$ 与端电压 $u(t)$ 之间的关系能用 q–u 平面上的一条曲线所确定，就称其为电容元件。电容器是最常用的存储电能的器件，将两片金属极板中间填充电介质，就可以构成一个简单的实际电容器。

如果约束电容的 q–u 平面上的曲线不随时间变化（即它不是时间的函数），则称其为时不变（或非时变）的，否则称为时变的。若曲线是通过原点的直线，如图1.11（b）所示，则称为线性的，否则称为非线性的。本书主要讨论线性时不变电容元件。

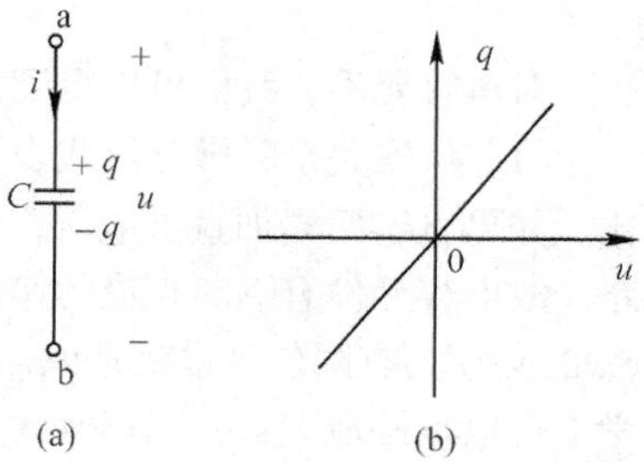

图 1.11　线性电容

对线性非时变电容，电荷量 q 与其端电压 u 的关系为

$$q(t) = Cu(t) \tag{1.15}$$

式中，C 称为电容元件的电容量，单位为法拉，简称法（F）。它是一个与 q、u 和 t 无关的正值常量，是表征电容元件积聚电荷能力的物理量。

在电路分析中，关心的是元件的伏安特性。若电容端电压 u 与通过的电流 i 采用关联参考方向，如图 1.11（a）所示，则有

$$i = \frac{\mathrm{d}q}{\mathrm{d}t} = C\frac{\mathrm{d}u}{\mathrm{d}t} \tag{1.16}$$

将式（1.16）改写为

$$\mathrm{d}u(t) = \frac{1}{C}i(t)\mathrm{d}t \tag{1.17}$$

对式（1.17）从 $-\infty$ 到 t 进行积分，并设 $u(-\infty) = 0$，得

$$u(t) = \frac{1}{C}\int_{-\infty}^{t} i(\xi)\mathrm{d}\xi \tag{1.18}$$

式（1.16）和式（1.18）分别称为电容元件伏安关系的微分形式和积分形式。表明电容的电压与以前所有时刻流过电容的电流有关，电容具有"记忆"电流的作用。

设 t_0 为初始时刻，时刻 t_0 以后电容上电压电流的关系为

$$u(t) = \frac{1}{C}\int_{-\infty}^{t_0} i(\xi)\mathrm{d}\xi + \frac{1}{C}\int_{t_0}^{t} i(\xi)\mathrm{d}\xi$$

$$= u(t_0) + \frac{1}{C}\int_{t_0}^{t} i(\xi)\mathrm{d}\xi \tag{1.19}$$

$u(t_0)=\dfrac{1}{C}\displaystyle\int_{-\infty}^{t_0}i(\xi)\mathrm{d}\xi$ 称为电容元件的初始电压。由下面讨论可知，$u(t_0)$反映了电容在初始时刻的储能状况，故也称为初始状态。

在电压、电流参考方向关联的条件下，电容元件的吸收功率为

$$p(t)=u(t)i(t)=Cu(t)\frac{\mathrm{d}u(t)}{\mathrm{d}t} \tag{1.20}$$

电容元件所储存的能量为其从$-\infty$到t时刻所吸收的能量

$$w_{\mathrm{C}}(t)=\int_{-\infty}^{t}p(\xi)\mathrm{d}\xi=\int_{-\infty}^{t}Cu(\xi)\frac{\mathrm{d}u(\xi)}{\mathrm{d}\xi}\mathrm{d}\xi=\int_{u(-\infty)}^{u(t)}Cu(\xi)\mathrm{d}u(\xi)$$
$$=\frac{1}{2}Cu^2(t)-\frac{1}{2}Cu^2(-\infty) \tag{1.21}$$

一般可以认为$u(-\infty)=0$，得电容的储能为

$$w_{\mathrm{C}}(t)=\frac{1}{2}Cu^2(t)\geqslant 0 \tag{1.22}$$

对电容元件，我们可以得到如下结论。

（1）伏安关系的微分形式表明，任何时刻，通过电容元件的电流与该时刻的电压变化率成正比。如果电容两端加直流电压，电压恒定不变，其变化率为零，则电流 $i=0$，电容元件相当于开路。故电容元件有隔断直流的作用。在实际电路中，某一时刻电容的电流 i 为有限值，这意味着 $\mathrm{d}u/\mathrm{d}t$ 必须为有限值，也就是说，电容两端电压 u 必定是时间 t 的连续函数，而不能跃变。这从数学上可以很好地理解，当函数的导数为有限值时，其函数必定连续。

（2）伏安关系的积分形式表明，任意时刻 t 的电容电压与该时刻以前电流的"全部历史"有关。或者说，电容电压"记忆"了电流的作用效果，故称电容为记忆元件。与此不同，电阻元件任意时刻 t 的电压值仅取决于该时刻电流大小，而与它的历史情况无关，因此电阻为无记忆元件。

（3）由式（1.22）可知，任意时刻 t，电容的储能只取决于该时刻的电容电压值，恒有 $w_{\mathrm{C}}(t)\geqslant 0$，故电容元件是储能元件而不是耗能元件，它从外部吸收的能量以电场能量形式储存于自身的电场中。

（4）电容元件上的电压、电流关系是微积分关系，因此电容元件是动态元件。而电阻元件上的电压、电流关系是代数关系，所以它是即时元件。

例 1.3 图 1.12（a）所示电路中，电容 $C=0.5\ \mu\mathrm{F}$，电压 u 的波形如图 1.12（b）所示。求电容电流 i，并绘出其波形。

解： 由电压 u 的波形，应用电容元件的元件约束关系，可求出电流 i。

当 $0\leqslant t\leqslant 1\ \mu\mathrm{s}$，电压 u 从 $0\ \mathrm{V}$ 均匀上升到 $10\ \mathrm{V}$，其变化率为

$$\frac{\mathrm{d}u}{\mathrm{d}t}=\frac{10-0}{1\times10^{-6}}=10\times10^{6}\ \mathrm{V/s}$$

由式（1.16）可得

$$i=C\frac{\mathrm{d}u}{\mathrm{d}t}=0.5\times10^{-6}\times10\times10^{6}=5\ \mathrm{A}$$

当 $1\ \mu\mathrm{s}\leqslant t\leqslant 3\ \mu\mathrm{s}$，$5\ \mu\mathrm{s}\leqslant t\leqslant 7\ \mu\mathrm{s}$ 及 $t\geqslant 8\ \mu\mathrm{s}$ 时，电压 u 为常量，其变化率为

$$\frac{\mathrm{d}u}{\mathrm{d}t}=0$$

故电流

$$i=C\frac{\mathrm{d}u}{\mathrm{d}t}=0\ \mathrm{A}$$

当 $3\,\mu s \leqslant t \leqslant 5\,\mu s$ 时，电压 u 由 10 V 均匀下降到 -10 V，其变化率为

$$\frac{\mathrm{d}u}{\mathrm{d}t} = \frac{-10-10}{2\times10^{-6}} = -10\times10^{6}\ \text{V/s}$$

故电流

$$i = C\frac{\mathrm{d}u}{\mathrm{d}t} = 0.5\times10^{-6}\times(-10\times10^{6}) = -5\ \text{A}$$

当 $7\,\mu s \leqslant t \leqslant 8\,\mu s$ 时，电压 u 由 -10 V 均匀上升到 0 V，其变化率为

$$\frac{\mathrm{d}u}{\mathrm{d}t} = \frac{0-(-10)}{1\times10^{-6}} = 10\times10^{6}\ \text{V/s}$$

故电流

$$i = C\frac{\mathrm{d}u}{\mathrm{d}t} = 0.5\times10^{-6}\times10\times10^{6} = 5\ \text{A}$$

根据分析和计算，画出电容电流 i 的波形如图 1.12（c）所示。

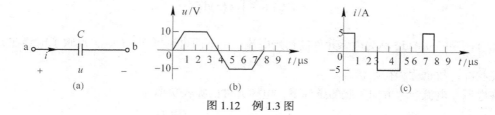

图 1.12　例 1.3 图

1.3.3　电感元件

一个二端元件，如果在任意时刻 t，其磁链 $\psi(t)$ 与电流 $i(t)$ 的关系能用 $\psi - i$ 平面上的曲线确定，就称其为电感元件。电感是最常用的存储磁能的器件，把导线绕成线圈就构成实际的电感元件。

如果约束电感的 $\psi - i$ 平面上的曲线不随时间变化（即它不是时间的函数），则称其为时不变（或非时变）的，否则称为时变的。如曲线是通过原点的直线，则称为线性的，如图 1.13（b）所示，否则称为非线性的。本书主要讨论线性时不变电感元件。

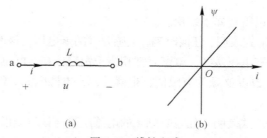

图 1.13　线性电感

设磁链 $\psi(t)$ 与电流 $i(t)$ 的参考方向满足右手螺旋定则，磁链与电流的关系为

$$\psi(t) = Li(t) \tag{1.23}$$

式中，L 为电感元件的电感量，单位为亨利，简称亨（H）。它是一个与 ψ、i 和 t 无关的正值常量，是表征电感元件产生磁链能力的物理量。

在电路分析中，关心的是元件的伏安特性。若电感端电压 u 与通过的电流 i 采用关联参考方向，如图 1.13（a）所示，由电磁感应定律，可得

$$u(t) = \frac{\mathrm{d}\psi}{\mathrm{d}t} = L\frac{\mathrm{d}i(t)}{\mathrm{d}t} \tag{1.24}$$

将式（1.24）改写为

$$\mathrm{d}i(t) = \frac{1}{L}u(t)\mathrm{d}t \tag{1.25}$$

对式（1.25）从 $-\infty$ 到 t 进行积分，并设 $i(-\infty) = 0$，得

$$i(t) = \frac{1}{L}\int_{-\infty}^{t} u(\xi)\mathrm{d}\xi \tag{1.26}$$

式（1.24）和式（1.26）分别称为电感元件伏安关系的微分形式和积分形式。表明电感的电流值与以前所有时刻电感的电压有关，电感具有"记忆"电压的作用。

设 t_0 为初始时刻，时刻 t_0 以后电感上电流的关系为

$$\begin{aligned} i(t) &= \frac{1}{L}\int_{-\infty}^{t_0} u(\xi)\mathrm{d}\xi + \frac{1}{L}\int_{t_0}^{t} u(\xi)\mathrm{d}\xi \\ &= i(t_0) + \frac{1}{L}\int_{t_0}^{t} u(\xi)\mathrm{d}\xi \end{aligned} \tag{1.27}$$

$i(t_0) = \frac{1}{L}\int_{-\infty}^{t_0} u(\xi)\mathrm{d}\xi$ 称为电感元件的初始电流。由下面讨论可知，$i(t_0)$ 反映了电感在 t_0 时刻的储能状况，故也称为初始状态。

在电压、电流参考方向关联的条件下，电感元件的吸收功率为

$$p(t) = u(t)i(t) = Li(t)\frac{\mathrm{d}i(t)}{\mathrm{d}t} \tag{1.28}$$

电感元件所储存的能量为其从 $-\infty$ 到 t 时刻所吸收的能量

$$\begin{aligned} w_{\mathrm{L}}(t) &= \int_{-\infty}^{t} p(\xi)\mathrm{d}\xi = L\int_{-\infty}^{t} i(\xi)\frac{\mathrm{d}i(\xi)}{\mathrm{d}\xi}\mathrm{d}\xi \\ &= L\int_{i(-\infty)}^{i(t)} i(\xi)\mathrm{d}i(\xi) = \frac{1}{2}Li^2(t) \end{aligned} \tag{1.29}$$

一般可以认为 $i(-\infty) = 0$，得电感的储能为

$$w_{\mathrm{L}}(t) = \frac{1}{2}Li^2(t) \geqslant 0 \tag{1.30}$$

对电感元件，我们可以得到如下结论。

（1）伏安关系的微分形式表明，任何时刻，电感元件的端电压与该时刻电流的变化率成正比。当电感电流为直流时，恒有电压 $u=0$，电感元件相当于短路。在实际电路中，某一时刻电感的电压 u 为有限值，这意味着 $\mathrm{d}i/\mathrm{d}t$ 必须为有限值，也就是说，电感电流 i 必定是时间 t 的连续函数，而不能跃变。

（2）伏安关系的积分形式表明，任意时刻 t 的电感电流与该时刻以前电压的"全部历史"有关，所以电感电流具有"记忆"电压的作用，它是一种记忆元件。

（3）由式（1.30）可知，任意时刻 t，电感的储能只取决于该时刻的电感电流值，恒有 $w_{\mathrm{L}}(t) \geqslant 0$，电感元件也是储能元件，将从外部电路吸收的能量以磁场能量形式储存于元件的磁场中。

（4）与电容元件相同，电感元件也是一种动态元件。

例 1.4 如图 1.14（a）所示电感元件，已知电感量 $L=100$ mH，其电流 i 波形如图 1.14（b）所示。求电感电压 u，画出它的波形，并计算电感吸收的最大能量。

解： 由电流 i 的波形，应用电感元件的元件约束关系，可求出电压 u。

u 与 i 所给的参考方向关联，由式（1.24）可得各段感应电压为

当 $0 \leqslant t \leqslant 1$ ms 时，$u = L\dfrac{\mathrm{d}i(t)}{\mathrm{d}t} = 100 \times 10^{-3} \times \dfrac{10 \times 10^{-3}}{1 \times 10^{-3}} = 1$ V

当 1 ms $\leqslant t \leqslant 4$ ms 时，电流 i 为常量，$u = L\dfrac{\mathrm{d}i(t)}{\mathrm{d}t} = 0$ V

当 4 ms $\leqslant t \leqslant 5$ ms，$u = L\dfrac{\mathrm{d}i(t)}{\mathrm{d}t} = 100 \times 10^{-3} \times \dfrac{0 - 10 \times 10^{-3}}{1 \times 10^{-3}} = -1$ V

电感电压 u 的波形如图 1.14（c）所示。

由式（1.30）可得电感吸收的最大能量

$$w_{\mathrm{L\,max}} = \frac{1}{2} L i_{\max}^2 = \frac{1}{2} \times 100 \times 10^{-3} \times (10 \times 10^{-3})^2 = 5 \times 10^{-6} \text{ J}$$

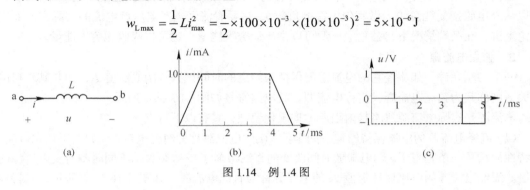

图 1.14　例 1.4 图

1.4　电源

基本的有源电路元件有电压源和电流源。根据电压源的电压值或电流源的电流值是确定值还是随其他支路的电压或电流而变化，又可将其分为独立源和受控源。

1.4.1　独立源

独立源分为独立电压源和独立电流源。

1. 独立电压源

一个二端元件，如其端口电压总能保持为给定的时间函数 $u_S(t)$ 或定值 U_S，而与流过它的电流无关，则称其为独立电压源，简称电压源，其电路符号如图 1.15（a）所示，符号中"+"、"−"表示电压的参考极性。

电压源是实际电压源忽略其内阻后的理想化模型，具有以下的特点：

（1）端电压保持给定时间函数 $u_S(t)$ 的电压源称为时变电压源，如图 1.15（b）所示，其特性曲线是一条平行于 i 轴但却随时间改变的直线，u 轴上的截距表示不同时刻时变电压源的电压值；端电压保持定值 U_S 的电压源称为直流电压源，如图 1.15（c）所示，其特性曲线是一条平行于 i 轴的直线，u 轴截距 U_S 表示直流电压源的电压值。

若 $u_S(t)=0$ 或 $U_S=0$，则伏安特性曲线与 i 轴重合，电压源相当于短路。

（2）电压源的端电压由它自身决定，与通过它的电流无关。

（3）流经电压源的电流由电压源及与其相连的外电路共同决定，或者说它的输出电流随外电路变化。

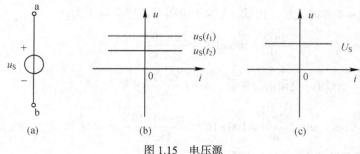

图 1.15　电压源

电流可以不同的方向流过电源，因此理想电压源可以对外电路提供能量（起电源作用），也可以从外电路接受能量（当做其他电源的负载），这要看流经理想电压源电流的实际方向而定。理论上讲，在极端情况下，独立电压源可以供出无穷大能量，也可以吸收无穷大能量。

2. 独立电流源

一个二端元件，如流经它的电流总能保持为给定的时间函数 $i_S(t)$ 或定值 I_S，而与其端口电压无关，则称其为独立电流源，简称电流源。其电路符号如图1.16（a）所示。

电流源是实际电流源忽略其内阻后的理想化模型，具有以下特点：

（1）流经电流源的电流保持给定时间函数 $i_S(t)$ 的电流源称为时变电流源，如图 1.16（b）所示，其特性曲线是一条垂直于 i 轴但却随时间改变的直线，i 轴上的截距表示不同时刻时变电流源的电流值。流经电流源的电流保持定值 I_S 的电流源称为直流电流源，如图 1.16（c）所示，其特性曲线是一条垂直于 i 轴的直线，i 轴截距 I_S 表示直流电流源的电流值。

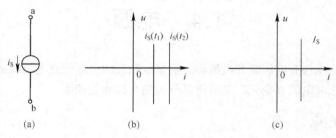

图 1.16　电流源

若 $i_S(t)=0$ 或 $I_S=0$，则伏安特性曲线与 u 轴重合，电流源相当于开路。

（2）流经电流源的电流由它自身决定，与其两端电压无关。

（3）电流源两端电压由其本身的输出电流与外部电路共同决定。

电流源两端的电压可以有不同的极性，同电压源一样，电流源可以对外电路提供能量（起电源作用），也可以从外电路接收能量（当做其他电源的负载），这要看电流源两端电压的极性而定。理论上讲，在极端情况下，独立电流源可以供出无穷大能量，也可以吸收无穷大能量。

例 1.5　如图 1.17 所示电路，已知 $R=5\ \Omega$，$U_S=2\ V$，$I_S=1\ A$。试求（1）电阻 R 两端的电压 U_1；（2）　1A 电流源两端的电压 U 及功率 P。

解：（1）由于电阻 R 与电流源 I_S 相串联，因此流过电阻 R 的电流就是 1A，而与 2 V 电压源无关，即 $I_1=I_S=1\ A$。所以根据欧姆定律，可得

$$U_1=I_1R=1\times5=5\ V$$

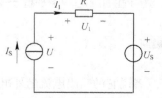

图 1.17　例 1.5 图

（2）1A 电流源两端的电压包括 5 Ω 电阻上的电压和 2 V 电

源，因此

$$U = U_1 + U_s = 5 + 2 = 7 \text{ V}$$

电流源上电压、电流为非关联参考方向，所以 $P = -UI_s = -1 \times 7 = -7 \text{ W}$，向外提供功率。

1.4.2　受控源

受控源就是非独立电源，是指电压源的电压或电流源的电流不是给定的时间函数，而是受电路中某支路电压或电流控制的。受控源是有源的四端元件，有两个端口，它的两个受控端构成输出端口（电源端口），体现为源电压 u_s 或源电流 i_s，能提供电功率；另外两个控制端构成输入端口（控制端口），体现为控制电压 u_C 或控制电流 i_C。

根据受控源是电压源还是电流源，控制量是电压还是电流，可将受控源分为电压控制电压源（VCVS）、电流控制电压源（CCVS）、电压控制电流源（VCCS）和电流控制电流源（CCCS）四种类型，分别如图 1.18（a）、（b）、（c）和（d）所示。

独立源是一端口元件，只需一个方程就可以表征其特性。而受控源是二端口元件，其元件特性需用两个方程来描述。其输入、输出端口电压、电流关系分别为

电压控制电压源（VCVS）$\begin{cases} u_2 = \mu u_1 \\ i_1 = 0 \end{cases}$

电流控制电压源（CCVS）$\begin{cases} u_2 = r i_1 \\ u_1 = 0 \end{cases}$

电压控制电流源（VCCS）$\begin{cases} i_2 = g u_1 \\ i_1 = 0 \end{cases}$

电流控制电流源（CCCS）$\begin{cases} i_2 = \beta i_1 \\ u_1 = 0 \end{cases}$

式中，μ、r、g、β 是控制系数，其中 μ 和 β 无量纲，分别表示电压和电流的放大倍数，r 和 g 分别具有电阻和电导的量纲，r 为转移电阻，g 为转移电导。当这些系数为常数时，被控电源数值与控制量成正比，这种受控源称为线性时不变受控源。本书只涉及这类受控源。

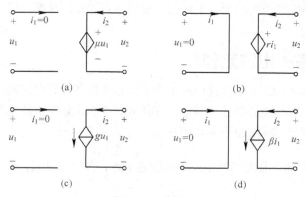

图 1.18　受控源

需要指出的是，独立源和受控源是两个不同的物理概念。独立源是电路中的输入，反映外界对电路的作用，电路中的电压和电流都是由独立源的"激励"作用而产生。而受控源则不同，它反映了电路中某支路对另一支路的控制作用，它本身不直接起"激励"作用。只有在电路已经被独立源激励，控制电压或电流已经存在时，受控源的输出端才具有一定的输出电压或电流，这是

受控源与独立源的不同之处。作为有源元件，受控源除其源电压和源电流受控制量控制外，其他性质与独立源没有区别，因此在分析含有受控源的电路时，可以把受控源作为独立源来处理，但是必须注意前者的电压或电流是受控制量控制的。

受控源是某些电子器件的理想化模型。如一个处于放大状态的三极管集电极电流受基极电流的控制，此时三极管可以用 CCCS 模型表示；运算放大器的输出电压受输入电压的控制，此时运算放大器可以用 VCVS 模型表示。

1.5　基尔霍夫定律

电路性能除与电路中元件自身的特性有关外，还与这些元件的连接方式有关，或者说，它要服从来自元件特性和连接方式两方面的约束，分别称为元件约束和拓扑约束。基尔霍夫定律包括基尔霍夫电流定律（缩写为 KCL）和基尔霍夫电压定律（缩写为 KVL），是概括描述集总参数电路拓扑约束关系的基本定律。

为了阐述方便，先介绍几个有关的名词术语。

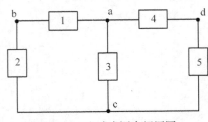

图 1.19　电路术语介绍用图

（1）支路：单个二端元件或若干二端元件依次连接组成的一段无分支的电路称为支路。支路中流过的是同一个电流。如图 1.19 所示电路，包括有 abc、adc、ac 三条支路。其中 abc 支路、adc 支路分别由元件 1、2 和元件 4、5 串联构成，ac 支路由单个元件 3 构成。

（2）节点：电路中三条或三条以上支路的连接点称为节点。在图 1.19 中，有支路连接点 a、c 两个节点。

（3）回路：电路中任一闭合路径称为回路。在图 1.19 中，共有三个回路，闭合路径 abca、adca、abcda 都是回路。

（4）网孔：电路内部不含有支路的回路称为网孔。在图 1.19 所示的电路中，有 abca 和 adca 两个网孔，而回路 abcda 因为内部含有支路 ac，所以不是网孔。显然，任一网孔都是回路，但回路不一定是网孔。

1.5.1　基尔霍夫电流定律

基尔霍夫电流定律（KCL）是描述电路中与节点相连的各支路电流间相互关系的定律。它的基本内容是：对于集总参数电路的任意节点，在任意时刻流出该节点的电流之和等于流入该节点的电流之和。例如，对于如图 1.20 所示电路中的节点 a，有

$$i_1 + i_3 + i_5 = i_2 + i_4$$

KCL 也可表述为：对于集总参数电路中的任意节点，在任意时刻，流入或流出该节点电流的代数和等于零，即

$$\sum_{k=1}^{m} i_k(t) = 0$$

式中，m 为连接到某节点的支路数，$i_k(t)$（$k=1, 2, \cdots, m$）表示该节点第 k 条支路的电流。它反映了电路中任一节点各支路电流之间的相互约束关系。

KCL 除适用于节点外，也能推广到用于电路中任一假设的闭合曲面（称为广义节点）。

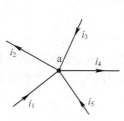

图 1.20　KCL 用图

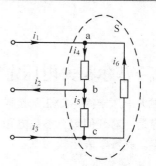

图 1.21　KCL 应用于曲面 S

例如，对于图1.21所示电路，节点 a、b 和 c 相应的 KCL 方程为

$$i_1 - i_4 + i_6 = 0$$
$$i_4 - i_2 - i_5 = 0$$
$$i_3 + i_5 - i_6 = 0$$

将上列三个方程相加，得 $i_1 - i_2 + i_3 = 0$。若设流入 S 的支路电流取正号，流出 S 的支路电流取负号，该式正是闭合曲面 S 的 KCL 方程。所以在集总参数电路中，通过任一闭合曲面的各支路电流的代数和总是等于零，即流入闭合曲面的支路电流之和等于流出闭合曲面的支路电流之和。

基尔霍夫电流定律是电荷守恒定律和电流连续性在集总参数电路中的具体体现。也就是说电荷既不能创造，也不能消灭。对于集总参数电路中的节点，在任意时刻 t，它的"收支"是完全平衡的，流入节点的电荷必然等于流出节点的电荷，所以 KCL 是成立的。

关于 KCL 的应用，应再明确以下几点。

（1）KCL 适用于任意时刻、任何激励源、任何性质元件构成的一切集总参数电路。它是电路的一个普遍适用的定律。

（2）应用 KCL 列写节点或闭合曲面电流方程时，电流的流入和流出指的是其参考方向，而不是其实际方向。所以首先要假设每一支路电流的参考方向，然后根据参考方向是流入或流出取相应符号（流入者取正号，流出者取负号，或者反之），依此列写出 KCL 方程。

（3）对连接有较多支路的节点，列 KCL 方程时不要遗漏了某些支路。

例 1.6　如图 1.22 所示电路，已知 $i_1 = -5\,\text{A}$，$i_3 = 1\,\text{A}$，$i_4 = 2\,\text{A}$。试求 i_5。

解：应用 KCL，可以有两种方法求解。

（1）对于节点 a，由 KCL 可知

$$-i_1 - i_2 + i_4 = 0$$

则

$$i_2 = i_4 - i_1 = 2 - (-5) = 7\,\text{A}$$

对于节点 b，由 KCL 可知

$$i_2 + i_3 - i_5 = 0$$

则

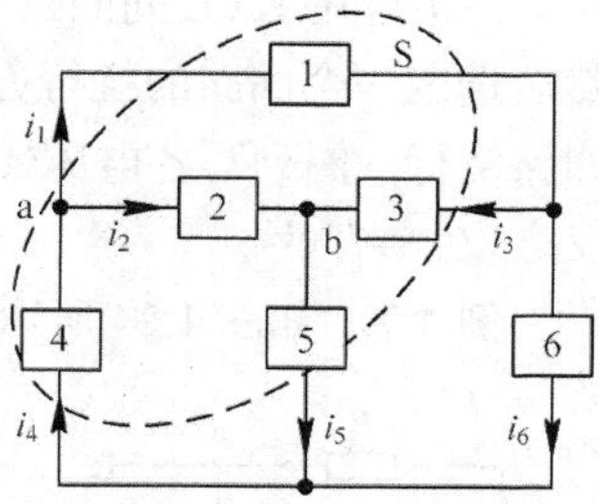

图 1.22　例 1.6 图

$$i_5 = i_2 + i_3 = 7 + 1 = 8\,\text{A}$$

（2）作封闭曲面，列广义节点 KCL 方程进行求解。对封闭曲面 S 如图1.22虚线所示，列 KCL 方程有

$$-i_1 + i_3 + i_4 - i_5 = 0$$

则

$$i_5 = -i_1 + i_3 + i_4 = -(-5) + 1 + 2 = 8\text{ A}$$

1.5.2　基尔霍夫电压定律

基尔霍夫电压定律（KVL）是描述回路中各支路（或各元件）电压之间约束关系的定律。它的基本内容是：对任何集总参数电路，在任意时刻，沿任意闭合路径巡行，各段电路电压的代数和恒等于零。其数学表示式为

$$\sum_{k=1}^{m} u_k(t) = 0$$

式中，m 为回路中包含元件的个数，$u_k(t)$ 代表回路中第 k 个元件上的电压。如图 1.23 所示的电路，对回路 A 有

$$u_1 + u_2 - u_3 + u_4 - u_5 = 0$$

将上式改写为 $u_1 + u_2 + u_4 = u_3 + u_5$

此式表明在集总参数电路中，任一时刻沿任一回路的支路电压降之和等于电压升之和，即

$$\sum u_升 = \sum u_降$$

这是 KVL 的另一种表现形式。

对图 1.23，节点 a、c 之间并无支路，但是仍可以把 abca 看做一个回路，可列如下方程。

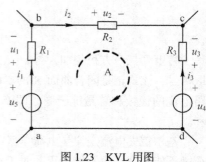

图 1.23　KVL 用图

$$u_{ac} - u_1 - u_2 + u_5 = 0$$

可见，KVL 不仅适用于电路中的具体回路，对于电路中任一假想的回路，它也是成立的。这种假想的回路称为广义回路。

单位正电荷沿着构成回路的各支路绕行一周所获得的能量必须等于所失去的能量。电位降低，表示支路吸收电能；电位升高，支路提供电能。所以，基尔霍夫电压定律是能量守恒定律在集总参数电路中的具体体现，或者说，它反映了保守场中做功与路径无关的物理本质。

关于 KVL 的应用，也应明确以下几点。

（1）KVL 适用于任意时刻、任意激励源、任何性质元件构成的一切集总参数电路，也是电路的一个普遍适用的定律。

（2）应用 KVL 列回路电压方程时，首先假设回路中各元件（或各段电路）上电压参考方向，然后选定一个回路的绕行方向（顺时针或逆时针均可），自回路中某一点开始，按所选方向沿着回路绕行一圈列写各电压代数和。若电压参考方向与回路的绕行方向一致，该电压前取 "+" 号，反之取 "−" 号。

例 1.7　如图 1.24 所示电路，已知 $I_1 = 4$ A，$U_2 = 10$ V，$U_3 = 6$ V，$R_1 = 2\ \Omega$，$R_3 = 3\ \Omega$。试求 U_4、I_2、I_3、R_2 及 U_S 的值。

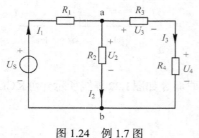

图 1.24　例 1.7 图

解：根据欧姆定律可得：

$$I_3 = \frac{U_3}{R_3} = \frac{6}{3} = 2\text{ A}$$

由 KVL 可得

$$-U_S + I_1 R_1 + U_2 = 0$$

则

$$U_S = I_1 R_1 + U_2 = 2 \times 4 + 10 = 18\text{ V}$$

对于节点 a，依 KCL 有

$$I_2 = I_1 - I_3 = 4 - 2 = 2\ \text{A}$$

则

$$R_2 = \frac{U_2}{I_2} = \frac{10}{2} = 5\ \Omega$$

对右边网孔设定顺时针方向为绕行方向，依 KVL 有

$$-U_2 + U_3 + U_4 = 0$$

则

$$U_4 = U_2 - U_3 = 10 - 6 = 4\ \text{V}$$

例 1.8 如图 1.25 所示电路，试求 ab 端开路电压 U_{OC} 的值。

解：设电流 I_1 的参考方向如图中所标，由 KCL 可得

$$I_1 = 8I + I = 9I$$

对回路 A 列写 KVL 方程可得：

$$2I + 2I_1 - 20 = 0$$

联立求解上面两式，则

$$I_1 = 9\ \text{A}$$

由欧姆定律可得

$$U_{OC} = 2I_1 = 2 \times 9 = 18\ \text{V}$$

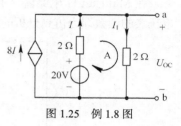

图 1.25 例 1.8 图

求解含有受控源的电路，列写 KCL、KVL 方程时，应该把受控源当做独立源一样看待，写出控制量与待求量之间的关系式，即辅助方程，联立求解基本方程和辅助方程即可得到所求量。

1.6 Multisim 仿真应用

在分析或设计较为复杂的电路时，由于步骤较多，计算量较大，所以可能出错。要验证电路的分析或设计的正确性，最直接和最有效的方法是构建实际电路，用测试和实验的结果来进行验证。但这样做往往要花费较多的时间和精力，有时还需要较大的经济投入。采用计算机仿真的方法，则可以在花费较少的情况下实现对电路设计和分析结果的验证，甚至可以在电路分析难以进行时，直接采用电路仿真得到分析结果。

1.6.1 Multisim 11 软件简介

Multisim 11 是 2010 年初由美国国家仪器有限公司（National Instrument，NI）正式推出的，是一种虚拟电子工作台电路仿真软件，它可以对数字电路、模拟电路以及模拟/数字混合电路进行仿真，克服了传统电子产品设计受实验室客观条件限制的局限性，可以用虚拟元件搭建各种电路，用虚拟仪表进行各种参数和性能指标的测试。

该软件的特点是采用直观的图形界面且操作方便，在计算机屏幕上模仿真实实验室的工作台，用屏幕抓取的方式选用元器件，创建电路，连接测量仪器。软件仪器的控制面板外形和操作方式都与实物相似，可以实时显示测量结果，并可以交互控制电路的运行与测量过程。由于软件操作都是在计算机环境下进行，不是真实实际的元器件和仪器设备的连接，故称为虚拟电子实验室。

1.6.2　Multisim 11 实例

Multisim 11 软件带有丰富的元器件模型、测量仪器和仿真分析工具，为电路分析提供了强大的工具，利用 Multisim 11 可以仿真电路的各种性能，并验证定律的正确性。

下面通过几个实例来说明 Multisim 11 的应用。

例 1.9　电路如图 1.26（a）所示，已知 $U=10\ \text{V}$，$R=20\ \Omega$。试求流过 R 的电流。

解：根据欧姆定律可得：$I = \dfrac{U}{R} = \dfrac{10}{20} = 0.5\ \text{A}$

在 Multisim 11 电路窗口中创建如图 1.26（b）所示的电路，启动仿真，图 1.26（b）中电流表、电压表的读数即为仿真分析的结果。可见，理论计算与电路仿真结果是相同的。

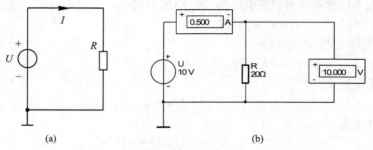

图 1.26　例 1.9 图

例 1.10　电路如图 1.27（a）所示，已知 $U=12\ \text{V}$，$R_1=20\ \Omega$，$R_2=30\ \Omega$，$R_3=10\ \Omega$。试求电阻 R_1、R_2、R_3 上的电压 U_1、U_2、U_3 的值，并验证基尔霍夫 KVL 定律。

解：根据欧姆定律可得：

$$U_1 = IR_1 = \frac{12}{20+30+10} \times 20 = 4\ \text{V}$$

$$U_2 = IR_2 = \frac{12}{20+30+10} \times 30 = 6\ \text{V}$$

$$U_3 = IR_3 = \frac{12}{20+30+10} \times 10 = 2\ \text{V}$$

在 Multisim 11 电路窗口中创建如图 1.27（b）所示的电路，启动仿真，图 1.27（b）中电压表的读数为仿真分析的结果，电压读数分别为 4 V、6 V 和 2 V，其相加结果为 12 V，等于电压源的电压，即 $U_1+U_2+U_3=U$。可见，理论计算与电路仿真结果是相同的，验证了 KVL 定律的正确性。

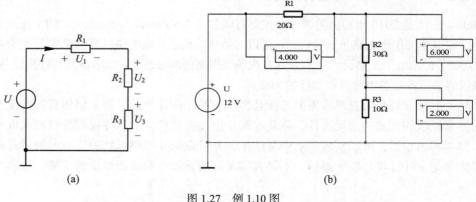

图 1.27　例 1.10 图

例 1.11　电路如图 1.28（a）所示，已知 $U = 12$ V，$R_1 = 20\ \Omega$，$R_2 = 40\ \Omega$，$R_3 = 40\ \Omega$。试求流过电压源的电流 I，并验证基尔霍夫 KCL 定律。

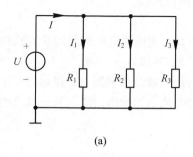
(a)

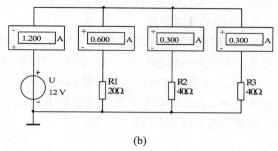
(b)

图 1.28　例 1.11 图

解：根据欧姆定律可得：

$$I_1 = \frac{U}{R_1} = \frac{12}{20} = 0.6 \text{ A}$$

$$I_2 = \frac{U}{R_2} = \frac{12}{40} = 0.3 \text{ A}$$

$$I_3 = \frac{U}{R_3} = \frac{12}{40} = 0.3 \text{ A}$$

在 Multisim 11 电路窗口中创建如图 1.28（b）所示的电路，启动仿真，图 1.28（b）中电流表的读数为仿真分析的结果，电流读数分别为 0.6 A、0.3 A 和 0.3 A，其相加结果为 1.2 A，等于流过电压源的电流，即 $I_1 + I_2 + I_3 = I$。可见，理论计算与电路仿真结果是相同的，验证了 KCL 定律的正确性。

小　　结

1. **电压和电流**。电压和电流是电路的基本变量，不仅有大小，而且还要关心方向。参考方向是为了便于分析电路问题，对未知的电量（如电压、电流等）假设的方向。通常将电压的参考方向与电流的参考方向取为一致，即采用关联参考方向。

2. **功率**。电压、电流采用关联参考方向时，$P = UI$，否则，乘积前冠以"–"号。功率不仅有大小，而且有正、负之分。若功率为"+"，表示该元件消耗或吸收功率；若功率为"–"，表示该元件供出或释放功率。

3. **电阻、电感和电容**。无源电路元件电阻、电感和电容在关联参考方向下的伏安特性为

线性电阻：$U = IR$

电感：$u = L\dfrac{\mathrm{d}i}{\mathrm{d}t}$

电容：$i = C\dfrac{\mathrm{d}u}{\mathrm{d}t}$

电阻称为耗能元件，电感和电容称为储能元件。

4. **电源**

电源分为独立源和受控源。独立源又可分为独立电压源和独立电流源。

独立电源有自己独特的性质：独立电压源能向外电路提供一个恒定的或按一定时间函数变化的电压，而其电流则受外电路的影响由外电路确定；独立电流源能向外电路提供一个恒定的或按一定时间函数变化的电流，而其端电压则受外电路的影响由外电路确定。

5. 电路的基本定律

① 欧姆定律反映了流过电阻元件的电流与端电压间的关系，表明了电阻元件的伏安特性。在电流、电压为关联参考方向时：$u=Ri$（直流电路为 $U=RI$）；非关联时：$u=-Ri$。

② 基尔霍夫定律反映了电路结构间的约束关系，称为拓扑约束。基尔霍夫定律包括基尔霍夫电流定律（KCL）和基尔霍夫电压定律（KVL）。基尔霍夫电流定律指出：流入某一节点的电流一定等于流出该节点的电流，即

$$\sum i_\text{入} = \sum i_\text{出}$$

或者，流进某一节点电流的代数和为零。即

$$\sum i = 0$$

基尔霍夫电压定律指出：对于电路中的任一回路，它的各段电压的代数和为零，即

$$\sum u = 0$$

KCL 和 KVL 均与元件的性质无关。

习　题

1.1　若沿电流参考方向通过导体横截面的正电荷变化规律为 $q(t) = 8t^2 + 2t$（C），试求 $t = 0$ 和 $t = 1\text{ s}$ 时刻的电流。

1.2　电流参考方向如图1.29（a）所示，试求电流的大小，并说明其真实方向。已知正电荷 $q(t)$ 由 a 移向 b，电荷量 $q(t)$ 随时间变化的波形如图 1.29（b）所示。

1.3　1 C 电荷由 a 移向 b，电场力做功 10J。

（1）当电荷为正时，电压 u_ab 为多少？

（2）当电荷为负时，电压 u_ab 为多少？

1.4　在图 1.30 所示的电路中，已知 $U=36\text{ V}$，$R_1=2\text{ k}\Omega$，$R_2=8\text{ k}\Omega$，试在下列三种情况下，分别求出电压 U_2 和电流 I_1、I_2、I_3。

（1）$R_3=8\text{ k}\Omega$；

（2）$R_3=\infty$（即 R_3 处断开）；

（3）$R_3=0$（即 R_3 处短接）。

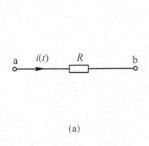

(a)

(b)

图 1.29

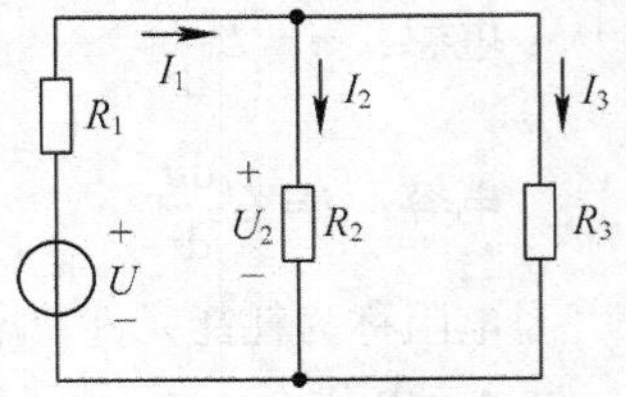

图 1.30

1.5 有一个 $10\ k\Omega$、$9\ W$ 的电阻器，使用时它能承受的最大电压和允许通过的最大电流各是多少？若把这个电阻器接在 $380\ V$ 直流电源上能否正常工作？

1.6 如图 1.31 所示电路，方框分别代表一个元件，各电压、电流的参考方向均已设定。已知 $I_1 = 2\ A$，$I_2 = -1\ A$，$I_3 = 3\ A$，$I_4 = 1\ A$，$I_5 = -4\ A$，$I_6 = -5\ A$，$U_1 = 4\ V$，$U_2 = -2\ V$，$U_3 = 3\ V$，$U_4 = -1\ V$，$U_5 = -1\ V$，$U_6 = 2\ V$。求各元件的功率，并说明它们是吸收功率还是向外提供功率。

1.7 如图 1.32（a）所示电路中，$i_S(t)$ 的波形如图 1.41（b）所示，已知电容 $C = 2\ F$，初始电压 $u_C（0）= 0.5\ V$。试求 $t \geqslant 0$ 时的电容电压，并画出波形。

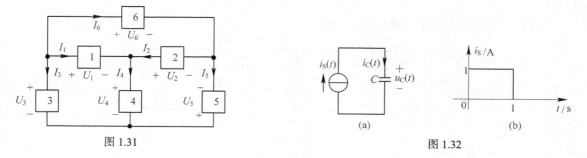

图 1.31　　　　　　　　　　　　图 1.32

1.8 如图 1.33（a）所示电路中，$u_S(t)$ 的波形如图 1.33（b）所示，已知电感 $L = 1\ H$，$i_L（0）= 0\ A$。试求 $t \geqslant 0$ 时的电感电流 $i_L(t)$，并画出波形；求 $t = 2.5\ s$ 时，电感储存的能量。

1.9 求图 1.34 所示各电路中独立源的功率，并指明是吸收功率还是提供功率。

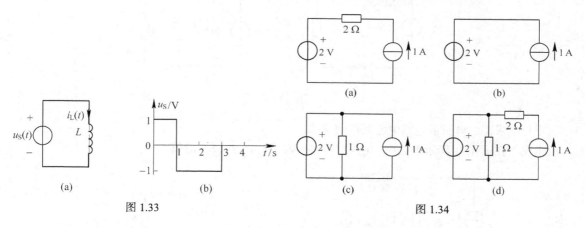

图 1.33　　　　　　　　　　　图 1.34

1.10 已知 $U_S = 10\ V$，$I_S = 5\ A$，$R_0 = 2\ \Omega$，$R = 2\ \Omega$，求图 1.35 所示电路中的电流 I 和电压 U。

1.11 求图 1.36 所示电路中 a、b 端的开路电压 U_{ab}。

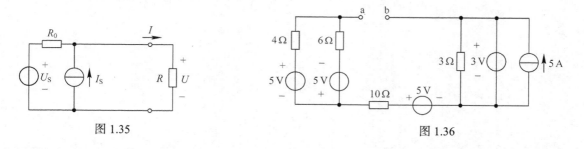

图 1.35　　　　　　　　　　　图 1.36

1.12 求图1.37所示各电路中的未知电流。

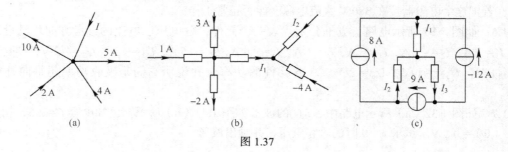

图 1.37

1.13 求图1.38所示各电路中的未知电压 U。

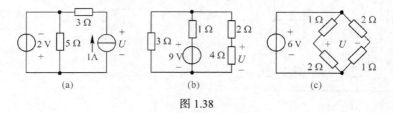

图 1.38

1.14 求图1.39所示电路中未知电阻 R。

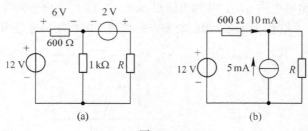

图 1.39

1.15 求图1.40所示电路中各元件的功率。

1.16 在图1.41所示电路中，已知 $U_{ab}=50\text{ V}$，求 I_1、I_2 和 R 的值。

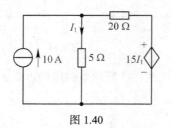

图 1.40

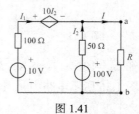

图 1.41

第2章
直流电路及基本分析法

由独立源、受控源和电阻构成的电路称为电阻电路，电路中的电源可以是直流的也可以是交流的，若所有的独立电源都是直流电源时，则这类电路称为直流电路。本章主要介绍直流电路的一般分析方法以及线性网络的基本定理。

需要说明的是，本章介绍的基本公式、基本分析方法和基本定理，虽然是在直流电路中引入、论证的，但是同样适用于后面各章。因此，本章的内容是电路分析的理论基础，应该牢固掌握并熟练应用。

2.1　直流电路的一般分析法

等效变换的分析方法要改变电路的结构，适用于求某一支路的响应问题，对于一些复杂电路的各个支路的求解，等效分析法就没有那么方便了。所以本节讨论更为一般的分析方法，以便直接求解复杂电路，而不需要多次等效变换。

直流电路的一般分析方法包括支路电流法、网孔电流法和节点电压法。这些方法是全面分析电路的方法，主要是依据基尔霍夫定律和元件的伏安特性列出电路方程，然后联立求解。其特点是不改变电路的结构，分析过程有规律。

2.1.1　支路电流法

支路电流法是直接以支路电流为未知量，根据元件的 VAR 及 KCL、KVL 约束关系，建立数目足够且相互独立的方程组，解出各支路电流，进而求得人们期望得到的电路中任一支路的电压、功率等。

如图2.1所示，它有3条支路，设各支路电流分别为 I_1、I_2 和 I_3，其参考方向标示在图上。就本例而言，问题是如何找到包含未知量 I_1、I_2 和 I_3 的3个相互独立的方程组。

根据 KCL，对节点 a 和 b 分别建立电流方程。设流入节点的电流取正号，则有

节点 a：$I_1 + I_2 - I_3 = 0$

节点 b：$-I_1 - I_2 + I_3 = 0$

以上两个方程是不独立的。对于一个具有两个节点的电路，利用基尔霍夫电流定律只能得到一个独立的方程，或者说，这个电路只有一个独立的节点。一般情况下，对于一个具有 n 个节点的电路，

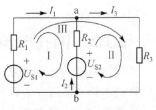

图 2.1　支路电流法

利用基尔霍夫电流定律可以列出（$n-1$）个独立的方程。

根据 KVL，按图中所标绕行方向对回路Ⅰ、Ⅱ、Ⅲ分别列写 KVL 方程，得

回路Ⅰ：$R_1 I_1 - R_2 I_2 + U_{S2} - U_{S1} = 0$

回路Ⅱ：$R_2 I_2 + R_3 I_3 - U_{S2} = 0$

回路Ⅲ：$R_1 I_1 + R_3 I_3 - U_{S1} = 0$

上述三个方程也是不独立的，只有两个方程独立。一般情况下，对于有 b 条支路 n 个节点的电路，利用基尔霍夫电压定律可列出 $b-(n-1)$ 个独立的方程，即具有 $b-(n-1)$ 个独立回路。

当未知变量数目与独立方程数目相等时，未知变量才可能有唯一解。从上述 5 个方程中选取出 3 个相互独立的方程如下。

$$\begin{cases} I_1 + I_2 - I_3 = 0 \\ R_2 I_2 + R_3 I_3 - U_{S2} = 0 \\ R_1 I_1 + R_3 I_3 - U_{S1} = 0 \end{cases} \qquad (2.1)$$

式（2.1）是图 2.1 所示电路以支路电流为未知量的足够的相互独立的方程组之一，联立求解该三元一次方程组便可得到各未知的支路电流 I_1、I_2 和 I_3，当知道了各支路电流后，就可以进一步求解出各支路电压及各元件的功率。

由以上分析，对于有 b 条支路 n 个节点的电路，可以归纳支路电流法分析电路的步骤。

（1）设出各支路电流，标明参考方向。任取 $n-1$ 个节点，依 KCL 列独立节点电流方程。

（2）选取 $b-(n-1)$ 独立回路，并选定绕行方向，依 KVL 列写出所选独立回路的电压方程。对平面电路而言，网孔数恰好等于独立回路数，网孔就是独立回路，所以平面电路一般选网孔列写独立电压方程。

（3）如若电路中含有受控源，还应将控制量用未知电流表示，多加一个辅助方程。

（4）联立求解（1）、（2）、（3）三步列写的方程组，就得到各支路电流。如果需要，再根据元件约束关系等计算电路中任一支路的电压、功率。

例 2.1　在图 2.2 所示电路中，已知 $R_1 = 10\ \Omega$，$R_2 = 5\ \Omega$，$R_3 = 1\ \Omega$，$R_4 = 1.5\ \Omega$，$U_{S1} = 15\ \text{V}$，$U_{S2} = 9\ \text{V}$，$U_{S3} = 4.5\ \text{V}$，求各支路电流和电压 U_{ab}。

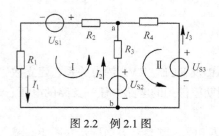

图 2.2　例 2.1 图

解：图中共 2 个节点，3 条支路，2 个网孔，根据 KCL 列出 b 节点电流方程：

$$I_1 - I_2 - I_3 = 0$$

电路为平面电路，选择网孔Ⅰ、Ⅱ作为独立回路，根据 KVL 列出电压方程分别为

$$10 I_1 + 5 I_1 + I_2 + 15 - 9 = 0$$

$$-I_2 + 1.5 I_3 + 9 - 4.5 = 0$$

联立 KCL、KVL 方程，可解得

$$I_1 = -0.5\ \text{A},\ I_2 = 1.5\ \text{A},\ I_3 = -2\ \text{A}$$

电压 $U_{ab} = -I_2 \times R_3 + U_{S2} = -1.5 \times 1 + 9 = 7.5\ \text{V}$

2.1.2　网孔电流法

支路电流法是求解复杂电路的基本方法，优点是它能求解任何复杂电路，对未知支路电流可以直接求解。但联立方程式过多，计算较繁，容易出现错误。

能否克服支路电流法的缺点，减少联立方程的个数而简化计算呢？网孔电流法就是这样的一

种改进方法。网孔电流法是以假想的网孔电流作为电路变量，列写网孔 KVL 方程求解出网孔电流，进而求得各支路电流、电压、功率等，这种求解电路的方法称网孔电流法（简称网孔法）。

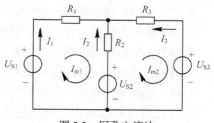

图 2.3　网孔电流法

　　为了建立网孔电压方程，首先假想有一个网孔电流沿网孔边界流动，如图 2.3 所示的 I_{m1} 和 I_{m2}。但网孔电流实际上是不存在的，实际存在的是支路电流。人们为了减少待求量的数目，而将支路电流用网孔电流的合成来表示，其流动方向就是网孔电流的参考方向，也就是列写 KVL 方程时的绕行方向，然后列网孔的 KVL 方程。

　　如图 2.3 所示，各网孔电流与各支路电流之间的关系为

$$I_1 = I_{m1}$$
$$I_2 = -I_{m1} + I_{m2}$$
$$I_3 = -I_{m2}$$

　　对于只属于一个网孔的支路，其支路电流即是网孔电流，或是只差一个负号（由参考方向决定）；对于两个网孔的公共支路，支路电流是两个相关网孔电流的代数和，即 $I_2 = -I_{m1} + I_{m2}$，这样用 2 个网孔电流表示了电路中全部 3 条支路的电流。

　　根据 KVL，列网孔的电压方程，选取网孔的绕行方向与网孔电流的参考方向一致，可得

$$\begin{cases} R_1 I_{m1} + R_2 I_{m1} - R_2 I_{m2} + U_{S2} - U_{S1} = 0 \\ R_2 I_{m2} - R_2 I_{m1} + R_3 I_{m2} + U_{S3} - U_{S2} = 0 \end{cases} \tag{2.2}$$

　　对以上方程组进行整理：合并同类项，并将已知的源电压移至等式右边，得

$$\begin{cases} (R_1 + R_2)I_{m1} - R_2 I_{m2} = U_{S1} - U_{S2} \\ -R_2 I_{m1} + (R_2 + R_3)I_{m2} = U_{S2} - U_{S3} \end{cases} \tag{2.3}$$

　　方程组（2.3）可以进一步写成

$$\begin{cases} R_{11} I_{m1} + R_{12} I_{m2} = U_{S11} \\ R_{21} I_{m1} + R_{22} I_{m2} = U_{S22} \end{cases} \tag{2.4}$$

式中，$R_{11} = R_1 + R_2$、$R_{22} = R_2 + R_3$ 分别是网孔 1 与网孔 2 的电阻之和，称为各网孔的自电阻。因为选取自电阻的电压与电流为关联参考方向，所以自电阻都取正号。

　　$R_{12} = R_{21} = -R_2$ 是网孔 1 与网孔 2 公共支路的电阻，称为相邻网孔的互电阻。当公共支路上两个网孔电流的参考方向一致时，取正号；否则取负号。为了在列写方程时避免错误，通常将各网孔电流的参考方向均取为顺时针（或逆时针）绕向，则此时互电阻一律取负号。

　　$U_{S11} = U_{S1} - U_{S2}$、$U_{S22} = U_{S2} - U_{S3}$ 分别是各网孔中沿网孔电流方向电压源电压的代数和，称为网孔电源电压。凡参考方向与网孔绕行方向一致的电源电压取负号，反之取正号。

　　由以上的分析，对于具有 n 个网孔的电路，其网孔方程的一般形式可表示为

$$\begin{cases} R_{11} I_{m1} + R_{12} I_{m2} + \cdots + R_{1n} I_{mn} = U_{S11} \\ R_{21} I_{m1} + R_{22} I_{m2} + \cdots + R_{2n} I_{mn} = U_{S22} \\ \qquad\qquad\qquad \vdots \\ R_{n1} I_{m1} + R_{n2} I_{m2} + \cdots + R_{nn} I_{mn} = U_{Smn} \end{cases} \tag{2.5}$$

　　网孔电流法的一般步骤如下。

　　（1）确定网孔及设定各网孔电流的参考方向，通常将各网孔电流的参考方向均设为顺时针绕向或均设为逆时针绕向。

（2）按照规则列写网孔方程组。

（3）求解方程组，即可得出各网孔电流值。

（4）根据所求出的网孔电流即可求出各支路电流。

例2.2 用网孔电流法求图2.4所示电路的各支路电流。

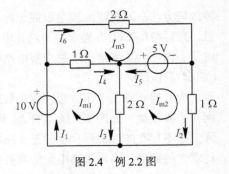

图2.4 例2.2图

解：选择各网孔电流的参考方向，如图2.4所示。计算各网孔的自电阻和相关网孔的互电阻及每一网孔的电源电压。

按式（2.5）列网孔方程组
$$\begin{cases} 3I_{m1} - 2I_{m2} - I_{m3} = 10 \\ -2I_{m1} + 3I_{m2} = -5 \\ -I_{m1} + 3I_{m3} = 5 \end{cases}$$

求解网孔方程组
$$I_{m1} = 6.25 \text{ A}, \ I_{m2} = 2.5 \text{ A}, \ I_{m3} = 3.75 \text{ A}$$

由网孔电流求出各支路电流
$$I_1 = I_{m1} = 6.25 \text{ A}, \ I_2 = I_{m2} = 2.5 \text{ A}$$
$$I_3 = I_{m1} - I_{m2} = 3.75 \text{ A}, \ I_4 = I_{m1} - I_{m3} = 2.5 \text{ A}$$
$$I_5 = I_{m3} - I_{m2} = 1.25 \text{ A}, \ I_6 = I_{m3} = 3.75 \text{ A}$$

2.1.3 节点电压法

节点电压法也是着眼于减少方程个数的一种改进分析方法，它是以电路的节点电压为未知量来分析电路的一种方法。在电路的 n 个节点中，任选一个为参考点，把其余 $(n-1)$ 个节点对参考点的电压叫做该节点的节点电压。电路中所有支路电压都可以用节点电压来表示。以 $(n-1)$ 个节点电压为变量，对每个独立节点列出一个 KCL 方程，称为节点方程。联立求解 $(n-1)$ 个节点方程构成的方程组，便可求出 $(n-1)$ 个节点电压。通过节点电压便可以直接求出所有支路电压，根据各支路电压与电流的约束关系，可求出所有支路电流。

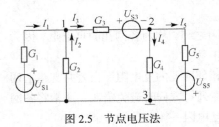

图2.5 节点电压法

如图 2.5 所示，电路有 5 条支路和 3 个节点，用支路电流法需要列 5 个方程，而节点电压法只对独立节点列方程，即只需列 2 个方程。取节点 3 为参考点，节点 1 和节点 2 对参考节点的电压分别为 U_1 和 U_2，列节点 1 和节点 2 的 KCL 方程得

$$\begin{cases} I_1 + I_2 - I_3 = 0 \\ I_3 - I_4 - I_5 = 0 \end{cases}$$

将支路电流用节点电压表示为
$$\begin{cases} I_1 = G_1(U_{S1} - U_1) \\ I_2 = -G_2 U_1 \\ I_3 = G_3(U_1 - U_2 - U_{S3}) \\ I_4 = G_4 U_2 \\ I_5 = G_5(U_2 + U_{S5}) \end{cases}$$

代入节点电流方程中，经移项整理后得
$$\begin{cases} (G_1 + G_2 + G_3)U_1 - G_3 U_2 = G_1 U_{S1} + G_3 U_{S3} \\ -G_3 U_1 + (G_3 + G_4 + G_5)U_2 = -G_3 U_{S3} - G_5 U_{S5} \end{cases}$$
（2.6）

上述方程组可进一步改写成

$$\begin{cases} G_{11}U_1 + G_{12}U_2 = I_{S11} \\ G_{21}U_1 + G_{22}U_2 = I_{S22} \end{cases} \tag{2.7}$$

式中，$G_{11} = G_1 + G_2 + G_3$、$G_{22} = G_3 + G_4 + G_5$ 分别是节点 1 与节点 2 相连的所有支路的电导之和，称为节点的自电导，自电导全部取正值。

$G_{12} = G_{21} = -G_3$ 是连接在节点 1 与节点 2 之间的各公共支路的电导之和的负值，称为两相邻节点的互电导，互电导总是负的。

$I_{S11} = G_1U_{S1} + G_3U_{S3}$、$I_{S22} = -G_3U_{S3} - G_5U_{S5}$ 分别是流入节点 1 和节点 2 的各电流源电流的代数和，称为节点电源电流，流入节点的取正号，流出的取负号。

由以上的分析，对于具有 n 个节点的电路，其节点方程的一般形式可表示为

$$\begin{cases} G_{11}U_1 + G_{12}U_2 + \cdots + G_{1(n-1)}U_{n-1} = I_{S11} \\ G_{21}U_1 + G_{22}U_2 + \cdots + G_{2(n-1)}U_{n-1} = I_{S22} \\ \qquad\qquad\qquad \vdots \\ G_{(n-1)1}U_1 + G_{(n-1)2}U_2 + \cdots + G_{(n-1)(n-1)}U_{n-1} = I_{S(n-1)(n-1)} \end{cases} \tag{2.8}$$

节点电压法的一般步骤如下。

（1）选定参考节点，标注节点电压。

（2）对各独立节点按照节点方程的规则列写节点方程。

（3）求解方程，即可得出各节点电压。

（4）根据所求出的节点电压求题目中需要求的各量。

例 2.3　如图2.6 所示电路，采用节点电压法求各支路的电流。

解：取节点 3 为参考节点，节点 1 的电压为 U_1，节点 2 的电压为 U_2。由电路图可以直接写出电路的节点电压方程为

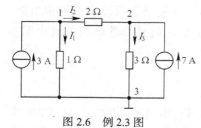

$$\begin{cases} \left(1 + \dfrac{1}{2}\right)U_1 - \dfrac{1}{2}U_2 = 3 \\ -\dfrac{1}{2}U_1 + \left(\dfrac{1}{2} + \dfrac{1}{3}\right)U_2 = 7 \end{cases}$$

解得

$$U_1 = 6\text{ V}, \; U_2 = 12\text{ V}$$

图 2.6　例 2.3 图

取各支路电流的参考方向，如图 2.6 所示。根据支路电流与节点电压的关系，有

$$I_1 = \frac{U_1}{1} = \frac{6}{1} = 6\text{ A}$$

$$I_2 = \frac{U_1 - U_2}{2} = \frac{6 - 12}{2} = -3\text{ A}$$

$$I_3 = \frac{U_2}{3} = \frac{12}{3} = 4\text{ A}$$

例 2.4　如图 2.7 所示电路，已知 $U_{S1} = 10\text{ V}$，$U_{S3} = 4\text{ V}$，$I_{S4} = 4\text{ A}$，$R_1 = 3\ \Omega$，$R_2 = 6\ \Omega$，$R_4 = 6\ \Omega$。求节点电压 U_1 和 U_2。

解：由图可知节点 3 为参考点。电路节点 1 和节点 2 之间的理想电压源 U_{S3} 支路的电阻为零，即电导为无穷大，无法直接写出节点电压方程。假设流过理想电压源 U_{S3} 的电流为 I_3，则节点电压方程为

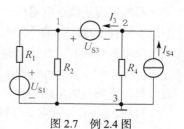

图 2.7　例 2.4 图

$$\left(\frac{1}{R_1}+\frac{1}{R_2}\right)U_1 = \frac{U_{S1}}{R_1}+I_3$$

$$\frac{1}{R_4}U_2 = -I_3 + I_{S4}$$

这样方程中就有了 U_1、U_2 和 I_3 三个变量，所以必须将理想电压源 U_{S3} 的特性作为补充方程

$$U_1 - U_2 = U_{S3}$$

代入数值有

$$\left(\frac{1}{3}+\frac{1}{6}\right)U_1 = \frac{10}{3}+I_3$$

$$\frac{1}{6}U_2 = -I_3 + 4$$

$$U_1 - U_2 = 4$$

解得

$$U_1 = 12\ \text{V}\ ,\quad U_2 = 8\ \text{V}$$

2.2　线性电路的基本定理

　　由独立源和线性元件组成的电路，称为线性电路。利用支路电流法、网孔电流法和节点电压法进行电路的分析，能够在电路结构和参数保持不变的情况下，直接确定各支路的电压或电流，因此称为直接分析法。用直接分析法能够求出全部的未知电流或电压，但有时并不需要求出全部的未知量，而只需要求某一支路的电流或电压。间接分析法为这类问题的解决提供了很好的途径。所谓间接分析法就是等效地改变原电路，使复杂电路变换成简单电路，从而对简单电路求解，简化了分析过程。间接分析法的理论依据就是线性电路的几个基本定理。

2.2.1　叠加定理

　　线性电路必须同时满足齐次性和叠加性。当激励 U_1 作用于线性电路产生的响应为 U_2 时，则 U_1 增大 K 倍为 KU_1 时，产生的响应也跟着增大 K 倍而成为 KU_2，响应与激励成正比的这种性质称为齐次性（又称比例性）；若激励 U_1、U_2 分别作用于线性电路产生的响应是 U_{11}、U_{22}，则当激励 U_1、U_2 共同作用于线性电路时，产生的总响应为 U_{11}、U_{22} 之和，这种性质称为叠加性（又称可加性）。

　　符合叠加性的电路同时也具有齐次性。因此，叠加性质是线性电路的基本性质。叠加定理（又称叠加原理）的根据就是线性电路的叠加性。

　　叠加定理是线性电路的一个基本定理。叠加定理可表述如下：在线性电路中，当有两个或两个以上的独立电源同时作用时，则电路的任一支路响应（电流或电压），都可以认为是电路中各个电源单独作用时，在该支路中产生的各分响应（电流分量或电压分量）的代数和。

　　如图 2.8（a）所示电路含有两个独立电源，图 2.8（b）、（c）分别给出了独立电压源和独立电流源单独作用时的电路。

　　对图 2.8（a），节点 a 与节点 b 间的电压为 U_1。

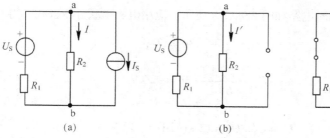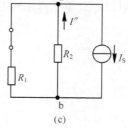

图 2.8　叠加定理示意图

$$U_1 = \frac{\dfrac{U_s}{R_1} - I_s}{\dfrac{1}{R_1} + \dfrac{1}{R_2}} = \frac{R_2 U_s - R_1 R_2 I_s}{R_1 + R_2}$$

流过 R_2 的支路的电流为 I。

$$I = \frac{U_1}{R_2} = \frac{U_s - R_1 I_s}{R_1 + R_2} = \frac{U_s}{R_1 + R_2} - \frac{R_1}{R_1 + R_2} I_s$$

由图 2.8（b）所示的电路，可得当电压源单独作用时流过 R_2 的支路电流 I'。

$$I' = \frac{U_s}{R_1 + R_2}$$

由图 2.8（c）所示的电路，可得当电流源单独作用时流过 R_2 的支路电流 I''。

$$I'' = \frac{R_1}{R_1 + R_2} I_s$$

很显然，$I' - I'' = \dfrac{U_s}{R_1 + R_2} - \dfrac{R_1}{R_1 + R_2} I_s = I$

可见，由两个独立电源共同作用产生的支路电流等于每个电源单独作用时产生的电流的代数和。

应用叠加定理分析解决电路问题时要注意以下几点。

（1）叠加定理只适用于线性电路，不适用于非线性电路。这是因为线性电路中的电压和电流都与激励（独立电源）呈一次函数关系。

（2）当一个独立电源单独作用时，其余独立电源做零处理，即保留内阻，理想电压源用短路替代，理想电流源用开路替代，而电路其他结构不变。

（3）不能用叠加定理直接来计算功率。因为功率是电压和电流的乘积，不是电压、电流的一次函数。

（4）应用叠加定理求电压和电流时是代数量的叠加，要特别注意各代数量的符号。即注意在各电源单独作用时计算的电压、电流参考方向是否与原电路一致，一致时相加，反之相减。

（5）在使用叠加定理分析含受控源的（线性）电路时，受控源不能单独作用，而应把受控源作为一般元件始终保留在电路中，因为受控电压源的电压和受控电流源的电流受电路结构和元件参数制约。

（6）叠加的方式是任意的，可以一次使一个独立源单独作用，也可以一次使几个独立源同时作用，方式的选择取决于分析问题的方便。

例 2.5　如图 2.9（a）所示电路，应用叠加定理求电压 U。

解: 电压源 U_S 单独作用时电路如图 2.9（b）所示。应用电阻串联分压公式，得

$$U_1' = \frac{3}{3+6} \times 36 = 12 \text{ V}$$

$$U_2' = -\frac{12}{6+12} \times 36 = -24 \text{ V}$$

则

$$U' = U_1' + U_2' = 12 + (-24) = -12 \text{ V}$$

电流源 I_S 单独作用时电路如图 2.9（c）所示。应用电阻串、并联等效及欧姆定理，得

$$U'' = [6//3 + 6//12] \times 3 = 18 \text{ V}$$

故得电压

$$U = U' + U'' = -12 + 18 = 6 \text{ V}$$

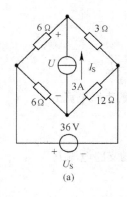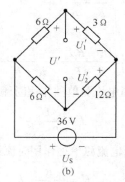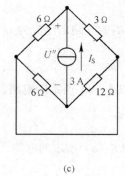

图 2.9　例 2.5 图

例 2.6　用叠加定理求图 2.10（a）所示电路中的电压 U_1。

解: 这是一个含有受控源的电路。按叠加定理，分别做出电流源单独作用的电路如图 2.10（b）所示，电压源单独作用的电路如图 2.10（c）所示。

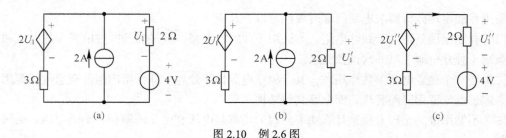

图 2.10　例 2.6 图

在图 2.10（b）、（c）中，都将受控电压源保留在了原处，相应的控制量分别标为 U_1' 和 U_1''。

对于图 2.10（b），根据基尔霍夫电流定律，可列出节点电流方程

$$\frac{U_1'}{2} + \frac{U_1' - 2U_1'}{3} = 2$$

解得

$$U_1' = 12 \text{V}$$

对于图 2.10（c），根据基尔霍夫电压定律，可列出回路电压方程

$$2U_1'' = U_1'' + \frac{3 \times U_1''}{2} + 4$$

解得

$$U_1'' = -8 \text{ V}$$

所以

$$U_1 = U_1' + U_1'' = 12 - 8 = 4 \text{ V}$$

2.2.2　戴维南定理

在很多情况下，我们只对复杂电路中某一条支路的电压、电流和功率感兴趣，而对电路中其他部分的情况并不关心，对所研究的支路，电路的其余部分就成为一个有源二端网络。这时，就不一定要整体求解电路，可以先化简电路，把不需要计算其电压、电流的那一部分电路，用一个尽可能简单的等效电路来替代，从而使分析和计算简化。戴维南（Thevenin）定理和诺顿（Norton）定理就是如何将一个线性有源二端网络等效成一个电源模型的重要定理，所以称为等效电源定理。

戴维南定理用来把复杂的线性有源二端网络等效为一个电压源与电阻串联的电源模型。定理内容可表述为：如图 2.11（a）所示任一线性有源二端网络 N，对其外部电路来说，都可以用电压源和电阻串联组合等效代替，如图 2.11（b）所示；该电压源的电压等于网络的开路电压 U_{OC}，该电阻等于网络内部所有独立源作用为零情况下网络的等效电阻 R_0。由戴维南定理所得的电压源等效电路称为戴维南等效电路。

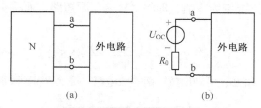

图 2.11　戴维南定理示意图

计算开路电压 U_{OC} 时，先将外电路断开，设定 U_{OC} 参考方向，根据具体电路形式，选择前面所讲述的各种分析方法，如等效变换法、节点电压法、网孔电流法等来求解。

计算等效电阻 R_0 时，常用下列方法。

（1）直接法：应用等效变换方法（如串、并联等效或三角形与星形网络变换等）直接求出无源二端网络的等效电阻。

（2）外加电源法：使网络 N 中所有独立源均为零值，即理想电压源短路，理想电流源开路，注意受控源不能作同样处理，受控源要保留，得到一个无源二端网络 N_0，然后在 N_0 两端外加电源。若加电压源 U，如图 2.12（a）所示，计算端子上的电流 I（I、U 对二端网络 N_0 来说参考方向关联）；若加电流源 I，如图 2.12（b）所示，计算端子间电压 U；则端子间等效电阻为

$$R_{ab} = R_0 = \frac{U}{I}$$

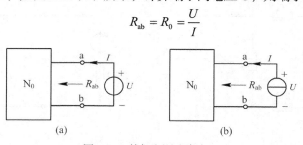

图 2.12　外加电源法求内阻

（3）开路、短路法：分别求出有源网络 N 的开路电压 U_{OC}，如图 2.13（a）所示；以及短路电流 I_{SC}，如图 2.13（b）所示（注意：此时有源网络 N 内所有独立源和受控源均保留不变）。若开路电压 U_{OC} 参考方向是 a 为高电位端，I_{SC} 参考方向设为从 a 流向 b，则等效内阻

$$R_0 = \frac{U_{OC}}{I_{SC}}$$

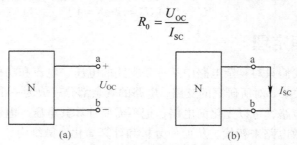

图 2.13　求开路电压和短路电流电路

例 2.7　用戴维南定理求图 2.14（a）所示电路中的电流 I 和电压 U。

解：根据戴维南定理，将 R 支路以外的其余部分所构成的二端网络，用一个电压源 U_{OC} 和电阻 R_0 相串联去等效代替。

（1）求 U_{OC}：将 R 支路断开，如图 2.14（b）所示。用叠加定理可求得

$$U_{OC} = \frac{2}{2+2+2+2} \times 2 + \frac{2+2+2}{2+2+2+2} \times 1 \times 2 = 2 \text{ V}$$

（2）求 R_0：将两个独立源变为零值，即将 2 V 电压源短路，而将 1 A 电流源开路，如图 2.14（c）所示。可求得

$$R_0 = \frac{2 \times (2+2+2)}{2+2+2+2} = 1.5 \ \Omega$$

（3）根据所求得的 U_{OC} 和 R_0，可做出戴维南等效电路，接上 R 支路如图 2.14（d）所示，即可求得

$$I = \frac{U}{R_0 + R} = \frac{2}{1.5 + 1.5} = \frac{2}{3} \text{ A}$$

$$U = RI = 1.5 \times \frac{2}{3} = 1 \text{ V}$$

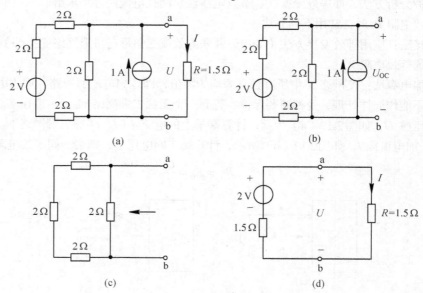

图 2.14　例 2.7 图

例 2.8　用戴维南定理求图 2.15（a）所示电路中的电流 I_1。

解：先将 9 Ω支路断开，并将 CCCS 变换成 CCVS，如图 2.15 （b）所示。

$$U_{OC} = 16I' + 2I'$$

$$I' = \frac{20 - 16I'}{2 + 2} = \frac{20 - 16I'}{4}, \text{ 即 } 4I' = 20 - 16I'$$

则

$$I' = 1 \text{ A}$$

所以

$$U_{OC} = 18 \text{ V}$$

求短路电流 I_{SC}，由图 2.15（c），用节点电压法可得

$$\left(\frac{1}{2} + \frac{1}{2} + \frac{1}{8.8}\right)U_1 = \frac{20}{2} + 8I''$$

$$I'' = \frac{20 - U_1}{2}$$

所以

$$U_1 = 17.6 \text{ V}$$

则

$$I_{SC} = \frac{U_1}{8.8} = 2 \text{ A}$$

由所求 U_{OC} 和 I_{SC} 求 R_0。

$$R_0 = \frac{U_{OC}}{I_{SC}} = \frac{18}{2} = 9 \text{ Ω}$$

等效电压源电路如图 2.15（d）所示，于是得

$$I_1 = \frac{U_{OC}}{R_0 + 9} = \frac{18}{9 + 9} = 1 \text{ A}$$

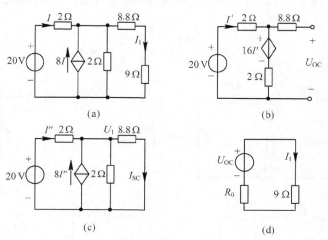

图 2.15　例 2.8 图

2.2.3　诺顿定理

诺顿定理是等效电源定理的另一种形式。诺顿定理用来把复杂的线性有源二端网络等效为一

个电流源与电阻并联的电源模型。定理内容可表述为：如图 2.16（a）所示任一线性有源二端网络 N，对其外部电路来说，都可以用电流源和电阻并联组合等效代替，如图 2.16（b）所示；该电流源的电流等于网络的短路电流 I_{SC}，该电阻等于网络内部所有独立源作用为零情况下的网络的等效电阻 R_0。由诺顿定理所得的电流源等效电路称为诺顿等效电路。

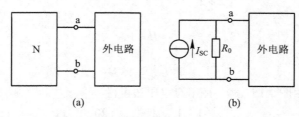

图 2.16　诺顿定理示意图

根据两种实际电源模型的等效变换，由戴维南等效电路即可得到诺顿等效电路，所以诺顿定理是戴维南定理的另一种形式。戴维南等效电路和诺顿等效电路共有开路电压 U_{OC}、等效电阻 R_0 和短路电流 I_{SC} 三个参数，其关系为 $U_{OC} = R_0 I_{SC}$，故求出其中任意两个量就可以求得另一个量。凡是戴维南定理能解决的问题，诺顿定理也能解决，其解题步骤与戴维南定理类似。这里不再赘述，通过下面的例子来说明诺顿定理的应用。

例 2.9　利用诺顿定理求图 2.17（a）所示电路中的电流 I。

解： 由图 2.17（b）求短路电流。

$$I_{SC} = \frac{140}{20} + \frac{90}{5} = 25 \text{ A}$$

由图 2.17（c）求等效电阻 R_0。

$$R_0 = 20 / / 5 = \frac{20 \times 5}{20 + 5} = 4 \ \Omega$$

根据诺顿定理，图 2.17（a）所示电路对所求电流支路可等效化简为图 2.17（d）所示的电路，由图 2.17（d）可得

$$I = \frac{R_0 I_{SC}}{R_0 + 6} = \frac{4 \times 25}{4 + 6} = 10 \text{ A}$$

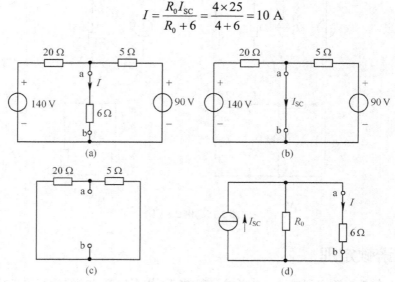

图 2.17　例 2.9 图

例 2.10 利用诺顿定理求图 2.18（a）所示电路中的电流 I。

解：待求支路取掉后，电路为一个线性含源二端网络，求这个二端网络的开路电压比求短路电流要复杂，所以这个电路用诺顿定理求解比用戴维南定理求解简单。由图 2.18（b）可得短路电流 I_{SC}

$$I_{SC} = I_1 - I_2 = \frac{9}{9+9} \times 6 - \frac{3}{3+6} \times 6 = 1\,\text{A}$$

由图 2.18（c）可得等效电阻 R_0

$$R_0 = (3+6)\,/\!/\,(9+9) = 9\,/\!/\,18 = 6\,\Omega$$

由图 2.18（d）的等效电路得

$$I = \frac{R_0 I_{SC}}{R_0 + 6} = \frac{6 \times 1}{6+6} = 0.5\,\text{A}$$

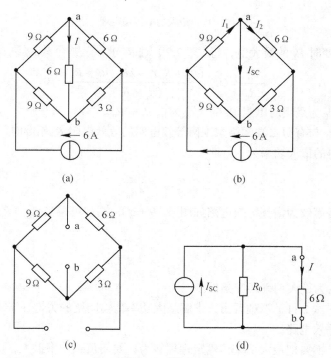

图 2.18　例 2.10 图

2.3　最大功率传输定理

在电子技术中，常常希望负载从电源处获得最大功率。

设一线性有源二端网络用戴维南等效电路进行等效，并在端子处外接负载 R_L，如图 2.19（a）所示。从图中可定性看出：当 $R_L \to \infty$ 时，因 $I=0$，此时负载不吸收功率；当 $R_L=0$ 时，也不吸收功率。当 R_L 在 $0 \sim \infty$ 范围内变动时，负载吸收功率，且随 R_L 的变动而变化：负载 R_L 吸收的功率 PL 由零逐渐增大，然后又逐渐下降到零，这当中必有最大值存在。对于给定的有源二端网络，负载满足什么条件时，才能从网络中获得最大的功率呢？由图 2.19（a）可知，负载获得的功率

可表示为

$$P_{\mathrm{L}} = I^2 R_{\mathrm{L}} = \left(\frac{U_{\mathrm{OC}}}{R_0 + R_{\mathrm{L}}} \right)^2 R_{\mathrm{L}} \tag{2.9}$$

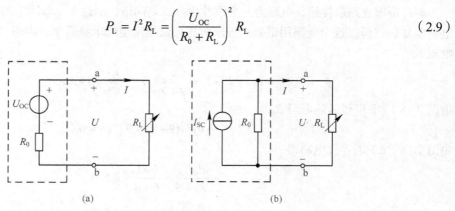

图 2.19　最大功率传输定理

为了求得 R_{L} 改变时 P_{L} 的最大值，将式（2.9）对 R_{L} 求导，并令其为零，即

$$\frac{\mathrm{d}P_{\mathrm{L}}}{\mathrm{d}R_{\mathrm{L}}} = U_{\mathrm{OC}}^2 \frac{(R_{\mathrm{L}} + R_0)^2 - 2R_{\mathrm{L}}(R_{\mathrm{L}} + R_0)}{(R_{\mathrm{L}} + R_0)^4} = 0$$

由此可得功率 P_{L} 为最大时电阻 R_{L} 的大小为：$R_{\mathrm{L}} = R_0$。

即在负载电阻 R_{L} 与有源二端网络戴维南等效电路的等效电阻 R_0 相等时，负载电阻 R_{L} 可获得最大功率，负载获得的最大功率为

$$P_{\mathrm{Lmax}} = \frac{U_{\mathrm{OC}}^2}{4R_0} \tag{2.10}$$

若有源二端网络等效为诺顿等效电路如图 2.19（b），同样可得当 $R_{\mathrm{L}} = R_0$ 时，R_{L} 可获得最大功率，且最大功率为

$$P_{\mathrm{Lmax}} = \frac{1}{4} R_0 I_{\mathrm{SC}}^2 \tag{2.11}$$

通常，称 $R_{\mathrm{L}} = R_0$ 为最大功率匹配条件。

从式（2.10）、式（2.11）不难看出，求解最大功率传输问题的关键在于求有源二端网络戴维南等效电路或诺顿等效电路。

应当注意的是，不要把最大功率传输定理理解为：要使负载功率最大，应使实际电源的等效内阻 R_0 等于 R_{L}。必须指出：由于 R_0 为定值，要使负载获得最大功率，必须调节负载电阻 R_{L}（而不是调节 R_0）才能使电路处于匹配工作状态。

例 2.11　求图 2.20（a）所示电路中 R_{L} 为何值时能取得最大功率，该最大功率是多少？

解： 断开 R_{L} 支路，用叠加定理求开路电压 U_{OC}。16 V 电压源单独作用时，如图 2.20（b）所示，根据分压关系，有 U_{OC}'

$$U_{\mathrm{OC}}' = \frac{16}{8 + 4 + 20} \times (4 + 20) = 12 \text{ V}$$

1 A 电流源单独作用时，如图 2.20（c）所示，根据分流关系，有

$$I = \frac{20}{8 + 4 + 20} \times 1 = \frac{5}{8} \text{ A}$$

$$U_{\mathrm{OC}}'' = -\frac{5}{8} \times 8 - 1 \times 3 = -8 \text{ V}$$

所以 $U_{OC} = U'_{OC} + U''_{OC} = 12 - 8 = 4\ \text{V}$

将 16 V 电压源和 1 A 电流源均变为零，如图 2.20（d）所示，可得

$$R_0 = 3 + \frac{8 \times (4 + 20)}{8 + 4 + 20} = 9\ \Omega$$

根据求出的 U_{OC} 和 R_0 画出戴维南等效电路，并接上 R_L，如图 2.20（e）所示，根据最大功率传输定理可知，当 $R_L = R_0 = 9\ \Omega$ 时，可获得最大功率为

$$P_{L\max} = \frac{U_{OC}^2}{4R_0} = \frac{4^2}{4 \times 9} = \frac{4}{9}\ \text{W}$$

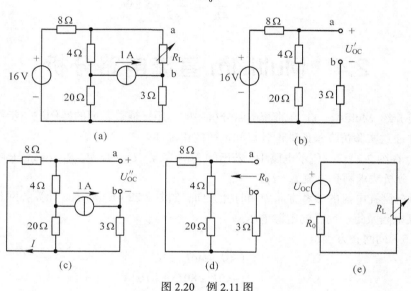

图 2.20　例 2.11 图

例 2.12　在图 2.21（a）所示电路中，若已知：当 $R_5 = 8\ \Omega$ 时，$I_5 = 20\ \text{A}$；当 $R_5 = 2\ \Omega$ 时，$I_5 = 50$ A，问 R_5 为何值时，它消耗的功率最大？此时最大功率为多少？

解：根据戴维南定理，可将 R_5 支路以外的其余部分所构成的有源二端网络用一个电压源 U_{OC} 和电阻 R_0 相串联去等效代替，如图 2.21（b）所示，则有

$$\frac{U_{OC}}{R_0 + R_5} = I_5$$

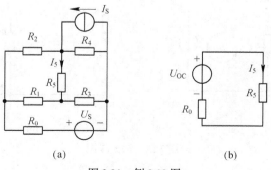

图 2.21　例 2.12 图

依题条件可列方程组

$$\begin{cases} \dfrac{U_{\text{OC}}}{R_0+8}=20 \\[2mm] \dfrac{U_{\text{OC}}}{R_0+2}=50 \end{cases}$$

解得

$$U_{\text{OC}}=200 \text{ V} \qquad R_0=2 \text{ }\Omega$$

根据最大功率传输定理可知，当 $R_5=R_0=2 \text{ }\Omega$ 时，R_5 可获得最大功率，为

$$P_{\max}=\dfrac{U_{\text{OC}}^2}{4R_0}=\dfrac{200^2}{4\times 2}=5 \text{ kW}$$

2.4 Multisim 直流电路分析

本节主要介绍 Multisim 11 在直流电路分析中的应用，通过下面的实例进一步熟悉各种电路分析方法，并通过实验仿真验证理论计算和定律的正确性。

例 2.13 在图 2.22（a）所示电路中，若已知 U_{S1}=16 V，U_{S2}=16 V，R_1=20 Ω，R_2=40 Ω，R_3=40 Ω。试用网孔分析法求网孔电流 I_1、I_2。

解： 选择各网孔电流的参考方向为顺时针方向，如图 2.22（a）所示。计算各网孔的自电阻和相关网孔的互电阻及每一网孔的电源电压。

按式（2.5）列网孔方程组

$$\begin{cases} 60I_1-40I_2=16 \\ -40I_1+80I_2=-16 \end{cases}$$

求解网孔方程组得

$$I_1=0.2 \text{ A}, \ I_2=-0.1 \text{ A}$$

在 Multisim 11 电路窗口中创建如图 2.22（b）所示的电路，启动仿真，图 2.22（b）中电流表的读数分别为 0.200 A 和 −0.100 A，为两网孔网孔电流 I_1 和 I_2。可见，理论计算与电路仿真结果是相同的。

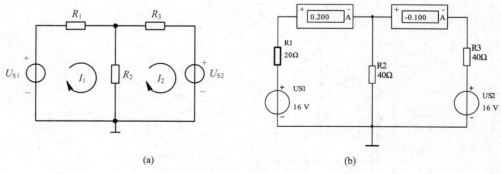

图 2.22 例 2.13 图

节点电压法是以节点电压为变量列 KCL 方程求解电路的方法。当电路比较复杂时，节点电压法的计算步骤非常繁琐，利用 Multisim 11 可以快速、方便地仿真计算出各个节点的电压。

例 2.14　在图 2.23（a）所示电路中，若已知 U_{S1}=15 V，U_{S2}=20 V，R_1=5 Ω，R_2=10 Ω，R_3=10 Ω，R_4=20 Ω，R_5=20 Ω，试用节点电压法求节点 1、节点 2 的电压 U_1、U_2。

解：取节点 3 为参考节点，由电路图可以直接写出电路的节点电压方程为

$$\begin{cases} \left(\dfrac{1}{5}+\dfrac{1}{10}+\dfrac{1}{10}\right)U_1 - \dfrac{1}{10}U_2 = \dfrac{15}{5} \\ -\dfrac{1}{10}U_1 + \left(\dfrac{1}{10}+\dfrac{1}{20}+\dfrac{1}{20}\right)U_2 = \dfrac{20}{20} \end{cases}$$

解得

$$U_1 = 10 \text{ V}, \quad U_2 = 10 \text{ V}$$

在 Multisim 11 电路窗口中创建如图 2.23（b）所示的电路，启动仿真，图 2.23（b）中电压表的读数为节点 1、节点 2 的电压 U_1、U_2，且都为 10.000 V。可见，理论计算与电路仿真结果是相同的。

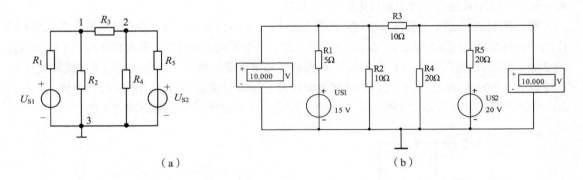

（a）　　　　　　　　　　　　　　　　　（b）

图 2.23　例 2.14 图

例 2.15　在图 2.24（a）所示电路中，若已知 U_S = 15 V，I_S = 3 A，R_1 = 20 Ω，R_2 = 5 Ω，试用叠加原理求流过电阻 R_2 的电流 I 及其两端的电压 U。

解：在 Multisim 11 电路窗口中创建如图 2.24（b）、（c）、（d）所示的电路，启动仿真，图 2.24（b）中电流表、电压表的读数为电流源和电压源同时作用时流过电阻 R_2 的电流 I 及其两端的电压 U，且 I = 3 A，U = 15 V；图 2.24（c）中电流表、电压表的读数为电流源单独作用时流过电阻 R_2 的电流 I_1 及其两端的电压 U_1，且 I_1 = 2.4 A，U_1 = 12 V；图 2.24（d）中电流表、电压表的读数为电压源单独作用时流过电阻 R_2 的电流 I_2 及其两端的电压 U_2，且 I_2 = 0.6 A，U_2 = 3 V。可见，$U = U_1 + U_2$，$I = I_1 + I_2$，电路仿真结果与理论计算是相同的，从而验证了叠加定理的正确性。

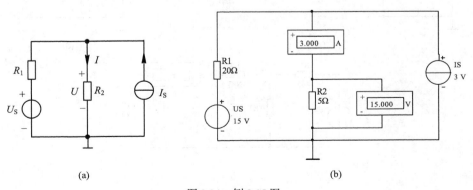

(a)　　　　　　　　　　　　　　　　　(b)

图 2.24　例 2.15 图

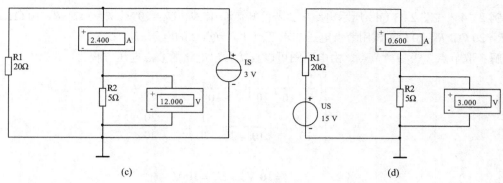

图 2.24　例 2.15 图（续）

例 2.16　在图 2.25（a）所示电路中，若已知 $U_S = 12\text{ V}$，$R_1 = 40\ \Omega$，$R_2 = 40\ \Omega$，$R_3 = 40\ \Omega$，$R_4 = 60\ \Omega$。试用戴维南定理求流过电阻 R_4 的电流 I。

解：在 Multisim 11 电路窗口中创建如图 2.25（b）、（c）、（d）和（e）所示的电路，图 2.25（b）中电压表的读数为开路电压 U_{OC}，$U_{OC} = 6\text{ V}$；图 2.25（c）中万用表的读数为等效电阻 R_0，且 $R_0 = 60\ \Omega$；图 2.25（d）为由电压源 U_{OC} 和等效电阻 R_0 构成的戴维南等效电路，其电流表的读数就是流过 R_4 的电流 I，$I = 0.05\text{ A}$。图 2.25（e）电路中电流表的读数为戴维南等效之前流过电阻 R_4 的电流 I，$I = 0.05$ A。可见，戴维南等效前后流经电阻 R_4 的电流相等，从而验证了戴维南定理的正确。

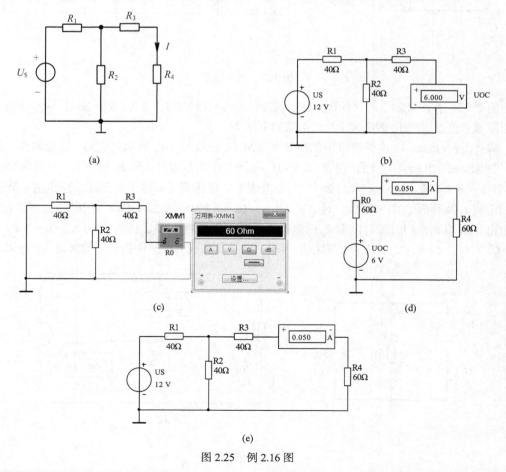

图 2.25　例 2.16 图

例 2.17　在图 2.26（a）所示电路中，若已知 $U_S=20\text{ V}$，$R_1=20\ \Omega$，$R_2=20\ \Omega$，$R_3=40\ \Omega$，$R_4=10$ Ω。试用诺顿定理求流过电阻 R_4 的电流 I。

解：在 Multisim 11 电路窗口中创建如图2.26（b）、（c）、（d）和（e）所示的电路，图2.26（b）中电流表的读数为短路电流 I_{SC}，$I_{SC}=0.200\text{ A}$；图2.26（c）中万用表的读数为等效电阻 R_0，且 $R_0=50\ \Omega$；图 2.26（d）为由电流源 I_{SC} 和等效电阻 R_0 构成的诺顿等效电路，其电流表的读数就是流过 R_4 的电流 I，$I=0.167\text{ A}$。图 2.26（e）电路中电流表的读数为诺顿等效之前流过电阻 R_4 的电流 I，$I=0.167\text{ A}$。可见，诺顿等效前后流经电阻 R_4 的电流相等，从而验证了诺顿定理的正确。

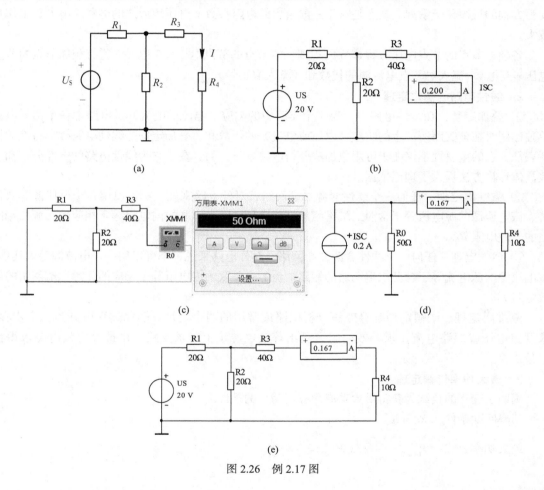

图 2.26　例 2.17 图

小　　结

1. 直流电路的一般分析方法

①　支路电流法：以支路电流为待求量，利用 KCL 对电路列 $n-1$ 个独立的节点电流方程；利用 KVL 对电路列 $b-(n-1)$ 个独立的回路电压方程；求解方程组得到各支路电流。此法优点是直观，所求就是支路电流。缺点是当支路多、变量多时，求解过程麻烦，不宜于手工计算。

②　网孔电流法：以假想的网孔电流为待求量，列写和网孔个数相同的 KVL 方程，联立求解

网孔电流。此法优点是同一电路所需方程数目较支路电流法少，列写方程的规律易于掌握，缺点是不直观。

列写各网孔的 KVL 方程的规则：本网孔的网孔电流×自电阻+所有相邻网孔的网孔电流×互电阻（当网孔电流流经公共支路时参考方向一致，互电阻取正号，反之，取负号）=本网孔电压源的电位升的代数和（电位升取正号）。

③ 节点电压法：先选取参考节点，以独立节点的电压为待求量，列写各独立节点的电压方程。此法优点是所需方程个数少于支路电流法，特别是节点少而支路多的电路用此法尤显方便，列写方程的规律易于掌握。缺点是对于一般给出的电阻参数、电压源形式的电路求解方程工作量较大。

各独立节点的节点电压方程建立的规则：本节点的节点电压×自电导－所有相邻节点的节点电压×互电导=流入本节点电流源的代数和（流入取正号）。

2. 线性电路的基本定理

① 叠加定理：在线性电路中，每一个支路中的响应（电压或电流）是电路中各个独立电源单独作用时在该支路所产生的响应（电压或电流）的代数和。叠加定理是线性电路叠加特性的概括表征，它的重要性不仅在于可用叠加法分析电路本身，而且在于它为线性电路的定性分析和一些具体计算方法提供了理论依据。

② 戴维南定理：任何一个线性含源二端网络，对外电路来说，都可以用一个电压源等效代替，该电压源的源电压等于含源二端网络的开路电压 U_{OC}，串联的内电阻等于相应的无源二端网络的等效电阻 R_0。

③ 诺顿定理：任何一个线性含源二端网络，对外电路来说，都可以用一个电流源等效代替，该电流源的源电流等于含源二端网络的短路电流 I_{SC}，并联的内电阻等于相应的无源二端网络的等效电阻 R_0。

戴维南定理、诺顿定理是等效法分析电路最常用的两个定理。解题过程可分为三个步骤：求开路电压或短路电流；求等效内阻；画出等效电源接上待求支路，由最简等效电路求得待求量。

3. 最大功率传输定理

阐明了变化的负载为获得最大功率而应当满足的条件。

功率匹配条件： $R_L = R_0$

最大功率公式： $P_{Lmax} = \dfrac{U_{OC}^2}{4R_0}$ 或 $P_{Lmax} = \dfrac{1}{4} R_0 I_{SC}^2$

习　题

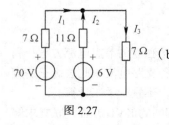

图 2.27

2.1　试用支路电流法求图 2.27 的支路电流 I_1、I_2、I_3。

2.2　试用网孔分析法求解图 2.28（a）所示电路中的电流 I 和图 2.28（b）所示电路中的电压 U。

2.3　试用网孔分析法求图2.29 所示电路中的电压 U_1。

2.4　试用节点电压法求解图 2.30 所示电路中的电压 U。

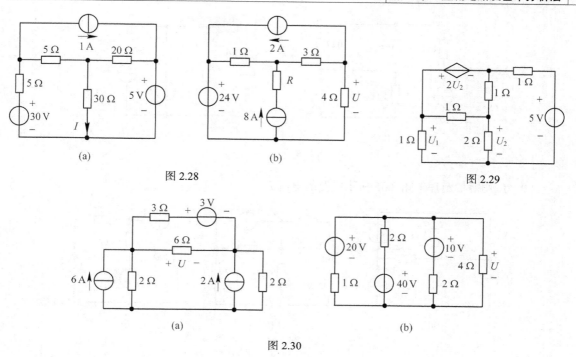

图 2.28

图 2.29

图 2.30

2.5　试用节点电压法求解图 2.31（a）所示电路中的电流 I 和图 2.31（b）所示电路中的电压 U_{ab}。

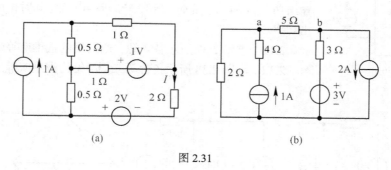

图 2.31

2.6　电路如图 2.32 所示，用节点法求 5 Ω 电阻消耗的功率。

2.7　电路如图 2.33 所示，用节点法和网孔法各支路上的电流。

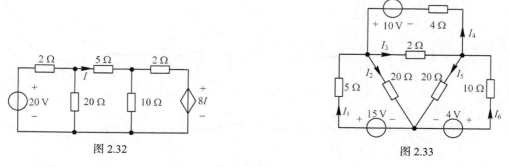

图 2.32

图 2.33

2.8　试用叠加定理求图 2.34 所示电路的电压 U 和 U_s。

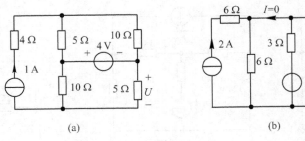

图 2.34

2.9 试用叠加定理求图 2.35 所示电路的电流 I。

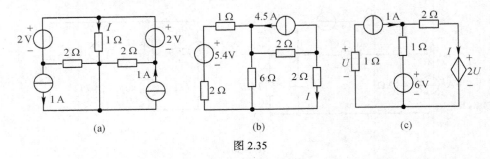

图 2.35

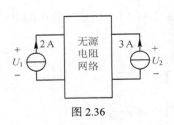

图 2.36

2.10 电路如图 2.36 所示，当 3 A 电流源断开时，2 A 电流源输出功率为 28 W，此时 U_2=8 V；当 2 A 电流源断开时，3 A 电流源输出功率为 54 W，此时 U_1=12 V。求两电流源同时作用时各自的输出功率。

2.11 求图 2.37 所示各含源二端网络的戴维南等效电路。

2.12 求图 2.38 所示各含源二端网络的戴维南等效电路。

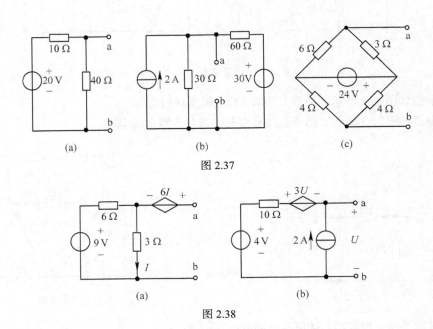

图 2.37

图 2.38

2.13　用戴维南等效定理求图 2.39 所示电路的电流 I。

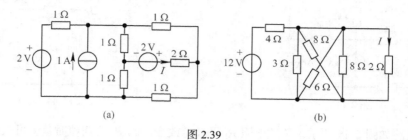

图 2.39

2.14　用戴维南等效定理求图 2.40 所示电路的电压 U。

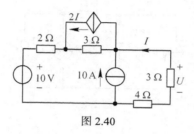

图 2.40

2.15　求图 2.41 所示各含源二端网络的诺顿等效电路。

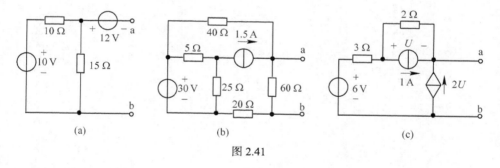

图 2.41

2.16　用诺顿等效定理求图 2.42 所示电路的电流 I。

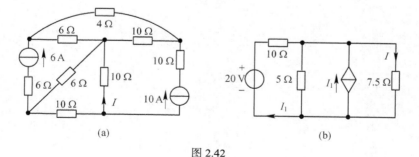

图 2.42

2.17　电路如图 2.43 所示，负载电阻 R_L 可任意改变，问 R_L 为何值时其上可获得最大功率，求出该最大功率 P_{Lmax}。

2.18　电路如图 2.44 所示，已知当负载电阻 $R_L=4\ \Omega$ 时电流 $I_L=2\ A$。若改变 R_L，问 R_L 为何值时可获得最大功率，并求出该最大功率 P_{Lmax}。

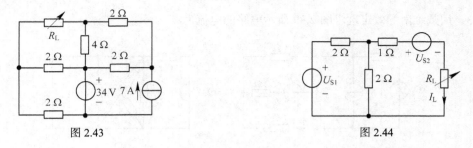

图 2.43 　　　　　　　　　　　　　　 图 2.44

2.19　电路如图 2.45 所示，负载电阻 R_L 可任意改变，问 R_L 为何值时其上可获得最大功率，并求出该最大功率 P_{Lmax}。

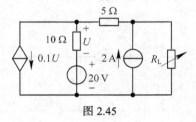

图 2.45

第3章
一阶电路的时域分析

在前面介绍的电阻电路分析方法中，通常采用代数方程，反映各元件伏安关系，描述电路中激励和响应之间的关系，这类电路统称为静态电路。静态电路在某一时刻的响应只与该时刻的激励有关，而与过去时刻的激励无关，因此也是"无记忆"电路。

然而，许多实际电路并不仅只含有电阻和电源。电路中也可能包含储能元件，即电容和电感，它们的伏安特性具有微分或积分的特征。因此，在电路的连接结构或元件的参数发生变化时，将导致这些储能元件的原有能量发生变化。由于"存储"或"释放"能量不可能在一瞬间完成，因此，电路需要经过一定的时间才能达到一个新的稳定状态。通常将这种具有过渡过程的电路称为动态电路。动态电路的阶数与描述电路的微分方程的阶数有关。用一阶微分方程描述的电路称为一阶电路。

本章主要介绍一阶电路的时域分析方法，详细介绍了一阶电路的零输入响应、零状态响应和全响应，以及一阶电路的三要素公式；最后介绍电路的阶跃响应和冲激响应，以及卷积积分。

3.1 电路的过渡过程及换路定则

3.1.1 电路的过渡过程

一般来说，当电路接通、断开或者电路元件的参数变化，亦或是电路结构发生变化时，电路中的电流、电压等都在发生改变，电路从一个稳定状态变化到另一个稳定状态，这个过程称为电路的过渡过程。由于这一过程是在极短暂的时间内完成的，所以又称电路的暂态过程。电路在过渡过程中的工作状态也称为暂态。

电路产生过渡过程的原因不外乎有内因和外因两种。

内因是指电路中有电感、电容等储能元件的存在。事实上，许多实际电路并不仅仅由电阻和电源元件构成。电路中不可避免地要包含电容元件和电感元件。由于这两类元件的伏安关系都体现了对电压或电流的微分或积分，因此也可称它们为动态元件。这些动态元件也是储能元件，对应于电路的一定的工作状态，电容和电感都会储存一定的能量，而当电路的连接方式或元件参数发生改变，将导致这些储能元件发生充放电的过程，即这些储能元件的能量将发生改变，而能量的"存储"和"释放"是连续、逐渐的，不能瞬间完成，所以需要一个过程，这就是过渡过程。

外因是指电路进行了换路。所谓换路，是指电路的状态发生了改变，如作用于电路的电源的接入和撤除，电路元件的接入或其参数的变化，以及电路结构的变动等。

以图3.1中的电路为例。图3.1（a）是一电阻电路，开关闭合后电阻电压 u_R 立即从开关闭合前的零跳变到新的稳态电压值 4 V，变化过程如图3.1（b）所示。而图3.2（a）是一个动态电路，开关合下后，电容电压 u_C 从零逐渐变化到新的稳态电压 8 V，变化过程如图3.2（b）所示。可以看出，电容电压 u_C 从开关闭合前的稳定状态 0 V 变化到开关闭合后的稳定状态 8 V，并不是瞬间完成的，而要经历一个过渡过程。

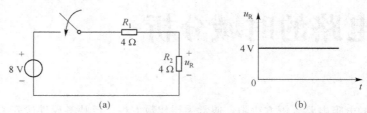

图 3.1　一个纯电阻电路，开关闭合后 u_R 立即达到稳态

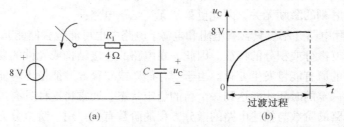

图 3.2　RC 串联电路，开关闭合后 u_C 经历的过渡过程

3.1.2　电路的换路定则

在分析动态电路时，由于电路中含有电容或电感，而这些储能元件的伏安特性是微分特性，因此所列写的电路方程是微分方程。当对微分方程进行求解时，需要依据初始条件来确定其积分常数。所以确定动态电路中电压、电流的初始值，即确定换路后电压、电流是从什么初始值开始变化的，成为分析动态电路过渡过程的一个重要环节。

设电路在 $t=0$ 时刻瞬间换路，由于在换路前后的状态可能不同，可将换路前一瞬间用 $t=0_-$ 表示，换路后的一瞬间用 $t=0_+$ 表示。由此，确定电路的初始状态就是确定在换路后的一瞬间 $t=0_+$，电路中某条支路的电流值或某两点间的电压值，可用 $u_C(0_+)$ 和 $i_L(0_+)$ 表示。

以图3.3为例，电容元件的电压 u_C 和电流 i_C 在关联参考方向下，其相应的伏安特性为

$$i_C = C \frac{\mathrm{d}u_C}{\mathrm{d}t}$$

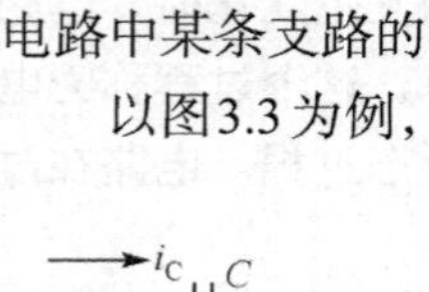

其积分形式为

图 3.3　电容元件

$$u_C(t) = u_C(t_0) + \frac{1}{C} \int_{t_0}^{t} i_C \mathrm{d}t$$

令 $t_0 = 0_-$，得

$$u_C(t) = u_C(0_-) + \frac{1}{C} \int_{0_-}^{t} i_C \mathrm{d}t$$

式中，$u_C(0_-)$ 为换路前一瞬间的电容电压值，为求取换路后一瞬间电容电压的初始值，取 $t = 0_+$ 代入上式，得

$$u_C(0_+) = u_C(0_-) + \int_{0_-}^{0_+} i_C \mathrm{d}t \tag{3.1}$$

如果换路（开关动作）是理想的，即不需要时间，则有 $0_- = 0 = 0_+$；且在换路瞬间电容电流 i_C 为有限值，则式（3.1）的积分项为零，有

$$u_C(0_+) = u_C(0_-) \qquad (3.2)$$

式（3.2）表明，换路虽然使电路的工作状态发生了改变，但只要换路瞬间电容电流为有限值，则电容电压值在换路前后瞬间保持不变，这也是电容惯性特性的体现。

以图 3.4 为例，电感元件的电压 u_L 和电流 i_L 在关联参考方向下，其相应的伏安特性为

$$u_L = L \frac{\mathrm{d}i_L}{\mathrm{d}t}$$

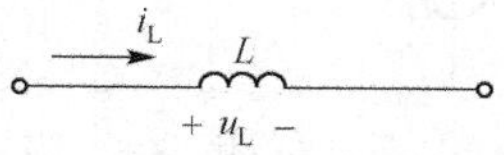

其积分形式为

$$i_L(t) = i_L(t_0) + \frac{1}{L} \int_{t_0}^{t} u_L \mathrm{d}t$$

图 3.4　电感元件

同理，令 $t_0 = 0_-$，$t = 0_+$，则

$$i_L(0_+) = i_L(0_-) + \frac{1}{L} \int_{0-}^{0+} u_L \mathrm{d}t \qquad (3.3)$$

式（3.3）中，$i_L(0_-)$ 为换路前一瞬间的电感电流值，$i_L(0_+)$ 为换路后一瞬间电感电流的初始值。

如果换路（开关动作）是理想的，即不需要时间，则有 $0_- = 0 = 0_+$；且在换路瞬间电感电压 u_L 为有限值，则式（3.3）的积分项为零，有

$$i_L(0_+) = i_L(0_-) \qquad (3.4)$$

式（3.4）表明，只要换路瞬间电感电压为有限值，则电感电流值在换路前后瞬间保持不变，这也是电感惯性特性的体现。

式（3.2）和式（3.4）通称为换路定则。当 $t = 0$ 时，换路定则表示为

$$\begin{cases} u_C(0_+) = u_C(0_-) \\ i_L(0_+) = i_L(0_-) \end{cases} \qquad (3.5)$$

当 $t = t_0$ 时，换路定则可进一步表示为

$$\begin{cases} u_C(t_{0+}) = u_C(t_{0-}) \\ i_L(t_{0+}) = i_L(t_{0-}) \end{cases} \qquad (3.6)$$

需要指出的是，换路定则只揭示了换路前后电容电压 u_C 和电感电流 i_L 不能发生突变的规律，但对于电路中其他的电压和电流，如电容电流 i_C 和电感电压 u_L 在换路瞬间都是可以突变的。

3.1.3　初始值的确定

在电路过渡过程期间，电路中电压、电流的变化起始于换路后瞬间 $t = 0_+$ 的初始值，终止于达到一个新的稳态值。电路中电压、电流初始值可以分为两类：一类是电容电压和电感电流的初始值，它们可以直接利用换路定则 $u_C(t_{0+}) = u_C(t_{0-})$ 和 $i_L(t_{0+}) = i_L(t_{0-})$ 求取；另一类则是电路中其他电压、电流的初始值，如电容电流、电感电压、电阻电流和电压等。这类初始值在换路瞬间是可以发生跳变的，在求出 $u_C(0_+)$ 和 $i_L(0_+)$ 后，可以根据基尔霍夫定律、欧姆定律计算 $t = 0_+$ 时刻的电路，求出相应的数值。其步骤如下。

（1）先求换路前一瞬间的电容电压值 $u_C(0_-)$ 和电感电流值 $i_L(0_-)$。在换路前，电路处于稳定状态，此时电容视为开路，电感视为短路，将电路转化为 $t = 0_-$ 时刻的等效电路，从而求出 $u_C(0_-)$ 和 $i_L(0_-)$。

（2）根据换路定则确定 $u_C(0_+)$ 和 $i_L(0_+)$。

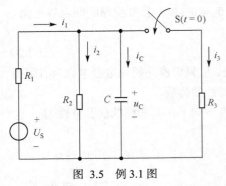

图 3.5　例 3.1 图

（3）以 $u_C(0_+)$ 和 $i_L(0_+)$ 为依据，将电容等效为电压值为 $u_C(0_+)$ 的电压源，电感等效为电流值为 $i_L(0_+)$ 的电流源，将电路转化为 $t=0_+$ 时刻的等效电路，再利用欧姆定律、基尔霍夫定律和直流电路的分析方法确定电路中其他电压、电流的初始值。

例 3.1　如图 3.5 所示，已知 $U_S=8\text{ V}$，$R_1=4\ \Omega$，$R_2=4\ \Omega$，$R_3=4\ \Omega$，开关闭合前电路处于稳态，$t=0$ 时开关 S 闭合。求 $t=0_+$ 时的 u_C 及各支路电流值。

解：换路前电路处于稳态，在直流稳态下电容相当于开路，等效电路如图 3.6（a）所示，则

$$u_C(0_-) = \frac{R_2}{R_1 + R_2}U_S = 4\text{ V}$$

根据换路定则有

$$u_C(0_-) = u_C(0_+) = 4\text{ V}$$

将此值代入 $t=0_+$ 时刻的等效电路，此时可以将电容用电压值为 4V 的理想电压源替代，如图 3.6（b）所示。则

$$i_1(0_+) = \frac{U_S - U_C(0_+)}{R_1} = 1\text{ A}$$

$$i_2(0_+) = \frac{U_C(0_+)}{R_2} = 1\text{ A}$$

$$i_3(0_+) = \frac{U_C(0_+)}{R_3} = 1\text{ A}$$

$$i_C(0_+) = i_1(0_+) - i_2(0_+) - i_3(0_+) = -1\text{ A}$$

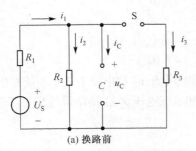　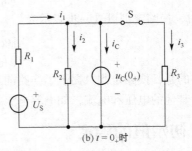

(a) 换路前　　　　　　　　　　　　(b) $t=0_+$ 时

图 3.6　例 3.1 的等效电路

例 3.2　如图 3.7 所示，已知 $U_S=20\text{ V}$，$R_1=10\ \Omega$，$R_2=30\ \Omega$，$R_3=20\ \Omega$，开关 S 闭合前，电路处于稳态。$t=0$ 时开关闭合，进行换路，求 S 闭合瞬间各电流的初始值和 u_L。

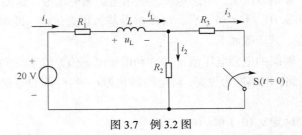

图 3.7　例 3.2 图

解：在换路前的直流稳态电路中，电感元件相当于短路，等效电路如图3.8（a）所示，则

$$i_L(0_-) = \frac{U_S}{R_1 + R_2} = 0.5 \text{ A}$$

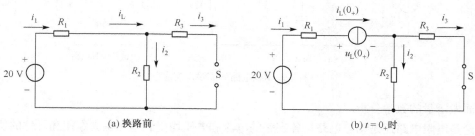

(a) 换路前　　　　　　　　　　　　　　　(b) $t = 0_+$ 时

图 3.8　例 3.2 的等效电路

$t = 0$ 时进行换路，根据换路定则，有

$$i_L(0_-) = i_L(0_+) = 0.5 \text{ A}$$

代入换路后 $t = 0_+$ 时的等效电路，此时可以将电感用一个数值为 0.5 A 的理想电流源所替代，如图 3.8（b）所示，则

$$i_1(0_+) = i_L(0_+) = 0.5 \text{ A}$$

$$i_2(0_+) = \frac{R_3}{R_2 + R_3} i_L(0_+) = 0.2 \text{ A}$$

$$i_3(0_+) = i_L(0_+) - i_2(0_+) = 0.3 \text{ A}$$

$$u_L(0_+) = U_S - i_2(0_+)R_2 - i_1(0_+)R_1 = 9 \text{ V}$$

3.2　一阶电路的过渡过程

电路中含有储能元件（动态元件）是引起电路过渡过程的根本原因。若该电路仅包含有一个动态元件（电容或电感），且动态元件的伏安特性是微分关系，则描述电路状态的方程是一阶微分方程，这样的电路称为一阶动态电路，简称一阶电路。

3.2.1　一阶电路的零输入响应

对于一阶电路而言，即使电路中没有外加电源，但由于换路前储能元件已经储存了能量，因此在换路后电路中仍可出现电压、电流。这种没有外加输入的电路，仅由初始时刻电容的电场储能或电感的磁场储能所引起的响应称为零输入响应。

1．RC 电路的零输入响应

分析 RC 电路的零输入响应实际上就是分析它的放电过程。已知电路如图3.9（a）所示，原先开关 S 在位置 1 上，直流电源 U_S 给电容充电，达到稳态时，电容相当于开路。$t = 0$ 时，开关 S 由位置 1 转到位置 2，此时电容与电源断开，与电阻 R 构成了闭合回路，如图 3.9（b）所示。此时，根据换路定则，有 $u_C(0_-) = u_C(0_+) = U_0$，即使此时在 RC 串联回路没有外加电源，电路中的电压、电流依然可以靠电容放电产生。由于 R 是耗能元件，且电路在零输入条件下没有外加激励的能量补充，电容电压将逐渐下降，放电电流也将逐渐减小。直至电容的能量全部被电阻耗尽，电路中的电压、电流也趋向于零，由此放电完毕，电路进入到一个新的稳态。

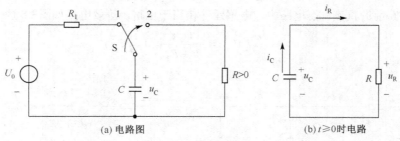

图 3.9　RC 电路的零输入响应

下面做定量的数学分析。

无论是电阻电路还是动态电路，各支路的电流和电压均受到基尔霍夫定律和元件的伏安特性的约束。对于图 3.9（b），有

$$u_R - u_C = 0$$
$$u_R = R i_R$$
$$i_C = -C \frac{du_C}{dt}$$

将以上三式联立，可求出换路后电容电压 u_C 变化规律，它由一阶常系数线性微分方程表示为

$$RC \frac{du_C}{dt} + u_C = 0 \tag{3.7}$$

由换路定则，换路后电容的初始值为

$$u_C(0_-) = u_C(0_+) = U_0$$

由高等数学可知，一阶齐次微分方程通解形式为

$$u_C(t) = A e^{st} \quad (t > 0) \tag{3.8}$$

其中，S 为特征方程 $RCS + 1 = 0$ 的解，因此得

$$S = S_1 = -\frac{1}{RC}$$

故得

$$u_C(t) = A e^{-\frac{1}{RC}t} \tag{3.9}$$

待定常数 A 由初始条件确定，有

$$u_C(0_+) = A e^{-\frac{1}{RC}t} \bigg|_{t=0+} = U_0$$

$$A = U_0$$

所以电容电压的零输入响应为

$$u_C(t) = U_0 e^{-\frac{1}{RC}t} \quad (t > 0)$$

它是一个随时间衰减的指数函数。当 $t = 0$ 时，即进行换路时，u_C 是连续的，没有跳变。因此表达式 $u_C(t)$ 的时间定义域可以延伸至原点，即

$$u_C(t) = U_0 e^{-\frac{1}{RC}t} \quad (t \geqslant 0) \tag{3.10}$$

其波形如图 3.10（a）所示。可见，换路后电路中的电压、电流均按照相同的指数规律变化。

与电容电压所不同的是，$i(t)$ 和 $u_R(t)$ 在 $t = 0$ 时发生了跳变，其波形如图 3.10（b）所示，计算过程如下。电路中电阻的电压为

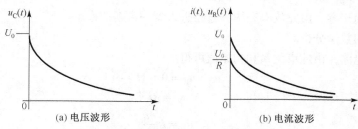

(a) 电压波形　　　　　　(b) 电流波形

图 3.10　RC 零输入电路的电压、电流波形

$$u_R(t) = u_C(t) = U_0 e^{-\frac{1}{RC}t} \quad (t > 0)$$

电路电流 i 可由电阻的伏安特性求得

$$i(t) = \frac{u_R}{R} = \frac{U_0}{R} e^{-\frac{1}{RC}t} \quad (t > 0)$$

式（3.10）中，令 $\tau = RC$，τ 称为 RC 电路的时间常数，具有时间的量纲。当 R 的单位为欧，C 的单位为法时，欧·法 $= \dfrac{伏}{安} \cdot \dfrac{安秒}{伏} = 秒$，$\tau$ 的单位为秒。于是，式（3.10）可推广为

$$u_C(t) = u_C(0_+) e^{-\frac{t}{\tau}} \quad (t \geqslant 0) \tag{3.11}$$

式（3.11）为 RC 电路零输入响应时电容电压 u_C 变化规律的通式。

显然，时间常数 τ 是表征动态电路过渡过程进行快慢的物理量。τ 越大，过渡过程进行得越慢。由表达式 $\tau = RC$ 可以看出，τ 仅由电路的参数 R 和 C 来决定。当 C 一定时，R 越大，电路中放电电流越小，放电时间就越长；当 R 一定时，C 越大，电容储存的电场能量越大，放电时间也就越长。

现以电容电压 u_C 为例，来说明时间常数 τ 的物理意义，如表 3.1 所示。

表 3.1　　　　　　　　　　　　　　u_C 随时间衰减的情况

t	0	τ	2τ	3τ	4τ	5τ	∞
$u_C(t)$	U_0	$0.368U_0$	$0.135U_0$	$0.050U_0$	$0.018U_0$	$0.007U_0$	0

从表中可以看出：

（1）当 $t = \tau$ 时，$u_C = 0.368U_0$，也就是说，时间常数 τ 是电容电压 u_C 衰减到初始值的 0.368 倍时所需要的时间；

（2）从理论上讲，当 $t = \infty$ 时，u_C 才衰减到 0，过渡过程才结束。但当 $t = 3\tau \sim 5\tau$ 时，u_C 已衰减到初始值的 0.05 以下。因此，在工程中一般认为从换路开始经过 $3\tau \sim 5\tau$ 的时间，过渡过程便基本结束了。

2. RL 电路的零输入响应

对于 RL 电路，其过渡过程分析与 RC 电路类似。

已知电路如图 3.11 所示，换路前，开关 S 在位置 1，电路处于稳态，此时电感电流表示为 $i_L(0_-) = I_0$。当 $t = 0$ 时，开关 S 由位置 1 倒向位置 2。根据换路定则，有 $i_L(0_+) = i_L(0_-) = I_0$。电感电流在换路后的回路中流动，由于电阻 R 是耗能元件，电感电流将逐渐减小。最后，电感中储存的能量被电阻耗尽，电路中的

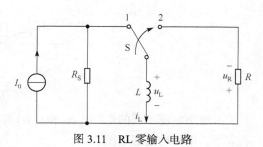

图 3.11　RL 零输入电路

电流、电压也趋向于零。由此放电完毕，电路进入到一个新的稳态。

下面做定量的数学分析。

对换路后的电路，由约束关系和初始值可得

$$u_L + u_R = 0 \quad (t > 0)$$
$$u_R = Ri_L$$
$$u_L = L\frac{di_L}{dt}$$
$$i_L(0_+) = I_0$$

可得一阶常系数线性微分方程为

$$\begin{cases} \dfrac{L}{R}\dfrac{di_L}{dt} + i_L = 0 & t > 0 \\ i_L(0_+) = I_0 \end{cases} \qquad (3.12)$$

方程解的形式为

$$i_L(t) = Be^{St} \quad t > 0$$

其中 S 为特征方程 $\dfrac{L}{R}S + 1 = 0$，因此得

$$S = S_1 = -\frac{R}{L}$$

待定常数 B 由初始条件确定，有

$$i_L(0_+) = Be^{-\frac{R}{L}t}\bigg|_{t=0^+} = I_0$$

得

$$B = I_0$$

所以电感电流的零输入响应为

$$i_L(t) = I_0 e^{-\frac{R}{L}t} \quad (t > 0)$$

由于电感电流在换路瞬间连续，表达式的时间定义可延续至原点，即

$$i_L(t) = I_0 e^{-\frac{R}{L}t} \qquad (t \geqslant 0) \qquad (3.13)$$

从该式可以看出，换路后，电感电流从初始值 I_0 开始，按照指数规律递减，直到最终 $i_L \to 0$，电路达到新的稳态，其波形如图 3.12（a）所示。

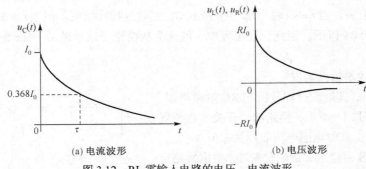

(a) 电流波形　　　　　　　　　　(b) 电压波形

图 3.12　RL 零输入电路的电压、电流波形

与电感电流不同的是，$u_L(t)$ 和 $u_R(t)$ 在 $t = 0$ 处发生突变，其波形如图3.12（b）所示，计算过程如下。电路中电感电压为

$$u_L(t) = L\frac{di_L}{dt} = -RI_0 e^{-\frac{R}{L}t} \quad (t > 0)$$

电阻电压为

$$u_R(t) = Ri_L = RI_0 e^{-\frac{R}{L}t} \quad (t > 0)$$

与 RC 零输入电路类似，RL 零输入电路各变量具有相同的变化规律，都是以初始值为起点，按指数规律 $e^{-\frac{R}{L}t}$ 衰减到零。令 RL 电路的时间常数为 $\tau = \frac{L}{R} = GL$，当 R 的单位为欧，L 的单位为亨时，τ 的单位为秒。于是，式（3.13）可推广为

$$i_L(t) = i_L(0_+)e^{-\frac{t}{\tau}} \qquad (t \geqslant 0) \tag{3.14}$$

式（3.14）为 RL 电路零输入响应时电感电流 i_L 变化规律的通式。

显然，零输入响应的衰减快慢也可用 τ 来衡量。τ 越大，衰减越慢，过渡过程进行得越长。当 L 一定时，R 越小，消耗能量越小，电流下降慢；反之，则衰减得越快。

3.2.2　一阶电路的零状态响应

所谓零状态，是指电路的初始状态为零，即电路中储能元件的初始能量为零。换句话说，就是电容元件在换路的瞬间电压 $u_C(0) = 0$，或电感元件在换路的瞬间电流 $i_L(0) = 0$，在此条件下，电路在外激励的作用下产生的响应称为零状态响应。零状态响应也可称为零初始状态响应。

1. RC 电路的零状态响应

RC 电路的零状态响应实际上就是它的充电过程。已知电路如图 3.13 所示，当 $t < 0$ 时，开关 S 在位置 2，电路已经处于稳态，即电容电压 $u_C(0_-) = 0$，电容元件的两极板上没有电荷，电容没有储存电能。当 $t = 0$，开关 S 由位置 2 倒向位置 1。根据换路定则，$u_C(0_+) = u_C(0_-) = 0$，可见在 $t = 0_+$ 时刻电容相当于短路，由 $t = 0_+$ 时刻的等效电路可以看出，电源电压 U_S 全部施加于电阻 R 两端，此时的电流达到最大值 $i(0_+) = \dfrac{U_S}{R}$。随着电源流经电阻 R 对电容充电，充电电流逐渐减小，直至 $u_C = U_S$ 时，充电过程结束，此时电流 $i = 0$，电容相当于开路，电路进入新的稳态。

下面做定量的数学分析。

对于图 3.13 换路后的电路，由 KVL 定律和电路元件的伏安特性可得

$$u_R + u_C = U_S \quad (t > 0)$$
$$u_R = Ri$$
$$i = C\frac{du_C}{dt}$$

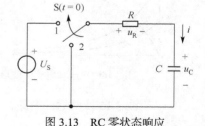

图 3.13　RC 零状态响应

以上三式联立，可得一阶常系数线性非齐次微分方程为

$$RC\frac{du_C}{dt} + u_C = U_S \qquad (t > 0) \tag{3.15}$$

且
$$u_C(0_+) = 0$$

由高等数学知识可知，该微分方程的完全解由齐次方程的通解 u_C'' 和非齐次方程的特解 u_C' 构成，可以表示为

$$u_C = u_C' + u_C'' \tag{3.16}$$

原方程所对应的齐次方程为

$$RC\frac{\mathrm{d}u_C''}{\mathrm{d}t}+u_C''=0$$

在前面分析零输入响应时已知，此方程的通解为

$$u_C''=A\mathrm{e}^{-\frac{t}{RC}}=A\mathrm{e}^{-\frac{t}{\tau}} \tag{3.17}$$

特解是满足原方程的任意一个解，由于方程是对换路后的电路列出的，所以方程可以描述电路换路以后的所有状态。为了简便起见，可以把电路达到新的稳态后的状态作为特解。则对于 $t\to\infty$ 时，有 $u_C\to U_S$，即

$$u_C'=U_S \tag{3.18}$$

由式（3.16）、式（3.17）和式（3.18）得式（3.15）的通解为

$$u_C=u_C'+u_C''=U_S+A\mathrm{e}^{-\frac{t}{\tau}} \tag{3.19}$$

为确定积分常数 A，把初始条件 $u_C(0_+)=0$ 代入式（3.19），可得

$$A=-U_S$$

最后可得式（3.15）的解为

$$u_C=U_S-U_S\mathrm{e}^{-\frac{t}{\tau}}=U_S(1-\mathrm{e}^{-\frac{t}{\tau}}) \qquad t\geqslant 0 \tag{3.20}$$

式中，$\tau=RC$ 称为 RC 电路的时间常数，反映电容充电的快慢，也就是说反映电路过渡过程的长短。时间常数 $\tau=RC$ 越大，充电时间越长。零状态响应下，电路电压和电流随时间 t 变化的曲线如图3.14所示。u_C 的初始值为零，按指数规律上升，当 $t=\infty$ 时 u_C 的稳态值是电源电压 U_S；电流 i 和电阻电压 u_R 的初始值分别为 U_S/R 和 U_S，均按指数规律衰减到零。

2. RL 电路的零状态响应

已知电路如图3.15所示，$t<0$ 时，开关 S 闭合，电路已经稳定，即电感的初始状态 $i_L(0_-)=0$。当 $t=0$ 时，开关 S 打开，根据换路定则，有 $i_L(0_-)=i_L(0_+)=0$。

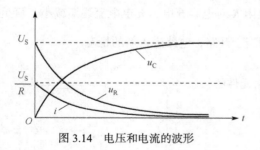

图 3.14　电压和电流的波形　　　　　　图 3.15　RL 零状态电路

对于图 3.15 换路后的电路，根据 KCL 定律和元件的约束关系可得

$$i_R+i_S=I_S \qquad (t>0)$$

$$i_R=\frac{u}{R}$$

$$u=L\frac{\mathrm{d}i_L}{\mathrm{d}t}$$

由此得到一阶常系数线性非齐次微分方程为

$$\frac{L}{R}\frac{\mathrm{d}i_L}{\mathrm{d}t}+i_L=I_S \qquad (t>0) \tag{3.21}$$

且

$$i_L(0_+)=0$$

类似 RC 电路零状态响应的求解过程，可知方程的解由两部分组成，即

$$i = i' + i'' \tag{3.22}$$

式（3.21）所对应的齐次方程为

$$\frac{L}{R}\frac{\mathrm{d}i_L''}{\mathrm{d}t} + i_L'' = 0$$

此方程的通解为

$$i_L'' = A\mathrm{e}^{-\frac{R}{L}t} \qquad (t > 0) \tag{3.23}$$

同时，把电路达到新的稳态后的状态作为特解。则对于 $t \to \infty$ 时，有 $i_L \to I_S$，即

$$i_L' = I_S \tag{3.24}$$

由式（3.22）、式（3.23）和式（3.24）得式（3.21）的通解

$$i = i' + i'' = I_S + A\mathrm{e}^{-\frac{R}{L}t} \tag{3.25}$$

为确定积分常数 A，把初始条件 $i_L(0_+) = 0$ 代入式（3.25），可得

$$A = -I_S$$

最后可得式（3.21）的解为

$$i_L(t) = I_S - I_S\mathrm{e}^{-\frac{R}{L}t} = I_S(1 - \mathrm{e}^{-\frac{R}{L}t}) \qquad t \geqslant 0 \tag{3.26}$$

令 $\tau = L/R$ 为电路的时间常数，则

$$u_L(t) = L\frac{\mathrm{d}i_L}{\mathrm{d}t} = RI_S\mathrm{e}^{-\frac{R}{L}t} \qquad (t > 0)$$

RL 零状态响应的电压和电流波形如图 3.16 所示。

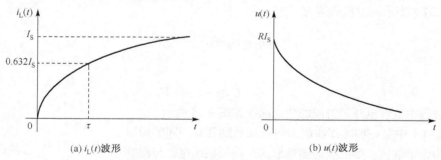

(a) $i_L(t)$ 波形　　　　　　　　　(b) $u(t)$ 波形

图 3.16　RL 零状态电路 $i_L(t)$ 和 $u(t)$ 的波形

3.3　一阶电路的全响应

3.3.1　一阶电路的全响应

前面讨论了一阶电路在两种特殊情况下的响应，即零输入响应和零状态响应。当电路的初始状态不为零，而且外激励也不为零时，电路的响应称为电路的全响应。

如图 3.17 所示，当 $t < 0$ 时，开关 S 在位置"1"已久，电容电压 $u_C(0_-) = U_0 \neq 0$。在 $t = 0$ 时，开关 S 倒向位置"2"，换路后的电路中仍有电源 U_S 作为整个电路的外加激励，所以 $t \geqslant 0$ 时电路发生的过渡过程是全响应。

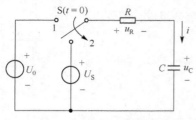

图 3.17 RC 电路的全响应图

根据基尔霍夫电压定律和伏安特性，换路后的电路方程为

$$u_R + u_C = U_S$$

$$u_R = Ri$$

$$i = C\frac{du_C}{dt}$$

联立三个方程求解，可得电路全响应的微分方程为

$$RC\frac{du_C}{dt} + u_C = U_S \qquad (t > 0) \qquad (3.27)$$

方程（3.27）的解由两部分构成

$$u_C = u_C' + u_C'' \qquad (3.28)$$

式中，u_C' 是式（3.27）的特解，这里仍选用电路的稳态解为特解，即 $u_C' = U_S$；u_C'' 是原方程所对应齐次方程的通解。由零状态响应的分析可知

$$u_C'' = Ae^{-\frac{t}{RC}} = Ae^{-\frac{t}{\tau}} \qquad (3.29)$$

则有

$$u_C = U_S + Ae^{-\frac{t}{\tau}} \qquad (3.30)$$

式子中常数 A 由初始条件确定，将

$$u_C(0_-) = u_C(0_+) = U_0$$

代入式（3.30）可得

$$A = U_0 - U_S$$

式（3.27）表示的方程的解为

$$u_C = U_S + (U_0 - U_S)e^{-\frac{t}{\tau}} \qquad (3.31)$$

或

$$u_C = U_S(1 - e^{-\frac{t}{\tau}}) + U_0 e^{-\frac{t}{\tau}} \qquad (3.32)$$

暂态过程中电容电压随时间的变化曲线如图 3.18 所示。

式（3.31）中第一项（即特解）与外加激励具有相同的函数形式，称为强制响应。第二项的函数形式由特征根确定，与激励的函数形式无关（它的系数与激励有关），称为固有响应或自然响应。因此，按电路的响应形式，全响应可分解为固有响应和强制响应。第一项在任何时候都保持稳定，与输入有关，当输入为直流时，则稳态响应为常数，所以第一项又称为稳态响应，它是

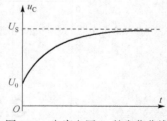

图 3.18 电容电压 u_C 的变化曲线

当 t 趋于无穷大，后一项衰减为 0 时的电路响应。第二项按指数规律衰减，当 t 趋于无穷大时，该分量将衰减至 0，所以又称暂态响应。因此按电路的响应特性，全响应又可分解为稳态响应和暂态响应。换路后激励恒定且在 $R > 0$ 的情况下，一阶电路的固有响应就是暂态响应，强制响应就是稳态响应。

式（3.32）表示了电路全响应的另外一种形成方法。电路的响应 u_C 由两部分组成，第一项是初始状态为零，由外激励 U_S 产生的零状态响应 $U_S(1 - e^{-\frac{t}{\tau}})$；第二项是外激励 U_S 为零时，由初始状态 U_0 产生的零输入响应 $U_0 e^{-\frac{t}{\tau}}$。因此，全响应是零输入响应与零状态响应的和，这也符合线性

电路的叠加定理。

3.3.2　三要素法

通过前面对一阶动态电路过渡过程的分析可以看出，换路后电路中的电压、电流都是从一个初始值 $f(0_+)$ 开始，按照指数规律递变到新的稳态 $f(\infty)$，递变的快慢取决于电路的时间常数 τ。$f(0_+)$、$f(\infty)$ 和 τ 称为一阶电路的三要素，由其可以求出换路后电路中任一电压、电流的解析式 $f(t)$。

从 3.2 节的分析可知，描述一阶线性电路的电路方程是一阶线性微分方程，它的解由两部分构成。

$$f(t) = f'(t) + f''(t)$$

式中，$f(t)$ 是一阶线性微分方程的解；$f'(t)$ 是原方程的一个特解，一般选用稳态解来作为特解，即 $f'(t) = f(\infty)$；$f''(t)$ 是对应齐次方程的通解，即 $f''(t) = Ae^{-\frac{t}{\tau}}$。所以

$$f(t) = f(\infty) + Ae^{-\frac{t}{\tau}} \tag{3.33}$$

为了确定积分常数 A，把初始条件代入式（3.33）。

$$f(0_+) = f(\infty) + A$$

解得

$$A = f(0_+) - f(\infty)$$

所以一阶电路全响应的一般表达式为

$$f(t) = f(\infty) + \left[f(0_+) - f(\infty) \right] e^{-\frac{t}{\tau}} \tag{3.34}$$

由式（3.34）可知，要求解一阶线性电路的响应，只需求出稳态值 $f(\infty)$、初始值 $f(0_+)$ 和电路的时间常数 τ，就可以根据式（3.34）直接写出响应函数 $f(t)$，避免了列电路方程、解微分方程等运算。求出三要素，并直接由式（3.34）求解电路响应的方法称为三要素法。

利用三要素法求解一阶电路的暂态问题，关键是求得三个要素 $f(0_+)$、$f(\infty)$ 和 τ，求解步骤如下。

（1）求初始值 $f(0_+)$。在换路前的电路中求出 $u_C(0_-)$ 或 $i_L(0_-)$，由换路定则有 $u_C(0_+) = u_C(0_-)$ 或 $i_L(0_+) = i_L(0_-)$，得到 $u_C(0_+)$ 或 $i_L(0_+)$。将电容元件用电压为 $u_C(0_+)$ 的直流电压源替代，电感元件用电流为 $i_L(0_+)$ 的直流电流源替代，得出 $t = 0_+$ 时刻的等效电路，用电路分析方法求出所需的初始值 $f(0_+)$。

（2）求稳态值 $f(\infty)$。电路在 $t \to \infty$ 时达到新稳态，此时将电容元件视为开路，将电感元件视为短路，这样可以做出稳态电路，求出 $f(\infty)$。

（3）求电路的时间常数 τ。一阶 RC 电路的时间常数 $\tau = RC$，一阶 RL 电路的时间常数 $\tau = L/R$。而对于一般一阶电路来说，将换路后电路中的动态元件（电容或电感）从电路中取出，求出剩余电路的戴维南（或诺顿）等效电路的电阻 R_0。也就是说，R_0 等于电路中独立源置零时从动态元件两端看进去的等效电阻。

（4）将初始值 $f(0_+)$、稳态值 $f(\infty)$ 和时间常数 τ 代入三要素公式 $f(t) = f(\infty) + [f(0_+) - f(\infty)]e^{-\frac{t}{\tau}}$，写出一阶电路的全响应。

例 3.3　已知电路如图 3.19 所示，$t = 0$ 时开关 S 由 1 倒向 2，开关换路前电路已经稳定。试求 $t > 0$ 时的响应 $u_C(t)$。

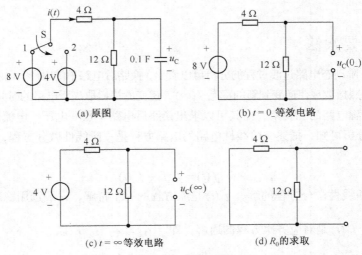

图 3.19　例 3.3 图

（1）求取 $u_C(0_+)$。首先求取 $u_C(0_-)$，已知开关 S 换路前电路已经稳定，则电容相当于开路，得到 $t = 0_-$ 等效电路，如图 3.19（b）所示，有

$$u_C(0_+) = u_C(0_-) = 8 \times \frac{12}{12 + 4} = 6 \text{ V}$$

（2）求取 $u_C(\infty)$。$t \to \infty$ 时，电路达到新的稳定，此时电容相当于开路，得到 $t \to \infty$ 等效电路如图 3.19（c）所示，有

$$u_C(\infty) = 4 \times \frac{12}{12 + 4} = 3 \text{ V}$$

（3）求取 τ。动态元件所接电阻电路如图 3.19（d）所示，有

$$R_0 = 4 // 12 = 3 \ \Omega$$

$$\tau = R_0 C = 3 \times 0.1 = 0.3 \text{s}$$

（4）将三要素代入式（3.34），得

$$u_C(t) = 3 + (6 - 3)e^{-\frac{10}{3}t} = 3 + 3e^{-\frac{10}{3}t} \text{ V} \qquad t \geqslant 0$$

例 3.4　已知电路如图 3.20 所示，开关 S 在 $t = 0$ 时闭合，S 闭合前电路处于稳定状态。试求 $t > 0$ 时的 $i_L(t)$ 和 $u_L(t)$。

（1）求取 $i_L(0_+)$ 和 $u_L(0_+)$。首先求取 $i_L(0_-)$，已知开关 S 换路前电路已经稳定，则电感相当于短路，得到 $t = 0_-$ 等效电路，如图 3.20（b）所示，有

$$i_L(0_-) = \frac{36}{8 + 6 + 6} = 1.8 \text{ A}$$

根据换路定则有 $i_L(0_+) = i_L(0_-) = 1.8 \text{ A}$。作 $t = 0_+$ 时刻的等效电路，如图 3.20（c）所示，此时电感被一个电流为 1.8 A 的直流电流源替代，由此可得响应的初始值。

$$u_L(0_+) = 36 - (6 + 6)i_L(0_+) = 36 - 12 \times 1.8 = 14.4 \text{ V}$$

（2）求取 $i_L(\infty)$ 和 $u_L(\infty)$。$t \to \infty$ 时，电路达到新的稳定，此时电感相当于短路，得到 $t \to \infty$ 等效电路如图 3.20（c）所示，有

$$i_L(\infty) = \frac{36}{6 + 6} = 3 \text{ A}$$

$$u_L(\infty) = 0$$

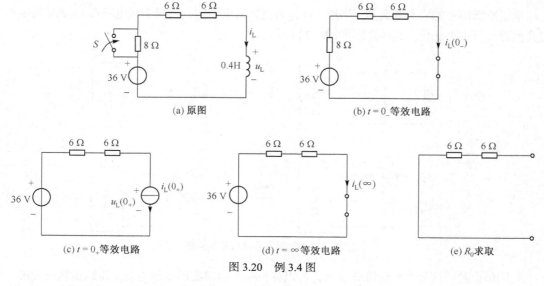

(a) 原图　　　　　　　　　　　　(b) $t=0_-$ 等效电路

(c) $t=0_+$ 等效电路　　　　　(d) $t=\infty$ 等效电路　　　　　(e) R_0 求取

图 3.20　例 3.4 图

（3）求取 τ 。如图 3.20（d）所示，由此可得时间常数。

$$\tau = \frac{L}{R} = \frac{0.4}{6+6} = \frac{1}{30}\ \text{s}$$

（4）将三要素代入式（3.34），得

$$i_\text{L}(t) = 3+(1.8-3)\text{e}^{-30t} = 3-1.2\text{e}^{-30t}\ \text{A} \qquad (t \geqslant 0)$$

$$u_\text{L}(t) = 0+(1.44-0)\text{e}^{-30t} = 1.44\text{e}^{-30t}\ \text{V} \qquad (t > 0)$$

3.4　一阶电路的阶跃响应

3.4.1　单位阶跃信号

在动态电路中，常采用阶跃信号来描述电路的激励和响应。单位阶跃信号的定义如下。

$$\varepsilon(t) = \begin{cases} 0 & t < 0 \\ 1 & t > 0 \end{cases} \qquad\qquad (3.35)$$

其波形如图 3.21（a）所示，在跃变点 $t=0$ 处，函数值未定义。

若单位阶跃信号跃变点在 $t=t_0$ 处，则称其为延迟单位阶跃信号，可表示为

$$\varepsilon(t-t_0) = \begin{cases} 0 & t < t_0 \\ 1 & t > t_0 \end{cases} \qquad\qquad (3.36)$$

其波形图如图 3.21（b）所示。

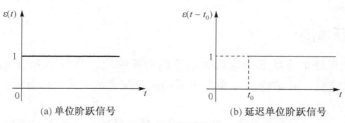

(a) 单位阶跃信号　　　　　　　　　(b) 延迟单位阶跃信号

图 3.21　阶跃信号

单位阶跃信号的物理意义是：当用 $\varepsilon(t)$ 作为电路的电源时，相当于该电路在 $t=0$ 时刻接入单位直流源，且不再变化，其示意图如图 3.22 所示。

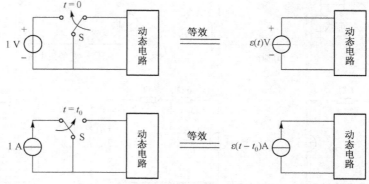

图 3.22　用阶跃信号表示开关换路

利用单位阶跃信号和延时阶跃信号，可以将一些阶梯状波形表示为若干阶跃函数的叠加。如图 3.23 中的矩形脉冲信号，可以看成是图 3.23（b）、（c）所示两个阶跃信号的叠加。

$$f(t) = A\varepsilon(t) - A\varepsilon(t - t_0)$$

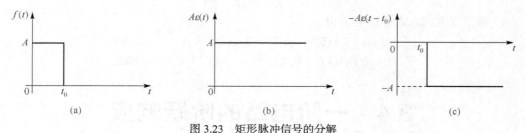

图 3.23　矩形脉冲信号的分解

另外，以 $\varepsilon(t-t_0)$ 乘以某一对所有 t 都有定义的函数，得到的是一个在 $t < t_0$ 时为零，而在 $t > t_0$ 等于 $f(t)$ 的函数，其表达式为 $f(t)\varepsilon(t-t_0) = \begin{cases} 0 & t < t_0 \\ f(t) & t > t_0 \end{cases}$，波形如图 3.24 所示。

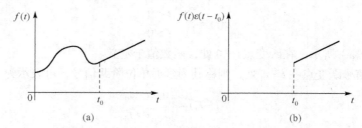

图 3.24　函数 $f(t)$ 与单位阶跃函数相乘的结果示意图

3.4.2　阶跃响应

电路对于阶跃激励的零状态响应称为电路的阶跃响应。当激励为单位阶跃函数时电路的响应称为单位阶跃响应，用 $s(t)$ 表示。单位阶跃响应可按直流一阶电路分析，即用三要素法进行分析。

例 3.5　求图 3.25（a）所示电路在图 3.25（b）所示脉冲电流作用下的零状态响应 $i_L(t)$。

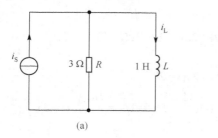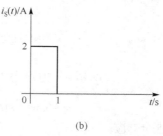

图 3.25　例 3.5 图

解： 该电路对应的阶跃响应 $s(t)$，得

$$s(t) = (1 - e^{-3t})\varepsilon(t)$$

将脉冲电流 $i_S(t)$ 看做两个阶跃电流之和，即

$$i_S(t) = 2\varepsilon(t) - 2\varepsilon(t-1)$$

由电路的零状态线性，可得 $2\varepsilon(t)$ 作用下的零状态响应为 $2s(t)$；$-2\varepsilon(t)$ 作用下的零状态响应为 $-2s(t)$，可得 $-2\varepsilon(t-1)$ 作用下的零状态响应 $-2s(t-1)$。根据叠加原理，可得 $i_S(t) = 2\varepsilon(t) - 2\varepsilon(t-1)$ 作用下的零状态响应为 $2s(t) - 2s(t-1)$，即

$$i_L(t) = 2(1 - e^{-3t})\varepsilon(t) - 2(1 - e^{-3(t-1)})\varepsilon(t-1)$$

本例中，首先将图 3.25（b）所示的分段常量信号分解为阶跃信号，根据叠加原理，将各阶跃信号分量单独作用于电路的零状态响应相加得到该分段常量信号作用下电路的零状态响应。如果电路的初始状态不为零，则需再叠加上电路的零输入响应，就得到该电路在分段常量信号作用下的全响应。

例 3.6 电路如图 3.26（a）所示，$u_S(t)$ 波形如图 3.26（b）所示，已知 $u_C(0_-) = 4\,\text{V}$。求 $t > 0$ 时的 $i(t)$。

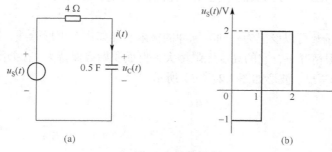

图 3.26　例 3.6 图

解： 由于外激励是分段常量信号，因此可以通过阶跃响应求零状态响应，零输入响应单独求取，叠加后得到全响应。

（1）求取零输入响应 $i_{Zi}(t)$。令 $u_S(t) = 0$，且 $u_C(0_+) = u_C(0_-) = 4\,\text{V}$，可得

$$i(0_+) = -1\,\text{A}, \quad i(\infty) = 0, \quad \tau = 2\,\text{s}$$

由三要素公式得

$$i_{Zi}(t) = -e^{-\frac{1}{2}t} \qquad (t > 0)$$

（2）求取零状态响应 $i_{ZS}(t)$。令 $u_S(t) = \varepsilon(t)$，$u_C(0_-) = 0$，由三要素法可求得

$$s(t) = 0.5e^{-\frac{1}{2}t}\varepsilon(t)$$

由

$$u_S(t) = -\varepsilon(t) + 3\varepsilon(t-1) - 2\varepsilon(t-2)$$

得

$$i_{ZS}(t) = -s(t) + 3s(t-1) - 2s(t-2)$$

$$= -0.5e^{-\frac{1}{2}t}\varepsilon(t) + 1.5e^{-\frac{1}{2}(t-1)}\varepsilon(t-1) - e^{-\frac{1}{2}(t-2)}\varepsilon(t-2)$$

（3）叠加求全响应。

$$i(t) = i_{Zi}(t) + i_{ZS}(t)$$

$$= -e^{-\frac{1}{2}t} - 0.5e^{-\frac{1}{2}t}\varepsilon(t) + 1.5e^{-\frac{1}{2}(t-1)}\varepsilon(t-1) - e^{-\frac{1}{2}(t-2)}\varepsilon(t-2) \qquad (t > 0)$$

3.5 一阶电路的冲激响应

3.5.1 单位冲激信号的定义

单位冲激信号 $\delta(t)$ 的工程定义为

$$\delta(t) = \begin{cases} \infty & (t = 0) \\ 0 & (t \neq 0) \end{cases} \qquad (3.37)$$

$$\int_{-\infty}^{\infty} \delta(t)\mathrm{d}t = 1$$

式（3.37）表明：$\delta(t)$ 仅仅存在于 $t = 0$ 的瞬间，幅度为无限大，在图像上用一个箭头表示；同时 $\delta(t)$ 除在原点以外，处处为零，且 $(-\infty, \infty)$ 时间内的积分值为 1，即函数 $\delta(t)$ 与横轴 t 围成的面积为 1。其波形通常用一个带箭头的单位长度线表示，旁边括号内的 "1" 表示其强度，如图 3.27（a）所示。

直观地看，这一函数可以设想为一列窄脉冲的极限。比如一个矩形脉冲，宽度为 Δ，高度为 $1/\Delta$，在 $\Delta \to 0$ 的极限情况下，它的高度无限增大，但面积始终保持为 1，如图 3.27（b）所示。当冲激出现在任一点 $t = t_0$，波形如图 3.27（c）所示。

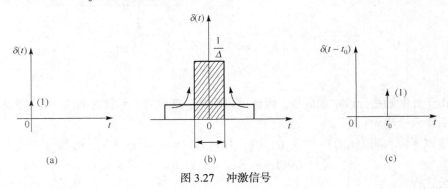

图 3.27 冲激信号

冲激函数具有如下性质。

（1）加权特性。

由于 $t \neq t_0$ 时有 $\delta(t - t_0) = 0$，因此对于一个在 $t = t_0$ 处连续的普通函数 $f(t)$，当 $f(t)$ 与 $\delta(t - t_0)$ 相乘时，只有在 $t = t_0$ 处不为零，即

$$f(t)\delta(t-t_0) = f(t_0)\delta(t-t_0) \qquad (3.38)$$

当 $t_0 = 0$ 时，则有

$$f(t)\delta(t) = f(0)\delta(t) \qquad (3.39)$$

上式说明，一个普通函数与单位冲激函数相乘时，结果仍为一个冲激函数，该冲激函数出现的时刻与原冲激函数出现的时刻相同，只是其强度为冲激函数出现时刻该项普通函数的值。

（2）筛选特性（又称抽样性）。

$$\int_{-\infty}^{+\infty} f(t)\delta(t-t_0)\mathrm{d}t = \int_{-\infty}^{+\infty} f(t_0)\delta(t-t_0)\mathrm{d}t = f(t_0) \qquad (3.40)$$

$$\int_{-\infty}^{+\infty} f(t)\delta(t)\mathrm{d}t = \int_{-\infty}^{+\infty} f(0)\delta(t)\mathrm{d}t = f(0) \qquad (3.41)$$

可见，单位冲激函数通过与普通函数相乘、积分运算，可将函数 $f(t)$ 在冲激出现时刻的函数值筛选出来，这就是冲激函数的筛选特性。

（3）冲激函数与阶跃函数之间的关系。

它们两者之间有以下关系。

$$\delta(t) = \frac{\mathrm{d}\varepsilon(t)}{\mathrm{d}t} \qquad (3.42)$$

$$\varepsilon(t) = \int_{-\infty}^{t} \delta(\tau)\mathrm{d}\tau \qquad (3.43)$$

同理，有

$$\delta(t-t_0) = \frac{\mathrm{d}\varepsilon(t-t_0)}{\mathrm{d}t} \qquad (3.44)$$

3.5.2　冲激响应

电路的单位冲激响应是指零状态电路在单位冲激信号 $\delta(t)$ 作用下的响应，简称冲激响应，用 $h(t)$ 表示。它反映了电路的特性，同时也是利用卷积积分进行时域分析的重要基础。

1．直接法

对于简单电路而言，直接计算该电路在单位冲激信号 $\delta(t)$ 作用下的零状态响应，即可算出冲激响应 $h(t)$。

例 3.7　RC 并联电路如图 3.28（a）所示，已知电流源 $i_S(t) = \delta(t)$，试求电容电压的冲激响应 $h(t)$。

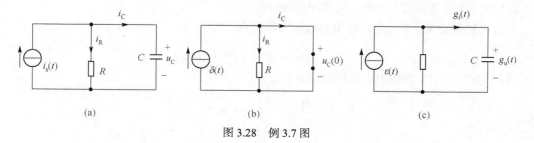

（a）　　　　　　　　　　（b）　　　　　　　　　　（c）

图 3.28　例 3.7 图

解： 图 3.28（a）中，由 KCL 有

$$c\frac{\mathrm{d}u_C}{\mathrm{d}t} + \frac{u_C}{R} = \delta(t)$$

由于 $\delta(t)$ 只有在 $t = 0_- \sim 0_+$ 期间存在，其余时间均为零值，故有

$$\frac{\mathrm{d}u_C}{\mathrm{d}t} + \frac{u_C}{RC} = 0 \qquad (t > 0)$$

在 $t > 0$ 后，由于在 $\delta(t)$ 作用下，此时的电路是一个零输入响应，具有齐次通解形式。因此，需要进一步计算出 $u_C(0_+)$。

由于在 $t < 0$ 时，有 $u_C(0_-) = 0$，即电路处于零状态，在换路瞬间 $t = 0$ 时电容相当于短路，如图 3.28（b）所示。可以看出 $i_C(0) = \delta(t)$。

因而在 $t = 0_+$ 时电容电压 $u_C(0_+)$ 可表示为

$$u_C(0_+) = u_C(0_-) + \frac{1}{C}\int_{0_-}^{0_+} i_c(t)\mathrm{d}t = \frac{1}{C}\int_{0_-}^{0_+}\delta(t)\mathrm{d}t = \frac{1}{C}$$

当 $t > 0$ 时，$\delta(t) = 0$，电流源相当于开路，此时的电路仅为 RC 构成的放电电路，所以有

$$h(t) = u_C(t) = u_C(0_+)\mathrm{e}^{-\frac{t}{\tau}} = \frac{1}{C}\mathrm{e}^{-\frac{t}{RC}}\varepsilon(t)$$

需要注意的是，在前面章节中介绍换路定则时，指出在电容电流为有限值的情况下，电容电压不能跃变，有 $u_C(0_-) = u_C(0_+)$。但此时，$t = 0$ 时电容电流为无穷大的冲激电流，从而使电容电压发生了跃变而不连续了，则有 $u_C(0_-) \neq u_C(0_+)$。

同理，当电感电压为有限值时，电感电流不能跃变，即 $i_L(0_-) = i_L(0_+)$；一旦电感电压为 $\delta(t)$ 时，电感电流则发生跃变而不连续，则有 $i_L(0_-) \neq i_L(0_+)$。

然而对于一个复杂的一阶电路，运用直接法求 $h(t)$ 会比较繁琐。因此，可以选用间接法确定一阶电路的冲激响应。

2. 间接法

间接法是先计算电路的阶跃响应 $s(t)$，然后利用冲激响应 $h(t)$ 和阶跃响应 $s(t)$ 的关系计算冲激响应。

间接法是基于冲激信号与阶跃信号之间的关系式。

$$\delta(t) = \frac{\mathrm{d}\varepsilon(t)}{\mathrm{d}t}$$

对于线性不变电路而言，有

$$h(t) = \frac{\mathrm{d}s(t)}{\mathrm{d}t} \tag{3.45}$$

式（3.45）中，$s(t)$ 为单位阶跃响应。冲激响应是阶跃响应的导函数。而阶跃响应是在阶跃信号 $\varepsilon(t)$ 作用下的零状态响应，可用三要素法求得。

现以例 3.7 为例运用上式求出电路的冲激响应。

可由三要素公式，求得电路中电容电压的阶跃响应为

$$s(t) = R(1 - \mathrm{e}^{-\frac{1}{RC}t})\varepsilon(t)$$

再利用式（3.45）得该电容电压的冲激响应为

$$\begin{aligned}
h(t) &= \frac{\mathrm{d}s(t)}{\mathrm{d}t} = R\frac{\mathrm{d}}{\mathrm{d}t}\left[\varepsilon(t) - \mathrm{e}^{-\frac{1}{RC}t}\varepsilon(t)\right] \\
&= R\left[\delta(t) - \mathrm{e}^{-\frac{1}{RC}t}\delta(t) + \frac{1}{RC}\mathrm{e}^{-\frac{1}{RC}t}\varepsilon(t)\right] \\
&= R\left[\delta(t) - \delta(t) + \frac{1}{RC}\mathrm{e}^{-\frac{1}{RC}t}\varepsilon(t)\right] \\
&= \frac{1}{C}\mathrm{e}^{-\frac{1}{RC}t}\varepsilon(t)
\end{aligned}$$

3.6　卷积积分

本节讨论电路在任意信号激励下零状态响应的时域分析方法——卷积分析法。首先将任意波形信号分解为无穷多个连续出现的冲激信号之和，然后借助 3.5 节介绍的冲激响应的概念，根据线性时不变电路的特点，得出求解任意信号 $x(t)$ 激励下的零状态响应的卷积分析法。

3.6.1　信号的时域分解

任意波形的信号 $x(t)$ 可以纵向分割成许多相邻的矩形脉冲，如图 3.29 所示，Δ 是脉冲宽度，对于 $t = n\Delta$ 时刻的矩形脉冲，其高度即 $x(t)$ 的值为 $x(n\Delta)$。

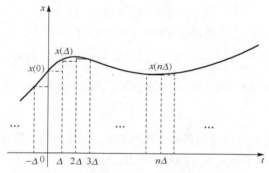

图 3.29　用窄脉冲之和近似表示任意信号

为了讨论方便，本节所讨论的门函数 $g_\Delta(t)$ 如图 3.30 所示。

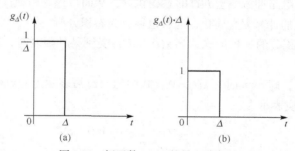

图 3.30　门函数 $g_\Delta(t)$ 的另一种定义

门函数在 $\Delta \to 0$ 时的极限等于 $\delta(t)$，如图 3.30（b）所示的高度为 1 的门函数为 $g_\Delta(t)\Delta$，因此：

第 0 个矩形脉冲可以表示为：$x(0)g_\Delta(t)\Delta$；

第 1 个矩形脉冲可以表示为：$x(\Delta)g_\Delta(t - \Delta)\Delta$；

第 n 个矩形脉冲可以表示为：$x(n\Delta)g_\Delta(t - n\Delta)\Delta$。

无穷多个矩形脉冲的叠加可用来近似原信号 $x(t)$，即

$$x(t) \approx \sum_{n=-\infty}^{\infty} x(n\Delta)g_\Delta(t - n\Delta)\Delta \tag{3.46}$$

显然，脉冲宽度越窄，这一近似就越好。当 $\Delta \to 0$ 时，式（3.46）可表示为

$$x(t) = \lim_{\Delta \to 0} \sum x(n\Delta)\delta(t - n\Delta)\Delta \tag{3.47}$$

当 $\Delta \to 0$，即 $\Delta \to d\tau$，$n\Delta$ 成为新变量 τ，求和变成对连续新变量 τ 的积分，即

$$x(t) = \int_{-\infty}^{\infty} x(\tau)\delta(t-\tau)d\tau \qquad (3.48)$$

式（3.48）表明，任意波形的信号 $x(t)$ 可以表示为强度为 $x(\tau)d\tau$、出现时刻为 τ 的无限多个冲激信号的积分，也就是说，任意波形的信号可以分解为连续的加权冲激信号之和。

3.6.2 零状态响应——卷积积分

下面研究电路在任意波形信号 $x(t)$ 激励下的零状态响应 $y_{ZS}(t)$。由式（3.48）可知，电路在信号 $x(t)$ 激励下的零状态响应就是在信号 $\int_{-\infty}^{+\infty} x(\tau)\delta(t-\tau)d\tau$ 激励下的零状态响应。

对于线性时不变电路来说，$\delta(t)$ 激励下的零状态响应为冲激响应 $h(t)$，记做

$$\delta(t) \to h(t)$$

则

$$\delta(t-\tau) \to h(t-\tau)$$

$$x(\tau)d\tau \cdot \delta(t-\tau) \to x(\tau)d\tau \cdot h(t-\tau)$$

$$\int_{-\infty}^{+\infty} x(\tau)\delta(t-\tau)d\tau \to \int_{-\infty}^{+\infty} x(\tau)h(t-\tau)d\tau$$

即任意波形信号 $x(t)$ 作用于线性时不变电路的零状态响应为

$$y_{ZS}(t) = \int_{-\infty}^{+\infty} x(\tau)h(t-\tau)d\tau \qquad (3.49)$$

式（3.49）称为 $x(t)$ 与 $h(t)$ 的卷积积分，简称卷积。也就是说，信号 $x(t)$ 激励下的零状态响应等于输入信号 $x(t)$ 与电路冲激响应 $h(t)$ 的卷积积分，记做

$$y_{ZS}(t) = x(t) * h(t) \qquad (3.50)$$

式（3.50）表明，一旦求得电路的冲激响应 $h(t)$，只要计算任意激励信号 $x(t)$ 与 $h(t)$ 的卷积积分，就可得到由 $x(t)$ 与电路冲激响应 $h(t)$ 的卷积积分，从而可得到由 $x(t)$ 引起的零状态响应，这种方法将使零状态响应的计算大大简化，通常也称其为卷积分析法。

式（3.49）是卷积积分的一种形式，当 $x(t)$ 与 $h(t)$ 受到某种限制时，其积分上、下限会有所变化。

对于有始信号 $x(t)$，即 $t < t_1$ 时，$x(t) = 0$，式中的 $x(\tau)$ 可表示为 $x(\tau)\varepsilon(\tau-t_1)$，则积分下限应从 t_1 开始，式（3.49）应表示为

$$y_{ZS}(t) = \int_{t_1}^{+\infty} x(\tau)h(t-\tau)d\tau \qquad (3.51)$$

相反，若 $x(t)$ 不受此限制，而 $h(t)$ 有始，即 $t < t_2$ 时，$h(t) = 0$，式（3.49）中的 $h(t)$ 可表示为 $h(t-\tau)\varepsilon(t-\tau-t_2)$，即 $\tau < t-t_2$ 的时间范围才不等于零。因此积分上限应取 $t-t_2$，式（3.49）应表示为

$$y_{ZS}(t) = \int_{-\infty}^{t-t_2} x(\tau)h(t-\tau)d\tau \qquad (3.52)$$

若 $x(t)$ 与 $h(t)$ 都是有始的，设 $x(t) = x(t)\varepsilon(t-t_1)$，$h(t) = h(t)\varepsilon(t-t_2)$，则

$$x(t) * h(t) = \int_{-\infty}^{+\infty} x(\tau)\varepsilon(\tau-t_1)h(t-\tau)\varepsilon(t-\tau-t_2)d\tau$$

由于在 $\tau-t_1 < 0$ 即 $\tau < t_1$ 时，$\varepsilon(\tau-t_1) = 0$，在 $t-\tau-t_2 < 0$ 即 $\tau > t-t_2$ 时，$\varepsilon(t-\tau-t_2) = 0$，因而在 $\tau < t_1$ 和 $\tau > t-t_2$ 时，被积函数为零。故积分限应取为从 t_1 到 $t-t_2$。由于积分上限 $t-t_2$ 不小于下限 t_1，即 $t-t_2 \geq t_1$，因此 t 的范围为 $t \geq t_1+t_2$，故将卷积结果乘以 $\varepsilon(t-t_1-t_2)$

$$y_{ZS}(t) = \int_{t_1}^{t-t_2} x(\tau)h(t-\tau)\mathrm{d}\tau \cdot \varepsilon(t-t_1-t_2) \qquad (3.53)$$

实际电路只能是因果系统，其激励信号一般为有始信号。所谓因果系统，是指响应不能先于激励的系统，也就是说它在任何时刻的输出响应只取决于现在及过去的输入，而与将来的输入无关。激励是产生响应的原因，响应是激励引起的结果。$h(t)$ 是单位冲激信号 $\delta(t)$ 作用于电路的零状态响应，$\delta(t)$ 只在 $t=0$ 时刻出现，由于响应不能领先于激励，因而因果系统的 $h(t)$ 只可能在 $t \geq 0$ 时才会出现，$h(t)$ 一定是有始的。

3.7　Multisim 动态电路分析

Multisim 软件有元器件模型、测量仪器及仿真分析工具，可以方便地用于动态电路的各类分析，本节将给出动态电路分析的应用实例。

例 3.8　如图 3.31 所示的一阶电路，开关在 $t=0$ 时刻打开，开关动作前电路已达稳定，用 Multisim 测量 $u_C(t)$ 的零输入响应波形。

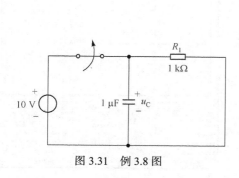

图 3.31　例 3.8 图

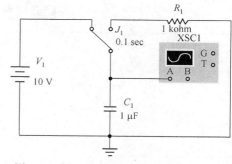

图 3.32　例 3.8 的 Multisim 电路

解：在 Multisim 工作区中画出该电路，如图 3.32 所示。由图可以求出电感电压的初始值为 0V。延时开关的参数设置为：TON=0.1s，TOFF=2s。打开示波器并选择合适量程后，启动分析开关，可从电压示波器观察分析到的动态过程，如图 3.33 所示。

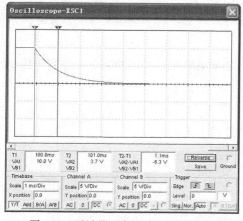

图 3.33　示波器观察的 $u_C(t)$ 波形图

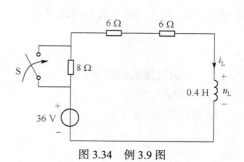

图 3.34　例 3.9 图

由图3.33可以看出，当开关动作前，电源对电容充电，由标尺可以测得，其充电电压达到稳态值10V。当开关在0.1s动作时，电容开始放电，不难求出 $\tau = 10^{-6}\text{F} \times 10^3\Omega = 10^{-3}\text{s} = 1\text{ms}$，因此在 1τ 的标尺位置处，电容电压值约为3.7V，即约为初始值的0.368倍。

例3.9 如图3.34所示的一阶电路。开关在 $t=0$ 时刻动作，开关动作前电路已达稳定，用 Multisim 测量 $u_L(t)$ 的零输入响应波形。

解： 在 Multisim 工作区中画出该电路，如图3.35所示。由图可以求出电感电压的初始值为0 V。延时开关的参数设置为：TON=0.1 s，TOFF=2 s。打开示波器并选择合适量程后，启动分析开关，可从电压示波器观察分析到的动态过程如图3.36所示。

由图3.36可以看出，当开关动作前，电路达到稳定状态，此时电感相当于短路，则有 $u_L(0_-) = 0$ V。由图3.34的理论分析可得，$u_L(0_+) = 14.4$ V，$u_L(\infty) = 0$ V，$\tau = \dfrac{1}{30}$ s，因此全响应为 $u_L(t) = u_L(\infty) + [u_L(0_+) - u_L(\infty)]\mathrm{e}^{-\frac{t}{\tau}} = 14.4\mathrm{e}^{-30t}$。由标尺可以测得，当开关在0.1 s动作后，电感电压发生了跃变，此时 $u_L(0_+) = 14.4$ V，由此开始以指数形式衰减至零，达到一个新的稳定状态。

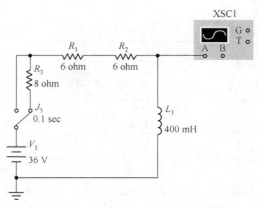

图 3.35　例 3.9 的 Multisim 电路

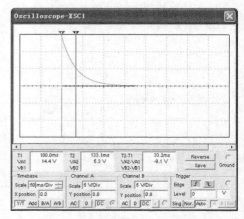

图 3.36　示波器观察的 $u_L(t)$ 波形图

小　结

1. 换路定则

在电容电流 i_C 有限或电感电压 u_L 有限的条件下，如果电路在 $t=0$ 时换路，则电容电压 u_C 和电感电流 i_L 不变，用一般表达式表示为

$$\begin{cases} u_C(0_+) = u_C(0_-) \\ i_L(0_+) = i_L(0_-) \end{cases}$$

2. 一阶电路的暂态分析

（1）零输入响应

电容电压 u_C 为

$$u_C(t) = u_C(0_+)\mathrm{e}^{-\frac{t}{\tau}}$$

电感电流 i_L 为

$$i_L(t) = i_L(0_+) e^{-\frac{t}{\tau}}$$

（2）零状态响应

电容电压 u_C 为

$$u_C(t) = u_C(\infty)(1 - e^{-\frac{t}{\tau}})$$

电感电流 i_L 为

$$i_L(t) = i_L(\infty)(1 - e^{-\frac{t}{\tau}})$$

（3）全响应

电容电压 u_C 为

$$u_C(t) = u_C(\infty) + (u_C(0_+) - u_C(\infty)) e^{-\frac{t}{\tau}}$$

电感电流 i_L 为

$$i_L(t) = i_L(\infty) + (i_L(0_+) - i_L(\infty)) e^{-\frac{t}{\tau}}$$

全响应是零输入响应与零状态响应的叠加，也可看成稳态响应与暂态响应的叠加。

3．三要素法

在一阶线性电路中，如果知道某一电流或电压的初始值 $f(0_+)$、稳态值 $f(\infty)$ 和电路的时间常数 τ，就可以根据式

$$f(t) = f(\infty) + \left[f(0_+) - f(\infty) \right] e^{-\frac{t}{\tau}}$$

直接求出此电流或电压的响应。$f(0_+)$、$f(\infty)$ 和 τ 称为一阶电路分析的三要素，这种电路暂态分析方法称为三要素法。

4．一阶电路的阶跃响应

对一阶电路来说，单位阶跃响应可按直流一阶电路分析，即用三要素法进行分析。而一些分段常量信号可以分解为阶跃信号，根据叠加原理，将各阶跃信号分量单独作用于电路的零状态响应，相加得到该分段常量信号作用下电路的零状态响应。如果电路的初始状态不为零，则需再叠加上电路的零输入响应，就得到该电路在分段常量信号作用下的全响应。

对一阶电路来说，其冲激响应可通过直接计算该电路在单位冲激信号 $\delta(t)$ 作用下的零状态响应，即可算出冲激响应 $h(t)$。也可采用间接法，即先计算电路的阶跃响应 $s(t)$，然后利用冲激响应 $h(t)$ 和阶跃响应 $s(t)$ 的关系计算冲激响应。

5．卷积积分

在任意信号激励下零状态响应的时域分析方法为卷积分析法。首先将任意波形信号分解为无穷多个连续出现的冲激信号之和，然后借助冲激响应的概念，根据线性时不变电路的特点，得出求解任意信号激励下的零状态响应的卷积分析法。

习　　题

3.1　试求图 3.37 所示电路开关动作后的电压（u_L 和 u_C）和电流（i_L 和 i_C）。

3.2 电路如图 3.38 所示，在开关 S 闭合前电路处于稳定状态，试求 S 闭合后的 $i_C(0_+)$ 及 $u_L(0_+)$。

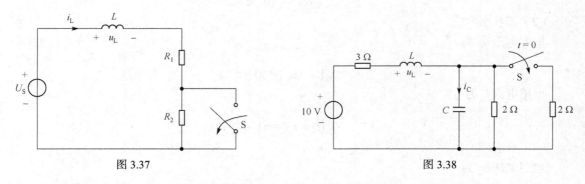

图 3.37   图 3.38

3.3 电路如图 3.39 所示，在开关 S 打开前闭合电路处于稳定状态，试求 S 打开后的 $u_C(0_+)$、$u_R(0_+)$、$i_L(0_+)$ 及 $i_C(0_+)$。

3.4 电路如图 3.40 所示，在开关 S 闭合前电路已处于稳态，在 $t=0$ 时开关闭合。求 $i_1(0_+)$、$i_L(0_+)$、$i_k(0_+)$ 和 $u_L(0_+)$。

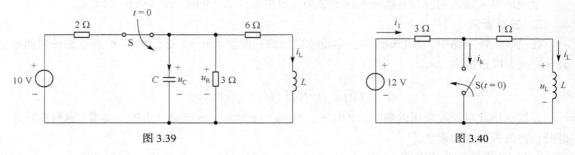

图 3.39   图 3.40

3.5 电路如图 3.41 所示，在开关 S 闭合前电路已处于稳态，在 $t=0$ 时开关闭合，求开关 S 断开瞬间的 $i_C(0_+)$、$u_L(0_+)$ 和 $u_C(0_+)$。

3.6 电路如图 3.42 所示，在开关 S 闭合前电路已处于稳态，在 $t=0$ 时开关闭合，在 $t=0$ 时将 S 打开，试求 $t>0$ 时 $i_L(t)$ 和 $u(t)$。

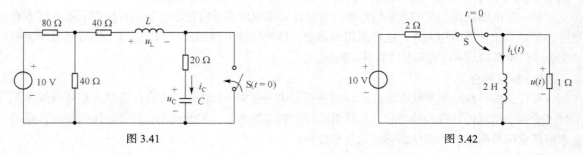

图 3.41   图 3.42

3.7 电路如图 3.43 所示，在开关 S 未动作前，电路已处于稳态，在 $t=0$ 时开关由位置 1 倒向位置 2。试求 $2\,\Omega$ 电阻中的电流 i。

3.8 电路如图 3.44 所示，电路原已稳定，$t=0$ 时开关 S 闭合。试求 $t>0$ 时的 $i_L(t)$、$i(t)$ 和 $u_R(t)$。

3.9 已知电路如图 3.45 所示，$t=0$ 时开关 S 闭合，开关动作前电路已稳定，试求 $t>0$ 时的 $i_L(t)$ 和 $u_C(t)$。

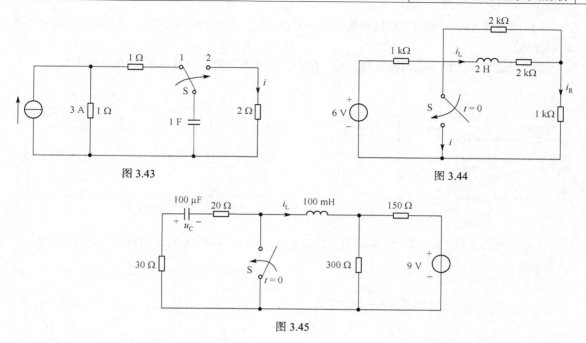

图 3.43　　　　　　　　　　　　　　　　图 3.44

图 3.45

3.10　电路如图3.46所示，已知 $R_1 = 1\ \text{k}\Omega$，$R_2 = 2\ \text{k}\Omega$，$C = 3\ \mu\text{F}$，$U_{S1} = 3\ \text{V}$，$U_{S2} = 5\ \text{V}$，开关长期合在位置 "1"，在 $t = 0$ 时合到位置 "2"。试求 $u_C(t)$。

3.11　电路如图 3.47 所示，$t = 0$ 时开关 S 闭合。求：（1）开关闭合瞬间和闭合很久后电感两端的电压；（2）开关闭合后电感电流随时间变化的规律。

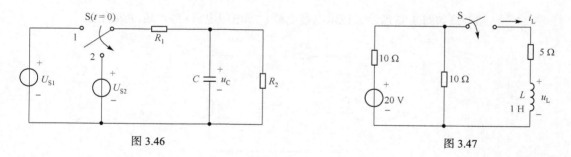

图 3.46　　　　　　　　　　　　　　　　图 3.47

3.12　电路如图3.48所示，开关 S 闭合前电路已处于稳态，求开关闭合后 i_1、i_2 随时间变化的规律，画出 i_1、i_2 的变化曲线。

3.13　如图 3.49 所示的电路换路前已处于稳态，开关 S 在 $t = 0$ 时闭合，求闭合后的电流 $i(t)$。

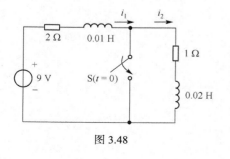
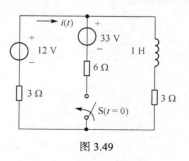

图 3.48　　　　　　　　　　　　　　　　图 3.49

3.14 如图 3.50 所示的电路换路前已处于稳态，开关 S 在 $t=0$ 时闭合，求 $t \geq 0$ 时通过开关的电流 $i(t)$。

3.15 如图 3.51 所示的电路在换前处于稳态，$t=0$ 时开关 S 打开，求 $u_S(t)$ 的表达式。

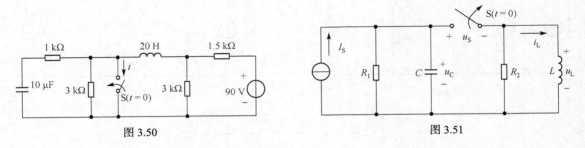

图 3.50   图 3.51

3.16 在图 3.52（a）所示的电路中，已知 $i_L(0_-)=1A$，其中 $u_S(t)$ 波形如图 3.52（b）所示，试求 $i_L(t)$。

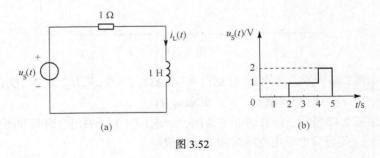

(a)   (b)

图 3.52

3.17 已知电路如图 3.53 所示，试求电容电流 i_C 和电阻电流 i 的单位冲激响应。

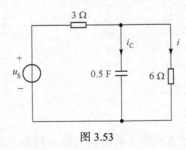

图 3.53

第4章
正弦稳态电路分析

正弦信号是指随时间按正弦规律变化的信号，在正弦信号作用下的电路称为正弦交流电路。在现代工农业生产和日常生活中，广泛应用的交流电都是正弦交流信号，即正弦交流电。与直流电相比，正弦交流电在电能的产生、输送和使用方面具有明显的优势。首先，交流电可以利用变压器方便地改变电压，使发电、输电、配电和用电既经济又安全。其次，交流电动机比相同功率的直流电动机结构简单，成本低廉，使用维护也很方便。即便是需要直流供电的场合，也可利用整流设备将交流电转化为直流电。此外，科学研究和工程技术中所有实际信号（如通信信号、控制信号、语音信号、实时采样信号等）都可以通过相应的数学变换分解成为一系列正弦信号的线性组合，运用线性电路的叠加定理，以及各正弦激励下的响应结论，就可以得到任意实际信号作用下的电路响应。因此，对正弦交流电路进行分析和研究具有重要的理论意义和实际价值。

正弦交流电路经过一段时间达到稳定状态时，电路中各支路电压和电流是与正弦激励信号同频率的正弦量，此时的正弦交流电路称为正弦稳态电路。正弦稳态电路分析的经典分析方法就是求解电路微分方程的特解，这种方法数学过程繁琐、不易计算。本章引入正弦信号的相量表示方法，在引入了两类约束关系的相量形式后，重点讨论应用电路的相量模型进行正弦稳态电路分析，以及正弦稳态电路的功率特点和求解方法。

4.1　正弦信号的基本概念

随时间按正弦规律变化的电压 $u(t)$ 和电流 $i(t)$ 分别称为正弦电压和正弦电流，统称为正弦量。在信号理论中，正弦量是最基本的周期信号，当对同频率的正弦信号进行和、差、微分和积分等运算后，其结果仍为同频率的正弦信号。而且正弦信号是任何其他周期信号和非周期信号的基本元素，一般的信号都可以分解为许多不同频率的正弦信号的叠加。运用线性电路的叠加定理，就可以将正弦稳态电路的分析方法推广应用于任意信号激励下的线性电路。因此研究电路在正弦信号激励下的响应是研究电路在其他时变信号激励下的一般响应的分析基础。

4.1.1　正弦量的三要素

正弦量既可以用正弦函数表示，也可以用余弦函数表示，本书中统一用余弦函数表示标准的正弦量。正弦电压 $u(t)$ 的一般表达式是

$$u(t) = U_{\mathrm{m}} \cos(\omega t + \varphi_{\mathrm{u}})$$

正弦电流 $i(t)$ 的一般表达式是

$$i(t) = I_m \cos(\omega t + \varphi_i)$$

一般的正弦量可以统一表示为

$$f(t) = F_m \cos(\omega t + \varphi) \qquad (4.1)$$

式中，F_m 是正弦量瞬时取值中的最大值，称为正弦量的振幅；ω 是正弦量在单位时间内变化的角度（单位：弧度/秒，rad/s），反映了正弦量变化的快慢，称为正弦量的角频率；$(\omega t + \varphi)$ 反映了正弦量的变化进程，称为正弦量的相位，当相位随时间连续变化时，正弦量的瞬时值也随之连续变化。$t = 0$ 时的相位为 φ，称为初相位。初相位决定了正弦量在计时起点（$t = 0$）的大小，通常规定 $|\varphi| \leqslant \pi$。

由式（4.1）可以看出，一个正弦量可由其振幅、角频率和初相三个物理量来表征，把这三个物理量称为正弦量的三要素。正弦量的三要素是正弦量之间进行比较和区别的依据。

反映正弦量变化快慢的物理量还可以是周期和频率，正弦量完成一个循环所需的时间称为周期（用字母 T 表示，单位：秒，s），每秒钟正弦量变化的次数称为频率（用字母 f 表示，单位：赫兹，Hz）。周期 T、频率 f 和角频率 ω 三者之间的关系是

$$\omega = 2\pi f = \frac{2\pi}{T} \qquad (4.2)$$

我国大陆和香港地区、欧洲国家等普遍采用频率为 50 Hz 的正弦交流电，称为工业标准频率，简称工频。少数国家（如美国、日本等）使用的正弦交流电频率为 60 Hz。

在其他各种不同的技术领域，使用着各种不同的频率。如高频炉的频率范围为 200～300 kHz；中频炉的频率范围是 500～8 000 Hz；高速电动机的频率范围是 150～2 000 Hz；无线电工程上用的信号频率则高达 10^4～30×10^{10} Hz。

正弦信号还可以用波形图来表示，在波形图中同样可以清楚地表示正弦量的三要素。在绘制波形图时，横轴可取时间变量 t，也可以取相位变量 ωt，纵轴取正弦量的瞬时变量 $f(t)$。当横轴取相位变量 ωt 时，初相位表示靠近坐标原点的正最大值所对应的角度，当 $\varphi > 0$ 时，正最大值在原点的左边，当 $\varphi < 0$ 时，正最大值在原点的右边（如果横轴取时间变量 t，则用 φ/ω 代替 φ），图4.1 绘出了两个同频率、同振幅但初相不同的正弦信号 $f_0(t)$ 和 $f_1(t)$。

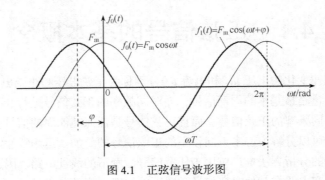

图 4.1 正弦信号波形图

4.1.2 有效值

在工程技术中，通常需要一个特定的值来表征正弦量的大小。瞬时值时刻在变化，最大值反映的是正弦量达到极值时的瞬间大小，而正弦量在一个周期内的平均值为 0，因此这些物理量都不适合表征正弦量的大小。

工程实际中，常采用有效值来衡量正弦量的大小。交流电的有效值是根据电流的热效应来规定的。

交流电流 i 通过电阻 R 在一个周期 T 内产生的热量，如果与某一直流电流 I 通过同一电阻在相同时间内所产生的热量相等，则称这个直流电流值 I 是该交流电流 i 的有效值。即：如果

$$\int_0^T Ri^2 \mathrm{d}t = RI^2 T$$

则

$$I = \sqrt{\frac{1}{T}\int_0^T i^2 \mathrm{d}t} \tag{4.3}$$

称为交流电流 i 的有效值。式（4.3）表明，周期电流的有效值等于它的瞬时值的平方在一周期内的平均值的平方根。因此，有效值又称为均方根值（Root-mean-square value）。

当周期电流为正弦信号时，将 $i(t) = I_\mathrm{m}\cos(\omega t + \varphi_\mathrm{i})$ 代入式（4.3）得

$$I = \sqrt{\frac{1}{T}\int_0^T I_\mathrm{m}^2 \cos^2(\omega t + \varphi_\mathrm{i})\mathrm{d}t} = \frac{I_\mathrm{m}}{\sqrt{2}} \tag{4.4}$$

同理，正弦电压 $u(t) = U_\mathrm{m}\cos(\omega t + \varphi_\mathrm{u})$ 的有效值为

$$U = \frac{U_\mathrm{m}}{\sqrt{2}} \tag{4.5}$$

式（4.4）和式（4.5）表明，正弦量的有效值等于其振幅值的 $\frac{1}{\sqrt{2}}$，与角频率和初相无关，因此正弦电流和电压也可以表示为

$$i(t) = \sqrt{2}I\cos(\omega t + \varphi_\mathrm{i})$$
$$u(t) = \sqrt{2}U\cos(\omega t + \varphi_\mathrm{u}) \tag{4.6}$$

工程上所说的正弦电压或电流的大小一般均指有效值。如交流测量仪表所指示的读数、电气设备铭牌上标示的额定值和电网电压等级等都是指有效值。我们生活中交流电源为 220V 电压，就是指有效值为 220V、最大值为 311V 的正弦电压。但必须注意，各种器件和电气设备的绝缘水平、耐压值却都是指最大值。

4.1.3　同频率正弦量的相位差

设有两个同频率的正弦量

$$f_1(t) = F_{1\mathrm{m}}\cos(\omega t + \varphi_1)$$
$$f_2(t) = F_{2\mathrm{m}}\cos(\omega t + \varphi_2)$$

它们的相位之差称为相位差，用 $\Delta\varphi$ 表示，即

$$\Delta\varphi = (\omega t + \varphi_1) - (\omega t + \varphi_2) = \varphi_1 - \varphi_2 \tag{4.7}$$

可见，同频率正弦量的相位差等于初相位之差。相位差与计时起点无关，因而常用相位差描述正弦量之间的相位关系。不同的计时起点，初相位 φ_1 和 φ_2 不同，但二者之差 $\Delta\varphi$ 却保持不变。

相位差 $\Delta\varphi$（$\Delta\varphi \in [-\pi, \pi]$）反映出正弦量 $f_1(t)$ 与正弦量 $f_2(t)$ 在时间上的超前和滞后关系。

（1）超前：当 $\Delta\varphi = \varphi_1 - \varphi_2 > 0$ 时，称 $f_1(t)$ 超前 $f_2(t)$，超前的角度为 $\Delta\varphi$，表明 $f_1(t)$ 比 $f_2(t)$ 先到达正最大值；

（2）滞后：当 $\Delta\varphi = \varphi_1 - \varphi_2 < 0$ 时，称 $f_1(t)$ 滞后 $f_2(t)$，滞后的角度为 $|\Delta\varphi|$，表明 $f_1(t)$ 比 $f_2(t)$ 后到达正最大值；

（3）同相：当 $\Delta\varphi = \varphi_1 - \varphi_2 = 0$ 时，称 $f_1(t)$ 与 $f_2(t)$ 同相，表明 $f_1(t)$ 和 $f_2(t)$ 步调一致，同时到达零值

和正负最大值；

（4）反相：当 $\Delta\varphi=\varphi_1-\varphi_2=\pm\pi$ 时，称 $f_1(t)$ 与 $f_2(t)$ 反相，表明 $f_1(t)$ 和 $f_2(t)$ 步调相反，一个到达正最大值而另一个则到达负最大值，一个是增加到零而另一个则减小到零；

（5）正交：当 $\Delta\varphi=\varphi_1-\varphi_2=\pm\dfrac{\pi}{2}$ 时，称 $f_1(t)$ 与 $f_2(t)$ 正交，其特点是一个到达最大值时，另一个则为零。

两个同频率正弦量 $f_1(t)$ 与 $f_2(t)$ 的不同相位差波形关系如图 4.2 所示。

在电工技术中，同频率的电压之间、电流之间、电压与电流之间均可进行相位比较。两个正弦量进行相位比较时应满足同频率、同函数、同符号，且在主值范围比较。

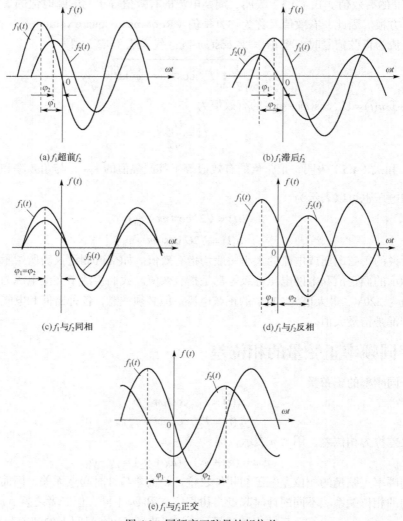

图 4.2　同频率正弦量的相位差

例 4.1　已知正弦电流 $i(t)=20\cos(314t+60°)$ A，电压 $u(t)=10\sqrt{2}\sin(314t-30°)$ V。试分别画出它们的波形图，并求出它们的有效值、频率及相位差。

解：先将电压 $u(t)$ 转化为标准表达式

$$u(t)=10\sqrt{2}\sin(314t-30°)$$

$$=10\sqrt{2}\cos(314t-120°)\ \text{V}$$

$i(t)$、$u(t)$ 的有效值分别为

$$I=\frac{20}{\sqrt{2}}=14.142\ \text{A}$$

$$U=10\ \text{V}$$

$i(t)$、$u(t)$ 的频率为

$$f=\frac{\omega}{2\pi}=\frac{314}{2\times3.14}=50\ \text{Hz}$$

$i(t)$、$u(t)$ 的相位差为

$$\Delta\varphi=\varphi_u-\varphi_i=-120°-60°=-180°$$

可见，$i(t)$ 与 $u(t)$ 反相。

$i(t)$、$u(t)$ 的波形如图 4.3 所示。

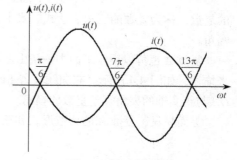

图 4.3　例 4.1 的波形

4.2　正弦量的相量表示

一个正弦量具有振幅（或有效值）、角频率（或周期、频率）和初相三个要素，当这三要素确定后，正弦量也就唯一地确定下来。表征正弦量的这三个要素的方法有很多，我们已经知道了两种表示法。一是三角函数表示法，如式（4.1）所示，这是正弦量的基本表示法；另一个是波形图法，如图 4.1 所示。这两种表示方法比较直观，但是直接用于分析和计算正弦交流电路就会很繁琐。

由数学理论可知，当激励为正弦量时，电路微分方程的特解（响应的强制分量）一定是与激励同频率的正弦量，反之亦然。这一结论具有普遍意义，即线性时不变电路在正弦电源激励下，各支路电压、电流的特解都是与电源同频率的正弦量。工程上将电路的这一特解状态称为正弦交流电路的稳定状态，简称正弦稳态。正弦稳态电路中，各支路电压、电流只在幅度和相位上有所不同，因此可以利用这一特点引入正弦量的另一种表示方法——相量表示法，从而使正弦稳态电路的分析和计算得到简化。

4.2.1　复数

1. 复数的表示形式

在数学上，复数有以下四种表示形式。

（1）代数形式

形如

$$A=a_1+\text{j}a_2 \tag{4.8}$$

的复数，称为复数的代数表达式。式中，$\text{j}=\sqrt{-1}$ 为虚数单位；a_1、a_2 均为实数，依次称为复数的实部和虚部，可以分别表示为

$$a_1=\text{Re}[A]$$
$$a_2=\text{Im}[A] \tag{4.9}$$

其中，Re 表示对复数 A 取实部运算，Im 表示对复数 A 取虚部运算。

几何意义上，代数形式的复数对应复平面中的一个点，该点的横坐标就是复数的实部，而点的纵坐标代表复数的虚部，如图 4.4 所示。

（2）三角形式

形如

$$A = r(\cos\varphi + j\sin\varphi) \qquad (4.10)$$

的复数，称为复数的三角表达式。式中，r 称为复数的模；φ 称为复数的幅角。

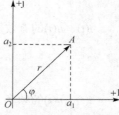

图 4.4 复数的几何表示

复数 A 也可以用复平面中一条由原点 O 指向复数点 A 的有向线段 OA 来描述，如图 4.4 所示。有向线段 OA 的长度等于复数 A 的模；有向线段 OA 与正实轴的夹角等于复数的幅角。

显而易见，复数 A 的代数形式和三角形式之间存在如下关系。

$$\begin{cases} a_1 = r \cdot \cos\varphi \\ a_2 = r \cdot \sin\varphi \end{cases}$$

$$\begin{cases} r = |A| = \sqrt{a_1{}^2 + a_2{}^2} \\ \varphi = \arg[A] = \arctan\dfrac{a_2}{a_1} \end{cases} \qquad (4.11)$$

式（4.11）中，幅角取值范围为 $|\varphi| \leqslant \pi$。

（3）指数形式

形如

$$A = re^{j\varphi} \qquad (4.12)$$

的复数，称为复数的指数表达式。式中，r 也称为复数的模，φ 称为复数的幅角。根据欧拉公式，$e^{j\varphi} = \cos\varphi + j\sin\varphi$，可见式（4.10）和式（4.12）是等效的。

（4）极坐标形式

在工程上常将复数的指数表示形式写为

$$A = r\underline{/\varphi} \qquad (4.13)$$

称式（4.13）为复数的极坐标表达式。

2. 复数的相等

若两个复数分别为

$$A = a_1 + ja_2$$
$$B = b_1 + jb_2$$

当且仅当

$$a_1 = b_1$$
$$a_2 = b_2$$

时

$$A = B$$

即两个用代数形式表示的复数，若实部和虚部分别相等，则这两个复数相等。

若两个复数分别为

$$A = r_A e^{j\varphi_A} = r_A \underline{/\varphi_A}$$
$$B = r_B e^{j\varphi_B} = r_B \underline{/\varphi_B}$$

当且仅当

$$r_A = r_B$$
$$\varphi_A = \varphi_B$$

时

$$A = B$$

即两个用极坐标形式表示的复数，若它们的模相等，幅角也相等，则这两个复数相等。

3. 复数的运算

（1）复数的加减运算

复数的加减运算规则是实部和虚部分别相加减，因此，复数的加、减运算采用代数表达式比较方便。设

$$A = a_1 + ja_2$$
$$B = b_1 + jb_2$$

则

$$A \pm B = (a_1 + ja_2) \pm (b_1 + jb_2) = (a_1 \pm b_1) + j(a_2 \pm b_2) \tag{4.14}$$

复数的加、减运算也可以在复平面内用向量的加、减完成，如图 4.5 所示，它们均符合向量合成的平行四边形法则。

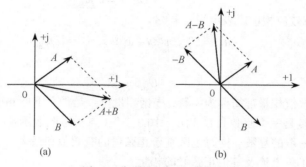

图 4.5　复数向量的加减运算

（2）复数的乘除运算

复数的乘、除运算常采用指数形式或极坐标形式。若

$$A = r_A e^{j\varphi_A} = r_A \underline{/\varphi_A}$$
$$B = r_B e^{j\varphi_B} = r_B \underline{/\varphi_B}$$

则

$$A \cdot B = (r_A e^{j\varphi_A}) \cdot (r_B e^{j\varphi_B}) = r_A r_B e^{j(\varphi_A + \varphi_B)} = r_A r_B \underline{/\varphi_A + \varphi_B} \tag{4.15}$$

$$\frac{A}{B} = \frac{r_A e^{j\varphi_A}}{r_B e^{j\varphi_B}} = \frac{r_A}{r_B} e^{j(\varphi_A - \varphi_B)} = \frac{r_A}{r_B} \underline{/\varphi_A - \varphi_B} \tag{4.16}$$

即复数的乘法运算满足模相乘，辐角相加；除法运算满足模相除，辐角相减。

若两个复数采用代数形式，则有

$$AB = (a_1 + ja_2)(b_1 + jb_2) = (a_1 b_1 - a_2 b_2) + j(a_1 b_2 + a_2 b_1) \tag{4.17}$$

$$\frac{A}{B} = \frac{(a_1 + ja_2)}{(b_1 + jb_2)} = \frac{(a_1 + ja_2)(b_1 - jb_2)}{(b_1 + jb_2)(b_1 - jb_2)} = \frac{a_1 b_1 + a_2 b_2}{b_1^2 + b_2^2} + j\frac{a_2 b_1 - a_1 b_2}{b_1^2 + b_2^2} \tag{4.18}$$

4.2.2　相量

设正弦电压 $u(t)$ 为

$$u(t) = U_m \cos(\omega t + \varphi_u)$$

由欧拉公式知道

$$U_m e^{j(\omega t+\varphi_u)} = U_m \cos(\omega t+\varphi_u) + jU_m \sin(\omega t+\varphi_u)$$

可见

$$u(t) = \text{Re}\,[U_m e^{j(\omega t+\varphi_u)}] = \text{Re}(U_m e^{j\varphi_u} e^{j\omega t}) = \text{Re}(\dot{U}_m e^{j\omega t}) \tag{4.19}$$

显然，正弦电压 $u(t)$ 与复指数函数 $U_m e^{j(\omega t+\varphi_u)}$ 形成一一对应的关系，该复指数函数的常数部分 $U_m e^{j\varphi_u}$ 包含了正弦电压的两个要素：振幅和初相位。由于正弦稳态电路中的电压、电流都是与激励电源同频率的正弦量，因此这些正弦量可由其振幅和初相位唯一确定，即由其对应的复指数函数的常数部分确定。定义

$$\dot{U}_m = U_m e^{j\varphi_u} = U_m \underline{/\varphi_u} \tag{4.20}$$

为正弦电压 $u(t)$ 的最大值相量。表示为

$$u(t) = U_m \cos(\omega t+\varphi_u) \Leftrightarrow \dot{U}_m = U_m \underline{/\varphi_u}$$

而

$$\dot{U} = U e^{j\varphi_u} = U \underline{/\varphi_u} \tag{4.21}$$

称为正弦电压 $u(t)$ 的有效值相量。表示为

$$u(t) = U_m \cos(\omega t+\varphi_u) \Leftrightarrow \dot{U} = U \underline{/\varphi_u}$$

显然

$$\dot{U}_m = \sqrt{2}\dot{U} \tag{4.22}$$

最大值相量和有效值相量都简称为相量，根据相量符号是否有下标 m 加以区分。需要注意的是，正弦量对应的相量是一个复数，$\dot{U}$ 和 $\dot{U}_m$ 中的"·"（点）号既表示这一复数与正弦量关联的特殊身份，以区别于一般的复数，同时也区别于正弦量的有效值和最大值。同理，也可定义正弦电流及其他正弦量的相量。

任意复数与复平面上的矢量一一对应，相量既然是复数，必然也可以用与此复数相对应的矢量表示。相量在复平面中表示的图形称为相量图。相量线段的长短代表正弦量的最大值或有效值，与正实轴的夹角代表正弦量的初相位，如图 4.6 所示。

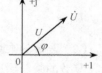

图 4.6 正弦量的相量图

例 4.2 已知 $i_1(t) = 15\sqrt{2}\cos(\omega t+45°)$ A，$i_2(t) = 10\sqrt{2}\cos(\omega t-30°)$ A。（1）求 $i_1(t)$ 的相量 $\dot{I}_1$，$i_2(t)$ 的相量 $\dot{I}_2$；（2）画出 $\dot{I}_1$ 及 $\dot{I}_2$ 的相量图。

解：（1）依据正弦量与其相量的对应关系，可以直接写出正弦量的相量。

$i_1(t)$ 的相量 $\dot{I}_1$ 为

$$\dot{I}_1 = 15 \underline{/45°} \text{ A}$$

$i_2(t)$ 的相量 $\dot{I}_2$ 为

$$\dot{I}_2 = 10\underline{/-30°} \text{ A}$$

（2）$\dot{I}_1$ 及 $\dot{I}_2$ 的相量图如图 4.7 所示。

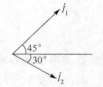

图 4.7 $\dot{I}_1$ 及 $\dot{I}_2$ 的相量图

4.3　正弦稳态电路的相量模型

基尔霍夫定律和电路元件的伏安关系是分析各种电路的理论基础。为了利用相量的方法来分析正弦稳态电路，本节介绍正弦交流电路中这两类约束关系的相量形式，并在此基础上建立分析

正弦稳态电路的相量模型。

4.3.1 基尔霍夫定律的相量形式

1. 基尔霍夫电流定律的相量形式

基尔霍夫电流定律可表述为：对于集总参数电路中任一节点，在任意时刻，与该节点相连的所有支路电流满足

$$i_1 + i_2 + i_3 + \cdots + i_k + \cdots = 0 \text{ 或 } \sum i = 0$$

当式中的电流全部是同频率的正弦量时，各个电流都可以用其相量表示，即

$$\sum i(t) = \sum \mathrm{Re}\left[\dot{I}_m e^{j\omega t}\right] = \mathrm{Re}\left[e^{j\omega t}\sum \dot{I}_m\right] = \mathrm{Re}\left[e^{j\omega t}\sum \sqrt{2}\dot{I}\right] = 0$$

所以

$$\dot{I}_1 + \dot{I}_2 + \dot{I}_3 + \cdots + \dot{I}_k + \cdots = 0 \text{ 或 } \sum \dot{I} = 0 \tag{4.23}$$

即电路中任一节点上同频率正弦电流对应相量的代数和为零。

2. 基尔霍夫电压定律的相量形式

基尔霍夫电压定律可表述为：对于集总参数电路中任一回路，在任意时刻，沿该回路的所有支路电压满足

$$u_1 + u_2 + u_3 + \cdots + u_k + \cdots = 0 \text{ 或 } \sum u = 0$$

当式中的电压全部是同频率的正弦量时，各个电压都可以用其相量表示，即

$$\sum u(t) = \sum \mathrm{Re}\left[\dot{U}_m e^{j\omega t}\right] = \mathrm{Re}\left[e^{j\omega t}\sum \dot{U}_m\right] = \mathrm{Re}\left[e^{j\omega t}\sum \sqrt{2}\dot{U}\right] = 0$$

所以

$$\dot{U}_1 + \dot{U}_2 + \dot{U}_3 + \cdots + \dot{U}_k + \cdots = 0 \text{ 或 } \sum \dot{U} = 0 \tag{4.24}$$

即电路中任一回路中同频率正弦电压对应相量的代数和为零。

需要注意的是，在正弦交流电路中，由于各正弦量之间存在相位差，一般不会同时到达最大值，所以，各节点所连支路的电流及各回路中的各支路电压的最大值和有效值的代数和一般不为零。即

$$\sum I_m \neq 0 \qquad\qquad \sum I \neq 0$$
$$\sum U_m \neq 0 \qquad\qquad \sum U \neq 0$$

例 4.3 电路如图 4.8（a）所示，已知

$$i_1(t) = 3\sqrt{2}\cos 314t \text{ A}$$
$$i_2(t) = 5\sqrt{2}\cos(314t - 60°) \text{ A}$$

试求总电流，并做出相量图。

解： 首先求出正弦电流对应的相量

$$\dot{I}_1 = 3 \angle 0° \text{ A}$$
$$\dot{I}_2 = 5 \angle 60° \text{ A}$$

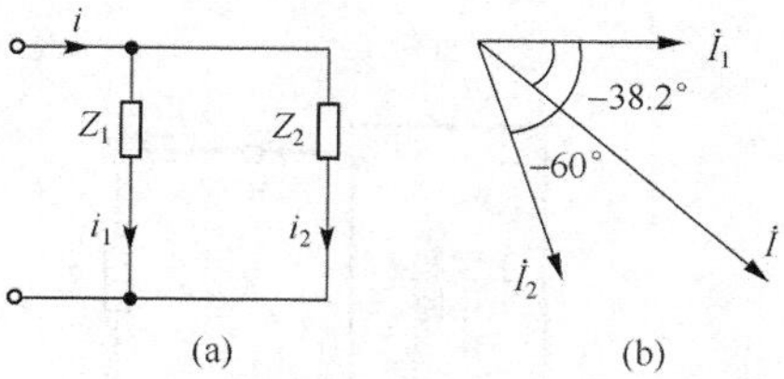

由 KCL 的相量形式，可得

$$\dot{I} = \dot{I}_1 + \dot{I}_2 = 3 + 5\cos(-60°) + j5\sin(-60°)$$
$$= 5.5 - j4.33 = 7 \angle -38.2° \text{ A}$$

则

$$i(t) = 7\sqrt{2}\cos(314t - 38.2°)\text{A}$$

相量图如图 4.8（b）所示。

图 4.8 例 4.3 图

4.3.2 无源二端元件伏安关系的相量形式

1. 电阻元件

当正弦稳态电路中接入线性电阻元件时，电路如图 4.9（a）所示，其电压和电流都是同频率正弦量，表示为

$$\begin{cases} u(t) = U_\mathrm{m} \cos(\omega t + \varphi_\mathrm{u}) = \mathrm{Re}(\sqrt{2}\dot{U}\mathrm{e}^{\mathrm{j}\omega t}) \\ i(t) = I_\mathrm{m} \cos(\omega t + \varphi_i) = \mathrm{Re}(\sqrt{2}\dot{I}\mathrm{e}^{\mathrm{j}\omega t}) \end{cases} \tag{4.25}$$

其中

$$\dot{U} = U\mathrm{e}^{\mathrm{j}\varphi_\mathrm{u}} = U\underline{/\varphi_\mathrm{u}} \tag{4.26}$$

$$\dot{I} = I\mathrm{e}^{\mathrm{j}\varphi_i} = I\underline{/\varphi_1} \tag{4.27}$$

根据欧姆定律

$$u = Ri$$

可得

$$u(t) = U_\mathrm{m} \cos(\omega t + \varphi_\mathrm{u}) = RI_\mathrm{m} \cos(\omega t + \varphi_i)$$

因此

$$U_\mathrm{m} = RI_\mathrm{m} \qquad 或 \qquad U = RI \tag{4.28}$$

$$\varphi_\mathrm{u} = \varphi_i \tag{4.29}$$

式（4.25）和式（4.26）表明，线性电阻元件上的电压、电流同相位，它们的振幅和有效值之间的关系各自满足欧姆定律。

因为电流 $i(t)$ 的相量为

$$\dot{I} = I\underline{/\varphi_1}$$

电压 $u(t)$ 的相量为

$$\dot{U} = U\underline{/\varphi_\mathrm{u}} = RI\underline{/\varphi_i}$$

所以

$$\dot{U} = R\dot{I} \tag{4.30}$$

式（4.30）称为电阻伏安特性（欧姆定律）的相量形式，图 4.9（b）、（c）依次是其电压电流的波形图和相量图。

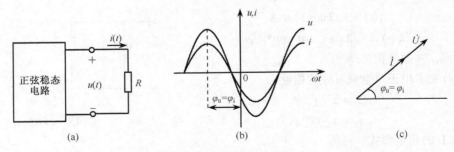

图 4.9 电阻元件的电压电流关系图

2. 电感元件

当正弦稳态电路中接入线性电感元件时，电路如图 4.10（a）所示，其电压和电流均为同频率正弦量，可由式（4.25）表示。

根据电感元件伏安关系

$$u = L\frac{\mathrm{d}i}{\mathrm{d}t}$$

可得

$$u(t) = L\frac{\mathrm{d}i}{\mathrm{d}t} = L\frac{\mathrm{d}[\sqrt{2}I\cos(\omega t + \varphi_i)]}{\mathrm{d}t} = -\sqrt{2}IL\omega\sin(\omega t + \varphi_i)$$

$$= \sqrt{2}IL\omega\cos(\omega t + \varphi_i + 90°) = \sqrt{2}IX_L\cos(\omega t + \varphi_u) = \sqrt{2}U\cos(\omega t + \varphi_u) \qquad (4.31)$$

式（4.31）中

$$\varphi_u = \varphi_i + 90°$$

是电压 $u(t)$ 的初相位。由此可见，电感电压 $u(t)$ 超前于电流 $i(t)$ 的相位为 90°。

在式（4.31）中，$U = X_L I$ 是电压 $u(t)$ 的有效值，而

$$X_L = \omega L$$

是电感电压 $u(t)$ 的有效值（或最大值）与电流 $i(t)$ 的有效值（或最大值）之比，称为电感的电抗，简称感抗，其单位是欧姆（Ω）。感抗 X_L 是正弦交流电路的一个重要物理量，表示电感对交流电流的阻碍作用，与电阻作用类似，但性质不同。电阻是由于电荷定向运动与导体分子之间摩擦碰撞引起的，而感抗则是由于自感电动势反抗电流的变化而引起的。感抗与频率有关，频率越高，感抗越大，表明电感对高频电流阻碍的作用越大；对于直流而言，频率为零，则感抗为零，因此直流时电感视为短路，所以电感具有"通直流阻交流"的作用。

因为电流 $i(t)$ 的相量为

$$\dot{I} = I\underline{/\varphi_i}$$

电压 $u(t)$ 的相量为

$$\dot{U} = U\underline{/\varphi_u} = X_L I\underline{/\varphi_i + 90°}$$

所以

$$\dot{U} = jX_L\dot{I} \qquad (4.32)$$

式（4.32）称为电感伏安特性的相量形式，图 4.10（b）、（c）依次是其电压、电流的波形图和相量图。

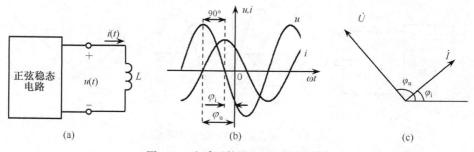

图 4.10　电感元件的电压电流关系图

3. 电容元件

当正弦稳态电路中接入线性电感元件时，电路如图 4.11（a）所示，其电压和电流均为同频率正弦量，可由式（4.25）表示。

根据电容元件伏安关系

$$i = C\frac{\mathrm{d}u}{\mathrm{d}t}$$

可得

$$i(t) = C\frac{\mathrm{d}u}{\mathrm{d}t} = C\frac{\mathrm{d}[\sqrt{2}U\cos(\omega t + \varphi_\mathrm{u})]}{\mathrm{d}t} = -\sqrt{2}UC\omega\sin(\omega t + \varphi_\mathrm{u})$$

$$= \sqrt{2}UC\omega\cos(\omega t + \varphi_\mathrm{u} + 90°) = \sqrt{2}U\left(\frac{1}{X_\mathrm{C}}\right)\cos(\omega t + \varphi_\mathrm{i}) = \sqrt{2}I\cos(\omega t + \varphi_\mathrm{i}) \quad (4.33)$$

式（4.33）中

$$\varphi_\mathrm{i} = \varphi_\mathrm{u} + 90°$$

是电流 $i(t)$ 的初相位。由此可见，电容电流 $i(t)$ 超前于电压 $u(t)$ 的相位为 $90°$。

在式（4.33）中，$I = U/X_\mathrm{C}$ 是电流 $i(t)$ 的有效值，而

$$X_\mathrm{C} = \frac{1}{\omega C}$$

是电容电压 $u(t)$ 的有效值（或最大值）与电流 $i(t)$ 的有效值（或最大值）之比，称为电容的电抗，简称容抗，其单位是欧姆（Ω）。容抗 X_C 是正弦交流电路的一个重要物理量，表示电容对交流电流的阻碍作用。容抗与频率有关，频率越高，容抗越小，表明电容对高频电流有较大的传导作用；对于直流而言，由于频率为零，所以容抗趋于无穷大，可将电容视为开路，所以电容具有"隔直流通交流"的作用。

因为电压 $u(t)$ 的相量为

$$\dot{U} = U\underline{/\varphi_\mathrm{u}}$$

电流 $i(t)$ 的相量为

$$\dot{I} = I\underline{/\varphi_\mathrm{i}} = \frac{U}{X_\mathrm{C}}\underline{/\varphi_\mathrm{u} + 90°}$$

所以

$$\dot{U} = -\mathrm{j}X_\mathrm{C}\dot{I} \quad (4.34)$$

式（4.34）称为电容伏安特性的相量形式，图 4.11（b）、（c）依次是其电压、电流的波形图和相量图。

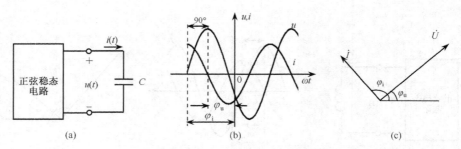

图 4.11 电容元件的电压电流关系图

4.3.3 电路的相量模型

我们已经介绍了三种基本的无源元件电阻、电感和电容的伏安关系的相量形式，即为

$$\begin{cases} \dot{U}_\mathrm{R} = R\dot{I}_\mathrm{R} \\ \dot{U}_L = \mathrm{j}X_L\dot{I}_L \\ \dot{U}_\mathrm{C} = -\mathrm{j}X_\mathrm{C}\dot{I}_\mathrm{C} \end{cases} \quad (4.35)$$

式（4.35）表明，电阻、电感和电容的电压相量与电流相量之比等于一个复常数，它反映了元件对正弦电流的一种阻碍作用。为了便于研究，可将式（4.35）统一写为

$$\dot{U} = Z\dot{I} \qquad\qquad (4.36)$$

或

$$\dot{I} = Y\dot{U} \qquad\qquad (4.37)$$

式（4.36）和式（4.37）中，常数 Z 和常数 Y 分别称为元件的阻抗（单位为欧姆，用 Ω 表示）和导纳（单位为西门子，用 S 表示）。显然，电阻、电感、电容元件伏安关系的相量形式与电阻电路中的欧姆定律的数学表达式形式相似。因此，可以依此建立正弦稳态电路的相量等效电路。

在正弦稳态电路中，将各电流、电压用相量表示，电阻、电感、电容元件的参数用阻抗（或导纳）表示，所得到的电路图称为正弦稳态电路的相量模型，而原电路图则称为正弦交流电路的时域模型。相量模型反映了电路中各电流、电压相量之间的关系，时域模型反映了各电流和电压瞬时值之间的关系。

对相量模型进行分析可依据两类约束关系的相量方程，它与电阻电路中两类约束关系的时域关系相比，形式上完全相同。不同的是：前者为复数方程，而后者为实数方程；前者中的电压、电流用相量表示，而后者中的电压、电流是随时间变化的函数；前者中的无源元件用电阻 R、电感 L 和电容 C 所对应的阻抗 Z 或导纳 Y 表示，而后者是用这些元件的参数表示。注意到这一对应关系后，分析电阻电路的一些公式和方法，就可以完全用到正弦稳态电路分析中。

运用相量模型进行正弦稳态电路分析时，一般需要三个步骤：

（1）写出已知正弦量的相量及各无源元件的阻抗或导纳；

（2）做出原电路的相量模型，列出相应的相量关系，求解待求量的相量；

（3）根据求解出的待求量的相量，写出对应的正弦量。

例 4.4　电路如图 4.12（a）所示，$u_s(t) = 10\cos(1\ 000t)$ V，求 $i_1(t)$、$i_2(t)$、$i_3(t)$ 及 $i(t)$。

解： 由 $u_s(t) = 10\cos 1\ 000t$，可知

$$\omega = 1\ 000\ \text{rad/s}$$
$$\dot{U}_{sm} = 10\ \underline{/0°}\ \ \text{V}$$

则

$$\dot{U}_s = 5\sqrt{2}\ \underline{/0°}\ \ \text{V}$$
$$j\omega L = j1\ \text{k}\Omega$$
$$-j\frac{1}{\omega C} = -j1\ \text{k}\Omega$$

该电路的相量模型如图 4.12（b）所示。

根据式（4.35）及 KCL 的相量关系，可得

$$\dot{I}_1 = \frac{\dot{U}_s}{R} = \frac{5\sqrt{2}\ \underline{/0°}}{1000} = 5\sqrt{2}\ \underline{/0°}\ \text{mA}$$

$$\dot{I}_2 = \frac{\dot{U}_s}{1/j\omega C} = \frac{5\sqrt{2}\ \underline{/0°}}{-j1000} = 5\sqrt{2}\ \underline{/90°}\ \text{mA}$$

$$\dot{I}_3 = \frac{\dot{U}_s}{j\omega L} = \frac{5\sqrt{2}\ \underline{/0°}}{j1000} = 5\sqrt{2}\ \underline{/-90°}\ \text{mA}$$

$$\dot{I} = \dot{I}_1 + \dot{I}_2 + \dot{I}_3 = 5\sqrt{2} + j5\sqrt{2} - j5\sqrt{2} = 5\sqrt{2}\ \text{mA}$$

对应的正弦量分别为

$$i_1(t) = 0.01\cos(1\ 000t)\ \text{A}$$
$$i_2(t) = 0.01\cos(1\ 000t + 90°)\ \text{A}$$

$$i_3(t) = 0.01\cos{(1\,000t - 90°)}\quad A$$

$$i(t) = 0.01\cos{(1\,000t)}\quad A$$

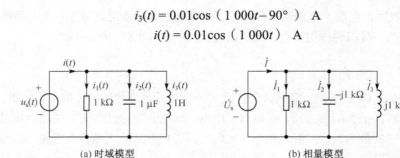

(a) 时域模型　　　　　　　　　　　　(b) 相量模型

图 4.12　例 4.8 电路图

4.4　简单正弦交流电路的分析

4.4.1　二端网络的阻抗与导纳

图 4.13（a）所示为一个不含独立源的二端网络 N_0，当在角频率为 ω 的正弦电源激励下处于稳定状态时，端口的电压与电流是同频率的正弦量，其相量依次为

$$\dot{U} = U\underline{/\varphi_u}$$

$$\dot{I} = I\underline{/\varphi_i}$$

则

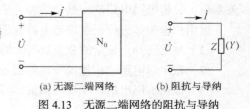

(a) 无源二端网络　　　(b) 阻抗与导纳

图 4.13　无源二端网络的阻抗与导纳

$$Z = \frac{\dot{U}}{\dot{I}} = \frac{U}{I}\underline{/\varphi_u - \varphi_i} = |Z|\ \underline{/\varphi_z} \tag{4.38}$$

或

$$Y = \frac{\dot{I}}{\dot{U}} = \frac{I}{U}\underline{/\varphi_i - \varphi_u} = |Y|\ \underline{/\varphi_Y} \tag{4.39}$$

Z 称为无源二端网络的阻抗，其单位为 Ω。Z 不是正弦量，而是一个复数，也称为复阻抗。式（4.38）中

$$|Z| = \frac{U}{I}$$

为阻抗的模，而

$$\varphi_z = \varphi_u - \varphi_i$$

称为阻抗角。阻抗既反映了二端网络端口正弦电压与正弦电流的有效值之间的大小关系，又反映了二者的相位关系。在正弦稳态电路的相量模型中，阻抗 Z 的电路符号与电阻相同，如图 4.13（b）所示。Z 的代数形式为

$$Z = R + jX \tag{4.40}$$

式（4.40）中，R 为阻抗的实部，称为阻抗的电阻分量；X 为阻抗的虚部，称为阻抗的电抗分量。$X > 0$ 时，$\varphi_u - \varphi_i > 0$，二端网络的端口电压相位超前于电流相位，称二端网络呈现电感性；$X < 0$ 时，$\varphi_u - \varphi_i < 0$，二端网络的端口电压相位滞后于电流相位，称二端网络呈现电容性；$X = 0$ 时，$\varphi_u = \varphi_i$，二端网络的端口电压与电流相位相同，称二端网络呈现电阻性。

同理，式（4.39）中的 Y 称为无源二端网络的导纳，其单位为 S，Y 也不是正弦量，是一个复

数。其中

$$|Y| = \frac{I}{U}$$

为导纳的模，而

$$\varphi_Y = \varphi_i - \varphi_u$$

称为导纳角。导纳 Y 既反映了二端网络端口正弦电压与正弦电流的有效值的关系，又反映了二者相角关系。导纳 Y 的电路符号与电阻相同，如图 4.13（b）所示。Y 的代数形式为

$$Y = G + jB \tag{4.41}$$

式（4.41）中，G 为导纳的实部，称为导纳的电导分量，B 为导纳的虚部，称为导纳的电纳分量。$B>0$ 时，$\varphi_i - \varphi_u >0$，二端网络的端口电流相位超前于电压相位，称二端网络呈现电容性；$B<0$ 时，$\varphi_i - \varphi_u <0$，二端网络的端口电流相位滞后于电压相位，称二端网络呈现电感性；$X=0$ 时，$\varphi_i = \varphi_u$，二端网络的端口电流与电压相位相同，称二端网络呈现电阻性。

对比式（4.38）与式（4.39）可知

$$Z = \frac{1}{Y} \tag{4.42}$$

4.4.2　阻抗与导纳的串、并联

在正弦稳态相量模型中，阻抗串联和并联的等效计算，形式上与电阻电路中电阻串联和并联的等效相似。对于 n 个阻抗串联的电路，如图4.14（a）所示，由基尔霍夫电压定律可得

$$\dot{U} = \dot{U}_1 + \dot{U}_2 + \cdots + \dot{U}_n = Z_1\dot{I} + Z_2\dot{I} + \cdots + Z_n\dot{I} = \dot{I}(Z_1 + Z_2 + \cdots + Z_n) = \dot{I}Z$$

所以，电路的等效阻抗 Z 为

$$Z = Z_1 + Z_2 + \cdots + Z_n \tag{4.43}$$

即串联电路的等效复阻抗等于各部分的复阻抗之和，其等效电路如图4.14（b）所示。

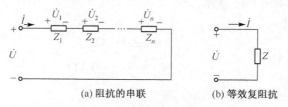

(a) 阻抗的串联　　　　　　　　　(b) 等效复阻抗

图 4.14　阻抗的串联

在阻抗串联的电路中，任意阻抗的电压分配为

$$\dot{U}_k = \frac{Z_k}{Z}\dot{U} \qquad (k = 1,2,\cdots,\ n) \tag{4.44}$$

式（4.44）中，$\dot{U}_k$ 为第 k 个阻抗 Z_k 上的电压相量，$\dot{U}$ 为端口上的总电压相量。

同理，如果电路由 n 个导纳并联组成，如图 4.15（a）所示，由基尔霍夫电流定律得

$$\dot{I} = \dot{I}_1 + \dot{I}_2 + \cdots + \dot{I}_n = \dot{U}Y_1 + \dot{U}Y_2 + \cdots + \dot{U}Y_n = \dot{U}(Y_1 + Y_2 + \cdots + Y_n) = \dot{U}Y$$

所以

$$Y = Y_1 + Y_2 + \cdots + Y_n \tag{4.45}$$

即并联电路等效复导纳等于各部分导纳之和，其等效电路如图 4.15（b）所示。

在导纳并联的电路中，任意导纳的电流分配为

$$\dot{I}_k = \frac{Y_k}{Y}\dot{I} \qquad (k = 1,2,\cdots,\ n) \tag{4.46}$$

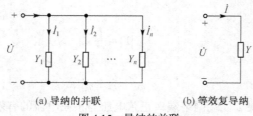

(a) 导纳的并联   (b) 等效复导纳

图 4.15   导纳的并联

式（4.46）中 $\dot{I}_k$ 为第 k 个导纳 Y_k 上的电流相量，$\dot{I}$ 为二端网络端口上的总电流相量。

例 4.5   已知图 4.16（a）所示电路，求在电源角频率分别为 $\omega=1$ rad/s 和 $\omega=4$ rad/s 的两种情况下，该电路的最简等效电路。

解：（1）当 $\omega=1$ rad/s 时

$$Z_L = j\omega L = j0.25 \ \Omega$$

$$Z_C = -j\frac{1}{\omega C} = -j2 \ \Omega$$

相应的相量模型如图 4.16（b）所示，则

$$Z = (1+j0.25) + \frac{1 \times (-j2)}{1-j2} = (1.8 - j0.15)\Omega$$

显然，此时二端网络呈现电容性，可等效为一个 1.8 Ω 的电阻与一个容抗为 0.15 Ω 的电容相串联。由容抗的定义式

$$X_C = \frac{1}{\omega C}$$

可得

$$C = \frac{1}{\omega \cdot X_C} = \frac{20}{3} F$$

最简等效电路如图 4.16（d）所示。

（2）当 $\omega = 4$ rad/s 时

$$Z_L = j\omega L = j1 \ \Omega,$$

$$Z_C = -j\frac{1}{\omega C} = -j0.5 \ \Omega$$

相应的相量模型如图 4.16（c）所示，则

$$Z = (1+j) + \frac{1 \times (-j0.5)}{1-j0.5} = (1.2 + j0.6)\Omega$$

显然，此时二端网络呈现电感性，可等效为一个 1.2 Ω 的电阻与一个感抗为 0.6 Ω 的电感相串联。由感抗的定义式

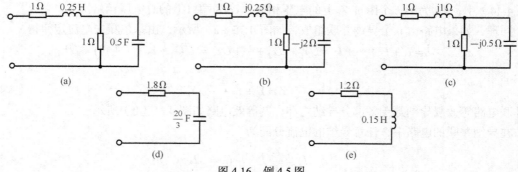

图 4.16   例 4.5 图

$$X_L = \omega L$$

可得

$$L = \frac{X_L}{\omega} = 0.15 \text{ H}$$

最简等效电路如图 4.16（e）所示。

例 4.6　电路如图 4.17（a）所示，已知电源 $u(t) = 5\sqrt{2}\cos(\omega t + 60°)$ V，频率 $f = 3 \times 10^4$ Hz，$R = 15\ \Omega$，$L = 0.3$ mH，$C = 0.2\ \mu$F。求电路电流和各元件电压，并绘出电路的相量图。

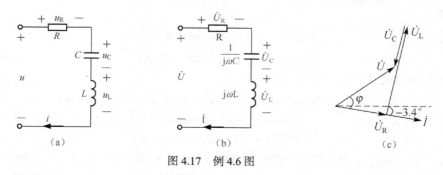

图 4.17　例 4.6 图

解：电路的相量模型如图 4.17（b）所示，其中

$$\dot{U} = 5\ \underline{/60°}\ \text{V}$$

$$j\omega L = j2\pi \times 3 \times 10^4 \times 0.3 \times 10^{-3} = j56.5\ \Omega$$

$$-j\frac{1}{\omega C} = -j\frac{1}{2\pi \times 3 \times 10^4 \times 0.2 \times 10^{-6}} = -j26.5\ \Omega$$

因此电路等效阻抗为

$$Z = R + j\omega L - j\frac{1}{\omega C} = 15 + j56.5 - j26.5 = 33.54\ \underline{/63.4°}\ \Omega$$

电路电流为

$$\dot{I} = \frac{\dot{U}}{Z} = \frac{5\underline{/60°}}{33.54\underline{/63.4°}} = 0.149\ \underline{/-3.4°}\text{A}$$

电阻电压为

$$\dot{U}_R = R\dot{I} = 15 \times 0.149\ \underline{/-3.4°} = 2.235\ \underline{/-3.4°}\ \text{V}$$

电感电压为

$$\dot{U}_L = j\omega L\dot{I} = 56.5\underline{/90°} \times 0.149\ \underline{/-3.4°} = 8.42\underline{/86.4°}\ \text{V}$$

电容电压为

$$\dot{U}_C = j\frac{1}{\omega C}\dot{I} = 26.5\ \underline{/-90°} \times 0.149\ \underline{/-3.4°} = 3.95\ \underline{/-93.4°}\ \text{V}$$

电路电压、电流的相量图如图 4.17（c）所示，各量的瞬时值表达式为

$$i(t) = 0.149\sqrt{2}\cos(\omega t - 3.4°)\ \text{A}$$

$$u_R(t) = 2.235\sqrt{2}\cos(\omega t - 3.4°)\ \text{V}$$

$$u_L(t) = 8.42\sqrt{2}\cos(\omega t + 86.6°)\ \text{V}$$

$$u_C(t) = 3.95\sqrt{2}\cos(\omega t - 93.4°)\ \text{V}$$

需要特别说明的是，这里 $U_L = 8.42$ V $> U = 5$ V，说明正弦电路中电路元件两端电压的有效值有可能大于电源电压的有效值。

4.5　正弦交流电路的功率

4.5.1　瞬时功率及平均功率

正弦稳态电路中，无源二端网络如图4.18（a）所示，设其端口电压、电流在关联参考方向下的表达式为

$$u(t) = \sqrt{2}U\cos(\omega t + \varphi_u)$$

$$i(t) = \sqrt{2}I\cos(\omega t + \varphi_i)$$

则网络 N 的瞬时吸收功率

$$
\begin{aligned}
p(t) = u(t)i(t) &= \sqrt{2}U\cos(\omega t + \varphi_u) \cdot \sqrt{2}I\cos(\omega t + \varphi_i) \\
&= UI\cos(\varphi_u - \varphi_i) + UI\cos(2\omega t + \varphi_u + \varphi_i) \\
&= UI\cos\varphi + UI\cos(2\omega t + \varphi_u + \varphi_i)
\end{aligned}
\tag{4.47}
$$

式（4.47）中，$\varphi = \varphi_u - \varphi_i$ 是无源二端网络端口电压与电流的相位差，也是该二端网络的阻抗角。

由式（4.47）可知，瞬时功率 $p(t)$ 随时间呈现周期性变化，且可正可负，表明二端网络既可能消耗功率，也可能输出功率。图4.18（b）是二端网络 N 的瞬时功率随时间变化的曲线。

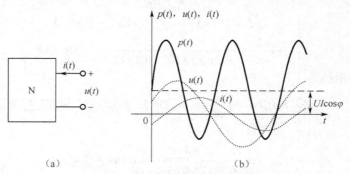

图 4.18　二端网络的瞬时功率

通常，用平均功率来表征二端网络一个周期平均消耗的情况。

定义：瞬时功率在一个周期内的平均值为二端网络的平均功率。用 P 表示，即

$$P = \frac{1}{T}\int_0^T p\,\mathrm{d}t = \frac{1}{T}\int_0^T [UI\cos\varphi + UI\cos(2\omega t + \varphi_u + \varphi_i)]\mathrm{d}t = UI\cos\varphi \tag{4.48}$$

下面讨论二端网络的几种特殊情况。

① 当 $\varphi = 0$ 时，二端网络呈现电阻性，则 $\cos\varphi = 1$，平均功率达到最大值，即 $P = UI$。

② 当 $\varphi = \pm 90°$ 时，二端网络呈现电感性或电容性，则 $\cos\varphi = 0$，平均功率为 0，说明储能元件电感和电容在一个周期内不消耗能量，但它们与电源之间存在着能量交换，前半个周期吸收电源的功率，后半个周期就全部释放出来。

4.5.2　无功功率、视在功率和功率因数

1．无功功率

在 4.5.1 小节中，我们已经知道电感、电容元件在一个周期内并不消耗功率，但它们与电源之

间存在能量交换，为了反映无源二端网络中储能元件的这一特性，引入无功功率的概念，用 Q 表示，定义为

$$Q = UI \sin \varphi \qquad (4.49)$$

式中，φ 为二端网络端口电压与电流的相位差，U 和 I 分别为二端网络端口电压与电流的有效值。无功功率反映了二端网络中的储能元件与电源之间进行能量交换的速率，它具有功率的量纲，但是从概念上来讲有别于平均功率，为了区别，无功功率的单位取为乏（Var）。

下面讨论二端网络的两种特殊情况。

① 当 $\varphi = +90°$ 时，二端网络呈现电感性，则 $\cos \varphi = 1$，无功功率为 $Q = UI$。

② 当 $\varphi = -90°$ 时，二端网络呈现电容性，则 $\cos \varphi = -1$，无功功率为 $Q = -UI$。

电感和电容的无功功率相差一个负号，表明了这两种储能元件与电源之间交换能量的方向是相反的，即电感吸收电源功率的同时，电容则是向电路释放功率；反之亦然。

2. 视在功率

电工技术中，通常把二端网络的端口电压有效值与电流有效值的乘积定义为视在功率，用 S 表示，即

$$S = UI \qquad (4.50)$$

它具有功率的量纲，但又不是二端网络所消耗的功率。为了区别平均功率，视在功率的单位取为伏安（VA）、千伏安（kVA）等。视在功率通常用于表示电气设备的容量，即消耗功率的最大值。通常，电动机的额定电压和额定电流都指有效值，它们的乘积为视在功率。电工技术中把它定义为电动机的额定功率，用电超过额定值，电动机就可能损坏。

3. 功率因数

由正弦稳态电路平均功率的公式可以看到，二端网络的平均功率不仅与端口电压和电流有效值的乘积有关，还取决于 $\cos \varphi$，定义 $\cos \varphi$ 为二端网络的功率因数，φ 称为功率因数角。功率因数一般用 λ 表示，即

$$\lambda = \cos \varphi \qquad (4.51)$$

为表现网络的性质，习惯上当二端网络的电流超前于电压时，在 λ 后标注 "超前"，表明二端网络呈电容性；当二端网络的电流滞后于电压时，在 λ 后标注 "滞后"，表明二端网络呈电感性。

比较式（4.48）、式（4.49）和式（4.50）可知

$$S = \sqrt{P^2 + Q^2} \qquad (4.52)$$

且

$$\lambda = \frac{P}{S} = \frac{P}{\sqrt{P^2 + Q^2}} = \cos \varphi \qquad (4.53)$$

可以证明，对于任何复杂的正弦交流电路，电路中总的有功功率等于各个支路（或元件）有功功率的和，且总的无功功率也等于各个支路（或元件）无功功率的和。但是一般情况下，总的视在功率却不等于各个支路（或元件）视在功率的和。即

$$P = \sum P_k \qquad (4.54)$$

$$Q = \sum Q_k \qquad (4.55)$$

$$S \neq \sum S_k \qquad (4.56)$$

例 4.7 在图4.19（a）所示正弦稳态电路中，$i_s(t) = 5\sqrt{2} \cos 2t$ A，试求电源提供的 P、Q，并计算 S、λ。

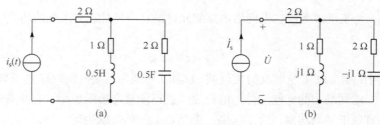

图 4.19　例 4.7 图

解：电路的相量模型如图 4.19（b）所示，对电源而言的二端网络等效阻抗为

$$Z = 2 + \frac{(1+\mathrm{j}1)(2-\mathrm{j}1)}{1+\mathrm{j}1+2-\mathrm{j}1} = 2 + \frac{3+\mathrm{j}}{3} = \left(3 + \mathrm{j}\frac{1}{3}\right)\ \Omega$$

二端网络端口电压相量为

$$\dot{U} = Z\dot{I}_\mathrm{s} = \left(3 + \mathrm{j}\frac{1}{3}\right) \cdot 5\ \underline{/0°} = 15.1\ \underline{/6.34°}\ \mathrm{V}$$

因此

$$P = UI\cos\varphi = 15.1 \times 5 \times \cos 6.34° = 75\ \mathrm{W}$$
$$Q = UI\sin\varphi = 15.1 \times 5 \times \sin 6.34° = 8.3\ \mathrm{var}$$
$$S = UI = 15.1 \times 5 = 75.5\ \mathrm{VA}$$
$$\lambda = \cos\varphi = \cos 6.34° = 0.994\ （滞后）$$

4.5.3　功率因数的提高

1. 提高功率因数的必要性

通过 4.5.2 小节的讨论可知，在正弦稳态电路中，功率因数影响着二端网络有功功率的大小。当功率因数不等于 1 时，电路中就发生能量交换，出现无功功率。这样就会出现下面两个问题。

（1）发电设备的容量不能充分利用。在功率因数 $\lambda < 1$ 时，由于发电机的电压和电流不容许超过额定值，因此发电机所能发出的有功功率减小了，λ 越小，发电机发出的有功功率越小，电路中能量无功往返的规模越大，发电机发出的能量利用率越低。

例如容量为 1 000 kVA 的发电机，当 $\lambda = 1$ 时，发出 1 000 kW 的有功功率，而在 $\lambda = 0.8$ 时，则只能发出 800 kW 的功率。

（2）增加线路和发电机绕组的功率损耗。当发电机的电压 U 和输出的功率 P 一定时，电流 I 与功率因数成反比，而线路和发电机绕组上的功率损耗 ΔP 则与 λ 的平方成反比，即

$$\Delta P = I^2 r = \left(\frac{P^2}{V^2}r\right)\frac{1}{\cos^2\varphi}$$

式中，r 是发电机绕组和线路的电阻。

由此可见，提高电网的功率因数对国民经济的发展是极为必要的。功率因数的提高，能使发电设备的容量得到充分的利用，对挖掘发供电设备的潜力、降低电能损耗、减少用户电费支出等方面意义深远。

2. 提高功率因数的方法

提高电力系统的功率因数可从提高自然功率因数和采用人工补偿两方面考虑。提高自然功率因数是通过降低各种用电设备所需的无功功率来改善功率因数的方法。例如，合理选用异步电动机，减少电动机的空载或轻载运行，合理选择电力变压器的容量，采用同步电动机等。在充分考

虑提高自然功率因数，而功率因数仍不能达到要求时，需装设人工补偿装置对功率因数进行人工补偿。

对功率因数进行人工补偿的常用方法是给感性负载并联电容，称为并联电容补偿法。

在工业和生活用电负载中，大多数都是感性负载，其电路模型可以由 R、L 串联电路组成，为了提高功率因数，在其两端并联了电容器，如图 4.20（a）所示，图 4.20（b）是图 4.20（a）电路的相量图。

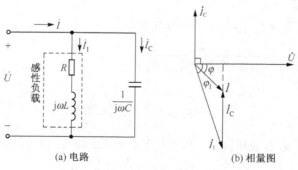

(a) 电路   (b) 相量图

图 4.20　并联电容器提高功率因数

由图 4.20 可以看出，在未并联电容时，电路的总电流 $\dot{I} = \dot{I}_1$，电压 $\dot{U}$ 与电流 $\dot{I}_1$ 相位差为 φ_1；并联电容器后，电路总电流 $\dot{I} = \dot{I}_1 + \dot{I}_C$，电压 $\dot{U}$ 与总电流 $\dot{I}$ 的相位差为 φ，显然 $\varphi < \varphi_1$，所以 $\cos \varphi > \cos \varphi_1$，即整个电路的功率因数提高了。总电流 I 比 I_1（未并电容之前的总电流）也减小了。由于电容不消耗功率，所以电路的有功功率不变。又因电容与负载并联，感性负载的端电压及负载参数均未变化，所以这种补偿对原负载的工作状态也无影响。

从能量的角度来看，并联电容提高功率因数的实质，是使部分磁场能量与电场能量在电路内部相互交换，从而减小了电源和负载之间的能量互换。可见，提高功率因数的结果减轻了无功电流施加于电源的负担，使电源能更多地承担有功电流，以充分利用电源设备的容量。

对于一定的负载（U、P、$\cos \varphi_1$ 一定），若将 $\cos \varphi_1$ 提高到 $\cos \varphi$，应并联的电容量可由相量图得到。

在图 4.20（a）中

$$I_C = \omega C U \tag{4.57}$$

在图 4.20（b）中

$$I_C = I_1 \sin \varphi_1 - I \sin \varphi$$

而

$$I_1 = \frac{P}{U \cos \varphi_1}, \quad I = \frac{P}{U \cos \varphi}$$

所以

$$I_C = \frac{P}{U \cos \varphi_1} \sin \varphi_1 - \frac{P}{U \cos \varphi} \sin \varphi = \frac{P}{U}(\tan \varphi_1 - \tan \varphi) \tag{4.58}$$

比较式（4.57）与式（4.58）得

$$C = \frac{P}{\omega U^2}(\tan \varphi_1 - \tan \varphi) \tag{4.59}$$

此外，在送电和配电电力线路中也常用电容器串联补偿（即将电容器与线路串联）的方法提高功率因数，以减少线路的电压损失，提高末端电压水平，减少线路的功率损失和电能损失，提高输送能力。

4.5.4 最大功率传输

在正弦稳态电路中，同样需要研究在什么条件下负载能获得最大功率。如果将一个含源的二端网络用戴维南定理等效为一个理想电压源 $\dot{U}_S$ 与二端网络输入阻抗 Z_S 的串联，而负载的阻抗为 Z_L，则电源与负载的等效电路如图 4.21 所示。

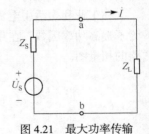

图 4.21　最大功率传输

设 $Z_S = R_S + jX_S$，$Z_L = R_L + jX_L$，则电路电流为

$$\dot{I} = \frac{\dot{U}_S}{(R_S + R_L) + j(X_S + X_L)}$$

负载吸收的功率为

$$P_L = I^2 R_L = \frac{U_S^2 R_L}{(R_S + R_L)^2 + (X_S + X_L)^2}$$

（1）当负载的 R_L、X_L 任意可调时，负载获得最大功率的条件为

$$\frac{\partial P_L}{\partial R_L} = 0 , \qquad \frac{\partial P_L}{\partial X_L} = 0$$

解得

$$R_L = R_S , \quad X_L = -X_S$$

即当

$$Z_L = R_S - jX_S = \overset{*}{Z}_S \tag{4.60}$$

时，负载可获得最大功率。该最大功率为

$$P_{Lmax} = \frac{U_S^2}{4R_S} \tag{4.61}$$

这一结论称为最大功率传输定理，在工程技术中，通常把满足式（4.60）的条件，称为负载与含源二端网络之间满足阻抗共轭匹配或最佳匹配，也称最大功率匹配。

（2）当负载的阻抗角固定不变，而阻抗模可变时，含源二端网络的输入阻抗 Z_S 和负载阻抗 Z_L 可表示为

$$Z_S = |Z_S|\underline{/\varphi_s} = |Z_S|\cos\varphi_s + j|Z_S|\sin\varphi_s$$
$$Z_L = |Z_L|\underline{/\varphi_L} = |Z_L|\cos\varphi_L + j|Z_L|\sin\varphi_L$$

负载吸收的功率为

$$P_L = \frac{U_S^2 R_L}{(R_S + R_L)^2 + (X_S + X_L)^2} = \frac{U_S^2(|Z_L|\cos\varphi_L)}{(|Z_S|\cos\varphi_s + |Z_L|\cos\varphi_L)^2 + (|Z_S|\sin\varphi_s + |Z_L|\sin\varphi_L)^2}$$

整理可得

$$P_L = \frac{U_S^2(|Z_L|\cos\varphi_L)}{|Z_S|^2 + |Z_L|^2 + 2|Z_S||Z_L|\cos(\varphi_s - \varphi_L)}$$

上式中变化的是 $|Z_L|$，负载吸收功率 P_L 对 $|Z_L|$ 的导数为

$$\frac{dP_L}{d|Z_L|} = \frac{U_S^2\cos\varphi_L[|Z_S|^2 + |Z_L|^2 + 2|Z_S||Z_L|\cos(\varphi_s - \varphi_L) - 2|Z_L|^2 - 2|Z_s||Z_L|\cos(\varphi_s - \varphi_L)]}{[|Z_S|^2 + |Z_L|^2 + 2|Z_S||Z_L|\cos(\varphi_s - \varphi_L)]^2}$$

$$= \frac{U_S^2\cos\varphi_L(|Z_S|^2 - |Z_L|^2)}{\left[|Z_S|^2 + |Z_L|^2 + 2|Z_S||Z_L|\cos(\varphi_s - \varphi_L)\right]^2}$$

当满足

$$\frac{\mathrm{d}P_{\mathrm{L}}}{\mathrm{d}\,|\,Z_{\mathrm{L}}\,|} = 0$$

即

$$|Z_{\mathrm{L}}| = |Z_{\mathrm{S}}|$$

时，负载获得最大功率。显然，此时负载获得最大功率的条件是负载阻抗的模与含源二端网络输入阻抗的模相等，因而称为模匹配。当负载为纯电阻时，负载电阻获得最大功率的条件是

$$R_{\mathrm{L}} = \sqrt{R_{\mathrm{S}}^2 + X_{\mathrm{S}}^2}$$

在模匹配时，负载获得的最大功率为

$$P_{\mathrm{Lmax}} = \frac{U_{\mathrm{S}}^2 \cos\varphi_{\mathrm{L}}}{2\,|\,Z_{\mathrm{S}}\,|[1 + \cos(\varphi_{\mathrm{s}} - \varphi_{\mathrm{L}})]}$$

显然，模匹配时负载所获得的最大功率小于共轭匹配时负载所获得的最大功率。

例 4.8　图 4.22 所示为某一正弦稳态电路的相量模型。
（1）Z_{L} 为何值时可达共轭匹配，求出共轭匹配时的最大功率。
（2）如果负载为纯电阻 R_{L}，则 R_{L} 取何值时获得最大功率，最大功率值为多少？

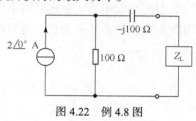

图 4.22　例 4.8 图

解：先对负载左端电路进行戴维南等效，其开路电压及输入阻抗分别为

$$\dot{U}_{\mathrm{OC}} = 100 \times 2 \; \underline{/0°} = 200 \; \underline{/0°} \; \mathrm{V}$$

$$Z_{\mathrm{S}} = 100 - \mathrm{j}100 = 100\sqrt{2} \; \underline{/-45°} \; \Omega$$

（1）当 $Z_{\mathrm{L}} = \overset{*}{Z}_{\mathrm{S}} = 100 + \mathrm{j}100 \; \Omega$ 时，负载与含源二端网络达到共轭匹配。

$$P_{\mathrm{max}} = \frac{U_{\mathrm{oc}}^2}{4R_{\mathrm{S}}} = 100 \; \mathrm{W}$$

（2）当 $R_{\mathrm{L}} = |Z_{\mathrm{S}}| = 100\sqrt{2} \; \Omega$ 时，负载与含源二端网络达到模匹配。

$$P_{\mathrm{Lmax}} = \frac{U_{\mathrm{S}}^2 \cos\varphi_{\mathrm{L}}}{2\,|\,Z_{\mathrm{S}}\,|[1 + \cos(\varphi_{\mathrm{s}} - \varphi_{\mathrm{L}})]} = \frac{200^2 \cos 0°}{2 \times 100\sqrt{2} \times [1 + \cos(-45°)]} = 82.8 \; \mathrm{W}$$

4.6　Multisim 正弦稳态分析

利用 Multisim2011 对正弦稳态电路进行测量仿真，可以直观地得到正弦稳态电路的正弦电压、电流的瞬时值，也能通过虚拟示波器观察正弦信号的波形及相位关系。

例 4.9　用电压表和示波器测量简单 RC 电路的电压和相位关系，改变电感参数，让电感和电阻上电压有效值相等，观察其相位关系。

解：（1）按图 4.23 所示建立仿真电路，设定电源频率为 $f = 1\,\mathrm{kHz}$，电源电压的有效值为 1 V，可变电感元件电感 $L = 200\,\mathrm{mH}$，且电感增量设定为最小值 1%，电阻 $R = 1\,\mathrm{k\Omega}$，图中所连电压表均设定为 AC 挡。

（2）启动仿真，观察各电压表读数，按 A 或 a 键调节电感 L 的值，使得电感 L 和电阻 R 上的电压有效值接近相等。此时，电感值为 $L = 200 \times 80\% = 160\,\mathrm{mH}$。

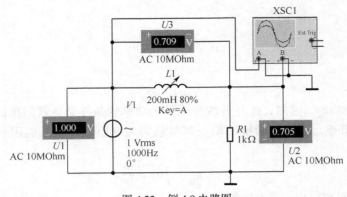

图 4.23　例 4.9 电路图

当电感 $L = 160$ mH 时，容抗为

$$X_{\mathrm{L}} = 2\pi f L = 2 \times 3.14 \times 10^3 \times 160 \times 10^{-3} = 1\,004.8\ \Omega$$

显然此时电感 L 的感抗与电阻的阻值接近。根据理论分析表明，当电感的感抗与电阻的阻抗相等时，电感电压有效值与电阻电压有效值相等，即

$$\dot{U}_{\mathrm{R}} = \frac{R}{R + \mathrm{j}\omega L}\dot{U}_1 = \frac{1}{\sqrt{2}}\angle -45^\circ\ \mathrm{V}$$

$$\dot{U}_{\mathrm{L}} = \frac{\mathrm{j}\omega L}{R + \mathrm{j}\omega L}\dot{U}_1 = \frac{1}{\sqrt{2}}\angle 45^\circ\ \mathrm{V}$$

实验结果验证了这点。

（3）用示波器 XSC1 观察输入电压 V_1 和输出电压（即电阻 R 上的电压）V_{R} 的波形。示波器面板设置及显示的波形如图 4.24 所示。

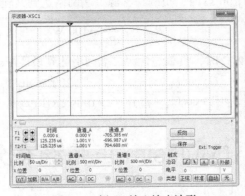

图 4.24　例 4.9 输入输出波形

仿真电路中，输入电压 V_1 接示波器的 A 通道，输出电压 V_{R} 接示波器的 B 通道，示波器面板中时间轴下方的扫描比例设置为 50 μs/Div，而通道 A 和通道 B 下方的信号幅度比例设置为 500 mV/Div，将 $T1$、$T2$ 两个时间轴测量参考线置于 V_1、$R1$ 电压波形过零点的时刻。可以看到输出电压 $U2$ 滞后于输入电压 $U1$，$T2-T1 \approx 125.24$ μs。由于信号的周期为 1 ms，因此输出电压滞后输入电压的相位差为

$$\varphi = (T2 - T1)\frac{360^\circ}{T} = 45.08^\circ$$

与理论计算的结果基本吻合。

小　　结

1．正弦量的特征和表示方法

随时间按正弦规律变化的量称为正弦量。正弦量可以用幅值（或有效值）、角频率（或频率）和初相三个要素表征。同频率的正弦量存在恒定的相位差，其相位差等于初相之差。

工程上用有效值表示周期信号的大小，周期信号的有效值是时域表达式的均方根值，正弦信号的有效值是最大值的 $\dfrac{1}{\sqrt{2}}$ 倍。

正弦量可以用三角函数式（瞬时表达式）、正弦（或余弦）波形、相量和相量图表示。相量是表征正弦量特征的复数，正弦电流可表示为

$$i(t) = I_{\mathrm{m}} \cos(\omega t + \varphi_i) = \mathrm{Re}[\dot{I}_{\mathrm{m}} \mathrm{e}^{\mathrm{j}\omega t}]$$

$$i(t) \leftrightarrow \dot{I}_{\mathrm{m}}$$

相量法是分析计算正弦交流电路的主要工具，要熟练掌握。只有同频率的正弦量才能进行相量计算，正弦量可用相量表征，但相量并不等于正弦量。

2．简单电路在正弦信号激励下的基本性质

简单电路在正弦信号激励下的基本性质如表4.1所示。

表 4.1　　　　　　　　　　　　　简单电路在正弦信号激励下的基本性质

电　路					
相量模型					
电压电流关系	相量关系	$\dot{U} = R\dot{I}$	$\dot{U} = \mathrm{j}X_{\mathrm{L}}\dot{I}$	$\dot{U} = -\mathrm{j}X_{\mathrm{C}}\dot{I}$	$\dot{U} = Z\dot{I}$ $Z = R + \mathrm{j}(X_{\mathrm{L}} - X_{\mathrm{C}})$
	大小关系	$U = RI$	$U = X_{\mathrm{L}}I = \omega L I$	$U = X_{\mathrm{C}}I = \dfrac{1}{\omega C}I$	$U = |Z|I$ $|Z| = \sqrt{R^2 + (X_{\mathrm{L}} - X_{\mathrm{C}})^2}$
	相位关系	 同相 $\varphi_{\mathrm{u}} = \varphi_{\mathrm{i}}$	 电压超前电流 90° $\varphi_{\mathrm{u}} - \varphi_{\mathrm{i}} = 90°$	 电压滞后电流 90° $\varphi_{\mathrm{u}} - \varphi_{\mathrm{i}} = -90°$	 $\varphi = \varphi_{\mathrm{u}} - \varphi_{\mathrm{i}}$ $= \arctan\dfrac{X_{\mathrm{L}} - X_{\mathrm{C}}}{R}$

功率计算	有功功率	$P = UI$	$P = 0$	$P = 0$	$P = UI\cos\varphi$
	无功功率	$Q = 0$	$Q = UI$	$Q = -UI$	$Q = UI\sin\varphi$

3. 正弦稳态电路的分析与计算。

正弦稳态电路的分析与计算主要围绕电压、电流关系和功率计算这两方面。

在正弦稳态电路中，两类约束关系的相量形式为

$$\sum \dot{i} = 0 , \quad \sum \dot{U} = 0 , \quad \dot{U} = Z\dot{i} , \quad \dot{i} = Y\dot{U}$$

对同一无源二端网络的阻抗 Z 和导纳 Y 互为倒数。当阻抗串联时，$Z = \sum Z_k$；当导纳并联时，$Y = \sum Y_k$。

使用相量法对正弦稳态电路进行分析的步骤：写出已知正弦量的相量；画正弦量的相量模型，仿照直流电阻电路的分析法求待求量的相量；写出待求量相量对应的时域表达式。

几个同频率的正弦量都用相量表示并画在同一个坐标系中，由此所构成的图称为相量图。绘制相量图依据的仍然是两类约束关系，相量图只需定性做出，作图时注意选择参考相量（初相为零），串联时宜选择电流相量为参考相量，并联时宜选用电压相量为参考相量。

正弦电路中，电流、电压随时间变化，瞬时功率也随时间变化。瞬时功率在一个周期的平均值即有功功率。电阻消耗有功功率 P；电感和电容不消耗有功功率，但与电源之间存在着能量的相互交换，转换的规模用无功功率 Q 表示；视在功率 S 常用以表示电源设备的容量。它们的一般计算公式为

$$P = UI\cos\varphi , \quad Q = UI\sin\varphi , \quad S = UI$$

有功功率和视在功率的比值称为电路的功率因数，电路功率因数越小，所需视在功率越大，电压为额定值，所以电流越大，输电的损耗越大。因此，为了充分利用电源的供电能力，需提高电路的功率因数，实际应用中常用并联电容的方法来提高交流电路的功率因数。

当负载阻抗等于电源内阻抗的共轭复数时，称为共轭匹配，这时负载获得最大功率，$P_{\max} = \dfrac{U_{OC}^2}{4R_0}$；当负载阻抗角固定而模可变时，可令负载的模等于电源内阻抗的模，以实现模匹配。

习 题

4.1 已知正弦电压 $u(t) = 100\cos(100t + 60°)$ V，正弦电流 $i(t) = 20\sqrt{2}\cos\left(314t - \dfrac{\pi}{4}\right)$ mA。试求：

（1）$u(t)$ 和 $i(t)$ 的振幅、角频率、初相；

（2）做出 $u(t)$、$i(t)$ 的波形图。

4.2 写出下列正弦电压或电流的瞬时值表达式：

（1）$U_m = 10$ V，$\omega = 1\,000$ rad / s，$\varphi = 60°$；

（2）$U = 5$ V，$f = 50$ Hz，$\varphi = -60°$；

（3）$I_m = 2$ A，$\omega = 50$ rad/s，$\varphi = 150°$；

（4）$I = 10\sqrt{2}$ A，$f = 50$ Hz，$\varphi = -45°$。

4.3 电压 u 与电流 i_1、i_2 的相量图如图 4.25 所示，已知 $\omega = 1\,000$ rad/s，

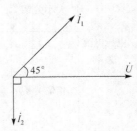

图 4.25

$U = 220\,\text{V}$，$I_1 = 10\sqrt{2}\,\text{A}$，$I_2 = 8\,\text{A}$。试分别用瞬时表达式和相量式（代数式、指数式和极坐标式）表示电压与电流。

4.4　图 4.26 所示电路中，已知 $L_1 = \dfrac{1}{3}\,\text{H}$，$L_2 = \dfrac{5}{6}\,\text{H}$，$C = \dfrac{1}{3}\,\text{F}$，$R = 2\,\Omega$，$i(t) = \cos(3t + 45°)\,\text{A}$。求电路的等效阻抗 Z 和电压 u。

4.5　图 4.27 所示电路工作在正弦稳态，$\omega = 5\,\text{rad/s}$。

（1）计算使输入阻抗 Z 为纯电阻性的 C 值，并求出阻抗值；

（2）用 Multisim 验证计算结果。

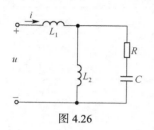

图 4.26

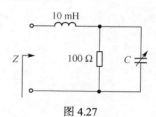

图 4.27

4.6　将 R=15Ω、L=0.1H、C=30μF 的三元件串联于正弦电源 $u_s(t) = 10\cos(314t + 50°)\,\text{V}$ 上，电压、电流选为关联参考方向，试用相量法求电路中的电流 $i(t)$ 及各元件的电压 $u_R(t)$、$u_L(t)$ 和 $u_C(t)$。

4.7　将电阻 $R = 81\,\Omega$、电感 L=25.5mH 的线圈接在 $u(t) = 200\sqrt{2}\cos(314t + 30°)\,\text{V}$ 的电源上，试求：（1）阻抗 Z；（2）电路中的电流 $i(t)$；（3）线圈的有功功率 P、无功功率 Q 和视在功率 S。

4.8　已知在关联参考方向下的无源二端网络的端口电压及电流分别为：

（1）$u(t) = 3\cos 2t\,\text{V}$，$i(t) = 2\cos 2t\,\text{A}$；

（2）$u(t) = 5\cos(314t + 85°)\,\text{V}$，$i(t) = 4\cos(314t + 55°)\,\text{A}$；

（3）$u(t) = 10\cos(100\pi t + 10°)\,\text{V}$，$i(t) = 2\cos(100\pi t + 40°)\,\text{A}$。

试求各种情况下的 P、Q、S。

4.9　如图 4.28 所示电路，已知 $\dot{U}_{S1} = 110\underline{/-30°}\,\text{V}$，$\dot{U}_{S2} = 110\underline{/30°}\,\text{V}$，$L = 1.5\,\text{H}$，$f = 50\,\text{Hz}$。求两个电源各自发出的有功功率和无功功率。

4.10　如图 4.29 所示正弦稳态电路，已知 $\dot{I} = 1\underline{/0°}\,\text{A}$。（1）求 $\dot{I}_R$、$\dot{I}_C$ 和 $\dot{U}$；（2）画出 $\dot{I}_R$、$\dot{I}_C$、$\dot{I}$、$\dot{U}_1$、$\dot{U}_2$ 和 $\dot{U}$ 的相量图；（3）求电路的总有功功率和功率因数。

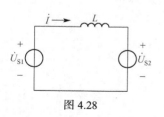

图 4.28

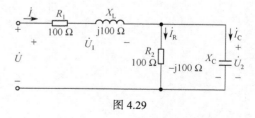

图 4.29

4.11　如图 4.30 所示电路，已知外加交流电压 $U = 220\,\text{V}$，频率 $f = 50\,\text{Hz}$，接通电容器时测得电路的总功率 $P = 2\,\text{kW}$，功率因数 $\cos\varphi = 0.866$（感性）；若断开电容器支路后电路的功率因数 $\cos\varphi' = 0.5$。试求电阻 R、电感 L 及电容 C。

4.12　如图 4.31 所示，若 Z_L 的实部、虚部均能变动，若使 Z_L 获得最大功率，Z_L 应为何值，最大功率为多少？

4.13　电路如图 4.32 所示，求：

（1）获得最大功率时 Z_L 的取值；

（2）最大功率值；

（3）若 Z_L 为纯电阻，Z_L 获得的最大功率。

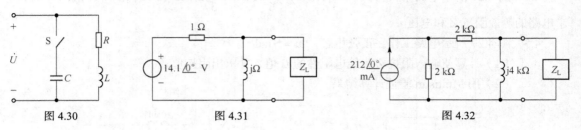

图 4.30　　　　　　　　　　图 4.31　　　　　　　　　　图 4.32

第二篇
模拟电子技术

在时间和幅度上都是连续变化的信号称为模拟信号。能对模拟信号进行采集、放大、变换等处理的电路称为模拟电路（Analog Circuit）。本篇以半导体器件知识为基础，研究各种基本放大电路的组成、原理及其分析方法，并重点介绍集成运算放大器及其典型应用。

第5章
半导体器件基础

利用半导体材料特殊的电性能来完成特定功能的电子器件称为半导体器件。半导体器件具有体积小、重量轻、寿命长、功耗低等优点，因而成为电子技术应用中的核心元器件，在现代工业、农业、科技及国防建设领域中获得广泛的应用。

本章首先介绍半导体的基本知识及 PN 结的概念与特性，然后重点讨论常用半导体二极管、晶体三极管和场效应三极管的基本结构、伏安特性、主要参数及其电路分析方法，为后续各章的学习奠定必要的基础。

5.1　半导体基础知识

5.1.1　半导体及其特性

导电性能介于导体和绝缘体之间的物质称为半导体。半导体的电阻率在 $10^{-4}\sim10^{10}\ \Omega\cdot m$ 之间，一般情况下，半导体的电阻率会随着温度的升高而显著减小。常用的半导体有硅（Si）、锗（ge）、砷化镓（GaAs）以及一些硫化物、氧化物等。

这些半导体材料都有一个共同的特性，即它们的电学性质对外界变化十分敏感，主要表现在以下几个方面。

① 热敏性：指半导体的导电能力随温度升高而显著升高的特性。例如纯净的锗半导体，当温度从 20℃升高到 30℃时，其电阻率约减少一半。利用这种特性可以制作各种热敏元件。

② 光敏性：指半导体的导电能力因光照而显著升高的特性。例如硫化镉半导体，在一般灯光照射下，其电阻率下降为无灯光照射时的几十分之一，甚至是几百分之一。利用这种特性可以制作自动控制系统中常用的光电二极管或光敏电阻。

③ 杂敏性：指半导体的导电能力因掺入了少量杂质而显著升高的特性。研究表明，给半导体中掺入百万分之一的杂质，可使半导体的载流子数目增加百万倍。利用这种特性可以制作多种不同功能、用途的半导体器件，如半导体二极管、三极管、晶闸管等。

此外，半导体材料还有磁敏性、压敏性和气敏性等，正是这些独特的敏感特性，才制造出功能多样的半导体器件。

5.1.2 本征半导体

1. 半导体的原子结构

最常用的半导体元素是硅和锗，它们在化学元素周期表上都是第 IV 族元素，即最外层只有四个价电子。通常把原子核和结构稳定的内层电子看成一个整体，称为惯性核，这样，硅和锗就可以用带四个正电荷的惯性核与外层四个价电子的简化原子核模型表示，如图 5.1 所示。

将天然的硅和锗提纯可形成单晶半导体，在单晶半导体中，原子在空间排列成有规则的空间点阵（也称为晶格点阵）。其中每个原子的价电子既要受到本身原子核的束缚，也要受到相邻原子的吸引。

根据原子核外电子排布理论，原子外层为 8 个电子时最稳定，因此，每一个价电子都将和相邻原子的一个价电子组成价电子对，这对价电子被两个相邻原子所共有，形成相邻原子间的共价键结构，从而使每个原子达到稳定，如图 5.2 所示。

图 5.1　4 价元素原子简化结构模型

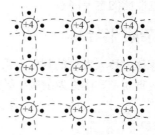

图 5.2　共价键结构平面示意图

2. 本征半导体

完全纯净的、无任何结构缺陷的单晶半导体称为本征半导体。

本征半导体中，共价键对价电子的束缚力非常强，在热力学温度为零度（T=0K）且无其他外界激发的情况下，价电子被共价键牢牢地束缚着，半导体中没有可自由运动的带电粒子，因而此时的半导体不能导电。

当温度升高或受到其他外界因素的激发时，本征半导体中的一些价电子吸收了足够的能量，挣脱了共价键的束缚，成为可自由移动的电子，当有外电场作用时，这些自由电子就可以做定向运动形成电子电流。与此同时，当价电子成为自由电子后，原来的共价键中就留下了一个空位，称之为空穴。空穴具有捕获相邻原子中价电子的能力，当有外电场作用时，相邻原子中的价电子填补空穴，就可以出现空穴的定向运动，形成空穴电流，如图 5.3 所示。

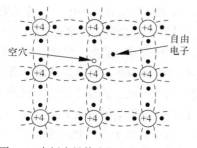

图 5.3　本征半导体中的空穴和自由电子

能够参与导电的带电粒子统称为载流子。显然，半导体中存在两种载流子，即自由电子和空穴。自由电子是带负电荷的载流子，而带有空穴的原子因失去了一个价电子而带一个正电荷，因此空穴可以看成是带正电荷的载流子。在外电场的作用下，电子和空穴运动的方向相反，但它们形成的电流方向是相同的。半导体中存在两种载流子参与导电，是半导体导电方式的最大特点，也是半导体与金属导体在导电机理上的本质区别。

在本征半导体中，自由电子和空穴总是成对产生的，因而，称自由电子和空穴为电子-空穴对。当自由电子与空穴相遇时，也会出现自由电子填补空穴而使电子-空穴对消失的现象，这个过程也称为载流子的复合，显然载流子的复合过程使自由电子和空穴成对消失。本征半导体中载流子的激发和复合是一对矛盾的过程，在一定的外界条件下，激发与复合达到动态平衡，从而使本征半导体中保持一定数量的载流子。

通常把单位体积内载流子的个数称为载流子浓度，本征半导体中空穴浓度和自由电子浓度相同。室温下，本征硅的载流子浓度约为 $1.5 \times 10^{10} cm^{-3}$，本征锗的载流子浓度约为 $2.5 \times 10^{13} cm^{-3}$，可以看到，本征硅的载流子浓度比本征锗的载流子浓度小了很多，其原因是硅原子比锗原子对价电子束缚能力强的缘故。本征半导体载流子的数目看起来很大，但是相比于半导体中的原子总数还是很小的。例如硅原子的密度约为 $5 \times 10^{22} cm^{-3}$，室温下只有 3 万亿分之一的价电子被激发为自由电子。由此可见，本征半导体的导电能力是非常弱的。

本征半导体的载流子浓度受温度影响很大。对于本征硅，当温度升高约 8℃时，其载流子浓度将增加 1 倍；而对于本征锗，当温度升高约 12℃时，其载流子浓度将增加 1 倍。可见，温度是影响半导体导电性能的重要因素。

5.1.3　杂质半导体

在本征半导体中掺入微量的其他元素，可显著地改变半导体的导电性能，这些微量元素统称为杂质，掺入杂质的半导体称为杂质半导体。根据掺入杂质的类型不同，有 N 型和 P 型两种杂质半导体。

1. N 型半导体

在本征半导体中掺入微量的五价元素，就得到 N 型半导体。例如在硅半导体中掺入五价的磷元素，在不破坏硅原子晶格结构的条件下，掺入的磷原子替代了硅原子的位置，其最外层的五个价电子中有四个价电子要分别与相邻的硅原子组成共价键，这样还多余一个价电子，如图 5.4 所示。这个多余的价电子只受磷原子核的吸引，不受共价键的束缚，因此在较小的能量激发下就能挣脱磷原子核的吸引，成为自由电子，从而使 N 型半导体中自由电子数量大量增加。值得注意的是，五价磷原子失去一个价电子变成正离子后，却不会产生空穴，这个正离子固定在晶格点阵上，在外电场的作用下不会做定向运动，因此这个正离子不是载流子。

在 N 型半导体中，除了杂质原子提供的额外电子作为载流子外，还存在本征激发所产生的电子-空穴对。通常，在室温的条件下，所有杂质原子的多余价电子都能成为自由电子，其数量远远超过本征激发产生的电子-空穴对。因此，N 型半导体中自由电子是多数载流子，简称多子，而空穴是少数载流子，简称少子。

2. P 型半导体

在本征半导体中掺入微量的三价元素，就得到 P 型半导体。例如在硅半导体中掺入三价的硼元素，在不破坏硅原子晶格结构的条件下，掺入的硼原子替代了硅原子的位置，其最外层的三个价电子要分别与相邻的四个硅原子组成共价键。但是，只能有三个共价键是完整的，第四个共价键因缺少电子而出现一个空穴，如图 5.5 所示。这个空穴同样具有捕获电子的能力，当某种外作用使相邻原子的价电子填补了这个空穴时，就形成了空穴的定向运动。由此可见，硼原子的掺入使得 P 型半导体中空穴的数量大量增加。同样要注意的是，三价硼原子得到一个价电子变成负离子后，仍然是固定在晶格点阵上，在外电场的作用下不会做定向运动，因此这个负离子不是载流子。

在 P 型半导体中，除了杂质原子形成的空穴作为载流子外，还存在本征激发所产生的电子-空穴对。显然，P 型半导体中空穴是多数载流子，而自由电子是少数载流子。

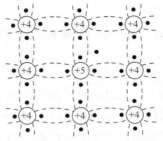

图 5.4 N 型半导体的结构模型

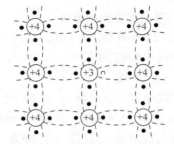

图 5.5 P 型半导体的结构模型

综上所述，在不破坏半导体晶格结构的条件下，杂质半导体中的多数载流子主要是由掺杂而产生的，其数量主要取决于掺入杂质的数量，掺入杂质的浓度越高，多数载流子数量越多；而杂质半导体中的少数载流子是由本征激发引起的，其数量与温度密切相关，温度越高，热运动越强，激发的电子-空穴对越多，少数载流子的数目也就越多。

5.1.4 PN 结

通过特殊的工艺，在一块半导体晶片上分别生成 P 型掺杂区和 N 型掺杂区，则两个区域的交界处就形成了一个具有特殊导电性能的带电薄层，这就是 PN 结。利用 PN 结可制作出各种半导体器件，从而推动了电子技术的迅猛发展。

1. PN 结的形成

通过上一节的学习我们知道，P 型半导体中，空穴为多数载流子，电子为少数载流子，而 N 型半导体中，电子为多数载流子，空穴为少数载流子。当这两种不同掺杂类型的半导体结合在一起时，因交界面两侧载流子的浓度差异，将出现多子从高浓度区向低浓度区的扩散现象，即空穴由 P 区扩散到 N 区，而电子从 N 区扩散到 P 区，如图 5.6 所示。

当多子扩散到对方区域后，与对方的多子产生复合，结果在 P 区和 N 区的交界面附近剩下了不能移动的正、负离子，P 区一侧为负离子区，N 区一侧为正离子区，称这个区域为空间电荷区，也叫耗尽层或阻挡层。空间电荷区中的离子会产生一个由 N 区指向 P 区的内建电场，如图 5.7 所示。

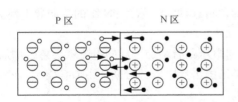

图 5.6 多子的扩散运动

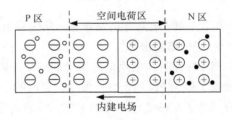

图 5.7 空间电荷区的形成

内建电场的作用表现为两个方面，一方面使少数载流子的漂移运动得到加强，即使 N 区中的少数载流子——空穴向 P 区运动，P 区的少数载流子——电子向 N 区运动；另一方面内建电场对于多子的扩散运动起到阻碍作用。多子扩散的越多，内建电场越强，则漂移运动越强，对扩散运动的阻碍也越大。当扩散过去的和漂移回来的载流子数量相等的时候，通过交界面的净载流子数为 0，PN 结达到动态平衡，此时空间电荷区的宽度及内建电场形成的电势差也就达到稳定。一般，空间电荷区的宽度约为几微米至几十微米。内建电场形成的电势差因材料不同略有差异，硅材料为 0.6～0.8V，锗材料为 0.2～0.3V。

2. PN 结的单向导电性

当给 PN 结两端外加电压时，PN 结的动态平衡就被破坏，外加电压的极性不同，PN 结表现出的导电性能截然不同。

（1）正向特性

将外加电源的正极接 PN 结的 P 区，负极接 PN 结的 N 区，称这种接法为 PN 结正向偏置，简称正偏，如图 5.8 所示。当 PN 结正偏时，外加电场的方向与 PN 结内建电场的方向相反，内建电场的作用被削弱，耗尽层厚度减薄，这样就使得多子的扩散运动强于少子的漂移运动，由此形成了以扩散为主的电流，这个电流称为 PN 结的正向电流。由于内建电场形成的电势差只有零点几伏，而且，多数载流子的浓度较大，因此施加不是很大的正偏电压就可以形成很大的扩散电流，使 PN 结呈现为低阻导通状态。

（2）反向特性

将外加电源的正极接 PN 结的 N 区，负极接 PN 结的 P 区，称这种接法为 PN 结反向偏置，简称反偏，如图 5.9 所示。当 PN 结反偏时，外加电场的方向与 PN 结内建电场的方向相同，内建电场的作用得到加强，耗尽层厚度加宽，这样就进一步阻挡了多子的扩散，使少子的漂移得到加强，由此形成了以漂移为主的电流，这个电流称为 PN 结的反向电流。由于少数载流子的浓度很低，其数值主要取决于温度，因此，反向电流极其微小，且在温度一定时，其数值基本不随外加电压的增大而增加，使 PN 结呈现为高阻不导通的状态，这种状态也称为 PN 结的截止状态。

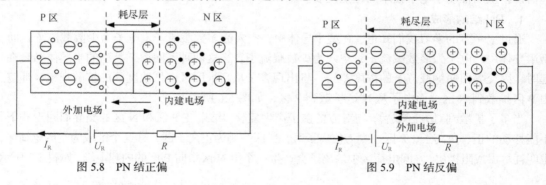

图 5.8 PN 结正偏   图 5.9 PN 结反偏

可见，PN 结具有正偏导通、反偏截止的导电特性，将这种特性称为 PN 结的单向导电性。

3. PN 结的击穿

当 PN 结外加的反向电压增加到某一数值后，反向电压稍有增加，反向电流就会急剧增加，这种现象称为 PN 结击穿，发生击穿时的电压称为 PN 结的击穿电压，习惯上用 U_{BR} 表示。PN 结上有三种类型的击穿：齐纳击穿、雪崩击穿和热击穿。

（1）齐纳击穿

当形成 PN 结的两种半导体掺杂浓度较高时，其耗尽层内的正、负离子排列紧密，耗尽层较薄，这样在较小的反向电压作用下（一般小于 5V），就可以在耗尽层中形成足够的电场，将束缚在共价键上的电子拉出来，产生大量的电子-空穴对，致使反向电流急剧增大，称这种现象为齐纳击穿。

（2）雪崩击穿

当形成 PN 结的两种半导体掺杂浓度较低时，其耗尽层内的正、负离子排列疏松，耗尽层较厚，这样只有在较大的反向电压作用下（一般大于 6V），才可以在耗尽层中形成足够的电场，将束缚在共价键上的价电子拉出来，产生大量的电子-空穴对。一方面这些载流子的漂移运动形成了较大的反向电流，另一方面这些载流子在外电场的作用下获得足够的动能，在漂移运动中与共价键上的价电子发生碰撞，再次产生更多的电子-空穴对，如此连锁反应，使得载流子数目像雪崩似的倍增，从而进一步形成更大的反向电流，称这种现象为雪崩击穿。

（3）热击穿

当 PN 结发生击穿时，反向电流增大，电流的热效应将引起结温升高，而温度升高又会激发更多的电子-空穴对，从而使反向电流更大，如果不加限制，这种恶性循环将很快把 PN 结烧毁，这样的击穿现象称作热击穿。

上述三种击穿中，齐纳击穿和雪崩击穿都属于电击穿，这种击穿过程是可逆的，当外加反向电压减小时，PN 结可恢复到击穿前的状态。热击穿是不可逆的，一旦发生将使 PN 结造成永久性损坏。因此，在实际应用中一定要通过限流措施或者散热措施避免热击穿现象的发生。

4. PN 结的电容

当外加电压发生变化时，PN 结耗尽层内的空间电荷以及耗尽层外的载流子数量都会随之而变，这种电荷随外加电压变化而变化的现象称为 PN 结的电容效应。根据产生机理的不同，PN 结的电容分为两种：势垒电容 C_b 和扩散电容 C_d。

（1）势垒电容

耗尽层也叫势垒区，这个区域中存在着不能移动的正、负离子（即空间电荷）。当外加反偏电压时，势垒区的宽度及空间电荷数量都随外加电压的增加而增大；当外加正偏电压时，势垒区的宽度及空间电荷的数量都随外加电压的增加而减小。这种现象，类似于电容器的充、放电过程，将势垒区的这种变化等效的电容称为势垒电容。

（2）扩散电容

当 PN 结加正偏电压时，扩散运动占主导地位。由 P 区扩散到 N 区的空穴及由 N 区扩散到 P 区的电子将在耗尽层外的两侧形成一个浓度由高到低的分布，通常称这些扩散到对方区域的载流子为非平衡少子。当外加正偏电压增加时，非平衡少子的浓度及浓度梯度都会随之增加，而当外加正偏电压减少时，非平衡少子的浓度及浓度梯度也随之减少，这种现象类似于电容器的充放电过程，称这种电容效应所对应的等效电容为扩散电容。当加反向电压时，扩散运动被削弱，扩散电容的作用可忽略。

由于势垒电容和扩散电容均等效地并联在 PN 结上，因此，PN 结的结电容是势垒电容和扩散电容之和。当 PN 结反偏时，势垒电容起主要作用，而 PN 结正偏时，扩散电容起主要作用。通常，PN 结的结电容为几皮法到几十皮法，结面积大的时候可达几百皮法。当 PN 结上施加低频信号时，结电容所对应的容抗很大，结电容的分流作用很小，因而对 PN 结的影响可忽略不计；而当 PN 结上施加高频信号时，结电容所对应的容抗很小，结电容的分流作用明显增大，因此 PN 结的单向导电性将遭到破坏。

5.2　半导体二极管

5.2.1　二极管的结构及分类

将一个 PN 结的 P 区和 N 区分别引出电极，再用外壳封装起来，就构成半导体二极管。通常，将 P 区的引出极称为阳极，而 N 区的引出极称为阴极。二极管的结构、电路符号及一些常见二极管外形如图 5.10 所示。

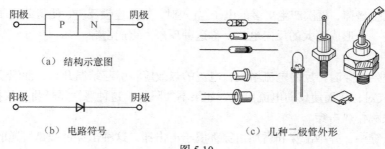

（a）结构示意图

（b）电路符号

（c）几种二极管外形

图 5.10

二极管的种类很多，分类方法也各不相同。按功能和用途分有整流二极管、检波二极管、开关二极管、变容二极管和稳压二极管等。按照所用半导体材料的不同，可分为硅二极管、锗二极管和砷化镓二极管等。按照工艺及结构的不同，又分为点接触型二极管、面接触型二极管和平面型二极管。

点接触型二极管是通过将一根很细的金属丝热压在半导体基片上制成的，在热压作用下，接触点附近的金属原子扩散到半导体晶片中，这样就在触点附近形成一个 PN 结，从金属丝一侧引出阳极，半导体晶片一侧引出阴极，就构成点接触型二极管，如图 5.11（a）所示。

点接触型二极管的最大特点是 PN 结横截面积很小，则 PN 结的结电容很小，且允许通过的电流也很小（一般为几十毫安以下）。因此，点接触型二极管比较适用于高频检波及小电流快速开关等应用场合。

面接触型二极管是利用合金工艺制成的，将三价元素铟球放于 N 型锗片上加热，随着温度的升高，铟球熔化为液态，这样接触部分的 N 型锗就溶于铟液体之中。当温度降低时，溶于铟球内的锗原子在锗晶片的边缘处重新结晶为掺入了大量铟原子的单晶锗，即 P 型锗。在 P 型锗和 N 型锗基片的交界面处就形成了 PN 结，从铟球一侧引出阳极，N 型锗基片一侧引出阴极，就构成面接触型二极管，如图 5.11（b）所示。

面接触型二极管的特点是接触面积较大，可承受较大的电流，但是其 PN 结的结电容也较大，因此一般用于低频电路中，例如用作大功率整流。

平面型二极管是利用扩散工艺制成的，在 N 型半导体硅晶片上，高温氧化生长一层二氧化硅，刻蚀出窗口后，利用二氧化硅的屏蔽作用在硅单晶片上有选择性地扩散 P 型杂质，从而形成 PN 结。如图 5.11（c）所示。平面型二极管中的 PN 结，因被二氧化硅覆盖，PN 结两端的漏电流就大大减少，因此，这种二极管的性能稳定，可靠性高，使用寿命较长，有利于批量生产。当 PN 结结面积较大时，可用作大功率应用场合，而 PN 结结面积较小时，又可用作高频管或快速开关管。

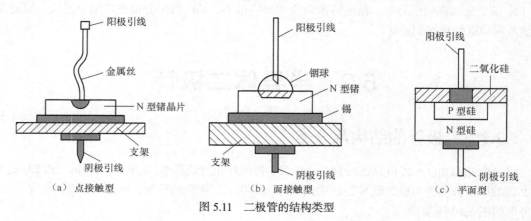

（a）点接触型

（b）面接触型

（c）平面型

图 5.11　二极管的结构类型

5.2.2　二极管的伏安特性

二极管的伏安特性是指流过二极管的电流与其两端外加偏置电压之间的关系。

二极管的伏安特性可以用图 5.12 所示的电路逐点测出，测试结果如图 5.13 所示。

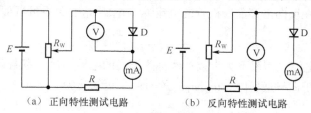

（a）正向特性测试电路　　　　（b）反向特性测试电路

图 5.12　二极管伏安特性测试电路

1. 正向特性

① 当正向偏压较小时，由于外电场还不足以克服 PN 结内电场对多子扩散运动的阻碍，正向扩散电流 i_D 近似为 0，如图 5.13（a）中的 OA 段，这一区域称为死区，死区的电压范围称为死区电压。实验表明，硅二极管的死区电压约为 0.5V，锗二极管的死区电压约为 0.1V。

② 当正向偏压大于死区电压后，外电场足以克服内电场的作用而使扩散电流迅速增加，二极管进入正向导通区，如图 5.13（a）中的 AB 段。在正向导通区中，二极管的正向电流 i_D 按指数规律急剧上升，但正向电压却变化很小，硅二极管为 0.6~0.8V，锗二极管为 0.2~0.3V。在直流状态下，二极管的正向导通电压可近似认为是定值，在工程计算时，常将硅管的正向导通电压取为 0.7V，而锗管的正向导通电压取为 0.3V。

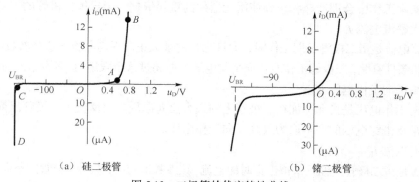

（a）硅二极管　　　　　　　　（b）锗二极管

图 5.13　二极管的伏安特性曲线

2. 反向特性

① 当二极管反向偏置时，流过 PN 结的电流由少数载流子的漂移形成，因此，反向电流很小，二极管呈现很高的反向电阻，称这个区域为反向截止区，如图 5.13（a）中的 OC 段。可以看到，在反向截止区，二极管的反向电流基本不随反向偏置电压的变化而变化，即达到饱和，因而这时的反向电流也称为反向饱和电流，表示为 I_S。I_S 的大小取决于 PN 结的材料、制作工艺和温度等因素，常温下，小功率硅二极管的 I_S 一般小于 0.1μA，小功率锗二极管的 I_S 为几到几十微安。反向饱和电流越小，二极管的单向导电性越好。

② 当二极管反向偏压超过某一极限值 U_{BR} 时，反向电流急剧增加，二极管进入反向击穿区，如图 5.13（a）中的 CD 段。发生击穿时的电压 U_{BR} 称为反向击穿电压，各类二极管的反向击穿电压大小不同，通常为几十到几百伏，最高可达 300V 以上。当二极管工作在击穿区时，流过二极

管的电流在很大范围内变化，而管子两端的电压几乎不变，从而可以获得一个稳定的电压，利用这个特性可以制作用于稳压的二极管。二极管进入反向击穿区后，其单向导电性就被破坏了，因此，用作开关、整流、检波类型的二极管不允许工作在反向击穿区。

3. 二极管的伏安关系式

理论研究表明，在反向击穿前二极管的电流 i_D 与电压 u_D 的关系可近似地用指数方程表示。

$$i_D = I_S(e^{\frac{u_D}{u_T}} - 1) \tag{5.1}$$

式中，I_S 为反向饱和电流，室温下为常数；u_T 称为温度的电压当量，室温下为 26mV。

当二极管工作在正向导通区时，$u_D \gg u_T$，式（5.1）可简化为

$$i_D \approx I_S e^{\frac{u_D}{u_T}} \tag{5.2}$$

当二极管工作在反向截止区时，$|u_D|$ 只要高出 u_T 几倍，就使 $e^{\frac{u_o}{u_T}} \to 0$，则式（5.1）可简化为

$$i_D \approx -I_S \tag{5.3}$$

4. 温度对二极管伏安特性的影响

二极管是由半导体材料制成的，因此温度会影响其导电特性。随着环境温度的升高，二极管的正向特性曲线将左移，反向特性曲线将下移。通常，当二极管正偏时，温度每升高 1℃，二极管的正向压降将减小 2～2.5mV；而当二极管反偏时，温度每升高 10℃，二极管的电流增加近一倍。

5.2.3　二极管的主要参数

电子元器件的参数是定量描述元器件性能质量和安全工作范围的重要数据，可由元器件手册查得，它是实际工作中合理选择和正确使用元器件的重要依据。半导体二极管的主要参数如下。

（1）最大整流电流 I_F

最大整流电流是指二极管长期工作时，允许通过的最大正向平均电流。这个参数值与 PN 结的结面积和散热条件有关，二极管工作时正向平均电流不能超过这个限定值，不然就会使 PN 结烧坏。

（2）最高反向工作电压 U_{RM}

最高反向工作电压是指允许加在二极管上的最大反向电压。它反映了二极管反偏工作时的耐压程度，通常将击穿电压的一半取为最高反向工作电压。

（3）反向电流 I_R

反向电流是指二极管反偏且未被击穿时的电流。该参数值越小，说明二极管的单向导电性越好。

（4）最高工作频率 f_M

最高工作频率是指二极管正常工作时，允许通过的交流信号频率的最高值。该参数值主要取决于二极管的结电容，结电容越大，最高工作频率越低。

5.2.4　晶体二极管的检测

在使用二极管之前，需要识别二极管的引脚极性，并判断其质量好坏。

1. 引脚极性的识别

国产二极管的管壳一般都印有"➤►"的符号，据此可以确定二极管的阳极和阴极。如果二极管的管壳上没有极性标识，也可以用万用表的电阻挡分别测试二极管的正、反向电阻，再根据二极管的单向导电性来进行判断，如图 5.14 所示。具体方法是：将万用表转换开关拨至欧姆挡，量程选 R×1kΩ 或 R×100Ω 挡，测量二极管的电阻值。如果测得电阻值较小，说明二极管正偏导通，

由于万用表置欧姆挡时，其内部电池的高电位端从黑表笔引出，而内部电池的低电位端从红表笔引出，因此万用表黑表笔所接触的一端为二极管的阳极，红表笔接触端为二极管的阴极。相反，如果测得电阻很大，说明二极管反偏截止，则万用表黑表笔接触端为二极管的阴极，红表笔接触端为二极管的阳极。

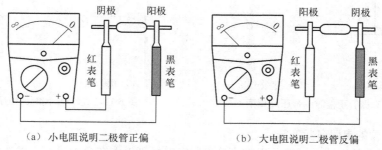

（a）小电阻说明二极管正偏　　　　　（b）大电阻说明二极管反偏

图 5.14　用万用表检测二极管

2．质量好坏的判断

如果测试的正向电阻为几百到几千欧姆，反向电阻为几百千欧以上，说明二极管是好的，正反向电阻差值越大，表明二极管质量越好。如果测试的正反向电阻都比较小，说明该二极管的内部短路了；如果测试的正反向电阻都比很大，说明该二极管的内部发生了断路。

5.2.5　含二极管的电路分析

1．二极管的等效模型

（1）理想模型

在电路中，如果二极管正向导通的电压远远小于与之串联的其他元件的电压，且二极管反向截止的电流也远远小于与之并联的其他元件的电流时，二极管就可以等效为一个开关。当二极管外加正偏电压时，可认为二极管正偏导通时电压为零，相当于开关闭合；当二极管外加反偏电压时，可认为二极管反偏时电流为零，相当于开关打开。经过这样理想化处理的二极管称为理想二极管，理想二极管的特性曲线及等效电路如图 5.15 所示。

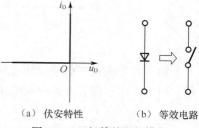

（a）伏安特性　　（b）等效电路

图 5.15　二极管的理想模型

（2）恒压降模型

在电路中，如果二极管的正向导通电压不能忽略，而二极管反向截止的电流远远小于与之并联的其他元件的电流时，二极管可以等效成一个值为 U_D 的恒压源与开关串联的模型。当二极管外加正偏电压时开关闭合，等效电路两端的电压等于二极管正向电压 U_D（硅二极管 U_D 取 0.7V，锗二极管 U_D 取 0.3V）；当二极管外加反偏电压时，可认为二极管反偏时电流为零，相当于开关打开。经过这样简化处理的模型称为二极管的恒压降模型，此时二极管的特性曲线及等效电路如图 5.16 所示。

同样，如果二极管工作在反向击穿区，则二极管的反向电流将急剧增大，但其电压却基本不变，此时，二极管可以等效为一个值为 U_Z 的恒压源与开关串联的模型。当二极管上的反向电流低于稳定电流 I_Z 时，二极管工作在反向截止区，相当于开关打开；当二极管上的反向电流高于稳定电流 I_Z 时，二极管就进入稳压工作区，相当于开关闭合，等效电路两端的电压就等于二极管反

向击穿电压 U_Z。工作于反向击穿区的二极管称为稳压二极管，稳压二极管的特性曲线及等效电路如图 5.17 所示。

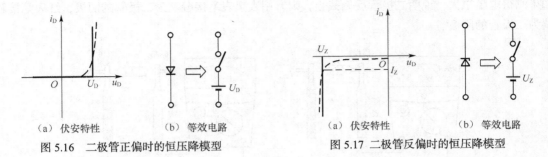

（a）伏安特性 （b）等效电路	（a）伏安特性 （b）等效电路
图 5.16 二极管正偏时的恒压降模型	图 5.17 二极管反偏时的恒压降模型

2. 含二极管的电路分析方法

对于含二极管的电路，一般分析方法是：假定二极管工作在截止状态，将二极管开路，画出相应的等效电路，由该电路求出二极管两端开路时的电压，以此判断二极管真实的偏置状态。然后，用二极管真实工作状态对应的等效模型代替二极管，重画二极管真实状态的等效电路，最后由该电路求待求量。

例 5.1　电路如图 5.18（a）所示，假设图中的二极管是理想的，试判断二极管是否导通，并求出相应的输出电压。

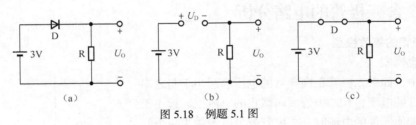

图 5.18　例题 5.1 图

解：首先假设二极管工作在反向截止区，画出二极管开路时的等效电路，如图 5.18（b）所示。可以求得二极管开路时的电压为

$$U_D = 3V$$

显然二极管满足正偏导通的条件，按照理想二极管正偏时的等效模型，可画出等效电路如图 5.18（c）所示，由该电路可求得

$$U_o = 3V$$

3. 半导体二极管的应用电路

（1）限幅电路

能够限制输出信号幅度的电路称为限幅电路。双向限幅电路的电压传输特性如图 5.19 所示，图中 U_{iH} 和 U_{iL} 分别称为上门限电压和下门限电压。当 $U_{iH} \geqslant u_i \geqslant U_{iL}$ 时，输出电压 u_o 正比与输入电压 u_i；当 $u_i > U_{iH}$ 时，输出电压被限制在 U_{oH} 上，而当 $u_i < U_{iL}$ 时，输出电压被限制在 U_{oL} 上。有两个门限电压的限幅电路称为双向限幅器，只有一个门限电压的限幅电路称为单向限幅器。在电子电路中，限幅电路常用于整形、波形变换和过压保护等应用场合。

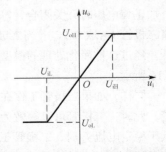

图 5.19　双向限幅电路的传输特性

例 5.2　串联型限幅电路如图 5.20(a)所示，假设图中的二极管 D 是理想的，当输入信号为 $u_i=10\sin \omega t$(V)时，试分析该电路输出电压 u_o 的波形。

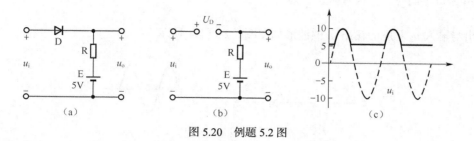

图 5.20　例题 5.2 图

解：首先假设二极管工作在反向截止区，画出二极管开路时的等效电路，如图 5.20（b）所示。可以求得二极管开路时的电压为

$$U_D = u_i - E = u_i - 5$$

显然，当 $u_i \geq 5$V 时，二极管正偏导通，输出电压

$$u_o = u_i$$

当 $u_i < 5$ V 时，二极管反偏截止，输出电压

$$u_o = 5\text{V}$$

输出电压 u_o 的波形如图 5.20（c）所示。

（2）整流电路

任何电子设备都需要稳定的直流电源供电，在众多直流电源的提供方式中，最为经济实用的是将交流电网提供的 50Hz、220V 正弦交流电变换为稳定的直流电。一般的小功率直流稳压电源由 4 个部分组成，即电源变压器、整流电路、滤波电路和稳压电路，其组成框图如图 5.21 所示。图中变压器的作用是将交流电网中较高的电压变换为所需幅度的交流电压；整流的作用是将大小和方向随时间变化的交流电压变为单一方向的、脉动的直流电压；滤波的作用是将整流后脉动幅度较大的直流电压中的纹波电压（即各次谐波）过滤掉，使之变换为脉动幅度较小的直流电压；稳压的作用是当电网电压波动或负载电压变化时，能使输出电压稳定不变。

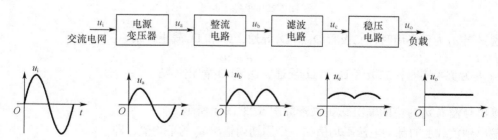

图 5.21　直流稳压电源的组成框图及其相关波形

在整流电路中，加在电路两端的交流电压远远高于二极管的正向导通电压，而整流输出电流也远远大于二极管反偏时的反向饱和电流。因此，在整流电路中，二极管均可用理想模型代替。常用的整流电路有单相半波整流、单相全波整流和单相桥式整流等形式。

例 5.3　单相半波整流电路如图 5.22(a)所示，已知电源变压器次级输出电压 $u_2 = \sqrt{2}U_2 \sin \omega t$，试利用二极管的理想模型，定性画出 u_o 的波形，并求输出到负载上的脉动电压平均值 U_o。

解： 当 u_2 为正半周时，二极管导通，则

$$u_o = u_2$$

当 u_2 为负半周时，二极管截止，则

$$u_o = 0$$

画出与输入 u_2 对应的输出 u_o 的波形如图图 5.22（b）所示。

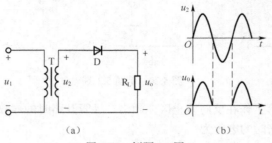

图 5.22　例题 5.3 图

输出到负载上的脉动电压平均值指一个周期内输出 u_o 的平均值，即

$$U_O = \frac{1}{2\pi}\int_0^{2\pi} u_0 \mathrm{d}(\omega t) = \frac{1}{2\pi}\int_0^{\pi}\sqrt{2}U_2\sin\omega t\mathrm{d}(\omega t) = \frac{\sqrt{2}}{\pi}U_2 \approx 0.45U_2$$

例 5.4　单相桥式整流电路如图 5.23(a)所示，已知电源变压器次级输出电压 $u_2 = \sqrt{2}U_2\sin\omega t$，试利用二极管的理想模型，定性画出 u_o 的波形，并求输出到负载上的脉动电压平均值 U_O。

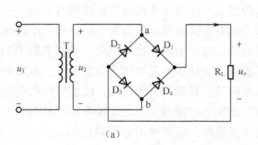 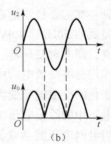

图 5.23　例题 5.4 图

解： 当 u_2 为正半周时，二极管 D_1 和 D_3 导通，D_2 和 D_4 截止，则

$$u_o = u_2$$

当 u_2 为负半周时，二极管 D_2 和 D_4 导通，D_1 和 D_3 截止，则

$$u_o = -u_2$$

画出与输入 u_2 对应的输出 u_o 的波形如图 5.23（b）所示。

输出到负载上的脉动电压平均值指一个周期内输出 u_o 的平均值，即

$$U_O = \frac{1}{2\pi}\int_0^{2\pi} u_0 \mathrm{d}(\omega t) = \frac{1}{\pi}\int_0^{\pi}\sqrt{2}U_2\sin\omega t\mathrm{d}(\omega t) = \frac{2\sqrt{2}}{\pi}U_2 \approx 0.9U_2$$

（3）滤波电路

整流电路输出的直流电压仍存在很大的脉动成分，这在稳定度要求较高的直流电压供电情况下是不能使用的。因此，需要在整流电路和负载之间增加一个滤波电路来降低整流输出的脉动成分，使输出电压变为平滑而稳定的直流电压。常用的滤波电路有电容滤波、电感滤波和复式滤波，其中电容滤波电路在小功率整流电源中应用较为广泛。

例 5.5　单相桥式整流电容滤波电路如图 5.24(a)所示，已知电源变压器次级输出电压 $u_2 = \sqrt{2}U_2 \sin \omega t$，试利用二极管的理想模型及电容的充放电原理，定性画出 u_o 的波形，并求输出到负载的电压平均值 U_O。

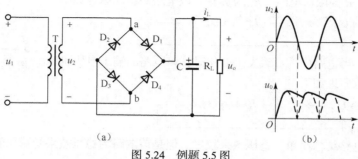

（a）　　　　　　　　　　　　　（b）

图 5.24　例题 5.5 图

解： 假设 $t=0$ 时，交流电路刚刚接通。

当 u_2 为正半周，且 u_2 上升时，D_1 和 D_3 导通，D_2 和 D_4 截止。导通的电流一部分流向负载，另一部分给电容充电。此时电路充电的时间常数为

$$\tau_{充} = \left[(R_{D1} + R_{D3} + R_T)//R_L\right]C \approx (R_{D1} + R_{D3} + R_T)C$$

式中，R_{D1} 和 R_{D3} 分别是二极管 D_1 和 D_3 正向导通时的电阻（阻值很小），R_T 是变压器次级绕组的等效电阻（阻值很小），由此可见，电路的充电时间常数非常小。电容器快速充电，使得

$$u_o = u_2$$

当 u_2 上升到最大值时，u_o 也达到最大值，即

$$u_o = \sqrt{2}U_2$$

当 u_2 下降时，四个二极管均反偏截止，电容只能通过负载 R_L 放电，其放电时间常数为

$$\tau_{放} = R_L C$$

显然，放电时间常数较大，电容缓慢放电，输出 u_o 缓慢衰减。直到 u_2 的负半周，且满足了 $|u_2|>u_C$ 时，D_2 和 D_4 开始导通（D_1 和 D_3 因 $u_2<0$ 仍然截止），电容又开始快速充电，使输出 u_o 跟随 $|u_2|$ 的增加而增加。当 $|u_2|$ 上升到最大值时，u_o 也再次达到最大值。而当 $|u_2|$ 下降时，四个二极管再次反偏截止，电容通过负载缓慢放电，输出 u_o 再次缓慢衰减。如此周而复始的变化，就得到如图 5.24（b）所示的电压波形。

（4）稳压电路

稳压二极管是一种特殊的半导体二极管，其外形与普通二极管基本相同，内部也是一个 PN 结。所不同的是：稳压二极管在制作上采用了特殊工艺，使它具有很陡峭的反向击穿特性，而且在电路中也采取了限流措施，从而使得稳压二极管允许通过较大的反向电流，不至于发生热击穿而损坏。

稳压二极管的主要参数有以下几种。

- 稳定电压 U_Z：指稳压管在正常工作时管子两端的反向击穿电压。
- 稳定电流 I_Z：指稳压管具有正常稳压性能的最小工作电流。
- 最大工作电流 I_{ZM}：指稳压管允许通过的最大工作电流。
- 最大耗散功率 P_M：指稳压管不至于发生热击穿的最大功率损耗。
- 动态电阻 r_Z：指稳压管工作在稳压状态下，其两端电压的变化量与流过的电流变化量之比。r_Z 越小，稳压管的稳压效果越好。

• 温度系数 α：指单位温度变化引起稳压管电压的相对变化量。α 值越小，表明稳压管温度稳定性越好。

由稳压二极管构成的并联型稳压电路如图 5.25 所示，图中 U_i 为有波动的输入电压，R 为限流电阻，R_L 为负载。该电路的稳压原理如下。

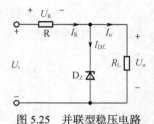

$$U_i \uparrow \to U_o \uparrow \to U_Z \to I_{DZ} \uparrow \to I_R \uparrow \to U_R \uparrow$$
$$U_o \downarrow \longleftarrow$$

同样的道理，当电路中的负载发生变化时，该电路的输出电压也能保持稳定，其稳压原理如下。

图 5.25 并联型稳压电路

$$R_L \downarrow \to U_o \downarrow \to U_Z \downarrow \to I_{DZ} \downarrow \to I_R \downarrow \to U_R \downarrow$$
$$U_o \uparrow \longleftarrow$$

并联型稳压电路结构简单，稳压效果较好。但是该电路的稳压效果受稳压管最低稳定电流的限制，因此，只适用于负载电流较小且变化不大的场合。

例 5.6 在图 5.25 所示电路中，已知输入电压 U_i=12V，稳压管 D_Z 的稳定电压 U_Z=6V，稳定电流 I_Z=5mA，额定功耗 P_{ZM}=90mW，限流电阻 R=1kΩ，负载电阻 R_L=3kΩ，试问输出电压 U_o 为多少？

解： 稳压管正常稳压时，其工作电流 I_{DZ} 必须满足 $I_Z < I_{DZ} < I_{ZM}$，其中

$$I_{ZM} = \frac{P_{ZM}}{U_Z} = \frac{90\text{mW}}{6\text{V}} = 15\text{mA}$$

假设稳压管工作在稳压区，则 $U_o = U_Z = 6\text{V}$。

由 KCL，可求得

$$I_{DZ} = I_R - I_o = \frac{U_i - U_Z}{R} - \frac{U_Z}{R_L} = 4\text{mA}$$

显然，$I_{DZ} < I_Z$，稳压管不满足稳定条件，其真实的工作状态为反向截止，等效为开路，则

$$U_o = \frac{R_L}{R + R_L} U_i = 9\text{V}$$

（5）逻辑门电路

门电路就是一种开关电路，它能按照一定的条件去控制电路的输出状态。由于门电路的输入和输出之间存在一定的逻辑关系，所以门电路也称为逻辑门电路。基本逻辑关系有"与"、"或"、"非"三种，对应的基本逻辑门电路就是与门、或门和非门。利用二极管的单相导电性可以构成二极管与门和或门。

例 5.7 电路如图 5.26（a）所示，二极管导通电压 U_D=0.7V，截止时反向电阻无穷大。若输入电压 U_{i1} 和 U_{i2} 的波形如图 5.26（b）所示，试分析电路的功能，并画出与输入电压 u_{i1} 和 u_{i2} 对应的输出电压 u_o 的波形。

解： 由 u_{i1} 和 u_{i2} 的波形可知，两个输入信号有四种输入，可分别讨论如下。

（1）$u_{i1} = 0\text{V}, u_{i2} = 0\text{V}$，即均为低电平时。

此时，D_1 和 D_2 都处在导通状态，输出 u_o=0.7V。

（2）$u_{i1} = 3\text{V}, u_{i2} = 0\text{V}$，即一高一低时。

此时，粗看起来两个二极管都应该导通，但是，若假设 D_1 和 D_2 开路，加在 D_1 和 D_2 的偏置电压不同，分别是

$$U_{D1} = 5 - 3 = 2\text{V}$$
$$U_{D2} = 5 - 0 = 5\text{V}$$

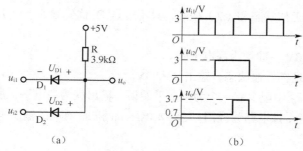

图 5.26　例题 5.7 图

可见，D_2 将优先导通，而一旦 D_2 导通，u_o 将被钳定在 0.7V，从而使 D_1 反偏截止。

（3）$u_{i1} = 0V, u_{i2} = 3V$，即一低一高时。

此时，D_1 和 D_2 的工作状态和（2）相似，只不过是 D_1 优先导通，D_2 反偏截止，u_o 也被钳定在 0.7V。

（4）$u_{i1} = 3V, u_{i2} = 3V$，即均为高电平时。

此时，D_1 和 D_2 都处在导通状态，输出 u_o=3.7V。

综上所述，u_{i1} 和 u_{i2} 只有在全为高电平时，输出才为高电平，所以该电路的输入与输出之间为"与逻辑"关系，该电路为与门。与输入电压 u_{i1} 和 u_{i2} 对应的输出电压 u_o 的波形如图 5.26（b）所示。

例 5.8　电路如图 5.27（a）所示，二极管导通电压 U_D=0.7V，截止时反向电阻无穷大。若输入电压 U_{i1} 和 U_{i2} 的波形如图 5.27（b）所示，试分析电路的功能，并画出与输入电压 u_{i1} 和 u_{i2} 对应的输出电压 u_o 的波形。

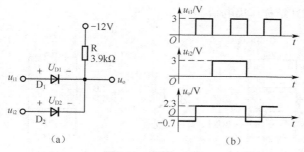

图 5.27　例题 5.8 图

解：由 u_{i1} 和 u_{i2} 的波形可知，两个输入信号有四种输入，可分别讨论如下。

（1）$u_{i1} = 0V, u_{i2} = 0V$，即均为低电平时。

此时，D_1 和 D_2 都处在导通状态，输出 u_o=-0.7V。

（2）$u_{i1} = 3V, u_{i2} = 0V$，即一高一低时。

此时，粗看起来两个二极管都应该导通，但是，若假设 D_1 和 D_2 开路，加在 D_1 和 D_2 的偏置电压不同，分别是

$$U_{D1} = 3 - (-12) = 15V$$
$$U_{D2} = 0 - (-12) = 12V$$

可见，D_1 将优先导通，而一旦 D_1 导通，u_o 将被钳定在 2.3V，从而使 D_2 反偏截止。

（3）$u_{i1} = 0V, u_{i2} = 3V$，即一低一高时。

此时，D_1 和 D_2 的工作状态和（2）相似，只不过是 D_2 优先导通，D_1 反偏截止，u_o 也被钳定在 2.3V。

（4）$u_{i1} = 3V, u_{i2} = 3V$，即均为高电平时。

此时，D_1 和 D_2 都处在导通状态，输出 u_o=2.3V。

综上所述，u_{i1} 和 u_{i2} 中至少有一个为高电平的话，输出就为高电平，所以该电路的输入与输出之间为"或逻辑"关系，该电路为或门。与输入电压 u_{i1} 和 u_{i2} 对应的输出电压 u_o 的波形如图 5.27（b）所示。

5.3　晶体三极管

晶体三极管是通过特殊工艺将两个相距很近的 PN 结结合在一起的器件，在满足一定条件后它具有电流放大功能，它是构成各种电子电路的基本元件。

5.3.1　晶体三极管的结构及分类

1. 晶体三极管的结构

根据排列方式的不同，晶体三极管有 NPN 型和 PNP 型两种结构类型，其结构及电路符号如图 5.28 所示。三极管有三个区、三个电极和两个 PN 结。以 NPN 型三极管为例，其中间的掺杂区（P 区）称为基区，两边的 N 型掺杂区中，掺杂浓度较高的为发射区，掺杂浓度较低的为集电区。由基区引出的电极称作基极（表示为 B 或 b），由发射极引出的电极称作发射极（表示为 E 或 e），由集电区引出的电极称作集电极（表示为 C 或 c）。基区和发射区之间的 PN 结称作发射结，基区和集电区之间的 PN 结称作集电结。

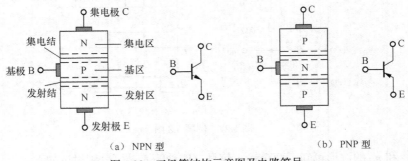

（a）NPN 型　　　　　　　　　　（b）PNP 型

图 5.28　三极管结构示意图及电路符号

为了让三极管具有放大能力，在制造工艺上需使其满足以下特点。

① 发射区的掺杂浓度高而结面积较小。

② 基区很薄，一般为几微米。

③ 集电结的掺杂浓度低但结面积较大。

由此可见，三极管并不是两个 PN 结的简单组合，在应用时不可以将发射极和集电极调换使用。

2. 晶体三极管的分类

晶体管有多种分类方法。按照内部结构分类，有 NPN 型和 PNP 型晶体管；按照半导体材料分类，有硅管和锗管等；按照制作工艺分类，有扩散型、合金型和平面型晶体管；按照工作频率分类，有低频管和高频管；按照功率分类，有大、中、小功率管；按照用途分类，有放大管和开关管等。一些常见三极管外形如图 5.29 所示。

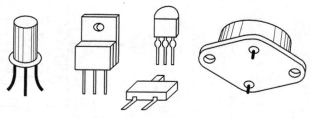

图 5.29　几种三极管外形

5.3.2　晶体三极管的电流放大原理

1. 晶体三极管的三种接法及放大的外部条件

晶体三极管是一个三端器件，当将它连接于放大电路中时，必然有一端作为输入、一端作为输出，另有一端作为输入和输出的公共端。按照公共端的不同，三极管可以有三种连接方法（也叫三种组态），分别是：共射极连接、共集电极连接和共基极连接。三极管的三种连接方式如图 5.30 所示。

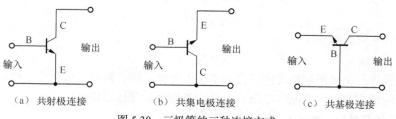

（a）共射极连接　　　　　（b）共集电极连接　　　　　（c）共基极连接

图 5.30　三极管的三种连接方式

在电路中，三极管无论采用哪种连接方式，要使三极管能正常地放大信号，三极管除了自身应满足 5.3.1 节所述的结构和工艺要求之外，还必须满足一定的外部条件，即满足发射结正向偏置、集电结反向偏置，下面将通过三极管在满足放大条件下其内部载流子的运动情况阐述其放大的原理。

2. 晶体三极管在放大时内部载流子的运动

NPN 型三极管构成的放大电路如图 5.31（a）所示，图中的 V_{BB} 和 V_{CC} 提供了三极管工作于放大状态的外部条件，即保证三极管发射结正偏、集电结反偏，u_i 是需要放大的交流信号。图 5.31（b）是三极管内部载流子传输示意图。

由图 5.31（b）可以看到，三极管内部载流子的传输过程大体经历发射、复合和收集三个基本过程。

① 发射：由于发射结正偏，发射区中大量的多数载流子（自由电子）向基区扩散，形成发射结电子扩散电流 I_{EN}；同时，基区中的多数载流子（空穴）也向发射区扩散，形成发射结空穴扩散电流 I_{EP}。

② 复合：扩散到基区的一部分电子遇到空穴时与其复合，形成基区复合电流 I_{BN}。由于基区很薄，掺杂浓度又低，因此被复合的电子数很少，I_{BN} 就很小。

③ 收集：由于集电结外加了反偏电压，对在基区中继续扩散的载流子（自由电子）有很强的吸引力，从而顺利地漂移到集电区，形成集电区的收集电流 I_{CN}。此外反偏的集电结电压也使得基区和集电区中的少数载流子产生漂移运动，形成集电结的反向饱和电流 I_{CBO}。

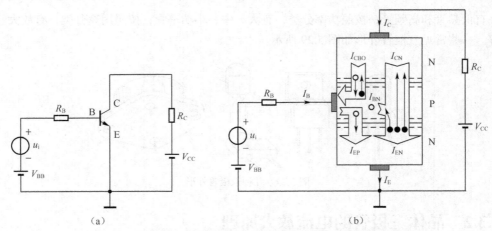

图 5.31　NPN 型三极管构成的共射放大电路及载流子传输示意图

3. 晶体三极管的电流分配关系

通过对晶体管放大时内部载流子运动的分析，可以得出晶体管各电极电流之间的关系如下。

$$I_E = I_{EN} + I_{EP} \tag{5.4}$$

$$I_B = I_{BN} + I_{EP} - I_{CBO} = I_B' - I_{CBO} \tag{5.5}$$

$$I_C = I_{CN} + I_{CBO} \tag{5.6}$$

$$I_{EN} = I_{BN} + I_{CN} \tag{5.7}$$

根据上述式子可以得出

$$I_E = I_B + I_C \tag{5.8}$$

可见，三极管三个极的电流之间符合基尔霍夫电流定律，而且三极管三个极的电流都由两种载流子定向运动形成的，因此晶体三极管也称为双极型半导体器件。

4. 晶体三极管的电流放大作用

三极管最基本的一种应用就是把微弱的信号放大。晶体三极管在满足放大条件时，从发射区扩散到基区的自由电子中，只有少部分电子与基区中的空穴复合，而绝大部分电子都在集电结反偏电压的作用下漂移到集电区。因此，集电极的电流比基极电流大得多，表现为较小的输入电流 I_B 控制较大的输出电流 I_C 的电流放大作用。另一方面，交流小信号 u_i 叠加在直流偏置上，会引起发射结电压的变化，进而引起基极电流的变化，由基极电流的变化又引起集电极电流的变化，这样就实现了较小的变化电流 Δi_b 控制较大的变化电流 Δi_c 的交流放大作用。

通常，用集电区收集的电流 I_{CN} 与基区复合的电流 I_B' 之比衡量共射直流电流放大能力，即定义

$$\overline{\beta} = \frac{I_{CN}}{I_B'} = \frac{I_C - I_{CBO}}{I_B + I_{CBO}}$$

为共射直流电流放大系数，则

$$I_C = \overline{\beta}I_B + (1 + \overline{\beta})I_{CBO} \tag{5.9}$$

当 $I_B = 0$ 时，可得

$$I_C = I_{CEO} = (1 + \overline{\beta})I_{CBO} \tag{5.10}$$

这里的 I_{CEO} 表示基极开路时，从集电极流向发射极的电流，称之为穿透电流。当 $I_{CEO} \ll I_C$ 时，I_C 可写为

$$I_C = \overline{\beta}I_B \tag{5.11}$$

同理，用集电极电流的变化量 Δi_C 与基极电流的变化量 Δi_B 之比来衡量共射交流电流放大能力，即定义

$$\beta = \frac{\Delta i_C}{\Delta i_B} \qquad (5.12)$$

为共射交流电流放大系数。

一只晶体管做成之后，其扩散与复合之间的比例也就确定了，因此 $\overline{\beta}$ 和 β 的大小由晶体管本身性质来决定。一般情况下，同一只晶体管的 $\overline{\beta}$ 比 β 略小，但它们的值很接近，所以，在实际应用中两者就不再区别。

5.3.3　晶体三极管的共射特性曲线

三极管的共射特性曲线是指三极管在共射连接方式下各电极电压与电流之间的关系曲线，按照输入端口和输出端口的不同分为共射输入特性和共射输出特性曲线。

1. 晶体三极管的共射输入特性

晶体管的共射输入特性是指 U_{CE} 一定时 I_B 与 U_{BE} 之间的关系曲线，即

$$I_B = f(U_{BE})|_{U_{CE}=常数} \qquad (5.13)$$

常温下分别将 U_{CE} 固定为 0V 和 1V，可测得硅材料 NPN 型三极管的共射输入特性，如图 5.32 所示。

可以看到，共射输入特性曲线有如下特点。

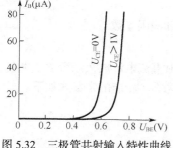

图 5.32　三极管共射输入特性曲线

① $U_{CE}=0$V 和 $U_{CE}>1$V 时曲线形状与二极管正向伏安特性曲线的形状相同，只是 $U_{CE}>1$V 时曲线稍微向右平移了一段距离。这是由于当 $U_{CE}=1$V 时，集电极反偏电压增加了载流子的收集能力，使得基区载流子的复合减少，因此对应于同样的 U_{BE} 流向基极的电流 I_B 就减少了。而当 $U_{CE}>1$V 时，集电结的反偏电压已将大部分的载流子收集到了集电区，以至于再增加 U_{CE} 也不能使 I_B 明显减小，这样 $U_{CE}>1$V 时的共射输入特性曲线就基本重合了。

② 特性曲线存在死区，只有当 U_{BE} 达到或超过死区电压的最大值时，才能产生明显的基极电流 I_B。而在特性曲线的正偏导通区，I_B 在很宽的范围内变化时，U_{BE} 的变化却很小，在工程上可以近似认为 U_{BE} 为定值。一般情况下，硅管的 U_{BE} 近似等于 0.7V，锗管的 U_{BE} 近似等于 0.3V。

2. 晶体三极管的共射输出特性

晶体管的共射输出特性是指 I_B 一定时 I_C 与 U_{CE} 之间的关系曲线，即

$$I_C = f(U_{CE})|_{I_B=常数} \qquad (5.14)$$

常温下分别将 I_B 固定为不同的取值，可测得硅材料 NPN 型三极管的共射输出特性，将这些输出特性曲线绘制在同一坐标系中，就得到如图 5.33 所示的输出特性曲线簇。

可以看到，共射输出特性曲线有三个截然不同的工作区，即截止区、饱和区和放大区。

（1）截止区

特性曲线簇中对应在 $I_B<0$ 的区域，称为截止区。三极管工作在截止区时的条件是：发射结和集电结都处于反向偏置状态

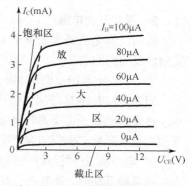

图 5.33　三极管共射输出特性曲线

（实际上，当发射结正偏电压低于死区电压最大值且集电结反偏时，就可工作在截止区）。此时，三极管的三个极的电流都为零，对于输出端口 C、E 来讲，等效为开路，三极管的集射极之间相当于一个断开的开关。

（2）饱和区

在图 5.33 所示的特性曲线中，虚线左侧与纵坐标轴之间的区域称为饱和区。三极管工作在饱和区的条件是：发射结和集电结都处于正向偏置状态。此时，由于三极管的集电结正偏，集电结内电场被削弱，集电结收集载流子的能力减弱，因此 $I_C < \beta I_B$。显然，只有在 $U_{CE} = U_{CB} + U_{BE} < U_{BE}$ 时，才能使 $U_{CB} < 0$（即集电结正偏），因此，三极管工作在饱和区时，U_{CE} 很小。临界饱和时，$U_{CE} = U_{BE}$；深度饱和时，小功率三极管的 $U_{CE} < 0.3V$。这对于输出端口 C、E 来讲，近似为短路，因此深度饱和时三极管的集射极之间相当于一个闭合的开关。

（3）放大区

在图 5.33 所示的特性曲线中，截止区上方、饱和区右侧的区域称为放大区。三极管工作在放大区的条件是：发射结处于正向偏置、集电结处于反向偏置状态。此时，三极管的集电极电流 I_C 基本不随集-射极之间的电压 U_{CE} 变化而变化，而是仅与基极电流 I_B 的大小有关，即满足 $I_C = \beta I_B$。这对于输出端口 C、E 来讲，等效为一个受基极电流 I_B 控制的恒流源。

5.3.4　晶体三极管的主要参数

晶体三极管的主要参数有三类：电流放大系数、极间反向电流和极限参数。

1.　电流放大系数

电流放大系数是表征三极管电流放大能力的参数。主要有：共射直流电流放大系数 $\overline{\beta}$、共射交流电流放大系数 β、共基直流电流放大系数 $\overline{\alpha}$ 和共基交流放大系数 α。相应的定义式如下。

$$\overline{\beta} \approx \frac{I_C}{I_B} \qquad\qquad \beta = \frac{\Delta i_C}{\Delta i_B}$$

$$\overline{\alpha} \approx \frac{I_C}{I_E} \qquad\qquad \alpha = \frac{\Delta i_C}{\Delta i_E}$$

与 $\overline{\beta} = \beta$ 的情况类似，在一定范围内，$\overline{\alpha}$ 和 α 的差别也很小，所以在实际应用中，常取 $\overline{\alpha} = \alpha$。由 α 和 β 的定义及三极管的电流分配关系，可以推出两者之间的关系为

$$\alpha = \frac{\beta}{1 + \beta} \tag{5.15}$$

2.　极间反向电流

极间反向电流是表征管子工作稳定性的参数。主要有：集电极-基极反向饱和电流和集电极-发射极反向饱和电流。

① 集电极-基极反向饱和电流 I_{CBO}

当发射结开路时，集电结的反向饱和电流称为集电极-基极反向饱和电流，简称反向饱和电流。I_{CBO} 是少数载流子在反偏的集电结电压作用下漂移形成的，数值很小，但温度升高，I_{CBO} 会随之增加，直接影响三极管的温度稳定性。

② 集电极-发射极反向饱和电流 I_{CEO}

当基极开路时，集电极与发射极之间的反向电流称为集电极-发射极反向饱和电流，简称穿透电流。由公式（5.10）可知，I_{CEO} 与 I_{CBO} 之间的关系为

$$I_{CEO} = (1+\overline{\beta})I_{CBO} \qquad (5.16)$$

该式表明，I_{CBO} 受温度影响大，而 I_{CEO} 受温度影响更大，它们是影响管子温度稳定性的重要参数，因此，选用三极管时应要求 I_{CBO} 和 I_{CEO} 越小越好。

3. 极限参数

极限参数是表征三极管安全工作要求的参数。主要有：集电极最大允许电流、集电极最大允许功耗 P_{CM} 和反向击穿电压。

① 集电极最大允许电流 I_{CM}

当三极管共射电流放大系数 β 下降到正常值的 2/3 时，集电极的电流 I_C 称为集电极最大允许电流。当工作电流超过 I_{CM} 时，会因 β 的下降而造成信号的明显失真，因此在实际应用中工作电流不得超过 I_{CM}。

② 集电极最大允许功耗 P_{CM}

集电结允许功率损耗的最大值称为集电结最大允许功耗。三极管的功率损耗大部分消耗在反向偏置的集电结上，可用下式计算。

$$P_C = U_{CE} \cdot I_C \qquad (5.17)$$

功率损耗会引起结温升高，并将最终烧毁三极管，因此实际应用中要求 $P_C < P_{CM}$。

③ 反向击穿电压

三极管的两个 PN 结加上很高的反向电压时，都会发生击穿，甚至烧毁，因此，要根据各种情况的击穿电压限制加在三极管上的反偏工作电压。极间反向击穿电压有三种，分别是：集-射之间的反向击穿电压 $U_{(BR)CEO}$、集-基之间的反向击穿电压 $U_{(BR)CBO}$ 和射-基之间的反向击穿电压 $U_{(BR)EBO}$。

$U_{(BR)CEO}$：指基极开路时，加在集-射之间的反向击穿电压。

$U_{(BR)CBO}$：指发射极开路时，加在集-基之间的反向击穿电压。

$U_{(BR)EBO}$：指集电极开路时，加在射-基之间的反向击穿电压。

通常，三极管各反向击穿电压之间的大小关系为

$$U_{(BR)CBO} > U_{(BR)CEO} > U_{(BR)EBO}$$

一般情况下，同一只三极管的 $U_{(BR)CBO} = (0.5\sim0.8)U_{(BR)CEO}$。实际应用中三极管的反向工作电压应小于击穿电压的 (1/2～1/3) 倍，这样才能确保三极管安全可靠地工作。

考虑极限参数 I_{CM}、P_{CM} 和 $U_{(BR)CEO}$ 的要求，可构成三极管的安全工作区，如图 5.34 所示。

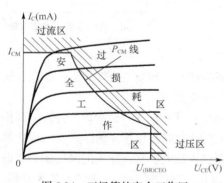

图 5.34 三极管的安全工作区

5.3.5 晶体三极管的引脚及管型的判定

在使用三极管之前，同样需要识别三极管的引脚极性和管型。

三极管是由两个 PN 结组成的，根据 PN 结正向电阻小、反向电阻大的特点，可用万用表的欧姆挡对三极管的引脚极性和管型进行判定，方法步骤如下。

① 确定基极：将万用表置欧姆挡，量程选为 $R \times 100$ 或 $R \times 1k$ 挡。用黑表笔接三极管假设的基极，红表笔触碰其余两个引脚，如果测得的电阻均为小电阻，说明假设正确；如果测得的电阻均为大电阻，则应调换表笔再测，如果此时电阻均为小电阻，也说明假设正确。相反，如果测得

一个电阻大，一个电阻小，则假设错误，就将黑表笔换接另一个电极重复上述步骤再测，直到确定基极为止。测试示意图如图 5.35 所示。

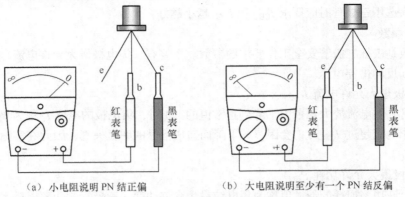

（a）小电阻说明 PN 结正偏　　　　　（b）大电阻说明至少有一个 PN 结反偏

图 5.35　用万用表检测三极管的基极

② 确定管型：在上述测试中，如果均为小电阻时确定的基极端是与黑表笔连接，说明为 NPN 型三极管，反之为 PNP 型三极管。

③ 确定发射极和集电极：对于 NPN 型管，在已经确定的基极和假设的集电极之间接入一个 10～100kΩ 的电阻（或直接用两个手指捏住基极和假设的集电极），再将万用表的黑表笔连接假设的集电极，红表笔连接假设的发射极，如果万用表呈现小电阻状态，说明假设正确，即黑表笔连接处为集电极，红表笔连接处为发射极；反之，如果呈现大电阻状态，且调换表笔再测呈现小电阻状态时，说明假设错误，原先假设的集电极应为发射极。确定发射极和集电极的测试示意图如图 5.36 所示。

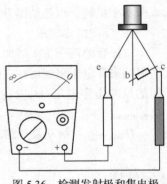

图 5.36　检测发射极和集电极

5.3.6　含三极管电路分析

三极管是个非线性元件，对于含三极管的直流电路分析关键是：判断三极管的工作状态，然后按照相应状态的简化等效电路进行电路分析，具体的方法步骤如下。

① 判断三极管发射结的偏置状态：首先将三极管的共射输入端口（B、E 端口）开路，画出相应的等效电路，由该电路求出 B、E 端口开路时的电压，以此判断三极管发射结真实的偏置状态。如果发射结反偏，说明三极管工作在截止区（或工作在倒置放大状态，即发射结反偏，集电结正偏对应的状态），这两种情况下，集电极的电流都近似为 0，三极管的 C、E 端口等效为开路。

② 如果发射结正偏，需进一步判断集电结的偏置状态：假设三极管工作在放大区，列出三极管输入回路的电压方程，求出基极电流 I_B，再由电流放大关系求出 I_C（即 $I_C=\beta I_B$）。

③ 列出输出回路的电压方程，求出三极管的输出电压 U_{CE}。根据计算结果判断三极管真实的工作状态，即：$U_{CE}>0.7V$ 时，三极管工作在放大区，其 C、E 端口等效为恒流源；$U_{CE}<0.7V$ 时，三极管工作在饱和区，其 C、E 端口等效为短路（或数值为 0.3V 的恒压源）。

④ 根据三极管真实的工作状态，确定相应的等效电路，计算待求量。

例 5.9　试根据图 5.37（a）和（b）所示管子的对地电位，判断管子处于哪一种工作状态，是硅管还是锗管？

解：（a）图为 NPN 型三极管

由于发射结正偏，集电结也正偏，该三极管工作在饱和区。再由发射结正偏电压为 0.7V，可知三极管为硅管。

（b）图为 NPN 型三极管

由于发射结正偏，集电结反偏，该三极管工作在放大区。再由发射结正偏电压为 0.3V，可知三极管为锗管。

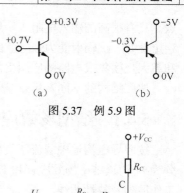

图 5.37　例 5.9 图

例 5.10　在如图 5.38 所示的电路中，已知 V_{CC}=+12V，硅三极管的 $\overline{\beta}=50$，饱和时 $U_{CE}\approx0$，电阻 R_B=47kΩ，R_C=3kΩ。当 U_i 分别为 -2V、+2V 和 +6V 时，分别判断三极管的工作状态，并计算 U_{CE} 的值。

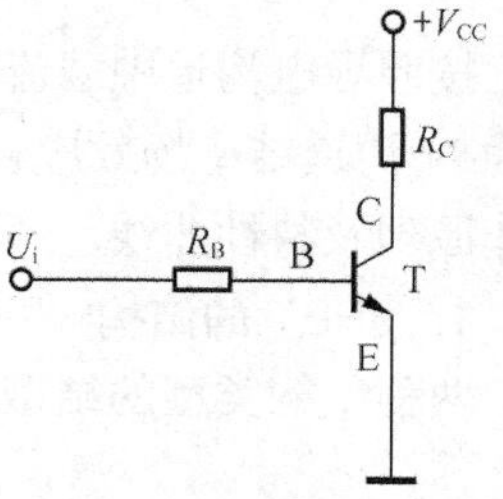

图 5.38　例题 5.10 图

解：① U_i=-2V 时

三极管发射结反偏，集电结也反偏，三极管工作在截止状态。

此时，R_C 上无电流，因此有

$$U_{CE}=V_{CC}-R_CI_C=12V$$

② U_i=+2V 时

三极管发射结正偏，硅管正偏时，发射结的电压近似为 0.7V。列出输入回路的电压方程，即

$$U_i-U_{BE}=R_BI_B$$

则

$$I_B=\frac{U_i-U_{BE}}{R_B}=28\mu A$$

假设三极管工作在放大状态，则集电极电流为

$$I_C=\overline{\beta}I_B=1.4mA$$

再列输出回路的电压方程，可得

$$U_{CE}=V_{CC}-R_CI_C=7.8V>0.7V$$

可见，三极管就是工作在放大区，因此

$$U_{CE}=7.8V$$

③ U_i=+6V 时

三极管发射结正偏，硅管正偏时，发射结的电压近似为 0.7V。列出输入回路的电压方程，并求得

$$I_B=\frac{U_i-U_{BE}}{R_B}=0.11mA$$

假设三极管工作在放大状态，可求得集电极电流

$$I_C=\overline{\beta}I_B=5.5mA$$

再根据输出回路的电压方程，求得

$$U_{CE}=V_{CC}-R_CI_C=-4.5V<0.7V$$

可见，三极管实际上工作在饱和区，因此 U_{CE}=0V。

5.4　场效应管

场效应管（Field Effect Transistor，FET）是一种电压控制型半导体器件。这类器件的突出优

点是具有很高的输入电阻（一般可达 $10^7 \sim 10^{15} \Omega$），而且制造工艺简单、易于集成、功耗低、热稳定性好、抗辐射能力强等。因而广泛应用于各种电子电路中，尤其是用场效应管构成的大规模和超大规模集成电路的应用更加广泛。

按照结构的不同，场效应管可分为结型场效应管和绝缘栅型场效应管两种。

5.4.1 结型场效应管

按照导电沟道中载流子类型的不同，结型场效应管（Junction Field Effect Transistor，JFET）分为 N 沟道结型场效应管和 P 沟道结型场效应管。本节着重讨论 N 沟道结型场效应管的结构、工作原理及特性曲线。

1. JFET 的结构

两种结构类型的结型场效应管的结构示意图及电路符号如图 5.39 所示。

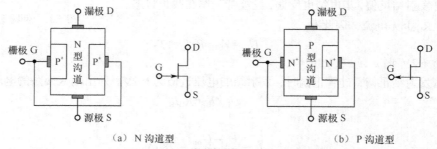

（a）N 沟道型 　　　　　　　　　　　（b）P 沟道型

图 5.39　结型场效应管结构示意图及电路符号

由 N 沟道结型场效应管的内部结构可以看到，它是在一块 N 型半导体两侧扩散了两个高浓度 P 型掺杂区而构成的。将这两个 P 区连在一起引出一个电极，称为栅极（表示为 G 或 g）；从 N 型半导体的两端各引出一个电极，分别称为漏极（表示为 D 或 d）和源极（表示为 S 或 s）。两个 P 型区中间的 N 型区称作导电沟道，导电沟道由 N 型半导体构成，就称为 N 沟道结型场效应管，反之就称为 P 沟道结型场效应管。

2. N 沟道 JFET 的工作原理

结型场效应管正常工作时，需要将两个 P^+N 结处于反向偏置，即令 $U_{GS} < 0$，$U_{DS} > 0$。

① $U_{DS} = 0$ 时 U_{GS} 对导电沟道的影响

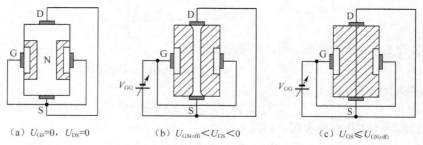

（a）$U_{GS} = 0$，$U_{DS} = 0$ 　　　（b）$U_{GS(off)} < U_{GS} < 0$ 　　　（c）$U_{GS} \leqslant U_{GS(off)}$

图 5.40　$U_{DS} = 0$ 时 U_{GS} 对导电沟道的影响

图 5.40 所示为 $U_{DS} = 0$ 时，U_{GS} 在不同取值情况下对导电沟道的影响。

当 $U_{GS} = 0$ 时，耗尽层还比较窄，此时导电沟道最宽，对应的沟道电阻最小，如图 5.40(a)所示。当外加偏置 V_{GG} 使得$|U_{GS}|$增大，P^+N 结内电场增强，耗尽区变宽，导电沟道变窄，沟道电阻增大，

如图 5.40(b)所示。当|U_{GS}|增大到使两侧的耗尽层合拢时，整个沟道被夹断，沟道内的电阻趋于无穷大。如图 5.40(c)所示。发生沟道夹断时的栅源电压 U_{GS} 称为夹断电压，表示为 $U_{GS(off)}$。

② U_{GS} 一定时 U_{DS} 对导电沟道的影响

图 5.41 所示为 U_{GS} 一定时，U_{DS} 在不同取值情况下对导电沟道的影响。

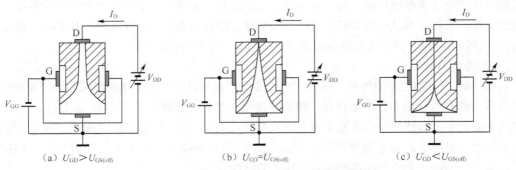

（a）$U_{GD}>U_{GS(off)}$　　（b）$U_{GD}=U_{GS(off)}$　　（c）$U_{GD}<U_{GS(off)}$

图 5.41　U_{GS} 一定时 U_{DS} 对导电沟道的影响

当|U_{GS}|较小，且满足|U_{DG}|<|$U_{GS(off)}$|时，导电沟道未被夹断。这样，在外加电压 U_{DS} 的作用下，多数载流子电子由源极向漏极流动形成漏极电流 I_D。U_{DS} 增加，I_D 随之增加。此时，由于沿 I_D 方向的导电沟道中各点电势不同（靠近漏端电势较高），使得这些点与栅极之间的反偏电压大小不同（其中|U_{DG}|最大），因此耗尽区的宽度不同（靠近漏端最宽），从而使得导电沟道的宽度变得不均匀（靠近漏端较窄），如图 5.41(a)所示。

当 U_{DS} 增加到使|U_{DG}|=|$U_{GS(off)}$|时，靠近漏端的导电沟道被夹断，称这种现象为预夹断，如图 5.41(b)所示。

当 U_{DS} 继续增加，夹断区域不断扩大，沟道电阻会随着 U_{DS} 的增加迅速增加，此时 I_D 将不再随外加电压的增加而增加，而是趋于饱和，如图 5.41(c)所示。

综上所述，结型场效应管是在反偏的栅源电压作用下，实现对输出漏电流的控制，因此是一种电压控制器件。另外，由于漏电流仅仅是导电沟道内的多数载流子在 U_{DS} 的作用下移动形成的，因此称场效应管为单极型半导体器件。

3．N 沟道 JFET 的特性曲线

与晶体三极管类似，场效应管也可以用它的输入、输出特性曲线来描述其性能。但与晶体三极管不同的是：结型场效应管工作时，栅源之间施加的是反偏电压，栅极电流基本为零。因此，研究场效应管的输入特性没有实际意义。在应用中，我们更关注输出漏电流受输入栅源电压控制的关系，称这个关系为转移特性。下面就以共源接法为例，讨论场效应管的输出特性和转移特性。

（1）共源输出特性

输出特性是指在 U_{GS} 一定时，漏极电流 I_D 与漏源电压 U_{DS} 之间的关系，即

$$I_D=f(U_{DS})|_{U_{GS}=常数}$$

分别将 U_{GS} 固定为不同的取值，可测得 N 沟道结型场效应管的共源输出特性，将这些输出特性曲线绘制在同一坐标系中，就得到如图 5.42 所示的输出特性曲线簇。

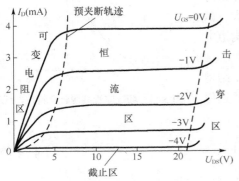

图 5.42　场效应管共源输出特性曲线

可以看到，共源输出特性曲线也有三个截然不同的工作区，即截止区、可变电阻区和恒流区。

① 截止区

特性曲线簇中对应在 $I_D<0$ 的区域，称为截止区。结型场效应管工作在截止区时的条件是：栅源反偏电压值高于夹断电压值，即 $|U_{GS}|≥|U_{GS(off)}|$。此时，场效应管的导电沟道完全被夹断，其漏极电流为零。可见，场效应管的截止区特性与晶体三极管的截止区特性类似，对于输出端口 D、S 来讲，等效为开路，场效应管的漏源极之间相当于一个断开的开关。

② 可变电阻区

在图 5.42 所示的特性曲线中，预夹断轨迹虚线左侧与纵坐标轴之间的区域称为可变电阻区。场效应管工作在可变电阻区的条件是：栅源反偏电压值低于夹断电压（即 $|U_{GS}|<|U_{GS(off)}|$），且漏源电压 U_{DS} 也不足以使导电沟道发生预夹断（即 $U_{DG}=U_{DS}-U_{GS}<|U_{GS(off)}|$）。此时，场效应管的沟道电阻较小，漏极电流 I_D 会随漏源电压 U_{DS} 的微小增加而迅速上升。可见，工作在可变电阻区的场效应管是导通的，类似于晶体三极管饱和区的特性。

③ 恒流区

在图 5.42 所示的特性曲线中，预夹断轨迹虚线右侧与击穿区分界线左侧之间的区域称为恒流区。场效应管工作在恒流区的条件是：栅源反偏电压值低于夹断电压（即 $|U_{GS}|<|U_{GS(off)}|$），且漏源电压 U_{DS} 已经使导电沟道发生预夹断（即 $U_{DG}=U_{DS}-U_{GS}>|U_{GS(off)}|$）。该区域的特性曲线是一簇平行且略微向上倾斜的曲线，当 U_{GS} 一定时，漏极电流 I_D 基本不随漏源电压 U_{DS} 的变化而变化，表现为恒流特性。而当 U_{GS} 增大（即 $|U_{GS}|$ 减小）时，漏极电流 I_D 随之增大，类似于晶体三极管放大区的特性。

④ 击穿区

进入恒流区后，如果 U_{DS} 继续增大，最终使得两个 P^+N 结在靠近漏极处发生反向击穿，使得漏极电流急剧增加，如不限制，将损坏管子。将开始击穿时的漏源电压 U_{DS} 称为击穿电压，用 $U_{(BR)DSO}$ 表示，则进入击穿区的条件是 $U_{DS}≥U_{(BR)DSO}$。

（2）共源转移特性

转移特性是指在 U_{DS} 一定时，漏极电流 I_D 与栅源电压 U_{GS} 之间的关系，即

$$I_D=f(U_{GS})|U_{DS=常数}$$

在恒流区，不同的 U_{DS} 所对应的转移特性基本上是重合的，图 5.43 所示为 $U_{DS}=10V$ 时，某 N 沟道结型场效应管的转移特性。可以看出，$U_{GS}=0V$ 时，漏极电流 I_D 最大，称此时的 I_D 为饱和漏电流，记作 I_{DSS}。随着栅源反偏电压值 $|U_{GS}|$ 的增大，漏极电流 I_D 减小，当 $|U_{GS}|≥|U_{GS(off)}|$ 时，整个沟道被夹断，沟道电阻为无穷大，则漏极电流 I_D 减少到 0。

理论和实验表明，在满足 $0<|U_{GS}|≤|U_{GS(off)}|$ 的条件下，结型场效应管的漏极电流 I_D 和栅源电压 U_{GS} 的关系，可用下式近似表示。

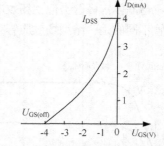

图 5.43 场效应管共源转移特性曲线

$$I_D=I_{DSS}\left(1-\left|\frac{U_{GS}}{U_{GS(off)}}\right|\right)^2 \tag{5.18}$$

根据式（5.18）可确定场效应管放大电路的静态工作点。

5.4.2　绝缘栅型场效应管

绝缘栅型场效应管是由金属、氧化物和半导体制成的器件，也称为 MOS 型场效应管（Metal-Oxide-Semiconductor Field Effect Transistor，MOS-FET）。这种场效应管的栅极和导电沟道之间被一层很薄的绝缘体（SiO$_2$）隔离，因而栅源输入电阻更大（一般超过 $10^{12}\Omega$），功耗更低，在大规模和超大规模集成电路中得到广泛应用。

按照导电沟道中载流子类型的不同，绝缘栅型场效应管也分为 N 沟道型和 P 沟道型两大类。按照栅源偏压为零时，导电沟道存在与否可分为增强型和耗尽型两大类。因此 MOS-FET 可分为四种，即增强型 NMOS-FET、增强型 PMOS-FET、耗尽型 NMOS-FET 和耗尽型 PMOS-FET。本节着重讨论增强型 NMOS-FET 的结构、工作原理及特性曲线。

1. MOS–FET 的结构

两种增强型 MOS-FET 的结构示意图及电路符号如图 5.44 所示。

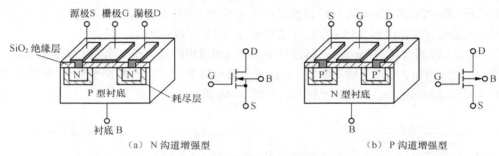

（a）N 沟道增强型　　　　　　　　　　（b）P 沟道增强型

图 5.44　增强型绝缘栅场效应管结构示意图及电路符号

由 N 沟道 MOS-FET 管的内部结构可以看到，它是在一块掺杂浓度较低的 P 型半导体衬底上扩散了两个高浓度的 N 型掺杂区，然后在半导体表面生长一层很薄的二氧化硅绝缘层，最后在两个 N$^+$区和二氧化硅表面蒸铝引出电极而构成。由两个 N$^+$区引出的电极分别为漏极（表示为 D 或 d）和源极（表示为 S 或 s），由二氧化硅表面的金属层引出的电极是栅极（表示为 G 或 g），另外在衬底也引出一个电极（表示为 B 或 b），通常在管子的内部衬底与源极相连。由于栅极与衬底之间被 SiO$_2$绝缘层隔离，因此称这种结构的场效应管为绝缘栅型场效应管。

2. N 沟道增强型 MOS–FET 的工作原理

N 沟道增强型 MOS-FET 管正常工作时,需要在栅源之间和漏源之间加正向偏压,即令 $U_{GS}>0$,$U_{DS}>0$。

① $U_{GS}=0$ 时，无导电沟道

此时，漏源之间是一对背靠背的 PN 结，无论 U_{DS} 为何种偏置，总有一个 PN 结是反偏的。因此，不会产生漏极电流，即 $I_D=0$。

② $U_{DS}=0$，正偏的 U_{GS} 对导电沟道的影响

当 $U_{GS}>0$ 时，在栅极和衬底之间的电场作用下，衬底中的少数载流子（电子）被吸引到靠近 SiO$_2$ 的一侧，同时多数载流子（空穴）被排斥而远离 SiO$_2$ 向衬底方向运动，使得栅极附近的 P 型衬底中留下不能移动的负离子，形成耗尽层，如图 5.45（a）所示。

随着 U_{GS} 的增加，一方面耗尽层逐渐加宽，另一方面更多的电子被吸引到紧靠 SiO$_2$ 层的一个薄层中，使这一薄层由 P 型转为 N 型，从而在源、漏两个 N$^+$区之间形成一个导电沟道，称这个导电沟道为反型层，如图 5.45（b）所示。形成反型层所需的删源电压 U_{GS} 称为开启电压，用 $U_{GS(th)}$ 表示。

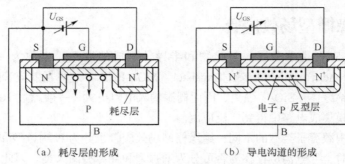

（a）耗尽层的形成　　　　　　　　（b）导电沟道的形成

图 5.45　$U_{DS}=0$ 时 U_{GS} 对导电沟道的影响

③ $U_{GS}>U_{GS(th)}$ 且为定值时，U_{DS} 对导电沟道的影响

当 $U_{GS}>U_{GS(th)}$ 时，导电沟道已经形成。这样，在外加电压 U_{DS} 的作用下，多数载流子电子由源极向漏极流动形成漏极电流 I_D。U_{DS} 增加，I_D 随之增加。此时，由于沿 I_D 方向的导电沟道中各点电势不同（靠近漏端电势较高），使得栅极与这些点之间的正偏电压大小不同（其中 U_{DG} 最小），因此导电沟道的宽度变得不均匀（靠近漏端较窄），如图 5.46(a)所示。

当 U_{DS} 增加到使 $U_{GD}=U_{GS(th)}$ 时，靠近漏端的导电沟道出现预夹断，如图 5.46(b)所示。

当 U_{DS} 继续增加，夹断区域不断扩大，沟道电阻会随着 U_{DS} 的增加迅速增加，此时 I_D 将不再随外加电压的增加而增加，而是趋于饱和，如图 5.46(c)所示。

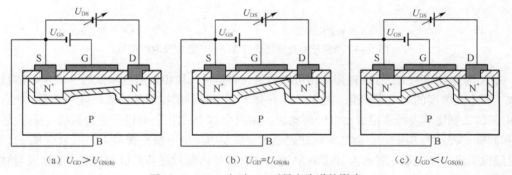

（a）$U_{GD}>U_{GS(th)}$　　　　　　（b）$U_{GD}=U_{GS(th)}$　　　　　　（c）$U_{GD}<U_{GS(th)}$

图 5.46　U_{GS} 一定时 U_{DS} 对导电沟道的影响

3. N 沟道增强型 MOS–FET 的特性

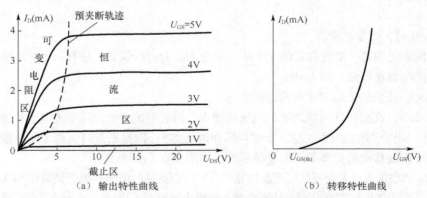

（a）输出特性曲线　　　　　　　　　（b）转移特性曲线

图 5.47　增强型 NMOS 场效应管共源特性曲线

N 沟道增强型 MOS 场效应管的特性也分为输出特性和转移特性。

输出特性用来描述场效应管在栅-源电压一定时，漏极电流 I_D 和漏-源电压 U_{DS} 的关系，如图 5.47(a)所示。可以看到输出特性曲线也分为三个区：可变电阻区、恒流区和截止区，该曲线与结型场效应管的输出特性曲线类似，这里不再详述。

转移特性用来描述场效应管的栅-源电压 U_{GS} 对漏极电流 I_D 的控制关系，如图 5.47(b)所示。可以看到，当栅-源电压 $U_{GS}<U_{GS(th)}$ 时，漏极电流 $I_D=0$；$U_{GS}>U_{GS(th)}$ 时，I_D 随着 U_{GS} 的增大而增大。

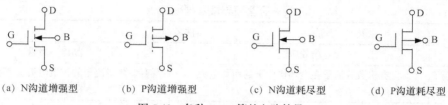

(a) N沟道增强型　　(b) P沟道增强型　　(c) N沟道耗尽型　　(d) P沟道耗尽型

图 5.48　各种 MOS 管的电路符号

4. 耗尽型 MOS 管

耗尽型 NMOS 管的结构与增强型 MOS 管的结构完全相同，只是在制作过程中，通过离子注入技术给二氧化硅里掺入了大量的正离子，因此，在 $U_{GS}=0$ 时，这些正离子可以在 P 型衬底中感应出原始的导电沟道。在使用中，控制电压 U_{GS} 可正可负。当 $U_{GS}>0$ 时，工作过程与增强型 NMOS 管类似，即 U_{GS} 增大，沟道变宽，则 I_D 增大；当 $U_{GS}<0$ 时，工作过程与结型场效应管类似，即 $|U_{GS}|$ 增大，沟道变窄，则 I_D 减小。

各种 MOS 管的电路符号如图 5.48 所示。

5.4.3　场效应管的主要参数

1. 直流参数

直流参数主要包括：耗尽型 MOS 管和结型场效应管的夹断电压 $U_{GS(off)}$、增强型 MOS 管的开启电压 $U_{GS(th)}$、饱和漏极电流 I_{DSS} 以及栅-源输入直流电阻 R_{GS}。R_{GS} 是栅-源电压 U_{GS} 与栅极电流 I_G 的比值，结型场效应管一般大于 $10^7\Omega$，MOS 型场效应管一般高于 $10^9\Omega$。

2. 交流参数

① 低频跨导 g_m：用于反映场效应管在恒流区时 u_{GS} 对 i_D 的控制能力，定义式如下。

$$g_m = \frac{\Delta i_D}{\Delta u_{GS}}|u_{DS=常数} \tag{5.19}$$

即 U_{DS} 一定时，漏极电流的微小变化量 Δi_D 与栅-源电压的微小变化量 Δu_{GS} 的比值。

② 极间电容：指场效应管三个极之间的等效电容，包括栅-源电容 C_{GS}、栅-漏电容 C_{GD} 和漏-源电容 C_{DS}。C_{GS} 和 C_{GD} 约为 $1\sim3pF$，C_{DS} 约为 $0.1\sim1pF$。极间电容将影响场效应管的最高工作频率和工作速度。

3. 极限参数

① 最大漏极电流 I_{DM}：指场效应管正常工作时允许的最大漏极电流。

② 最大耗散功率 P_{DM}：指场效应管正常工作时允许的最大功率损耗。

③ 栅-源击穿电压 $U_{(BR)GS}$：对于结型场效应管，指栅极与沟道间的 PN 结反向击穿电压；对于 MOS 型场效应管，是绝缘层击穿时的栅-源电压。

④ 漏-源击穿电压 $U_{(BR)DS}$：指 U_{DS} 增大时，引起 I_D 急剧上升的 U_{DS} 值。

5.4.4 场效应管和晶体三极管的比较

场效应管和晶体管都可作为放大电路的核心元件。在对信号的放大控制方面它们是相似的，但在导电机制、控制方式、参数特点以及工艺复杂度等方面有着各自的特点。表 5.1 中列出了场效应管和晶体三极管在这些方面的性能比较。可以看出，场效应管的突出优点是输入电阻极高，温度稳定性和抗辐射能力强，但单级放大倍数低，输出功率也有限。

表 5.1　　　　　　　　　　　　　场效应管与晶体三极管的比较

比较项目	器件名称	
	场效应管	晶体三极管
导电机制	只有多数载流子在电场作用下的漂移电流	既有多数载流子的扩散电流又有少数载流子的漂移电流
控制方式	电压控制	电流控制
放大参数	$g_m=(1000\sim5000)\ \mu A/V$	$\beta=50\sim200$
输入电阻	$10^7\sim10^{15}\ \Omega$	$10^2\sim10^4\ \Omega$
噪声系数	低	较高
热稳定性	好	差
抗辐射力	强	差
输出功率	小	较大
制造工艺	简单，集成度高	较复杂，集成度有限

5.5　Multisim 二极管应用电路分析

本节主要介绍 Multisim 2011 在二极管及其应用电路中的分析，其中包括二极管特性的测试，以及单相整流滤波电路的分析。

例 5.11　用 Multisim 2011 测试二极管的伏安特性。

解：在 Multisim 2011 中提供了直流扫描分析功能，运用该分析工具，可获得二极管的伏安特性，具体步骤如下。

① 在 Multisim 2011 的工作区中建立如图 5.49 所示的电路。

② 单击"仿真"菜单中的"分析"｜"DC Sweep"菜单，打开"DC Sweep Analysis"对话框，在"分析参数"选项卡中设置横轴"起始数值"、"终止数值"和"增量"等参数，如图 5.50 所示。

③ 单击"输出"选项卡，在"电路变量"下拉列表中选"所有变量"，在下面显示的变量中选择"I(D1[ID])"，单击"添加"按钮，即将二极管（D1）的电流设置为纵轴变量，如图 5.51 所示。

④ 单击"仿真"按钮，将左坐标轴的"最小"值设置为 0，可得到如图 5.52 所示的二极管正向特性曲线。

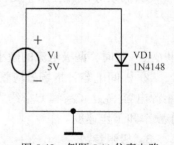

图 5.49　例题 5.11 仿真电路

图 5.50　分析参数的设置

图 5.51　输出参数的设置

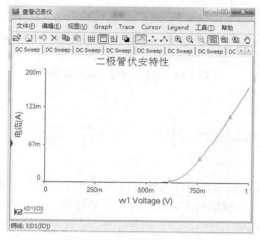

图 5.52　二极管伏安特性曲线

例 5.12　用 Multisim 2011 观测单相整流滤波电路。

解：在 Multisim 2011 中可运用交、直流电压表及示波器观测整流滤波电路的输出，具体步骤如下。

① 在 Multisim 2011 的工作区中建立如图 5.53 所示的测试电路。

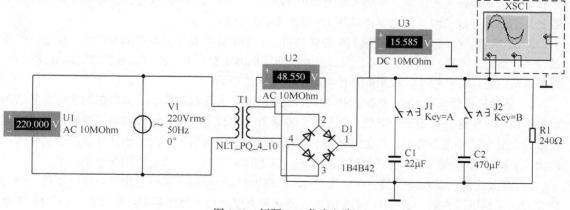

图 5.53　例题 5.12 仿真电路

② 将开关 J1 和 J2 置于打开状态，单击"仿真"菜单中的"运行"，由 U3 表的读数可得到整流输出电压的平均值；双击示波器 XSC1，可得到如图 5.54（a）所示的整流输出波形。

③ J2 置于打开状态，闭合开关 J1，单击"仿真"菜单中的"运行"，U3 表的读数将显示加上 22μF 的电容后整流滤波输出电压的平均值；双击示波器 XSC1，可得到如图 5.54（b）所示的整流滤波输出波形。

④ J1 置于打开状态，闭合开关 J2，单击"仿真"菜单中的"运行"，U3 表的读数将显示加上 470μF 的电容后整流滤波输出电压的平均值；双击示波器 XSC1，可得到如图 5.54（c）所示的整流滤波输出波形。显然，滤波电容越大，输出电压的平均值越大，输出电压的锯齿越小、越平缓。

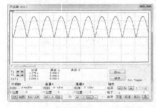 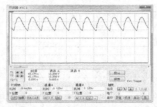 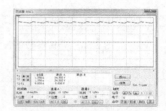

（a）整流输出波形　　（b）滤波电容为 22μF 时的输出波形　（c）滤波电容为 470μF 时的输出波形

图 5.54　示波器观察的输出波形

小　　结

1. **半导体材料**。导电性能介于导体与绝缘体之间的材料称半导体。半导体中存在两种载流子：电子和空穴。纯净的、无缺陷的半导体称为本征半导体，本征半导体导电能力很差。掺有少量其他元素的半导体称为杂质半导体。杂质半导体分为：N 型半导体和 P 型半导体。掺入少量三价元素的半导体是 P 型半导体，在 P 型半导体中空穴为多子，电子为少子。掺入少量五价元素的半导体是 N 型半导体，在 N 型半导体中电子为多子，空穴为少子。掺杂半导体中多子的浓度主要取决于掺杂，少子的浓度随温度变化。

2. **PN 结**。将 P 型半导体和 N 型半导体结合在一起就构成 PN 结。PN 结有单向导电性。当 PN 结上施加的反向电压过高时，会发生反向击穿，分为齐纳击穿、雪崩击穿和热击穿。齐纳击穿和雪崩击穿都是可逆击穿，而热击穿为非可逆击穿。 PN 结存在扩散电容和势垒电容两种结电容，当信号频率过高时，结电容将破坏 PN 结的单向导电性。

3. **二极管**。由一个 PN 结构成的半导体器件。它的主要特点是具有单向导电性，在电路中可做开关、整流、限幅、检波等用途。当二极管工作在反向击穿区时，流过二极管的电流变化很大，但是两端的电压变化很小，根据此特性可以制成稳压二极管。

4. **晶体三极管**。有 NPN 型和 PNP 型两种结构类型。无论哪种类型，其内部都含有发射结和集电结两个 PN 结，引出三个电极：发射极、基极和集电极。利用三极管的电流控制作用可以实现放大，放大的外部条件是：发射结正偏、集电结反偏。三极管的共射输出特性有三个工作区：放大区、截止区和饱和区。当三极管工作在截止区和饱和区时，三极管可用作电子开关。

5. **场效应管**。场效应管是一种利用栅-源电压的电场效应控制漏极电流的半导体器件，分为结型和绝缘栅型两大类，都有 N 沟道和 P 沟道两种类型。对于绝缘栅型场效应管，按照栅-源电压为零时导电沟道存在与否，分为耗尽型和增强型两种类型。场效应管是利用栅-源电压的控制作用来实现放大的。相比于晶体三极管，其主要特点是输入电阻高、温度稳定性和抗辐射能力强。而且制作工艺简单，特别适合大规模集成。

习　　题

5.1　杂质半导体有几种？它们当中的多子和少子分别是什么？它们的浓度分别由什么决定？

5.2　PN 结上所加端电压和电流符合欧姆定律吗？它的等效电阻有什么特点？

5.3　稳压二极管工作在怎样的状态下？在这种状态下工作需要加什么保护措施？

5.4　晶体三极管具有两个 PN 结，二极管具有一个 PN 结，能不能把两个二极管背靠背连接当作一个晶体三极管使用？为什么？

5.5　晶体三极管的发射区和集电区都是同类型的半导体材料，可以互换使用吗？

5.6　已知三极管 I_B=10μA 时，I_C=1mA，能否根据这个数据来确定它的电流放大系数？为什么？

5.7　场效应管漏极特性上的三个工作区，分别对应晶体三极管的哪三个区域？

5.8　N 沟道结型场效应管的 U_{GS} 值为什么取负值？

5.9　说明场效应管的开启电压 $U_{GS(th)}$ 和夹断电压 $U_{GS(off)}$ 的含义。

5.10　一个无标记的二极管，分别用 a、b 表示其两只管脚，利用万用表测 a、b 间的电阻，当红表笔接 a，黑表笔接 b 时，测得电阻值为 700Ω。当红表笔接 b，黑表笔接 a 时，测得电阻值为 100kΩ。问哪一端是二极管的阳极？

5.11　一个晶体管接在放大电路中，看不出型号，也没有其他标记，但可以用万用表测得它的三个电极 X、Y、Z 对地的点位，分别为 U_X=-9V、U_Y=-6V，U_Z=-6.2V。试判断晶体管的类型和 A、B、C 各对应三极管的什么极？

5.12　在图 5.55 中，各二极管都是理想的，试判断各电路中的二极管是导通还是截止，并计算电压 U_{ab}。

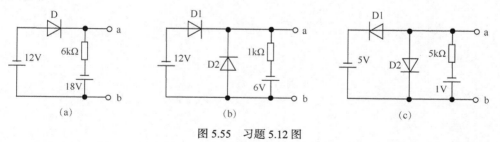

图 5.55　习题 5.12 图

5.13　根据图 5.56 所示的各晶体管实测对地直流电压数据（设直流电压表的内阻非常大），请分析各管工作状态（放大、截止、饱和或损坏）。

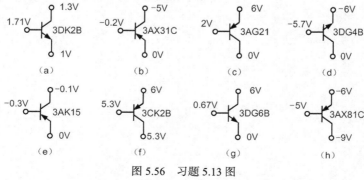

图 5.56　习题 5.13 图

5.14　图 5.57 是一个有两种稳定工作状态，并能随外加条件从一种状态转换到另一种状态的双稳态电路之控制部分。当继电器 A 流过电流产生动作时，B 就停止动作；反之，亦然。已知：继电器内阻为 430Ω，动作电流为 10mA；二极管正向导通电压为 0.7V。试计算能使 A、B 动作的输入电压的临界值。

5.15　已知图 5.58 所示电路中稳压管的稳定电压 $U_Z=6V$，最小稳定电流 $I_{Zmin}=5mA$，最大稳定电流 $I_{Zmax}=25mA$。

（1）分别计算 U_i 为 10V、15V 和 35V 三种情况下输出电压 U_O 的值。

（2）若 $U_i=35V$ 时负载开路，则会出现什么现象？为什么？

5.16　电路如图 5.59 所示，已知：$V_{CC}=12V$，晶体管导通时 $U_{BE}=0.7V$，$\beta=50$。试分析 u_i 分别为 0V、1V、1.5V 时，三极管 VT 的工作状态及输出电压 u_o 的值。

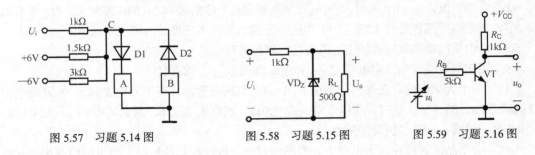

图 5.57　习题 5.14 图　　　　图 5.58　习题 5.15 图　　　　图 5.59　习题 5.16 图

第6章
放大电路基础

本章首先介绍放大电路的基本性能指标，随后通过分析共发射极放大电路说明了放大电路的组成、图解法、估算法，然后分析了共集电极放大电路、共基极放大电路，并给出了三种电路的比较，最后对多级放大电路进行介绍。

6.1　放大的概念

放大是增大信号（电压、电流或者两者同时）的等级，利用扩音器放大声音，是电子学中放大的典型实例，如图 6.1 所示。通过话筒（传感器）将微弱的声音信号转换成电信号，经放大电路放大成足够强的电信号后，驱动扬声器（执行器）使其发出较强的声音。放大电路工作必须有电源，放大电路就是将电源提供的直流能量转化为信号功率，使输出信号具有比输入信号大的功率（如驱动扬声器）。理想放大电路是指不考虑噪声和干扰，能及时、精确地放大输入信号以供负载使用的放大器。放大的前提是不失真，即输出量与输入量始终保持线性关系，只有在不失真的情况下放大才是有意义的。

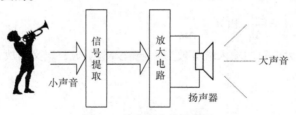

图 6.1　放大概念的示意图

不论放大电路内部采用何种复杂的结构与元件，放大电路可以被看做是信号源和负载之间的接口。电压放大电路的等效电路如图 6.2 所示，图中信号源的输入信号加到电压放大电路的输入端，由电压放大电路的输出端口输出电压到负载电阻 R_L。

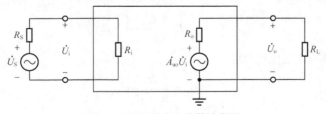

图 6.2　电压放大电路等效模型

1. 放大倍数与输入、输出电阻

输出电压 $\dot{U}_o$ 和输入电压 $\dot{U}_i$ 间的比值称为放大电路电压放大倍数，即

$$\dot{A}_u = \frac{\dot{U}_o}{\dot{U}_i} \tag{6.1}$$

放大电路的功率增益 A_p，定义为是输出功率 P_o 与输入功率 P_i 之比，且功率通常使用电压或电流的有效值来计算。

$$A_p = \frac{P_o}{P_i} \tag{6.2}$$

放大电路的电流放大倍数是输出电流 $\dot{I}_o$ 与输入电流 $\dot{I}_i$ 之比，即

$$\dot{A}_i = \frac{\dot{I}_o}{\dot{I}_i} \tag{6.3}$$

电压对电流的放大倍数 $\dot{A}_r$ 是输出电压 $\dot{U}_o$ 与输入电流 $\dot{I}_i$ 之比，即

$$\dot{A}_r = \frac{\dot{U}_o}{\dot{I}_i} \tag{6.4}$$

因其量纲为电阻，有些文献也称为互阻放大倍数。

电流对电压的放大倍数 $\dot{A}_g$ 是输出电流 $\dot{I}_o$ 与输入电压 $\dot{U}_i$ 之比，即

$$\dot{A}_g = \frac{\dot{I}_o}{\dot{U}_i} \tag{6.5}$$

因其量纲为电导，有些文献也称为互导放大倍数。

应当指出，在实测放大倍数时，必须用示波器观察输入、输出端的波形，只有在不失真的情况下，测试的数据才有意义。其他指标也是如此。

当输入信号为缓慢变化量或者直流变化量时，放大倍数的计算用相应的变化量计算，即

$\dot{A}_u = \dfrac{\Delta u_o}{\Delta u_I}$，$\dot{A}_i = \dfrac{\Delta i_o}{\Delta i_I}$，$\dot{A}_r = \dfrac{\Delta u_o}{\Delta i_I}$ 和 $\dot{A}_g = \dfrac{\Delta i_o}{\Delta u_I}$。

如图 6.2 所示，放大电路的输入端等效为一个输入电阻 R_i，定义为放大电路的输入电压 $\dot{U}_i$ 与其输入电流 $\dot{I}_i$ 的比值。

$$R_i = \frac{\dot{U}_i}{\dot{I}_i} \tag{6.6}$$

放大电路的输出电阻 R_o 是从放大电路的输出端看放大电路时的等效电阻，也就是戴维南等效电阻。

通常测定输出电阻的办法是在输入端加正弦波试验信号，测出负载开路时的空载输出电压 $\dot{U}_o$ 和接入负载 R_L 时的输出电压 $\dot{U}_o'$，则

$$R_o = \frac{\dot{U}_o - \dot{U}_o'}{\dot{U}_o'} R_L \tag{6.7}$$

因此，放大电路输入电压 $\dot{U}_i$ 为

$$\dot{U}_i = \frac{R_i}{R_s + R_i} \dot{U}_s \tag{6.8}$$

只有 $R_i >> R_s$ 时，$\dot{U}_i$ 才接近于 $\dot{U}_s$。输出电压 $\dot{U}_o$ 对信号源电压 $\dot{U}_s$ 的放大倍数 $\dot{A}_{us}$ 的表达式为

$$\dot{A}_{us} = \frac{\dot{U}_o}{\dot{U}_s} = \frac{\dot{U}_i}{\dot{U}_s} \cdot \frac{\dot{U}_o}{\dot{U}_i} = \frac{R_i}{R_S + R_i} \dot{A}_u \qquad (6.9)$$

由于放大电路的输出具有输出电阻 R_o，放大电路输出电压 $\dot{U}_o$ 与负载电阻 R_L 有关。

$$\dot{U}_o = \dot{A}_{uo} \dot{U}_i \frac{R_L}{R_L + R_o} \qquad (6.10)$$

其中，$\dot{A}_{uo}$ 为空载时放大电路的电压放大倍数。为使负载电阻 R_L 上获得更多电压，应该使 $R_L >> R_o$。

因此，考虑负载效应的 $\dot{A}_{us}$ 为

$$\dot{A}_{us} = \frac{\dot{U}_o}{\dot{U}_s} = \dot{A}_{uo} \frac{R_i}{R_S + R_i} \frac{R_L}{R_L + R_o} \qquad (6.11)$$

可以看出，电压放大电路的放大倍数不仅与空载放大倍数 $\dot{A}_{uo}$ 有关，还与负载效应有关，就是与信号源内阻 R_s、放大电路输入电阻 R_i、放大器输出电阻 R_o 和负载电阻 R_L 有关。

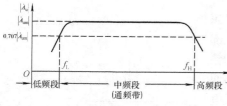

图 6.3　放大电路的幅频响应

2. 通频带

通频带用于衡量放大电路对不同频率信号的放大能力。由于放大电路中电容、电感及半导体器件结电容等电抗元件的存在，在输入信号频率较低或者较高时，放大倍数的数值就会下降并产生相移。一般情况，放大器只适用于放大某一特定频率范围内的信号。图 6.3 表示某放大电路的幅频响应，即电压放大倍数的模与频率的关系，图中 $|\dot{A}_{um}|$ 为中频放大倍数的模值。

幅频响应曲线在一个较宽的频率范围内基本保持平直，即放大倍数不随信号频率而变，这部分称为中频区，其电压放大倍数的模用 $|\dot{A}_{um}|$ 表示。当 $|\dot{A}_{um}|$ 下降到 $0.707|\dot{A}_{um}|$ 时所对应的两个频率 f_H 和 f_L 分别称为上限截止频率和下限截止频率，二者之间的频率范围（中频区）通常称为通频带或带宽，用 f_{BW} 表示。

$$f_{BW} = f_H - f_L \qquad (6.12)$$

由于一般有 $f_H << f_L$，故 $f_{BW} \approx f_H$。频率 f 小于 f_L 的部分称为放大电路的低频段，大于 f_H 的部分称为高频段。

对于扩音器，其通频带应宽于音频范围。才能完全不失真地放大声音信号。在实用电路中有时也希望频带尽可能窄，比如选频放大电路，从理论上讲希望它只对单一频率的信号放大，以避免干扰和噪声的影响。

3. 非线性失真系数

由于放大器件均具有非线性特性，它们的线性放大范围有一定的限度，当输入信号幅度超过一定值后，输出电压将会产生非线性失真。输出波形中的谐波成分总量与基波成分之比称为非线性失真系数 D。设基波幅值为 A_1，谐波幅值分别为 A_2、$A_3 \cdots$，则

$$D = \mathrm{sqrt}((A_2/A_1)^2 + (A_3/A_1)^2 + \cdots) \qquad (6.13)$$

4. 最大不失真输出电压

最大不失真输出电压定义为当输入电压再增大就会使输出波形产生非线性失真时的输出电压。一般以有效值 U_{om} 表示，也可以用峰—峰值 U_{opp} 表示，$U_{opp} = 2\sqrt{2}\, U_{om}$。

5. 最大输出功率与效率

在输出信号不失真的情况下，负载上能够获得的最大功率称为最大输出功率 P_{omax}。此时，输出电压达到最大不失真输出电压。

直流电源能量的利用率称为效率 η，等于输出功率 P_o 与直流电源功率 P_E 之比，即

$$\eta = \frac{P_o}{P_E}$$

6.2　基本共射放大电路的分析

本节将以 NPN 型晶体三极管组成的基本共射放大电路为例，阐明放大电路的组成原则及其动、静态分析。

6.2.1　放大电路的基本组成

图 6.4 是最简单的共发射极放大电路的原理图。信号源 u_i 的交流信号加到三极管 T 的发射结上，这是电路的输入部分，称为输入回路；交流输出电压 u_o 由三极管的 c-e 之间输出到外接负载电阻 R_L 上，这是电路的输出部分，称为输出回路；发射极为输入输出的公共端，因此称为共发射极放大电路，简称共射放大电路。

图 6.4 中的 T 是 NPN 型三极管，起放大的作用。低内阻直流电源 V_{CC} 给三极管提供适当的偏置电压，向负载电阻 R_L 提供能量。通过调整电阻 R_B 的值可获得合适的基极正向偏流，使三极管 T 工作在放大区。集电极电阻 R_C 将 T 的集电

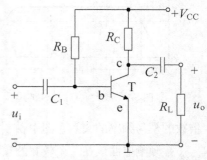

图 6.4　基本共发射极放大电路

极电流（受基极电流控制）转变为电压的变化。电容 C_1 和 C_2 是耦合电容，对于直流信号频率 $f = 0$，电容容抗 $Z_C = 1/(2\pi f C) \to \infty$，相当于断路，避免信号源与放大器之间直流电位的互相影响；而对于交流信号，频率越大，电容所呈现的容抗就越小，构成有效的交流信号通道。

可见，放大电路中直流电源的作用和交流信号的作用同时存在。要使放大电路正常工作，首先要设置合适的静态工作点，通过适当选取 V_{CC}、R_B 和 R_C 的值，保证三极管 T 工作在放大区。这样，放大电路既能放大，还能保证不失真。

放大电路工作原理实质是用微弱的信号电压 u_i 改变三极管的基极电流 i_B，即控制三极管的集电极电流 i_C，并依靠 R_C 将电流变化转变成电压变化。因此三极管的放大实际上是根据输入信号，利用三极管的控制作用，把直流电能转化成输出的交流电能。

分析放大电路常用的方法有两种：图解分析法和微变等效电路分析法。为了简便起见，根据线性电路的叠加原理，在分析时，可以把直流电源对电路的作用和输入信号对电路的作用分开考虑，分别画出电路的直流通路和交流通路进行独立地分析，并且遵循"先静态、后动态"的原则，先利用直流通路求解静态工作点，再利用交流通路求解动态参数。静态工作点合适，动态分析才有意义。

6.2.2　静态分析

1. 直流通路

所谓直流通路，是指在直流电源 V_{CC} 单独作用下直流电流流经的通路，也就是静态电流流经的通路，用于设计和分析静态工作点。在直流通路中，电容阻止直流通过，相当于开路；电感线圈相当于短路（忽略线圈电阻）；信号源为零，即为短路，但应保留其内阻。对于图 6.4 所示的共射放大电路，耦合电容 C_1、C_2 开路，信号源短路，其直流通路如图 6.5 所示。可以看出，由于 C_1、C_2 的"隔直"作用，静态工作点与信号源内阻 R_S 和负载电阻 R_L 无关。

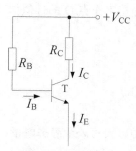

图 6.5　基本共射放大电路的直流通路

2. 画图法解静态工作点

当无输入信号，即 $u_i = 0$ 时，放大电路处于静态或叫处于直流工作状态，这时常用 I_{BQ}、I_{CQ}、U_{CEQ} 表示基极电流、集电极电流和集电极发射极电压。它们在三极管特性曲线上所确定的点称为静态工作点，习惯上用 Q 表示。静态工作点既满足三极管的电压与电流的关系，同时也满足电路中的电压与电流的关系。在电路的输入回路中，外电路的回路方程为

$$u_{BE} = V_{CC} - i_B R_B \tag{6.14}$$

在三极管输入特性坐标系中，画出式（6.14）所确定的直线，与横轴和纵轴的交点分别为（V_{CC}，0）和（0，V_{CC}/R_B），直线斜率为 $-1/R_B$，称为输入回路负载线。直线与输入特性曲线的交点就是静态工作点 Q，其横坐标值为 U_{BEQ}，纵坐标值为 I_{BQ}，如图 6.6(a)所示。

在电路的输出回路中，外电路的回路方程为

$$u_{CE} = V_{CC} - i_C R_C \tag{6.15}$$

在三极管的输出特性坐标系中，画出式（6.15）所确定的直线，与横、纵轴的交点分别为（V_{CC}，0）和（0，V_{CC}/R_C），斜率为 $-1/R_C$，称为输出回路直流负载线。该直线与 I_{BQ} 对应的那条输出特性曲线的交点就是静态工作点 Q，其横坐标值为 U_{CEQ}，纵坐标值为 I_{CQ}，如图 6.6(b)所示。

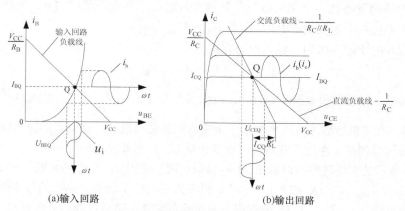

(a)输入回路　　　　　　　　(b)输出回路

图 6.6　图解法分析放大电路

基极电流 I_{BQ} 的大小不同，静态工作点在负载线上的位置也就不同。通常改变 R_B 的阻值来调整 I_{BQ} 的大小，即若增大 R_B，则 V_{CC}/R_B 减小，I_{BQ} 减小，I_{CQ} 也减小。同理，当增大电阻 R_C 的阻值时，V_{CC}/R_C 减小，U_{CEQ} 减小，但 I_{CQ} 由 I_{BQ} 确定，即 $I_{CQ} = \overline{\beta} I_{BQ} \approx \beta I_{BQ}$。

3. 估算法解静态工作点

一般近似认为：$U_{BEQ}=0.7V$（硅管）或 $U_{BEQ}=0.2V$（锗管），则由回路方程 $V_{CC}=I_{BQ}R_B+U_{BEQ}$ 得静态工作点 Q 的近似估算表达式为

$$\begin{cases} I_{BQ}=\dfrac{V_{CC}-U_{BEQ}}{R_B} \\ I_{CQ}=\beta I_{BQ} \\ U_{CEQ}=V_{CC}-I_{CQ}R_C \end{cases} \qquad (6.16)$$

式中以大写表示静态电量，计算过程中常常将字母"Q"省略不写。

6.2.3 动态分析

1. 交流通路

在确认为三极管设置了合适的静态工作点后，就可以利用交流通路研究动态参数了。所谓交流通路是指输入信号作用下交流信号流经的通路，也就是动态电流流经的通路。在交流通路中，容量大的电容（如耦合电容）视为短路；独立直流电压源短路；独立恒流源开路。将图6.4电路中的 C_1、C_2 短路，直流电源 V_{CC} 短路，即 V_{CC} 接地，得到交流通路如图6.7所示。

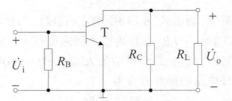

图 6.7 基本共射放大电路的交流通路

2. 画图法解放大倍数

当在放大电路的输入端加入交流信号电压 $u_i(\neq 0)$ 时，三极管上的电压或电流电量都视为在原来直流分量的基础上叠加一个交流电量，如加在发射结上的电压瞬时值 u_{BE} 为在原来直流分量 U_{BEQ} 的基础上叠加一个正弦交流电压 u_i，即 $u_{BE}=U_{BEQ}+u_i$。

当加入输入信号 $u_i(\neq 0)$ 时，输入回路方程为

$$u_{BE}=V_{CC}+u_i-i_BR_B \qquad (6.17)$$

该直线与横、纵轴的交点分别为（$V_{CC}+u_i$，0）和（0，$\dfrac{V_{CC}+u_i}{R_B}$），直线斜率仍为 $-1/R_B$。

根据式（6.17）在三极管输入特性坐标系中做输入回路的负载线，从输入回路负载线与输入特性曲线的交点便可得到在 u_i 作用下的基极电流变化量 i_b，如图6.6(a)所示。

由图6.7所示的交流通路可以看出，外电路包括两个电阻 R_C 和 R_L 的并联，表示为 $R_L'=R_C//R_L$。输出交流电压 $u_o=u_{ce}=-i_c(R_C//R_L)=-i_cR_L'$，斜率为 $-1/R_L'$，因此，动态信号遵循的负载线斜率不同于直流负载线 $u_{CE}=V_{CC}-i_cR_C$ 的斜率，而交流负载线一定通过静态工作点 Q（$u_i=0$），因此，只要过 Q 点做一条斜率为 $-1/R_L'$ 的直线就是交流负载线，如图6.6(b)所示。它与横轴的交点为（$U_{CEQ}+I_{CQ}R_L'$，0）。当电路空载时，即 $R_L=\infty$ 时，交流负载线将与直流负载线重合。应当指出，在直接耦合电路中，由于没有电容、电感器件，所以交流负载线也会与直流负载线重合。

在输出特性坐标中，交流负载线与 $i_B=I_{BQ}+i_b$ 对应的那条输出特性曲线的交点为（ $U_{CEQ}+u_{ce}$，$I_{CQ}+i_c$ ），其中 u_{ce} 就是交流输出电压 u_o，如图 6.6(b) 所示。

如果需要利用图解法求解放大电路的电压放大倍数 A_u 时，可首先给定正弦输入 u_i，在输入特性上画出对应的 u_{be} 和 i_b，然后在输出特性中画出对应的 i_c 和相应的 u_{ce}，测量 u_i 的峰值与 u_{ce}，即为 u_o 的峰值，从而得出电压放大倍数

$$A_u = \frac{u_o}{u_i} = \frac{u_{ceopp}}{u_{iopp}} \tag{6.18}$$

上述求解过程可简述为：给定输入 $u_i \rightarrow i_b \rightarrow i_c \rightarrow u_{ce}$（$u_o$）产生输出。

由于输入特性和输出特性是实测得到的，图解法切合实际，并且直观。但是作图难于准确，过程繁琐。讲述图解法求解 A_u 的主要目的是为了进一步体会放大电路的工作原理和设置静态工作点的重要性。

3. 波形非线性失真的分析

静态工作点的位置必须设置适当，否则放大电路的输出波形会产生严重的非线性失真，大信号输入尤其如此。在图 6.8 中，当静态工作点 Q 设置过低时，在输入信号负半周靠近峰值的某段时间内，三极管截止，使 i_B、i_C 近似为零，从而导致 u_{ce} 和 u_o 波形失真。因三极管截止而产生的失真称为截止失真。在图 6.9 中，当 Q 点设置过高时，虽然 i_b 为不失真的正弦波，但是由于 i_b 靠近峰值的某段时间内三极管进入了饱和区，使 i_c 和 u_{ce} 产生失真，输出电压 u_o 也失真。因三极管饱和而产生的失真称为饱和失真。PNP 型三极管的输出电压 u_o 的波形失真现象与 NPN 型三极管的相反。

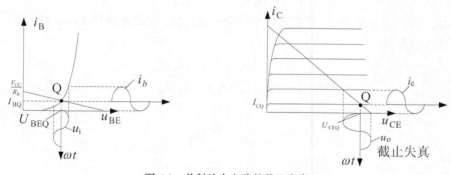

图 6.8　共射放大电路的截止失真

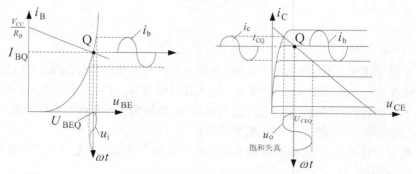

图 6.9　共射放大电路的饱和失真

对于图 6.4 所示的放大电路，从图 6.6 所示输出特性的图解分析可得，忽略非线性截止失真的条件下，输出电压的最大峰值 $U_{oM} = \min$（$I_{CQ}R'_L$，$U_{CEQ} - U_{CES}$）。为了使 U_{oM} 尽可能大，应将 Q 点设置在放大区内负载线的中点。

4. 三极管的 H 参数等效模型

在低频小信号作用下，三极管可以看成一个有源双口网络，三极管的特性可由其输入端口和输出端口的电压、电流关系来描述。若以发射极为公共端子，利用网络的 H 参数等效电路来等效和模拟三极管的基本电路特性，称之为共射 H 参数等效模型。这个模型只能用于放大电路低频动态小信号参数的分析。

三极管按共射接法的双口网络如图 6.10 所示，图中 b-e 作为输入端口，c-e 作为输出端口，则网络外部的端电压和电流关系就是三极管的输入、输出特性。

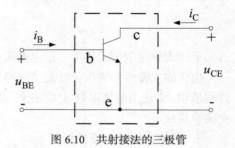

图 6.10　共射接法的三极管

$$\begin{cases} u_{BE} = f_i(i_B, u_{CE}) \\ i_C = f_o(i_B, u_{CE}) \end{cases} \quad (6.19)$$

式中，各电量均是瞬时总值。将两式用全微分形式表示，即

$$\begin{cases} \mathrm{d}u_{BE} = \dfrac{\partial u_{BE}}{\partial i_B}\bigg|_{U_{CE}} \mathrm{d}i_B + \dfrac{\partial u_{BE}}{\partial u_{CE}}\bigg|_{I_B} \mathrm{d}u_{CE} \\[2mm] \mathrm{d}i_C = \dfrac{\partial i_C}{\partial i_B}\bigg|_{U_{CE}} \mathrm{d}i_B + \dfrac{\partial i_C}{\partial u_{CE}}\bigg|_{I_B} \mathrm{d}u_{CE} \end{cases} \quad (6.20)$$

由于 $\mathrm{d}u_{BE}$、$\mathrm{d}u_{CE}$、$\mathrm{d}i_B$ 和 $\mathrm{d}i_C$ 代表无限小的信号变化量，可以用向量表示。根据双口网络的理论，得出 H 参数方程

$$\begin{cases} \dot{U}_{be} = h_{11}\dot{I}_b + h_{12}\dot{U}_{ce} \\ \dot{I}_c = h_{21}\dot{I}_b + h_{22}\dot{U}_{ce} \end{cases} \quad (6.21)$$

其中

$$\begin{cases} h_{11} = \dfrac{\partial u_{BE}}{\partial i_B}\bigg|_{U_{CE}} \\[3mm] h_{12} = \dfrac{\partial u_{BE}}{\partial u_{CE}}\bigg|_{I_B} \\[3mm] h_{21} = \dfrac{\partial i_C}{\partial i_B}\bigg|_{U_{CE}} \\[3mm] h_{22} = \dfrac{\partial i_C}{\partial u_{CE}}\bigg|_{I_B} \end{cases} \quad (6.22)$$

h_{11} 表示小信号作用下 b-e 间的动态电阻。从输入特性上看就是特性曲线上 Q 点的切线斜率的倒数。h_{11} 常记作 r_{be}，其单位是 Ω。它反映了输入信号电压 u_{be} 对输入信号电流 i_b 的控制能力。

h_{12} 描述了三极管内部输出电压 u_{ce} 对输入电压 u_{be} 的影响，称为内部电压反馈系数。h_{12} 是一个无量纲的比例系数，其值很小，若忽略宽度效应，可近似为 0。

h_{21} 表示输出特性曲线上 Q 点附近的共发射极电流放大系数 β。它说明了三极管输入电流 i_b 对输出电流 i_c 的控制能力。

h_{22} 表示小信号作用下 c-e 间的动态导纳。从输出特性上看就是特性曲线上翘的程度。h_{22} 的单位为 S，其值常小于 10^{-5}S，记 $r_{ce} = 1/h_{22}$，常可忽略不计。

可见，三极管等效模型的四个参数量纲不同，所以称为混合（H）参数模型，其模型如图 6.11 所示。

近似分析中常可以将内反馈系数 h_{12} 和 h_{22} 忽略不计，则式（6.21）又可简化为

$$\begin{cases} \dot{U}_{be} = h_{11}\dot{I}_b \\ \dot{I}_c = h_{21}\dot{I}_b \end{cases} \tag{6.23}$$

这样就可得三极管的简化等效电路，且用 $r_{be} = h_{11}$ 和 $\beta = h_{21}$，如图 6.12 所示。

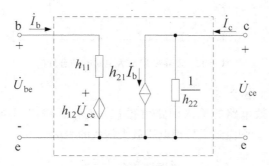

图 6.11　三极管的 H 参数等效模型

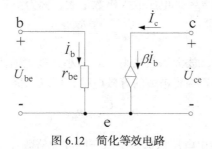

图 6.12　简化等效电路

其中，r_{be} 的近似表达式为

$$r_{be} \approx r_{bb'} + (1+\beta)\frac{U_T}{I_{EQ}} \approx r_{bb'} + \beta\frac{U_T}{I_{CQ}} \tag{6.24}$$

常温下 $U_T \approx 26\text{mV}$，$r_{bb'}$ 是基区体电阻，与杂质浓度及制造工艺有关，对于小功率管的 $r_{bb'}$ 多在几十欧到几百欧，可通过查阅手册得到，估算分析中多选取 $100\sim300\,\Omega$。式（6.24）进一步表明，静态工作点 Q 愈高，即 I_{EQ}（I_{CQ}）愈大，r_{be} 愈小。

应当说明，如果三极管输出回路的负载电阻 R_L 与 r_{ce} 相比较大，则在分析电路时应当考虑 r_{ce} 的影响。

H 参数等效模型的四个参数都是在静态工作点 Q 处求偏导数得到的，只有在信号比较小，且工作在线性度比较好的区域内，分析计算的结果误差才较小。而且，由于 H 参数等效模型没有考虑结电容的作用，只适用低频信号。

放大电路的主要性能指标（如放大倍数、输入电阻、输出电阻）都是针对信号来讨论的，因此在输入信号幅值不大的情况下，可以从只考虑交流信号的交流通路入手，将工作在放大区的三极管用图 6.12 所示的简化等效电路代替，从而用相应的线性电路来代替具有非线性特性的

三极管，则可以用线性电路理论定量分析放大电路并计算有关的性能指标。

放大电路的主要性能指标（如放大倍数、输入电阻、输出电阻）都是针对信号来讨论的，因此可以从只考虑交流信号的交流通路入手，然后用三极管的 H 参数等效模型替换三极管，最后利用电路理论计算这些指标。

对于图 6.4 所示的共射放大电路，利用 H 参数等效模型取代图 6.7 所示交流通路中的三极管 T，可得放大电路的交流微变等效电路，如图 6.13 所示。

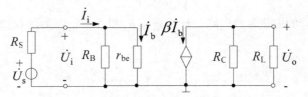

图 6.13　基本共射放大电路的动态分析

5. 估算法解主要性能指标

由图 6.13，根据等效电路的输入回路可得 $\dot{U}_i = \dot{I}_b r_{be}$；输出回路可得 $\dot{U}_o = -\dot{I}_c (R_C // R_L) = -\beta \dot{I}_b R_L'$，且 $R_L' = R_C // R_L$。则由定义可得电压放大倍数的表达式为

$$\dot{A}_u = \frac{\dot{U}_o}{\dot{U}_i} = -\frac{\beta R_L'}{r_{be}} \qquad (6.25)$$

当放大电路空载时，即 $R_L = \infty$，电压放大倍数最大，称为空载电压放大倍数。

$$\dot{A}_{uo} = -\frac{\beta R_C}{r_{be}} \qquad (6.26)$$

显然，放大电路带上负载以后，放大倍数减小，R_L 愈小，放大倍数减小愈多。

输入电阻是从放大电路输入端看进去的等效电阻，可以求得 R_i 的表达式为

$$R_i = \frac{\dot{U}_i}{\dot{I}_i} = R_B // r_{be} \qquad (6.27)$$

若信号源内阻为 R_S，则输出电压对信号源电压的放大倍数 $\dot{A}_{us}$ 的表达式为

$$\dot{A}_{us} = \frac{\dot{U}_o}{\dot{U}_s} = \frac{\dot{U}_i}{\dot{U}_s} \cdot \frac{\dot{U}_o}{\dot{U}_i} = \frac{R_i}{R_S + R_i} \dot{A}_u \qquad (6.28)$$

所以

$$\dot{A}_{us} = \frac{R_B // r_{be}}{R_s + R_B // r_{be}} \cdot \left(-\frac{\beta R_L'}{r_{be}} \right) \qquad (6.29)$$

可见，$|\dot{A}_{us}|$ 总是小于 $|\dot{A}_u|$，输入电阻 R_i 愈大，$\dot{U}_i$ 愈接近 $\dot{U}_s$，$|\dot{A}_{us}|$ 愈接近 $|\dot{A}_u|$。

对电子电路的输出电阻进行分析时，可令信号源电压 $\dot{U}_s = 0$，但保留内阻 R_S；然后，去掉 R_L，假设在输出端加一正弦波测试信号 $\dot{U}_o'$，必然产生动态电流 $\dot{I}_o'$，则

$$R_o = \frac{\dot{U}_o'}{\dot{I}_o'} \bigg|_{\dot{U}_s = 0} = R_C \qquad (6.30)$$

从以上分析可知，放大电路的输入电阻与信号源内阻无关，输出电阻与负载无关。还应当指出，虽然利用 H 参数等效模型分析的是动态参数，但是由于等效模型中 r_{be} 与静态工作点 Q 紧密相关，所以动态参数也与 Q 点相关，只有 Q 点合适，动态分析才有意义。

例 6.1　直接耦合共射放大电路如图 6.14 所示，已知 $V_{CC} = 15V$，$R_{B1} = 56k\Omega$，$R_{B2} = 1.5k\Omega$，

R_C=5.1kΩ，R_S=1.5kΩ，三极管的 $r_{bb'}$=100Ω，β=80，导通时的 U_{BEQ}=0.7V。分别求解 R_L=∞ 和 R_L=5.1kΩ 时的静态工作点 Q 和动态参数 $\dot{A}_u$、R_i 和 R_o。

解：放大电路的直流通路如图 6.15 所示。

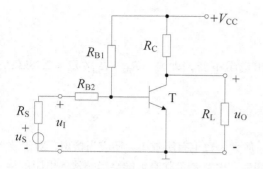
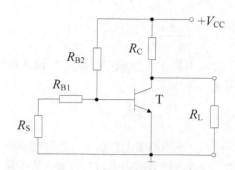

图 6.14　例 6.1 放大电路　　　　　　图 6.15　例 6.1 的直流通路

当 R_L=∞时，静态工作点为

$$I_{BQ} = \frac{V_{CC} - U_{BEQ}}{R_{B1}} - \frac{U_{BEQ}}{R_S + R_{B2}} \approx 22\ \mu A$$

$$I_{CQ} = \beta I_{BQ} \approx 1.76 mA$$

$$U_{CEQ} = V_{CC} - I_{CQ} R_C \approx 6V$$

U_{CEQ} 大于 U_{BEQ}，说明三极管工作在放大区。

然后，进行动态分析，首先画出放大电路的交流通路和微变等效电路如图 6.16(a)和(b)所示。

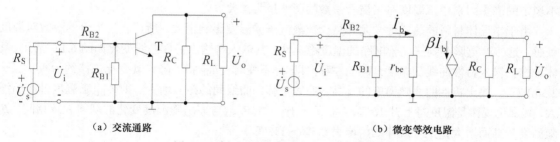

（a）交流通路　　　　　　　　　（b）微变等效电路

图 6.16　例 6.1 的交流通路和微变等效电路

$$r_{be} = r_{bb'} + \frac{26mV}{I_{BQ}} \approx 1.28\Omega$$

由于 $\dot{U}_i = \dot{I}_b r_{be} + [\dot{I}_b + \dfrac{\dot{I}_b r_{be}}{R_{B1}}]R_{B2} \approx \dot{I}_b(r_{be} + R_{B2})$，可得

$$\dot{A}_u \approx -\frac{\beta R_C}{r_{be} + R_{B2}} \approx -147$$

$$R_i = R_{B2} + R_{B1} // r_{be} \approx R_{B2} + r_{be} \approx 2.78k\Omega$$

$$\dot{A}_{us} = \frac{R_i}{R_s + R_i} \cdot \dot{A}_u = -95$$

$$R_o = R_C = 5.1k\Omega$$

当 R_L=5.1kΩ 时，电路中的静态电流和 r_{be} 均不变，即 $I_{BQ} \approx 22 \, \mu A$，$I_{CQ} \approx 1.76mA$，$r_{be} \approx 1.28\Omega$。但是由于 $I_{R_C} = I_{CQ} + I_{R_L}$，所以管压降变化为

$$U_{CEQ} = V_{CC} \frac{R_L}{R_C / R_L} - I_{CQ}(R_C /\!/ R_L) \approx 3V$$

$$\dot{A}_u = -\frac{\beta \, R'_L}{r_{be} + R_{B2}} \approx -73$$

放大电路带上负载 R_L 以后，输入电阻和输出电阻不变，即 $R_i = R_{B2} + R_{B1} /\!/ r_{be} \approx 2.78k\Omega$，$R_o = R_C = 5.1k\Omega$。

$$\dot{A}_{us} = \frac{R_i}{R_s + R_i} \cdot \dot{A}_u = -47$$

可见，该电路带上负载后，会影响静态工作点，放大倍数也有所减小。还应当指出，对于放大电路，当含有信号源内阻时有可能会影响输出电阻的值，电路带负载有可能会影响输入电阻的值。

6.3　放大电路静态工作点的稳定

6.3.1　静态工作点稳定的必要性

放大电路的静态工作点不仅决定了电路是否会失真，而且还影响着电压放大倍数、输入电阻等动态参数。实际上，电源电压的波动、元件的老化以及因温度变化所引起三极管参数的变化，都会造成静态工作点的不稳定，从而使动态参数不稳定，有时电路甚至无法正常工作。引起 Q 点不稳定的诸多因素中，温度对三极管参数的影响最为重要。

由于半导体材料的热敏性，尤其是少数载流子受温度影响很大，所以，三极管的参数对温度敏感。这将严重影响到三极管电路的温度稳定性，其输入和输出特性曲线变化如图 6.17 所示。具体来讲，输入特性曲线随温度升高向左移。即 i_B 不变时，u_{BE} 将下降，其变化规律约为减小 2～2.5mV/℃。输出特性曲线随温度的升高，曲线上移，曲线间的距离增大。即 I_{CBO} 随温度升高而增大，其变化规律是温度每上升 10℃，I_{CBO} 约上升一倍。I_{CEO} 与 I_{CBO} 随温度变化的规律大致相同。β 随温度升高而增大，变化规律约为增大 0.5%～1%/℃。

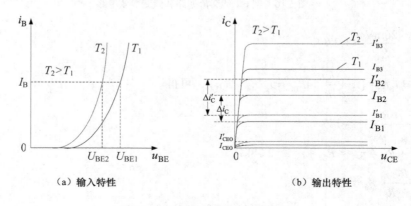

（a）输入特性　　　　　　　　　　（b）输出特性

图 6.17　温度对三极管特性的影响

所谓 Q 点稳定，通常是指在环境温度变化时静态集电极电流 I_{CQ} 和管压降 U_{CEQ} 基本不变，即 Q 点在三极管输出特性坐标平面中的位置基本不变，而且，依靠 I_{BQ} 的变化来抵消 I_{CQ} 和 U_{CEQ} 的变化。常用引入直流负载反馈或温度补偿的方法使 I_{BQ} 在温度变化时产生与 I_{CQ} 相反的变化。

6.3.2　静态工作点稳定电路

典型的 Q 点稳定电路如图 6.18 所示，其直流通路如图 6.19 所示，为分压式偏置电路。

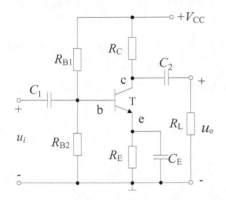

图 6.18　静态工作点稳定电路图

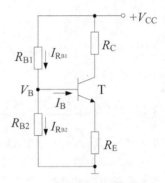

图 6.19　分压式偏置电路

图 6.19 中，节点 B 的电流方程为 $I_{R_{B1}} = I_{R_{B2}} + I_B$。通常使参数的选取满足 $I_{R_{B2}} \gg I_B$，可得 B 点电位

$$V_B \approx \frac{R_{B2}}{R_{B1} + R_{B2}} V_{CC} \tag{6.31}$$

式（6.31）表明基极电位 V_B 几乎仅决定于电阻 R_{B1} 和 R_{B2} 对 V_{CC} 的分压，则可求出发射极电流

$$I_E = \frac{V_B - U_{BE}}{R_E} \approx I_C \tag{6.32}$$

当环境温度增大时，V_B 基本不变，集电极电流 I_C 随温度升高时，发射极电流 I_E 必然相应地增大，因而 R_E 上的电压随着增大，发射极的电位 V_E 增大；因而 $U_{BE} = V_B - V_E$ 势必减小，导致 I_B 减小，于是 I_C 随之相应减小。结果，I_C 随温度升高而增大的部分几乎被由于 I_B 减小而减小的部分相抵消，静态工作点基本保持不变。该电路是通过发射极电阻 R_E 的负反馈作用牵制 I_C 的变化，也称为电流负反馈式工作点稳定电路。

例 6.2　在图 6.18 所示电路中，已知 $V_{CC}=12V$，$R_{B1}=15k\Omega$，$R_{B2}=5k\Omega$，$R_C=5.1k\Omega$，$R_E=2.3k\Omega$，$R_L=5.1k\Omega$；三极管的 $\beta=50$，$r_{be}=1.5k\Omega$，导通时的 $U_{BEQ}=0.7V$。估算静态工作点 Q，并分别求出有和无 C_E 两种情况下的 $\dot{A}_u$、R_i 和 R_o。

解：首先求解 Q 点，直流通路如图 6.19 所示，因为 $I_{R_{B2}} \gg I_B$，所以忽略 I_{BQ}，

$$V_{BQ} \approx \frac{R_{B2}}{R_{B1} + R_{B2}} V_{CC} = (\frac{5}{5+15} \times 12)\,V = 3V$$

$$I_{EQ} = \frac{V_{BQ} - U_{BEQ}}{R_E} \approx (\frac{3-0.7}{2.3})\,mA = 1mA$$

$$I_{BQ} = \frac{I_{EQ}}{1+\beta} = (\frac{1}{1+50})\,mA \approx 20\mu A$$

$$U_{CEQ} \approx V_{CC} - I_{EQ}(R_C + R_E) = [12-1\times(5.1+2.3)]V = 4.6V$$

当有旁路电容 C_E 时，电阻 R_E 被交流短路，其微变等效电路如图 6.20(a)所示。

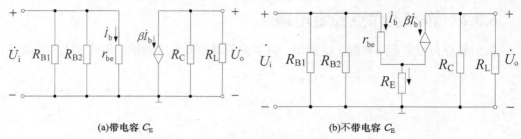

(a)带电容 C_E (b)不带电容 C_E

图 6.20   例 6.2 微变等效电路

$$\dot{A}_u = -\frac{\beta R_L^{'}}{r_{be}} = -\frac{50\times 5.1//5.1}{1.5} = -85$$

$$R_i = R_{B1}//R_{B2}//r_{be} = 1.07 \text{ k}\Omega$$

$$R_o = R_C = 5.1 \text{k}\Omega$$

当无旁路电容 C_E 时，微变等效电路如图 6.20(b)所示。

$$\dot{A}_u = -\frac{\beta R_L^{'}}{r_{be}+(1+\beta)R_E} = -1.7$$

$$R_i = R_{B1}//R_{B2}//[r_{be}+(1+\beta)R_E] \approx 3.64 \text{ k}\Omega$$

$$R_o = R_C = 5.1 \text{k}\Omega$$

可见，当无电容 C_E 时，电路的电压放大能力很差，但是输入电阻增大，因此在实用电路中常常将发射极电阻分为两部分，只将其中一部分接旁路电容。

6.4   放大电路的三种组态及比较

6.4.1   基本共集电极放大电路

共集电极放大电路的原理如图 6.21(a)所示，其直流通路如图 6.21(b)所示，交流通路如图 6.21(c)所示。由交流通路可知，输入信号加在 b-c 之间，输出信号加在 e-c 之间，所以集电极是输入、输出的公共端点。

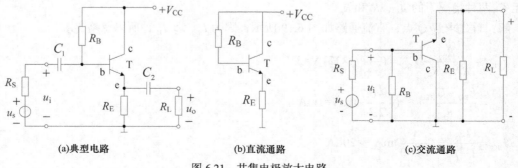

(a)典型电路   (b)直流通路   (c)交流通路

图 6.21   共集电极放大电路

1．静态工作点

由图 6.21(b) 所示直流通路，可列出输入回路方程 $V_{CC} = I_{BQ}R_B + U_{BEQ} + I_{EQ}R_E$。又 $I_{EQ} = (1+\beta)I_{BQ}$，可得

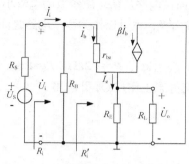

$$I_{BQ} = \frac{V_{CC} - U_{BEQ}}{R_B + (1+\beta)R_E} \tag{6.33}$$

再由 $I_{CQ} = \beta I_{BQ}$，$U_{CEQ} = V_{CC} - I_{CQ}R_E$，可以确定出静态工作点。

2．动态分析

将图 6.21(c)所示电路中的三极管用 H 参数等效模型取代，得到共集放大电路的微变等效电路，如图 6.22 所示。

图 6.22　共集放大电路的微变等效电路

根据等效电路的输出回路可得 $\dot{U}_o = \dot{I}_e(R_E // R_L) = (1+\beta)\dot{I}_b R'_L$，其中 $R'_L = R_E // R_L$；由输入回路可得 $\dot{U}_i = \dot{I}_b r_{be} + (1+\beta)\dot{I}_b R'_L$。则由定义可得电压放大倍数的表达式为

$$\dot{A}_u = \frac{\dot{U}_o}{\dot{U}_i} = \frac{(1+\beta)R'_L}{r_{be} + (1+\beta)R'_L} \tag{6.34}$$

由于通常满足 $(1+\beta)R'_L >> r_{be}$，所以 $\dot{A}_u < 1$ 且 $\dot{A}_u \approx 1$。并且输出电压和输入电压同相位，即输出电压跟随输入电压变化，因此常称共集电极放大电路为射极跟随器。

当忽略 R_B 对输入电流 $\dot{I}_i$ 的分流作用时，则 $\dot{I}_i \approx \dot{I}_b$；流经负载 R'_L 的输出电流 $\dot{I}_o \approx \dot{I}_e$，所以电流放大倍数的表达式为

$$\dot{A}_i = \frac{\dot{I}_o}{\dot{I}_i} \approx \frac{\dot{I}_e}{\dot{I}_b} = 1+\beta \tag{6.35}$$

显然，射极输出器具有较大的电流放大作用。虽然 $|\dot{A}_u| < 1$，无电压放大能力，但电路仍有功率放大作用。

当不考虑 R_B 时，从基极 b 向里看进去的输入电阻 R'_i 为

$$R'_i = \frac{\dot{U}_i}{\dot{I}_b} = r_{be} + (1+\beta)R'_L \tag{6.36}$$

故可得放大电路的输入电阻 R_i 为

$$R_i = \frac{\dot{U}_i}{\dot{I}_i} = R_B // R'_i = R_B // [r_{be} + (1+\beta)R'_L] \tag{6.37}$$

根据戴维南定理，在求解输出电阻 R_o 时，令 $\dot{U}_s = 0$，去掉 R_L，在输出端加一正弦电压 $\dot{U}'_o$，则可得求解输出电阻 R_o 的等效电路如图 6.23 所示。当不考虑 R_E 时，从发射极向里看进去的输出电阻 R'_o 为

$$R'_o = \frac{\dot{U}'_o}{\dot{I}_e} = \frac{\dot{U}'_o}{(1+\beta)\dot{I}_b} = \frac{R_S // R_B + r_{be}}{1+\beta} \tag{6.38}$$

根据输出电阻的定义，放大电路的输出电阻 R_o 为

$$R_o = \frac{\dot{U}'_o}{\dot{I}'_o} = R_E // R'_o = R_E // \frac{R_S // R_B + r_{be}}{1+\beta} \tag{6.39}$$

输出电压对信号源电压放大倍数 $\dot{A}_{us}$ 为

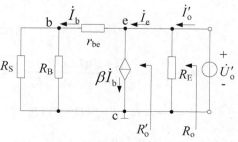

图 6.23　计算 R_o 的等效电路

$$\dot{A}_{us} = \frac{\dot{U}_o}{\dot{U}_s} = \frac{R_i}{R_s + R_i} \dot{A}_u \approx \frac{R_i}{R_s + R_i} \qquad (6.40)$$

由式（6.39）和式（6.40）可见，射极输出器的输出电阻 R_o 的数值很小，一般只有几十欧姆，而输入电阻 R_i 大，一般在几十千欧以上，R_i 越大，$\dot{A}_{us}$ 越大。因而该电路从信号源索取的电流小而且带负载能力强，所以常常应用于多级放大电路的输入级和输出级，也可以作为两个电路之间连接的缓冲电路。

例 6.3　在图 6.24 所示电路中，已知 V_{CC}=12V，R_B=200kΩ，R_C=1kΩ，R_E=1.2kΩ，R_S=1kΩ，R_L=1.8kΩ；三极管的 β=50，r_{be}=0.8kΩ，导通时的 U_{BEQ}=0.2V。估算静态工作点 Q，并求出 $\dot{A}_u$、$\dot{A}_{us}$、R_i 和 R_o。

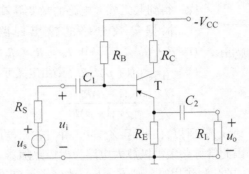

图 6.24　例 6.3 放大电路

解：首先求解静态工作点 Q。

故 $I_{CQ} = \beta I_{BQ} = -50 \times 0.045\text{mA} = -2.25\text{mA}$ ，$U_{CEQ} \approx -(V_{CC} - I_{BQ}(R_C + R_E)) = -7.05\text{V}$ 。

图 6.24 所示电路的微变等效电路如图 6.25 所示。

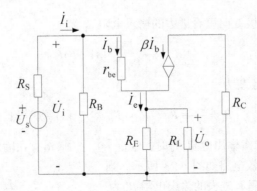

图 6.25　例 6.3 的微变等效电路

$$\dot{A}_u = \frac{\dot{U}_o}{\dot{U}_i} = \frac{(1+\beta)(R_E//R_E)}{r_{be} + (1+\beta)(R_E//R_E)} = 0.98$$

$$R_i = \frac{\dot{U}_i}{\dot{I}_i} = R_B//[r_{be} + (1+\beta)(R_E//R_E)] = 31.6\text{k}\Omega$$

$$R_o = R_E//\frac{R_S//R_B + r_{be}}{1+\beta} = 34\Omega$$

$$\dot{A}_{\text{us}} = \frac{\dot{U}_{\text{o}}}{\dot{U}_{\text{s}}} = \frac{R_{\text{i}}}{R_{\text{S}} + R_{\text{i}}} \dot{A}_{\text{u}} = 0.95$$

由以上分析可见，共集放大电路具有输入电阻大、输出电阻小、源电压放大倍数接近于 1 的特点。

6.4.2　基本共基极放大电路

图 6.26(a)是一个共基极放大电路，其直流通路是如图 6.26(b)所示的分压式偏置电路，R_{C} 为集电极电阻，R_{B1} 和 R_{B2} 是基极偏置电阻，用来保证三极管 T 有合适的静态工作点。其交流通路如图 6.26(c)所示，可见，输入信号加在 e-b 之间，输出信号在 c-b 两端取出，所以基极是输入、输出的公共端点。

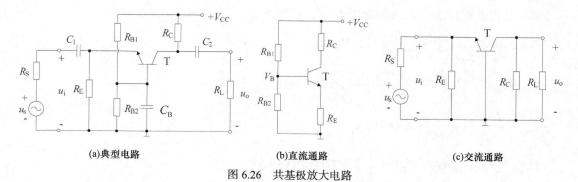

(a)典型电路　　　　　　　　(b)直流通路　　　　　　　　(c)交流通路

图 6.26　共基极放大电路

图 6.26(b)的直流通路为分压式偏置电路，其静态点的计算在此不再赘述。

将图 6.26(c)所示电路中的三极管用 H 参数等效模型取代，得到共基极放大电路的微变等效电路，如图 6.27 所示，可得电压放大倍数、输入和输出电阻的表达式分别为

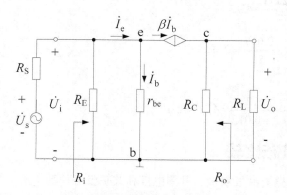

图 6.27　共基极放大电路的微变等效电路

$$\dot{A}_{\text{u}} = \frac{\dot{U}_{\text{o}}}{\dot{U}_{\text{i}}} = \frac{\beta \dot{I}_{\text{b}}(R_{\text{C}} // R_{\text{L}})}{\dot{I}_{\text{b}} r_{\text{be}}} = \frac{\beta(R_{\text{C}} // R_{\text{L}})}{r_{\text{be}}} = \frac{\beta R_{\text{L}}'}{r_{\text{be}}} \tag{6.41}$$

$$R_{\text{i}} = \frac{\dot{U}_{\text{i}}}{\dot{I}_{\text{i}}} = \frac{\dot{U}_{\text{i}}}{\dfrac{\dot{U}_{\text{i}}}{R_{\text{E}}} + (1+\beta)\dfrac{\dot{U}_{\text{i}}}{r_{\text{be}}}} = \frac{1}{\dfrac{1}{R_{\text{E}}} + \dfrac{1+\beta}{r_{\text{be}}}} = R_{\text{E}} // \frac{r_{\text{be}}}{1+\beta} \tag{6.42}$$

$$R_{\text{o}} = R_{\text{C}} \tag{6.43}$$

$$\dot{A}_{us} = \frac{\dot{U}_o}{\dot{U}_s} = \frac{R_i}{R_S + R_i}\dot{A}_u = \frac{R_i}{R_S + R_i}\frac{\beta R'_L}{r_{be}} \qquad (6.44)$$

可见，共基极电路与共发射极电路的电压放大倍数在数值上相同，只是相差了一个负号。共基极电路的输入电阻可以做得很低，一般为几欧至几十欧。另一方面在共基极电路中，电流放大系数 $\alpha = \dfrac{\dot{I}_c}{\dot{I}_e}$ 近似为 1，所以无电流放大能力。共基放大电路的最大优点是频带宽，因而常用于无线电通信等方面。

例 6.4   在图 6.26(a)所示电路中，已知 V_{CC}=12V，R_{B1}=12kΩ，R_{B2}=20kΩ，R_C=1.2kΩ，R_E=3kΩ，R_S=0.2kΩ，R_L=1kΩ；三极管的 β=50，$r_{bb'}$=0.08kΩ，导通时的 U_{BEQ}=0.7V。估算静态工作点 Q，并求出 $\dot{A}_u$、$\dot{A}_{us}$、R_i 和 R_o。

解：首先求解 Q 点，直流通路为分压式偏置电路。

$$V_{BQ} \approx \frac{R_{B2}}{R_{B1} + R_{B2}}V_{CC} = (\frac{20}{12+20}\times12)\text{ V}=7.5\text{V}$$

$$I_{CQ} \approx I_{EQ} = \frac{V_{BQ} - U_{BEQ}}{R_E} \approx (\frac{7.5-0.7}{3})\text{ mA}=2.3\text{mA}$$

$$I_{BQ} = \frac{I_{EQ}}{1+\beta} = (\frac{2.3}{1+50})\text{ mA} \approx 45\,\mu\text{A}$$

$$U_{CEQ} \approx V_{CC} - I_{EQ}(R_C + R_E) = [12-2.3\times(1.2+3)]\text{V}=4.6\text{V}$$

然后，根据图 6.27 所示的微变等效电路求解动态参数。

$$r_{be} = r_{bb'} + \frac{26\text{mV}}{I_{BQ}} \approx 657\Omega$$

$$\dot{A}_u = \frac{\beta R'_L}{r_{be}} = \frac{50\times1.2//1}{0.657}=41.5$$

$$R_i = R_E // \frac{r_{be}}{1+\beta} = 3 // \frac{0.657}{51} \approx 12\Omega$$

$$R_o = R_C = 1.2\text{k}\Omega$$

$$\dot{A}_{us} = \frac{R_i}{R_S + R_i}\dot{A}_u = \frac{0.012}{0.2+0.012}\times41.5 \approx 2.4$$

6.4.3　三种组态比较

三极管单管放大电路有共发射极、共集电极和共基极三种基本接法，它们的特点归纳如下。

（1）共发射极电路的电压放大倍数和电流放大倍数均较大，并且输入电压与输出电压信号相反。输入电阻居三种电路之中，输出电阻适中。但是频带较窄，一般作为低频多级放大电路的单元电路。

（2）共集电极电路电压放大倍数小于 1 并接近于 1，无电压放大能力，但是电流放大倍数较大，仍然可以放大功率。该电路是三种接法中输入电阻最大、输出电阻最小的电路，并具有电压跟随的特点。常用于多级放大电路中的输入级和输出级，或者作为实现阻抗变换的缓冲级，功率放大电路中也常采用射极输出的形式。

（3）共基极电路电压放大倍数较大，且输入与输出电压信号同相，电流放大倍数略小于 1，无电流放大能力，但是功率放大倍数适中。该电路的输入电阻小，输出电阻适中，电压放大倍数、输出电阻与共射电路相当。它是三种接法中高频特性最好的电路。常作为宽频带放大电路和高频放大电路。

6.5 多级放大电路

在实际应用中，往往需要足够大的增益，并且还要考虑输入电阻和输出电阻等特殊要求。因为单级放大电路很难全面满足这些要求，所以需要采用多级放大电路。一般多级放大电路由输入级、中间级和输出级组成，其框图如图 6.28 所示。

图 6.28 多级放大电路的框图

多级放大电路各级之间的耦合（即连接）方式一般有四种：阻容（电阻、电容）耦合、直接耦合、变压器耦合和光电耦合。其中，阻容耦合电路用于分立元件放大电路，直接耦合电路用于集成放大电路中。

6.5.1 多级放大电路的耦合方式

1. 阻容耦合

阻容耦合方式是指将放大电路的前级输出端通过电容接到后级输入端，图 6.29 所示为两级阻容耦合放大电路，第一级为共发射极放大电路，第二级为共集电极放大电路。

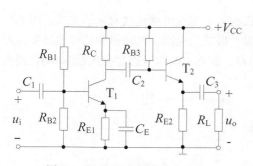

图 6.29 两级阻容耦合放大电路

阻容耦合方式的优点是，耦合电容"隔直流"，各级放大电路的直流通路是互不相通，每一级静态工作点相互独立，计算、设计都十分方便。当输入信号频率较高，耦合电容容量足够大，前级的输出电压就可以几乎没有衰减地加到后级的输入端。但是，如果输入信号的频率很低，耦合电容对信号的容抗增大，造成信号传输的损失，甚至根本不向后级传递。因此，阻容耦合放大电路不能放大直流信号。此外，集成电路中不易制造大容量的电容，所以该耦合方式不便于集成化。通常只有在信号频率很高、输出功率很大等特殊情况下，才采用阻容耦合方式的分立元件放大电路。

2. 直接耦合

直接耦合是指前级的输出端和后级的输入端直接连接的方式。图 6.30 所示为直接耦合放大电路，图(a)中两级均为 NPN 管的共射放大电路，图(b)中第一级和第三级为 NPN 管的共射放大电路，第二级为 PNP 管的共射放大电路。

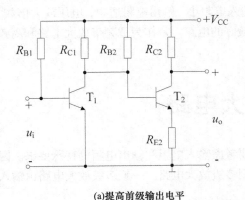 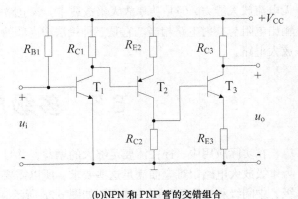

(a)提高前级输出电平   (b)NPN 和 PNP 管的交错组合

图 6.30   直接耦合放大电路

由于电路中无耦合电容和变压器，一般也不采用旁路电容，因此低频特性好。不仅可以放大交流信号，还可以放大缓慢变化甚至零频的直流信号，又称为直流放大电路。更重要的是，该耦合方式只有半导体管和电阻，便于集成化，故集成电路一般都采用直接耦合多级放大电路。

但是由于没有隔直元件，各级的静态工作点相互影响，不能独立，需要合理地安排各级的直流电平，使它们之间能正确配合。如图 6.30(a)所示，当 $R_{E2} = 0$（即 T_2 发射极接地），则 $U_{CEQ1} = U_{BEQ2} = 0.7\text{V}$（设为 Si 管），$T_1$ 工作点接近饱和区，不能正常放大。为使第一级有合适的静态工作点，T_2 发射极与地之间必须串接电阻 R_{E2}，以抬高 T_2 的基极电位，使 T_1 有合适的工作点。但是，R_{E2} 的接入使后级放大倍数下降，故可用正偏的二极管等代替 R_{E2}。图 6.30(b)为 NPN 和 PNP 管交错组合的电位移动电路，克服了全部用 NPN（或 PNP）管组成的多级放大电路电位逐级升高（或降低）致使后级静态工作点不合适的缺点。

此外，直接耦合放大电路还有零点漂移的缺点。直接耦合放大电路在无输入信号时，输出电压会出现缓慢变化的现象，称为零点漂移，简称零漂。其产生的主要原因是环境温度的变化。克服这种现象的有效方法是采用差动放大电路。

3. 变压器耦合

变压器耦合是指通过变压器将前级的输出端与后级的输入端或负载连接起来的方式。图 6.31 所示电路为变压器耦合的两级放大电路，第一级为共发射极放大电路，其输出的信号通过变压器 N_1 加到 T_2 基极和发射极之间，第二级为共基极放大电路，其输出的信号通过变压器 N_2 耦合到负载 R_L 上。

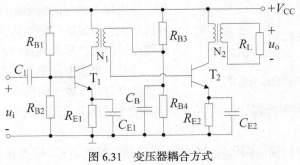

图 6.31   变压器耦合方式

变压器耦合的优点是，前后级靠磁路耦合，各级放大电路的静态工作点相互独立，便于分析、设计和调试，能实现阻抗变换。但低频特性差，不能放大变化缓慢的信号，且笨重，不能实现集成化。

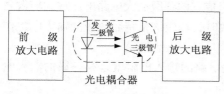

图 6.32　光电耦合放大电路

4. 光电耦合

光电耦合是指以光信号为媒介来实现电信号的耦合与传递。光电耦合放大电路框图如图 6.32 所示，两级之间的耦合采用了光电耦合器件。

光电耦合器是实现光电耦合的基本器件，它将发光元件（发光二极管）与光敏元件（光电三极管）相互绝缘的组合在一起，如图 6.33(a) 所示。传输特性如图 6.33(b) 所示，描述当前发光二极管的电流为一个常量 I_D 时，集电极电流 i_C 与管压降 u_{CE} 之间的函数关系，即

$$i_C = f(u_{CE})\big|_{I_D=\text{常数}} \tag{6.45}$$

光电耦合器的发光二极管接入输入回路，前级输出电流的变化影响二极管的发光强弱，将电能转换成光能；光电三极管接入后一级回路，其输出电流即后一级的输入电流，再将光能转换回电能。实现了两部分电路的电气隔阂，隔离性能好，有效地抑制电干扰，便于集成，体积小，频率特性好，但是受温度影响较大。

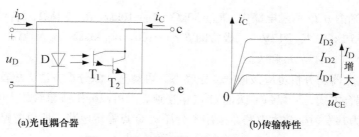

(a)光电耦合器　　　　　　　　　　(b)传输特性

图 6.33　光电耦合器及其传输特性

6.5.2　多级放大电路性能指标分析

一个 n 级放大电路的交流等效电路通用框图可用图 6.34 表示。由图可知，电路中前后级之间相互影响，则在处理这种影响时，或者把后级的输入电阻看成是前级的负载；或者把前级的输出看成是后级的信号源，且信号源的电压为前级的开路输出电压，信号源的内阻为前级的输出电阻。使用中多采用前一种处理方法。

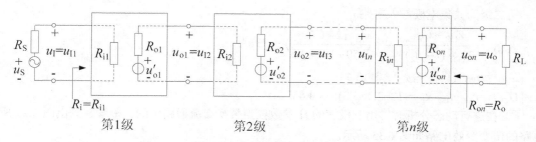

图 6.34　多级放大电路方框图

由框图可知，$\dot{U}_{o1}=\dot{U}_{i2}$、$\dot{U}_{o2}=\dot{U}_{i3}$、…、$\dot{U}_{o(n-1)}=\dot{U}_{in}$，所以，多级放大电路的电压放大倍数为

$$\dot{A}_u = \frac{\dot{U}_o}{\dot{U}_i} = \frac{\dot{U}_{o1}}{\dot{U}_{i1}} \cdot \frac{\dot{U}_{o2}}{\dot{U}_{i2}} \cdots \frac{\dot{U}_{o3}}{\dot{U}_{in}} = \dot{A}_{u1} \cdot \dot{A}_{u2} \cdots \dot{A}_{un} = \prod_{i=1}^{n} \dot{A}_{ui} \tag{6.46}$$

式（6.33）表明，多级放大电路的电压放大倍数等于组成它的各级放大电路电压放大倍数之积。并且在计算第一级到第（n-1）级的每一级的放大倍数时，均应该是将后一级的输入电阻作为负载。

根据放大电路输入电阻和输出电阻的定义，多级放大电路的输入电阻就是第一级的输入电阻；多级放大电路的输出电阻就是最后一级的输出电阻，即

$$R_\mathrm{i}= R_\mathrm{i1} \tag{6.47}$$
$$R_\mathrm{o}= R_\mathrm{on} \tag{6.48}$$

6.5.3 两级阻容多级放大电路分析

在实际应用中，可以根据增益、输入电阻、输出电阻等方面的要求，选择若干个基本放大电路单元，合理连接，构成多级放大电路。例如，根据信号源内阻 R_S 的大小，可以选择输入电阻大的共集电极放大电路作为输入级；可以选择放大能力大的共发射极放大电路作为中间级，以获得足够大的电压放大倍数；可以选择输出电阻小的共集电极放大电路作为输出级，以提高电路的带负载能力。

例 6.5 已知图 6.29 所示电路中，R_B1=50kΩ，R_B2=10kΩ，R_C=5.1kΩ，R_E1=1.1kΩ，R_B3=150kΩ，R_E2=3.3kΩ，R_L=5.1kΩ，V_CC=12V，三极管的 β_1=β_2=100，r_be1=3kΩ，r_be2=1kΩ，U_BE1Q=U_BE2Q=0.7V。试估算电路的 Q 点、$\dot{A}_\mathrm{u}$、R_i 和 R_o。

解： 多级放大器的分析也应该遵守"先静态，再动态"的分析方法，故首先求解 Q 点，由于电路采用阻容耦合方式，所以每一级的 Q 点相互独立，可以分别按单管放大电路来分析。

① 第一级为共发射极放大电路，采用了分压式 Q 点稳定电路，所以忽略 I_B1Q，

$$V_\mathrm{B1Q} \approx \frac{R_\mathrm{B2}}{R_\mathrm{B1} + R_\mathrm{B2}} V_\mathrm{CC} = (\frac{10}{50+10}\times 12)\,\mathrm{V} = 2\mathrm{V}$$

$$I_\mathrm{E1Q} = \frac{V_\mathrm{B1Q} - U_\mathrm{BE1Q}}{R_\mathrm{E1}} \approx (\frac{2-0.7}{1.1})\,\mathrm{mA} \approx 1.2\mathrm{mA}$$

$$I_\mathrm{B1Q} = \frac{I_\mathrm{E1Q}}{1+\beta_1} = (\frac{1.2}{1+100})\,\mathrm{mA} \approx 12\,\mu\mathrm{A}$$

$$U_\mathrm{CE1Q} \approx V_\mathrm{CC} - I_\mathrm{E1Q}(R_\mathrm{C1} + R_\mathrm{E1}) = [12-1.2\times(5.1+1.1)]\mathrm{V} \approx 4.6\mathrm{V}$$

第二级为共集电极放大电路。

$$I_\mathrm{B2Q} = \frac{V_\mathrm{CC} - U_\mathrm{BE2Q}}{R_\mathrm{B3} + (1+\beta_2)R_\mathrm{E2}} = (\frac{12-0.7}{150+101\times 3.3}) \approx 23\mu\mathrm{A}$$

$$I_\mathrm{C2Q} \approx I_\mathrm{E2Q} = (1+\beta_2)I_\mathrm{B2Q} = 2.3\mathrm{mA}$$
$$U_\mathrm{CE2Q} = V_\mathrm{CC} - I_\mathrm{EQ2}R_\mathrm{E2} = (12-2.3\times 3.3)\mathrm{V} \approx 4.4\mathrm{V}$$

② 在进行动态分析时，用三极管的 H 参数模型替换交流通路中的三极管，画出图 6.29 所示电路的微变等效电路如图 6.35 所示。

将第二级放大电路的输入电阻看作第一级放大电路的负载，则

$$R_\mathrm{i2} = R_\mathrm{B3} /\!/ \{r_\mathrm{be2} + [(1+\beta_2)R_\mathrm{E2} /\!/ R_\mathrm{L}]\} \approx 86\mathrm{k}\Omega$$

$$\dot{A}_\mathrm{u1} = -\frac{\beta_1(R_\mathrm{C} /\!/ R_\mathrm{i2})}{r_\mathrm{be1}} = -\frac{100\times 5.1 /\!/ 86}{3} \approx -160$$

第二级的电压放大倍数小于而接近 1，由电路可得

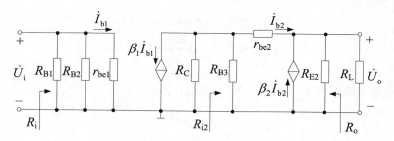

图 6.35 例 6.5 的微变等效电路图

$$\dot{A}_{u2} = \frac{(1+\beta_2)(R_{E2} \, / \! / \, R_L)}{r_{be2} + (1+\beta_2)(R_{E2} \, / \! / \, R_L)} \approx 0.995$$

$$\dot{A}_u = \dot{A}_{u1}\dot{A}_{u2} \approx -160 \times 0.995 \approx -159.2$$

$$R_i = R_{B1} \, / \! / \, R_{B2} \, / \! / \, r_{be1} \approx 2.2\text{k}\Omega$$

$$R_o = R_{E2} \, / \! / \, \frac{r_{be2} + (R_{B3} \, / \! / \, R_C)}{1+\beta_2} \approx 58\Omega$$

6.6 Multisim 共射放大电路分析

例 6.6 设计一个工作点稳定的单级放大电路。已知电源电压 V_{CC}=12V，放大电路的外接负载电阻 R_L=2kΩ，输入信号源幅值不大于 20mV，频率为 3kHz，信号源内阻约为 0.6kΩ，要求放大电路的放大倍数大于 50。

解: ① 电路形式的选择:根据放大电路的放大倍数设计要求,选择共发射极接法。但是由于图 6.1 所示的简单固定偏流放大电路的静态工作点受温度的影响较大,极容易出现工作点漂移。所以,本设计选用如图 6.18 所示的分压式偏置电路,该电路具有电流负反馈作用,静态工作点的稳定性比固定偏置电路好。

② 三极管的选择:作为放大电路中的核心元件,一般先根据对放大倍数的要求,选择 β 值。本设计选用常用的 2N222A,通过查手册可知其放大系数 β 通常在 200 左右,$U_{(BR)CEO}$=40V,P_{CM}=625mW,满足电路安全性的要求。

$$U_{(BR)CEO} > V_{CC} \tag{6.49}$$

$$P_{CM} > (1.5 \sim 2)P_{cmax} = (1.5 \sim 2)I_{CQ} \cdot \frac{V_{CC}}{2} \tag{6.50}$$

③ 静态工作点和电路参数的选择。

I_{CQ} 和 U_{CEQ} 的选择范围较宽,一般可取

$$I_{CQ} = 1 \sim 3\text{mA} \tag{6.51}$$

$$V_{EQ} = (0.2 \sim 0.3)V_{CC} \tag{6.52}$$

故可以设

$$V_{EQ} = 0.25V_{CC} = 0.25 \times 12 = 3\text{V}$$
$$I_{CQ} = 2\text{mA}$$

可求得

$$R_E \approx V_{EQ}/I_{CQ} = 3/2 = 1.5\text{k}\Omega$$

$$I_{BQ} \approx I_{CQ}/\beta = 2mA/200 = 10\,\mu A$$

$$r_{be} \approx 300 + \beta \frac{26mV}{I_{CQ}} \approx 2.9k\Omega$$

对分压式偏置电路要求 $I_{R_{B2}} \geqslant (5 \sim 10)I_{BQ}$，则有 $V_{BQ} \approx \dfrac{R_{B2}}{R_{B1}+R_{B2}}V_{CC}$。取

$$I_{R_{B2}} = 10 I_{BQ}$$

那么

$$R_{B2} = \frac{V_{BQ}}{I_{R_{B2}}} = \frac{V_{EQ}+U_{BEQ}}{10I_{BQ}} \approx \frac{3+0.7}{10 \times 0.01} = 37k\Omega$$

$$R_{B1} = \frac{V_{CC}-V_{BQ}}{I_{R_{B1}}} \approx \frac{V_{CC}-V_{EQ}-U_{BEQ}}{I_{R_{B2}}} \approx \frac{12-3-0.7}{10 \times 0.02} = 93k\Omega$$

对于 R_C 的计算仍然考虑 Q 点应尽量设置在交流负载线的中心，可得

$$\begin{cases} U_{CEQ} = I_{CQ}R_L' \\ U_{CEQ} = (V_{CC}-V_{EQ}) - I_{CQ} \cdot R_C \\ U_o \leqslant U_{CEQ}/\sqrt{2} \end{cases}$$

故可推导出

$$R_C \leqslant \frac{(V_{CC}-V_{EQ}-2\sqrt{2}U_o)}{\sqrt{2}U_o}R_L \tag{6.53}$$

即 $R_C \leqslant (\dfrac{12-3}{1.4 \times 50 \times 0.02}-2) \times 2 = 8.86k\Omega$，并且由放大倍数 $|\dot{A}_u| = \dfrac{b \times (R_C /\!/ R_L)}{r_{be}} \geqslant 80$ 可取 $R_C = 3.3k\Omega$。

将该设计电路在 multisim 软件中仿真，如图 6.36 所示。仿真结果显示 $I_{CQ}=1.652mA$、$V_{BQ}=3.127V$、$U_{CEQ}=4.05V$，当输入信号源有效值为 20mV 时，输出电压有效值为 1.175V，放大倍数为 58.75，满足设计要求。

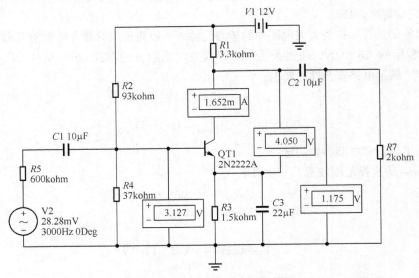

图 6.36 单级放大电路的仿真图

小　结

（1）放大电路的组成原则：放大电路的核心元件是有源元件，即三极管或场效应管；正确的直流电源电压数值、极性与其他电路参数应保证三极管工作在放大区、场效应管工作在恒流区，即建立合适的静态工作点，保证电路不失真。

（2）三极管在电路中有共发射极、共集电极和共基极三种组态，三种组态的放大电路各有特点。

（3）放大电路的分析遵循"先静态、再动态"的原则，分别通过直流通路和交流通路并采用图解法或近似估算法求出静态工作点，动态性能指标采用微变等效电路分析法来计算。

（4）对于阻容耦合的多级放大电路，各级静态工作点相互独立，可以单独计算。而在多级放大电路的动态分析中，应注意各级间的相互影响，按电路逐级求出各性能指标，最后得出整个电路的总指标。

习　题

6.1　在图 6.37 所示电路中，各个电路是否都能正常放大?并说明理由。

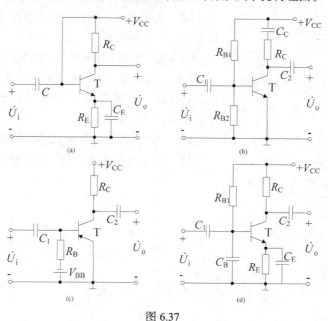

图 6.37

6.2　在构成多级放大电路时，如何选择耦合方式?

6.3　在图 6.38 所示电路中，V_{CC} =12V，R_B =56kΩ，R_C=5kΩ，R_S =3kΩ，β=80，$r_{bb'}$ =100Ω，U_{BEQ}=0.7V，$|U_{CES}|$=0.5V。，R_L=10kΩ。设 β=100，$r_{bb'}$、I_{CEO}、$U_{CE(sat)}$ 均可忽略不计，各电容对交流可视为短路。

（1）试分别求 R_L=∞ 和 R_L=5kΩ 时静态工作点 Q。

（2）试分别求 $R_L=\infty$ 和 $R_L=5\text{k}\Omega$ 时电路源电压放大倍数 $\dot{A}_{us}$、输入电阻 R_i、输出电阻 R_o 以及最大不失真输出电压有效值 U_{om}。

（3）在输出电压不失真的前提下，计算输入信号幅度 U_{Sm}。

6.4　在图 6.18 分压式工作点稳定电路中，$V_{CC}=12\text{V}$，$R_{B1}=100\text{k}\Omega$，$R_{B2}=27\text{k}\Omega$，$R_E=2.3\text{k}\Omega$，$R_C=5.1\text{k}\Omega$，$R_L=10\text{k}\Omega$。设 $U_{BEQ}=0.7\text{V}$，$\beta=100$，$r_{bb'}$、I_{CEO}、$U_{CE(sat)}$ 均可忽略不计，各电容对交流可视为短路。

（1）试计算静态工作电流 I_{CQ} 及工作电压 U_{CEQ}。

（2）确定电路带负载 R_L 和不带负载 R_L 时的最大不失真输出电压幅度。

（3）画出微变等效电路，计算小信号时的电压放大倍数、输入电阻、输出电阻。

（4）若信号源具有 $R_S=600\Omega$ 的内阻，求源电压放大倍数。

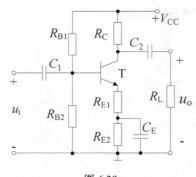

图 6.38

6.5　电路如图 6.39 所示，三极管的 $\beta=100$，$r_{bb'}=100\Omega$，$V_{CC}=12\text{V}$，$R_{B1}=22\text{k}\Omega$，$R_{B2}=5\text{k}\Omega$，$R_C=5\text{k}\Omega$，$R_{E1}=300\Omega$，$R_{E2}=1\text{k}\Omega$，$R_L=5\text{k}\Omega$，$U_{BEQ}=0.7\text{V}$。

（1）求电路的静态工作点 Q；

（2）求动态参数 $\dot{A}_u$、R_i 和 R_o；

（3）若电源内阻 $R_S=1\text{k}\Omega$，求 $\dot{A}_{us}$

（4）若电容 C_E 开路，则将引起电路的哪些动态参数发生变化？如何变化？

（5）若三极管的 $\beta=200$，则静态工作点 Q 如何变化？

6.6　放大电路如图 6.40 所示。已知 $V_{CC}=12\text{V}$，$R_{B1}=110\text{k}\Omega$，三极管为硅管，$\beta=50$，$r_{bb'}=100\Omega$，$I_{CQ}=1\text{mA}$，$U_{CEQ}=7.5\text{V}$。

（1）选择电阻 R_E 和 R_{B2} 的阻值和额定功率；

（2）画出微变等效电路，并求解电压放大倍数 $\dot{A}_u$、输入电阻 R_i 和输出电阻 R_o。

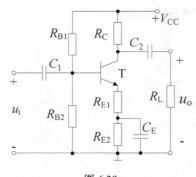

图 6.39

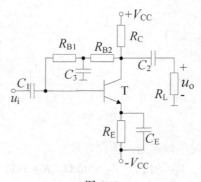

图 6.40

6.7　共集电极放大电路如图 6.41 所示，已知 $V_{CC}=12\text{V}$，$R_B=51\text{k}\Omega$，$R_C=1\text{k}\Omega$，$R_E=1.2\text{k}\Omega$，$R_S=620\Omega$，$R_L=1\text{k}\Omega$；三极管的 $\beta=100$，$r_{bb'}=200\Omega$，导通时的 $U_{BEQ}=0.7\text{V}$；$I_S=10.1\text{mA}$，恒流源动

态内阻可视为∞。估算静态工作点 Q，并求出 $\dot{A}_u$、$\dot{A}_{us}$、R_i 和 R_o。

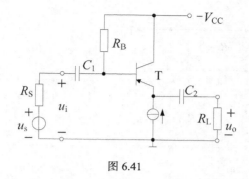

图 6.41

6.8　电路如图 6.42 所示，射极静态电流由一恒流源提供，其值为 $I_S=10.1\text{mA}$，恒流源动态内阻可视为∞。已知 $V_{CC}=V_{EE}=15\text{V}$，$R_C=750\Omega$，$R_L=750\Omega$；三极管的 $\beta=100$，$r_{bb'}=200\Omega$。求出 $\dot{A}_u$、R_i 和 R_o。

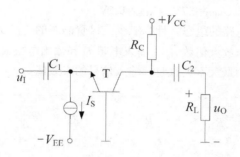

图 6.42

6.9　电路如图 6.43 所示，三极管的 $\beta=50$，$r_{bb'}=300\Omega$，设所有电容对交流信号均可视为短路。

（1）分别画出 u_{o1}、u_{o2} 输出时的交流通路和输入和输出电压 u_i、u_{o1}、u_{o2} 的波形；

（2）计算 $\dot{A}_{u1}=\dot{U}_{o1}/\dot{U}_i\approx$？和 $\dot{A}_{u2}=\dot{U}_{o2}/\dot{U}_i\approx$？

（3）当 $u_i=1\text{V}$ 时，若用内阻 $10\text{k}\Omega$ 的交流电压表测量 u_{o1} 和 u_{o2}，电压表的示值为多少？

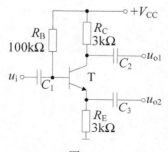

图 6.43

6.10　电路如图 6.44 所示，设各电路的静态工作点均合适，画出它们的微变等效电路，并写

出电压放大倍数 $\dot{A}_\mathrm{u}$、输入电阻 R_i 和输出电阻 R_o 的表达式。

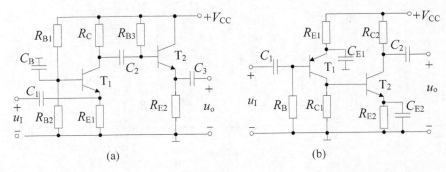

图 6.44

6.11　阻容耦合三级放大电路如图 6.45 所示。已知：$R_1=10\mathrm{k\Omega}$，$R_2=5.1\mathrm{k\Omega}$，$R_3=1\mathrm{k\Omega}$，$R_4=1.2\mathrm{k\Omega}$，$R_5=12\mathrm{k\Omega}$，$R_6=20\mathrm{k\Omega}$，$R_7=3\mathrm{k\Omega}$，$R_8=1.2\mathrm{k\Omega}$，$R_9=12\mathrm{k\Omega}$，$R_{10}=15\mathrm{k\Omega}$，$R_{11}=1.2\mathrm{k\Omega}$，三个三极管特性相同，$\beta$ 均为 50，$r_\mathrm{bb'}=200\Omega$，$U_\mathrm{BEQ}=0.7\mathrm{V}$，$U_\mathrm{CES}=0.5\mathrm{V}$。

（1）说明这三级放大电路的组态，计算三个三极管静态的 I_E1、I_E2、I_E3。

（2）求放大电路的电压放大倍数 $\dot{A}_\mathrm{u}$、输入电阻 R_i 和输出电阻 R_o。

（3）试确定输出电压为最大不失真时，输入信号的有效值。

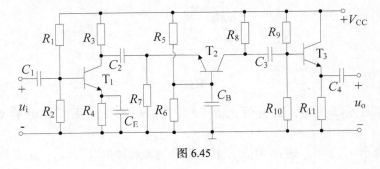

图 6.45

第7章
集成运算放大器及其应用

　　集成电路是把整个电路中的元器件制作在一块半导体硅基片上，构成具有特定功能的电子电路。集成电路按功能可分为模拟集成电路和数字集成电路，而集成运算放大器（简称集成运放）是最重要的模拟集成电路，它具有高增益、高输入电阻和低输出电阻的特性，已经被广泛应用到各种电子电路中。本章首先简单介绍集成运放的概念、负反馈的基本概念及判断方法，然后重点阐述了几种典型的集成运放负反馈电路，接着详细说明了滤波电路和电压比较器电路，最后讨论Multisim在集成运算放大器中的应用。

7.1　集成运放的概述

7.1.1　集成运放的特点及分类

1. 集成运放的特点

　　集成运放是一种直接耦合的多级放大电路，性能理想的运算放大电路具有电压增益高、输入电阻大、输出电阻小、工作点漂移小等特点。与此同时，在电路的选择及构成形式上又受到集成工艺条件的严格制约。因此，集成运放在电路设计上具有许多特点，主要表现在以下几方面。

　　（1）级间采用直接耦合方式。目前，采用集成电路工艺还不能制作大电容和电感。因此，集成运放电路中各级的耦合只能采用直接耦合方式。

　　（2）尽可能用有源器件代替无源器件。集成电路中制作的电阻、电容，其数值和精度与它所占用的芯片面积成比例关系，数值越大，精度越高，则占用芯片面积越大。相反，制作晶体管不仅方便，而且占用芯片面积也小。所以在集成运放电路中，一方面应避免使用大电阻和电容，另一方面应尽可能用晶体管去代替电阻、电容。

　　（3）直接耦合多级放大电路有严重的零漂，为了抑制零漂，可采用两个完全对称的放大电路组成差分输入级。而由集成工艺制作的同类型元器件因经历相同的工艺流程，所以它们的参数一致性好，温度系数也基本相同，因此集成工艺有利于构成对称结构的电路，从而大大改善电路性能。

2. 集成运放的分类

　　（1）按制作工艺分类

　　按照制造工艺，集成运放分为双极型、CMOS型和BiFET型三种，其中双极型运放功能强、种类多，但是功耗大；CMOS 运放输入阻抗高、功耗小，可以在低电源电压下工作；BiFET 是双极型和 CMOS 型的混合产品，具有双极型和 CMOS 运放的优点。

（2）按照工作原理分类

按照工作原理的不同，集成运放分为电压放大型、电流放大型、跨导型和互阻型四种。

（3）按照性能指标分类

按照性能指标的不同，集成运放分为通用型、低噪声型、高速型、低功耗型、精密型和程控高输入阻抗型等。

7.1.2　集成运放的基本组成

集成运放是由输入级、中间级、输出级和偏置电路组成。集成运放组成框图如图 7.1 所示。

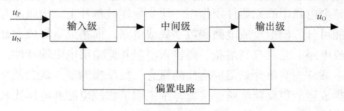

图 7.1　集成运放组成框图

（1）**输入级**：输入级又称前置级，它的好坏直接影响运放的大多数性能参数，如增大输入电阻，减少零漂，提高共模抑制比等。所以，输入级一般是一个双端输入的高性能差分放大电路，它的两个输入端构成整个电路的反相输入端和同相输入端。

（2）**中间级**：中间级的主要作用是提高电压增益，它可由一级或多级放大电路组成。而且为了提高电压放大倍数，增大输出电压，经常采用复合管做放大管，以恒流源做有源负载的共射放大电路。

（3）**输出级**：集成运放的输出级一般要求输出电压的幅度要大，输出功率大，效率高，输出电阻较小，提高带负载能力。因此，一般采用互补对称的电压跟随器。

（4）**偏置电路**：偏置电路的作用是为输入级、中间级和输出级提供静态偏置电流，建立合适的静态工作点。一般采用电流源电路形式。

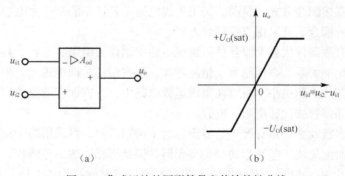

图 7.2　集成运放的图形符号和传输特性曲线

集成运放的电路符号如图 7.2(a)所示。它有两个输入端，其中标"+"号的输入端 u_{i2} 称为同相输入端，标"-"号的输入端 u_{i1} 称为反向输入端；有一个输出端 u_o；此外还有直流电源的接入端、接地端等。输出端电压相位与同相输入端电压相位相同，而与反向输入端电压相位相反。集成运放的传输特性曲线如图 7.2(b)所示。输出电压与运放两个输入端之间的电压关系为式（7.1）。

$$u_o = A_{od}(u_{i2} - u_{i1}) \tag{7.1}$$

式中，A_{od} 是差分式放大电路的差模电压放大倍数。由式（7.1）可以看出，放大电路对两个输入端的信号进行放大，而两个输入端共有的任何信号不影响输出电压。

集成运放的输入信号有差模输入信号和共模输入信号。所谓差模信号是指在两个输入端所加幅度相等、极性相反的信号，即 $u_{i1} = -u_{i2}$；所谓共模信号是指在两个输入端所加幅度相等、极性相同的信号，即 $u_{i1} = u_{i2}$。

7.1.3　集成运放的主要技术指标

集成运算放大器的参数是评价运算放大器性能优劣的依据。为了正确地挑选和使用集成运算放大器，必须掌握各参数的含义。

1. 差模开环电压放大倍数 A_{od}

A_{od} 是指运放在无外加反馈情况下，输出电压与输入差模电压之比，其值越大越好。

$$A_{od} = \frac{U_o}{U_{id}} \tag{7.2}$$

2. 共模抑制比 CMRR

CMRR 是指运放无外加反馈时，开环差模电压放大倍数与开环共模放大倍数之比，反映了运放对共模输入信号的抑制能力，其值越大越好。

$$K_{CMRR} = \left| \frac{A_{od}}{A_{oc}} \right| \tag{7.3}$$

3. 差模输入电阻 r_{id} 和输出电阻 r_o

r_{id} 的大小反映集成运放输入端向差模输入信号源索取电流的大小，要求 r_{id} 越大越好。r_o 的大小反映集成运放在小信号输入时的负载能力，要求 r_o 越小越好。r_o 的理想值为零，实际值一般为 $100\Omega \sim 1k\Omega$。

4. 输入偏置电流 I_{IB}

I_{IB} 是指两输入端（基极或栅极）静态电流的平均值，用 $I_{IB} = \frac{1}{2}(I_{B1} + I_{B2})$ 表示，其值越小越好。通用型集成运算放大器的输入偏置电流 I_{IB} 约为几个微安(μA)数量级。

5. 输入失调电压 U_{IO} 及输入失调电压温漂 $\frac{dU_{IO}}{dT}$

一个理想的集成运算放大器能实现零输入、零输出。而实际的集成运算放大器，当输入电压为零时，存在一定的输出电压，将其折算到输入端就是输入失调电压 U_{IO}，它在数值上等于输出电压为零，输入端应施加的直流补偿电压，它反映了差动输入级元件的失调程度。通用型运算放大器的 U_{IO} 之值在 $2 \sim 10mV$ 之间，高性能运算放大器的 U_{IO} 小于 $1mV$。

输入失调电压对温度的变化率 $\frac{dU_{IO}}{dT}$ 称为输入失调电压的温度漂移，简称温漂，用以表征 U_{IO} 受温度变化的影响程度。一般以 μV／℃为单位。通用型集成运算放大器的指标为微伏(μV)数量级。

6. 输入失调电流 I_{IO} 及输入失调电流的温漂 $\frac{dI_{IO}}{dT}$

一个理想的集成运算放大器两输入端的静态电流应该完全相等。实际上，当集成运算放大器的输出电压为零时，流入两输入端的电流不相等，这个静态电流之差 $I_{Io} = |I_{B1} - I_{B2}|$ 就是输入失调

电流。造成输入电流失调的主要原因是差分对管的 β 失调。I_{IO} 愈小愈好，一般为 $1\sim10nA$。

输入失调电流对温度的变化率 $\dfrac{dI_{IO}}{dT}$ 称为输入失调电流的温度漂移，简称温漂，用以表征 I_{IO} 受温度变化的影响程度。这类温度漂移一般为 $1\sim5nA/℃$，好的可达 $pA/℃$ 数量级。

7. 最大差模输入电压 $U_{id\,max}$

$U_{id\,max}$ 是指保证运放正常工作，两输入端之间所能承受的最大电压值，超过此值，运放输入级晶体三极管的其中一个发射结可能反向击穿，输入级将损坏。

8. 最大共模输入电压 $U_{ic\,max}$

$U_{ic\,max}$ 是指保证运放正常工作，两输入端对地同时加入电压的最大值，超过此值，则可能导致运放不能正常工作，共模抑制比将显著变坏。使用时应特别注意信号中的共模成分的大小。

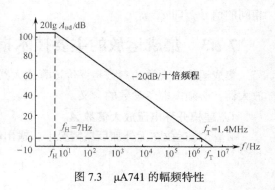

图 7.3　μA741 的幅频特性

9. 开环带宽 $BW(f_H)$

开环带宽 BW 又称 $-3dB$ 带宽，是指运算放大器在放大小信号时，开环差模增益下降 $3dB$ 时所对应的频率 f_H。μA741 的 f_H 约为 $7Hz$，如图 7.3 所示。

7.2　负反馈放大电路

在电子技术领域中，可以毫不夸张地说，任何实用电路几乎都引入了某种反馈。反馈分为正反馈和负反馈两大类。正反馈可用于各种振荡电路，以产生各种波形信号；负反馈可用来改善放大电路的性能。两类反馈均有十分广泛的应用。本节主要讨论负反馈的基本概念、类型及对放大电路性能的影响。了解反馈的概念、掌握反馈类型的判断方法，对于进一步理解反馈在实际应用电路中的作用十分必要。

7.2.1　反馈概念的建立

放大电路中的反馈，就是将放大电路的输出量（电压或电流）的全部或者一部分，通过一定的电路（网络）送回输入回路，与输入量（电压或电流）进行比较。通过影响放大电路净输入量从而影响放大电路输出量，这样的过程称为反馈。

含反馈的放大电路一般分为基本放大电路和反馈网络两部分，如图 7.4 所示。前者的主要功能是放大信号，后者的主要功能是传输反馈信号。送入基本放大电路的信号称为净输入量，它不但取决于外加输入信号（输入量），还与反馈网络回送到输入端的反馈信号（反馈量）有关。图中箭头线表示信号的传递方向；⊗ 表示信号的叠加。引入反馈后，按照信号的传递方向，基本放大器和反馈网络构成一个闭合环路，所以把引入了反馈的放大器叫闭环放大器，而未引入反馈的放大器叫开环放大器。

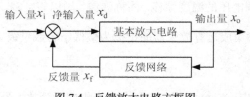

图 7.4　反馈放大电路方框图

7.2.2　反馈的分类及判断

1. 反馈的分类

（1）直流反馈和交流反馈

如果反馈量只含有直流量，则称为直流反馈。如果反馈量只含有交流量，则为交流反馈。或者说，仅在直流通路中存在的反馈称为直流反馈，仅在交流通路中存在的反馈称为交流反馈。在很多放大电路中，常常是交、直流反馈兼有。

（2）正反馈和负反馈

根据反馈极性的不同，可以分为正反馈和负反馈。

由图 7.4 所示的反馈放大电路组成框图可以得知，反馈量送回到输入回路与原输入量共同作用后，对净输入量的影响有两种效果：一种是在输入量不变时，引入反馈后，使净输入量增加，进而使输出量增加，这种反馈称为正反馈。另一种是在输入量不变时，引入反馈后，使净输入量减小，进而引起输出量减小，这种反馈称为负反馈。

（3）电压反馈和电流反馈

输出量有输出电压和输出电流之分。如果引入的反馈信号取自输出电压，则为电压反馈（也称电压采样）；如果反馈信号取自输出电流，则为电流反馈（也称电流采样）。

（4）串联反馈和并联反馈

反馈信号与输入信号的连接方式有串联和并联两种情况，因此有串联反馈和并联反馈之分。

串联反馈：在输入回路中，反馈量和输入量都以电压的形式出现，并以串联方式在输入回路相加减。既由电压求和的方式来反映反馈对输入信号的影响，此种反馈方式称为串联反馈。

并联反馈：在输入回路中，反馈量与输入量都以电流的形式出现，并以并联方式在输入端相加减。既用电流求和的方式来反应反馈对输入信号的影响，此种反馈方式称为并联反馈。

2. 反馈的判断

（1）判断有无反馈

找出反馈网络，如果在电路中存在信号反向流通的渠道，也就是反馈通路，则一定有反馈。

例 7.1　试判断图 7.5 所示各电路是否存在反馈。

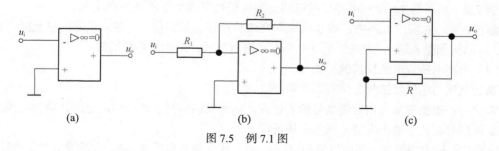

图 7.5　例 7.1 图

解： 在图 7.5（a）所示电路中，集成运放的输出端与同向输入端、反相输入端均无通路，故电路中没有引入反馈。在图 7.5（b）所示电路中，电阻 R_2 将集成运放的输出端与反相输入端相连接，因而集成运放的净输入量不仅决定与输入信号，还与输出信号有关，所以该电路中引入了反馈。在图 7.5（c）所示电路中，虽然电阻 R 跨接在集成运放的输出端与同相输入端之间，但是由于同向输入端接地，所以 R 只不过是集成运放的负载，而不会使 u_o 作用于输入回路。可见，电路中没有引入反馈。

由以上分析可知，通过寻找电路中有无反馈通路，即可判断出电路是否存在反馈。

（2）用瞬时极性法判断反馈的极性

判断反馈极性的基本方法是瞬时变化极性法，简称瞬时极性法。"瞬时极性法"指同一瞬间各交流量的相对极性，在电路图上用 $\oplus$ 和 $\ominus$ 表示。用瞬时极性法判断反馈极性的步骤是：

① 先假定输入量的瞬时极性。

② 根据放大电路输入量与输出量的相位关系，决定输出量和反馈量的瞬时极性。

③ 反馈量与输入量比较，即可推断反馈的正、负极性。

例 7.2 试判断图 7.6 所示电路的交流反馈的极性。

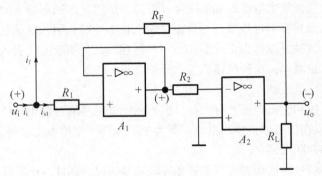

图 7.6　例 7.2 图

解：图 7.6 所示电路中，R_F 是反馈网路的元件。对交流信号而言，设 u_i 的瞬时极性为 $\oplus$，则运放 A_1 同相端电位 u_+ 的极性也为 $\oplus$，由 A_1 组成的电压跟随器的输出电压 u_{o1} 也为 $\oplus$，第二级输出电压 u_o 与其输入电压 u_{o1} 反相。根据上述分析，可画出输入电流 i_i、净输入电流 i_{id} 和反馈电流 i_f 的瞬时流向如图中箭头所示。因而净输入电流 $i_{id}=i_i-i_f$ 比没有反馈时减小了。所以，该电路中 R_F 引入了负反馈。

（3）判断反馈的串并联形式

反馈放大电路是串联还是并联反馈，由反馈网络在放大电路输入端的连接方式判定。

例 7.3 判断图 7.6 所示电路中的级间交流反馈是串联反馈还是并联反馈。

解：在图 7.6 所示电路中，R_F 引入级间交流负反馈，反馈信号与输入信号均接至同一个节点（运放 A_1 的同相输入端）。这显然是以电流形式进行比较，因此是并联反馈。

（4）判断电压或电流反馈的形式

判断电压与电流反馈的方法有以下两种。

方法一：根据定义写出反馈信号的表达式。如果反馈信号正比于输出电压，则为电压反馈；如果反馈信号正比于输出电流，则为电流反馈。

方法二：输出短路法。即假设输出电压 $u_o=0$，或令负载电阻 $R_L=0$，看反馈信号是否还存在。若反馈信号不存在了，则说明反馈信号与输出电压成比例，是电压反馈；若反馈信号还存在，则说明反馈信号不是与输出电压成比例，而是与输出电流成比例，是电流反馈。

例 7.4 图 7.7 所示电路中的交流反馈是电压反馈还是电流反馈。

解：图 7.7（a）所示电路中，交流反馈信号是流过反馈元件 R_F 的电流 i_f（并联反馈），且有

$i_f = \dfrac{u_- - u_o}{R_F} \approx -\dfrac{u_o}{R_F}$，因为 $u_o > u_-$，令 $R_L=0$，即令 $u_o=0$ 时，有 $i_f=0$，故该电路中引用的交流反馈

是电压反馈。

在图 7.7（b）所示电路中，交流反馈信号是输出电流 i_o 在电阻 R_F 上的压降 u_f，且有 $u_f = i_0 R_F$，令 $R_L = 0$ 时，$u_o = 0$，但运放 A 的输出电流 $i_o \neq 0$，故 $u_f \neq 0$，说明反馈信号与输出电流成比例，是电流反馈。

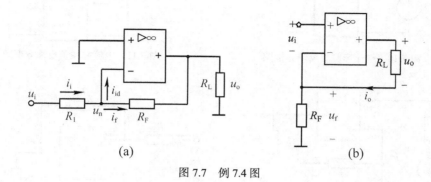

(a)   (b)

图 7.7　例 7.4 图

7.2.3 负反馈的四种类型

根据放大电路输出端采样的情况和输入端反馈量与输入量的接法，负反馈可分为四种类型。

1. 电压串联负反馈

如图 7.8 所示，在这种类型里，放大电路的作用是把净输入电压 u_{id} 放大为输出电压 u_o，而反馈网络的作用是把输出电压 u_o 变换为反馈电压 u_f，u_f 在输入端与输入电压 u_i 串联相减。

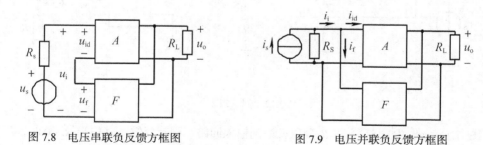

图 7.8　电压串联负反馈方框图　　　　　　图 7.9　电压并联负反馈方框图

2. 电压并联负反馈

如图 7.9 所示，在这种类型里，放大电路的作用是把净输入电流 i_{id} 放大成输出电压 u_o，而反馈网络的作用是把输出电压 u_o 变换为反馈电流 i_f，在输入端与输入电流 i_i 并联相减。

3. 电流串联负反馈

如图 7.10 所示，在这种类型里，放大电路的作用是把净输入电压 u_{id} 放大成输出电流 i_o，而反馈网络的作用是把输出电流 i_o 变为反馈电压 u_f。

4. 电流并联负反馈

如图 7.11 所示，在这种类型里，放大电路的作用是把净输入电流 i_{id} 放大成输出电流 i_o，而反馈网络的作用是把输出电流 i_o 变换为反馈电流 i_f。

例 7.5　试判断图 7.12 所示电路的反馈类型。

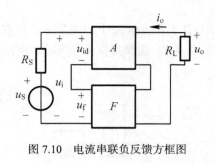

图 7.10　电流串联负反馈方框图

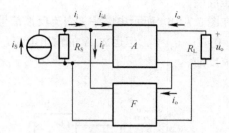

图 7.11　电流并联负反馈方框图

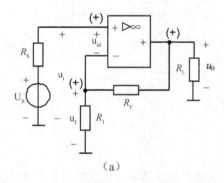

（a）

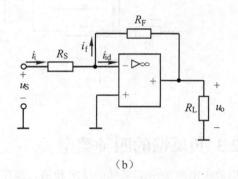

（b）

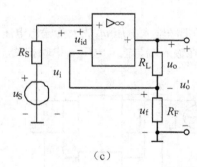

（c）

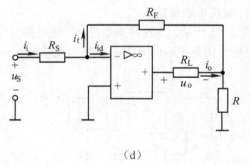

（d）

图 7.12　例 7.5 图

解：图 7.12（a）中 u_o 经 R_F 与 R_1 分压反馈到输入回路，固有反馈。其中当 $R_L=0$ 时，反馈为零，故为电压反馈。另外由反馈网络得 $u_f = u_o \dfrac{R_1}{R_1 + R_F}$ ，这也说明是电压反馈。在输入端有 $u_{id}=u_i-u_f$ ，反馈使净输入电压 u_{id} 减小，故为串联负反馈。所以，图 7.11（a）所示电路为电压串联负反馈电路。

图 7.11（b）中 R_F 为输入回路和输出回路的公共电阻，故有反馈。其中当 $R_L=0$ 时，无反馈，故为电压反馈。在输入端有 $i_{id}=i_i-i_f$ ，反馈使净输入电流 i_{id} 减小，故为并联反馈。所以，图 7.11（b）所示电路为电压并联负反馈电路。

图 7.11（c）中 R_F 为输入回路和输出回路的公共电阻，故有反馈。其中当 $R_L=0$ 时，反馈存在，故为电流反馈。另外，由反馈网络得 $u_f=i_o R_F$ ，这也说明是电流反馈。在输入端有 $u_{id}=u_i-u_f$ ，反馈使净输入电压 u_{id} 减小，故为串联负反馈。所以，图 7.11（c）所示的电路为电流串联负反馈电路。

图 7.11（d）中 R_F 为输入回路和输出回路的公共电阻，故有反馈。其中当 $R_L=0$ 时，反馈存在，故为电流反馈。在输入端有 $i_{id}=i_i-i_f$ ，反馈使净输入电流 i_{id} 减小，故为并联负反馈。所以，图 7.11（d）所示电路为电流并联负反馈电路。

7.2.4　负反馈对放大电路性能的影响

负反馈虽然使得放大电路的增益下降，但是很多方面却改善了放大电路的工作性能，这里从提高增益的稳定性、减少噪声和非线性失真、扩展频带及改变输入电阻和输出电阻大小等几方面进行简要说明。

1. 降低放大倍数

由图 7.1 所示的带负反馈的放大电路方框图可知，基本放大电路的放大倍数，即未引入反馈时的放大倍数（也称为开环放大倍数）为

$$A = \frac{x_o}{x_d} \tag{7.4}$$

反馈信号与输出信号之比称为反馈系数。

$$F = \frac{x_f}{x_o} \tag{7.5}$$

引入负反馈后的净输入信号 $x_d = x_i - x_f$，故

$$A = \frac{x_o}{x_i - x_f} \tag{7.6}$$

包括反馈在内的整个电路放大倍数，即闭环放大倍数为 A_f，由上列各式，可推导得

$$A_f = \frac{x_o}{x_i} = \frac{A}{1 + AF} \tag{7.7}$$

$$AF = \frac{x_f}{x_d} \tag{7.8}$$

由于 x_f 与 x_d 同是电压或电流，且为正值，故 AF 为正实数，所以 $|A_f| < |A|$，引入负反馈后放大倍数降低了。$1+AF$ 称为反馈深度，其值越大，负反馈就越强，$|A_f|$ 就越小。

2. 提高放大倍数的稳定性

所谓稳定性，是指开环的相对稳定程度与闭环的相对稳定程度的比较。负反馈的基本特点是它的自动调整作用。当外界条件发生变化引起输出信号增大时，负反馈则按比例将增大量送到输入端，抵消一部分输入信号，使净输入信号减小，达到降低输出信号的目的；相反，当输出信号减小时，负反馈信号也减小，在输入回路就少抵消一些输入信号，使净输入信号增大，从而导致输出信号增大。这样，在输入信号一定的情况下，负反馈缩小输出信号的波动范围，提高了放大倍数的稳定性。下面具体来分析。

当电路工作在中频时，对整个电路而言，由于电容的附加相移为零，闭环放大倍数为式（7.7）。设开环放大倍数从 A 变到 A' 时，闭环放大倍数从 A_f 变到 A_f'，则 $\Delta A = A - A'$，$\Delta A_f = A_f - A_f'$，可得

$$\frac{\Delta A_f}{A_f} = \frac{A_f - A_f'}{A_f} = \frac{\dfrac{A}{1+AF} - \dfrac{A'}{1+A'F}}{\dfrac{A}{1+AF}} = \frac{A - A'}{(1+A'F)A} = \frac{1}{1+A'F} \cdot \frac{\Delta A}{A} \tag{7.9}$$

当 ΔA 和 ΔA_f 变化很小时，式（7.9）可以写成

$$\frac{dA_f}{A_f} = \frac{1}{1+AF} \cdot \frac{dA}{A} \tag{7.10}$$

式中，$\dfrac{\mathrm{d}A}{A}$ 是开环放大倍数的相对变化，$\dfrac{\mathrm{d}A_{\mathrm{f}}}{A_{\mathrm{f}}}$ 是闭环放大倍数的相对变化，它只是前者的 $\dfrac{1}{1+AF}$，即从数量上表示放大倍数的稳定程度。可见引入负反馈后，放大倍数降低了，而放大倍数的稳定性提高了。

例 7.6 一个放大电路的开环放大倍数为 1000，由于某种原因下降到 900。当引入负反馈后，其反馈系数 F 为 0.2 时，求其闭环的相对变化量。

解： 开环放大倍数的相对变化为

$$\frac{\mathrm{d}A}{A}=\frac{1000-900}{1000}=10\%$$

闭环放大倍数的相对变化为

$$\frac{\mathrm{d}A_{\mathrm{f}}}{A_{\mathrm{f}}}=\frac{1}{1+AF}\cdot\frac{\mathrm{d}A}{A}=\frac{1}{1+1000\times0.2}\times0.1=0.05\%$$

可见，引入负反馈提高了放大倍数的稳定性。

3. 改善波形失真

一个放大电路，在信号的传输过程中，波形发生失真是常见的现象，如图 7.13(a)所示。引入负反馈后，可将输出端的失真信号反送到输入端，由于反馈电路一般是由电阻组成，所以 $\dot{X}_{\mathrm{f}}$ 和 $\dot{X}_{\mathrm{o}}$ 是一样的波形失真。这样输入信号与反馈信号叠加以后，使净输入信号也发生一定程度的失真，经放大器放大以后，可使输出信号的失真得到一定程度的补偿，如图 7.13(b)所示。从本质上说，负反馈是利用了失真的波形来改善波形的失真，减小了非线性失真，但不能消除失真。

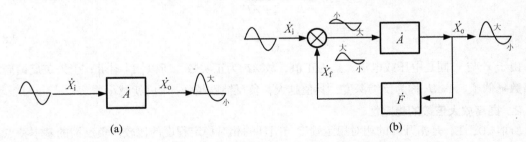

(a)　　　　　　　　　　　　　　　　　(b)

图 7.13　　负反馈改善波形失真

4. 展宽通频带

由于放大电路中耦合电容、旁路电容和晶体管结电容的存在，在低频段和高频段其放大倍数都要下降。当放大电路引入负反馈后，在一定输入信号的条件下，因为中频段的输出信号较大，其反馈信号也强，于是输入信号被抵消得也多，导致输出信号降低得也多；在高低频段，由于输出信号已经减小，按比例反馈的也小，输入信号被反馈抵消的信号也少，使其输出信号降低得也较少。这样，放大电路的放大倍数在中频段降低得多，在高、低频段降低得少，相当于提高了高、低频段的放大倍数，使高中低频段的放大倍数趋于平坦，展宽了频带，如图 7.14 所示。下面具体分析。

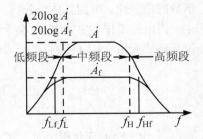

图 7.14　　负反馈对幅频特性的影响

5. 改善电路的输入电阻和输出电阻

（1）对输入电阻的影响

放大电路中引入负反馈后，使输入电阻增大还是减小，与串联反馈还是并联反馈有关。

在串联负反馈放大电路中，由于反馈电压与输入电压反相串联，削弱了放大器的输入电压，使真正加到放大器输入端的净输入电压降低了，信号源供给的输入电流减少了，这就意味着输入电阻增大了，电路如图 7.15 所示。

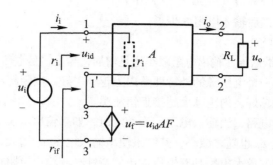

图 7.15　串联负反馈对输入电阻的影响

在图 7.15 中，没加反馈时的输入电阻

$$R_i = \frac{\dot{U}_{id}}{\dot{I}_i} \tag{7.11}$$

加入串联负反馈后的输入电阻

$$R_{if} = \frac{\dot{U}_i}{\dot{I}_i} = \frac{\dot{U}_{id} + \dot{U}_f}{\dot{I}_i} = \frac{\dot{U}_{id} + \dot{F}\dot{U}_o}{\dot{I}_i} = \frac{\dot{U}_{id} + \dot{A}\dot{F}\dot{U}_{id}}{\dot{I}_i}$$

$$= \frac{\dot{U}_{id}(1 + \dot{A}\dot{F})}{\dot{I}_i} = R_i(1 + \dot{A}\dot{F}) \tag{7.12}$$

即加入负反馈后输入电阻增大了。应该注意的是，R_{if} 与 R_i 的不同在于 R_{if} 是放大电路输入端与地之间的输入电阻，它包含了反馈电压的影响。而 R_i 是放大器两输入端之间的电阻，它不包含反馈电压的影响。

在并联负反馈电路中，信号源除放大器输入电流 I_{id} 外，还增加了一个反馈电流 $\dot{I}_f$，因此总输入电流增大了，这意味着输入电阻减小了，电路如图 7.16 所示

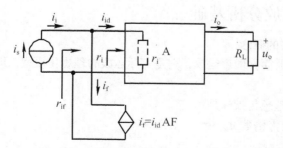

图 7.16　并联负反馈对输入电阻的影响

图 7.16 中，没加负反馈时的输入电阻

$$R_i = \frac{\dot{U}_i}{\dot{I}_{id}}$$ （7.13）

加入并联负反馈后的输入电阻

$$R_{if} = \frac{\dot{U}_i}{\dot{I}_s} = \frac{\dot{U}_i}{\dot{I}_{id} + \dot{I}_f} = \frac{\dot{U}_i}{\dot{I}_{id} + \dot{F}\dot{I}_o} = \frac{\dot{U}_i}{\dot{I}_{id} + \dot{A}\dot{F}\dot{I}_{id}}$$

$$= \frac{\dot{U}_i}{\dot{I}_{id}(1 + \dot{A}\dot{F})} = \frac{R_i}{1 + \dot{A}\dot{F}}$$ （7.14）

可见，加入并联负反馈后输入电阻减少了。

（2）对输出电阻的影响

放大电路中引入负反馈后能使输出电阻减小还是增加，与反馈是电压反馈还是电流反馈有关。

由第 1 章内容知道，一个电压源的外特性是内阻越小越好，内阻越小越接近恒压源。一个电流源的外特性是内阻越大越好，内阻越大越接近恒流源。

对于电压反馈的放大电路，当输入电压 u_i 为一定值，如果输出电压 u_o 由于负载电阻 R_L 的减小而减小时，则反馈电压 u_F 也随之减小，其结果使净输入电压 u_d 增大，于是输出电压就回升到接近原值。所以电压反馈的放大电路具有恒压输出的特性，其输出电阻很低。

对于电流反馈的放大电路，当输入电压 u_i 为一定值，如果输出电流 i_o 由于温度升高而增大时，则反馈电压 u_F 也随之增大，其结果使净输入电压 u_d 减小，于是输出电流就落到接近原值。所以电流反馈的放大电路具有恒流输出的特性，其输出电阻较高。

四种负反馈类型对输入电阻和输出电阻的影响如表 7.1 所示。

表 7.1　　　　　　　　四种负反馈类型对输入电阻和输出电阻的影响

	串联电压	串联电流	并联电压	并联电流
输入电阻	增高	增高	减小	减小
输出电阻	减小	增高	减小	增高

7.3　具有负反馈的集成运放应用电路

集成运算放大器加上一定形式的外接电路可实现各种功能。例如，能对信号进行反相放大与同相放大，对信号进行加、减、微分和积分运算。

7.3.1　理想运放分析基础

1. 理想运算放大器的概念

理想集成运算放大器简称理想运放，它是实际运放的理想化模型，即将集成运放的各项指标理想化。

集成运算放大器的理想化指标是：

① 开环差模电压放大倍数 $A_{ud}=\infty$；

② 差模输入电阻 $r_{id}=\infty$；

③ 输出电阻 $r_{od}=0$；

④ 共模抑制比 $K_{CMR}=\infty$；

⑤ –3dB 带宽 $f_H = \infty$ ；

⑥ 失调电压温漂 $\dfrac{dU_{IO}}{dT} = 0$ 和失调电流的温漂 $\dfrac{dI_{IO}}{dT} = 0$ 。

尽管理想运算放大器并不存在，但由于集成运算放大器的技术指标都比较接近于理想值，在具体分析时将其理想化是允许的，这种分析所带来的误差一般比较小，可以忽略不计。为了方便，后续内容一律将集成运放视为理想集成运放。

2. 理想运放的线性工作区

当运放工作在线性区时，输出和输入呈线性关系，即

$$u_o = A_{ud}(u_+ - u_-) \tag{7.15}$$

运放是一个线性放大器件。由于运放的开环电压放大倍数很高，即使输入毫伏级以下的信号，也可使输出电压达到饱和。所以要使运放工作在线性区，必须引入深度负反馈。

理想集成运放在线性工作区时存在着"虚短"和"虚断"两个特点。

（1）当集成运放工作在线性区时，由于理想运放的 $A_{ud} \to \infty$ ，要使输出电压是一个有限值，则输入信号

$$u_+ - u_- = \frac{u_o}{A_{ud}} \approx 0 \tag{7.16}$$

$$u_+ \approx u_- \tag{7.17}$$

即反相端与同相端的电压几乎相等，近似于短路又不是真正短路，称为"虚短"。如果同相输入端接地，即 $u_+ = 0$ ，则有 $u_- \approx 0$ 。这就是说同相输入端接地时，反相输入端的电位接近于地电位，所以反相输入端称为"虚地"。

（2）由于集成运算放大器的差模输入电阻 $r_{id} \to \infty$ ，得出两个输入端的电流 $i_- = 0$ ， $i_+ \approx 0$ ，这表明流入集成运算放大器同相输入端和反相输入端的电流几乎为零，称为"虚断"。

3. 理想运放的非线性工作区

当运放处于开环状态或引入了正反馈时，将工作于非线性区，运放工作在非线性区时，式（7.15）不能满足，这时输出电压 u_o 只有两种可能，$+U_{o(sat)}$ 或 $-U_{o(sat)}$ ，而 u_+ 与 u_- 不一定相等：当 $u_+ > u_-$ 时， $u_o = +U_{o(sat)}$ ；当 $u_+ < u_-$ 时， $u_o = -U_{o(sat)}$ 。

此外，运放工作在非线性区时，两个输入端的输入电流可认为等于零，即仍有虚断的特点。运放的应用非常广泛，下面几节将介绍它在几个方面的应用。

7.3.2　比例运算电路

1. 反相输入

输入信号从反相输入端引入的运算，称为反相输入。

图 7.17 所示是反相输入比例运算电路。输入信号 u_i 经过电阻 R_1 送到运放的反相输入端；反馈电阻 R_F 接在输出端和反相输入端之间，构成电压并联负反馈；同相输入端通过电阻 $R_2 = R_1 // R_F$ 接地，以保证运算放大器处于平衡对称的工作状态，从而消除输入偏置电流及其温度漂移的影响。

理想运放工作在线性区，根据"虚断"的概念可知，$i_+ = i_- \approx 0$ ，得 $u_+ = 0$ ，由 KCL 知 $i_i = i_f$ ，又根据"虚短"的概念知，$u_- \approx u_+ = 0$ 。故有

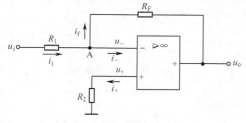

图 7.17　反相输入放大电路

$$i_1 = \frac{u_i}{R_1} , \quad i_f = -\frac{u_o}{R_F} \qquad (7.18)$$

$$\frac{u_i}{R_1} = -\frac{u_o}{R_F} \qquad (7.19)$$

由此得闭环电压放大倍数

$$A_{uf} = \frac{u_o}{u_i} = -\frac{R_F}{R_1} \qquad (7.20)$$

输出电压

$$u_o = -\frac{R_F}{R_1} \times u_i \qquad (7.21)$$

式（7.21）表明，输出电压与输入电压呈比例运算关系；式中负号表明输出电压与输入电压相位相反。如果 R_1 和 R_F 的值足够精确，而且运放的开环增益很高，就可以认为 u_o 与 u_i 间的关系只决定于 R_F 与 R_1 的比值，而与运放本身的参数无关。这就保证了比例运算的精度和稳定性。

当 $R_1 = R_F = R$ 时，$u_o = -u_i$，$A_{uf} = -1$，输入电压与输出电压大小相等、相位相反，这就是反相器。

2. 同相输入

输入信号从同相输入端引入的运算，称同相输入。图 7.18 所示是同相比例运算电路，输入信号 u_i 经过电阻 R_2 接到运放的同相输入端，反馈电阻 R_F 接到其反相输入端，构成了电压串联负反馈。

根据"虚断"和"虚短"有

$i_+ = i_- \approx 0$，$u_+ \approx u_-$，可得 $u_+ = u_{io}$ 于是有

$$u_i \approx u_- = \frac{R_1}{R_1 + R_F} u_o \qquad (7.22)$$

由此得闭环电压放大倍数

$$A_{uf} = \frac{u_o}{u_i} = 1 + \frac{R_F}{R_1} \qquad (7.23)$$

输出电压

$$u_o = (1 + \frac{R_F}{R_1}) u_i \qquad (7.24)$$

可见，u_o 与 u_i 间的比例关系也可认为与运放本身的参数无关，其精度和稳定性都很高；式中 A_{uf} 为正值，表示输入与输出同相，且 A_{uf} 总大于或等于 1，不会小于 1。同相比例电路的最大特点是引入了串联反馈，因此输入电阻高，比较适合于输入级，以提高信号的采集能力。当 $R_F = 0$ 或 $R_1 \rightarrow \infty$ 时，如图 7.19 所示，此时 $u_o = u_i$，即输出电压与输入电压大小相等、相位相同，该电路为电压跟随器。

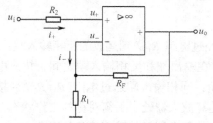

图 7.18 同相输入比例运算电路

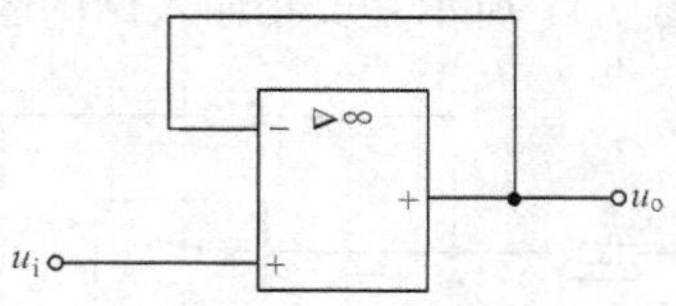

图 7.19 电压跟随器

7.3.3 加法运算电路

加法运算电路是输入端多个输入信号相加的结果，有反相输入加法电路和同相输入加法电

路。这里以反相输入加法电路为例来说明其工作原理，其电路如图 7.20 所示。

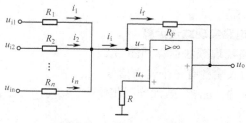

图 7.20 加法运算电路

图 7.20 是在反相比例运算电路的基础上，增加了几个输入支路，构成了反相加法运算电路。根据"虚断"和"虚短"有

$$u_+ = u_i = 0; \quad i_+ = i_- \approx 0$$

根据 KCL 有

$$i_f = i_i = i_1 + i_2 + \cdots + i_n \tag{7.25}$$

根据欧姆定律有

$$i_1 = \frac{u_{i1}}{R_1}, \quad i_2 = \frac{u_{i2}}{R_2}, \quad \cdots, \quad i_n = \frac{u_{in}}{R_n} \tag{7.26}$$

则输出电压为

$$u_o = -R_F i_f = -R_F \left(\frac{u_{i1}}{R_1} + \frac{u_{i2}}{R_2} + \cdots + \frac{u_{in}}{R_n} \right) \tag{7.27}$$

由式(7.27)可以看出输出电压是 n 个输入电压的比例和。当 $R_1 = R_2 = \cdots = R_n = R_F$ 时，输出电压是 n 个输入电压的反相之和

$$u_o = -(u_{i1} + u_{i2} + \cdots + u_{in}) \tag{7.28}$$

7.3.4 减法运算电路

减法运算电路可采用两种方法实现，一种使用反相信号求和实现减法运算；一种是利用差分输入求和电路实现减法运算。下面分别介绍。

1. 利用反相求和实现减法运算

利用反相求和实现减法运算的电路如图 7.21 所示。电路分为两级，第一级为反相比例运算电路，第二级为反相加法运算电路。若取 $R_{F1} = R_1$，则 $u_{o1} = -u_{i1}$，可导出

$$u_o = -\frac{R_{F2}}{R_2}(u_{o1} + u_{i2}) = \frac{R_{F2}}{R_2}(u_{i1} - u_{i2}) \tag{7.29}$$

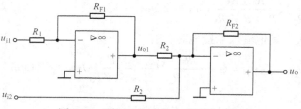

图 7.21 利用反相求和实现减法运算

若取 $R_2 = R_{F2}$，则有

$$u_o = u_{i1} - u_{i2} \qquad (7.30)$$

于是实现了两信号的减法运算。

2. 利用差分输入求和电路实现减法运算

利用差分输入求和电路实现减法运算如图 7.22 所示，同相输入端和反相输入端各有一个输入信号。其中 u_{i2} 经 R_1 加到反相输入端，u_{i1} 经 R_2 加到同相输入端。

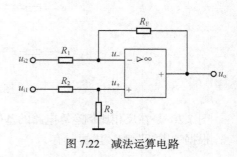

图 7.22 减法运算电路

根据叠加定理，首先令 $u_{i1}=0$，当 u_{i2} 单独作用时，电路为反相比例运算电路，其输出电压为

$$u_{o2} = -\frac{R_F}{R_1} u_{i2} \qquad (7.31)$$

再令 $u_{i2}=0$，u_{i1} 单独作用时，电路成为同相比例运算电路，同相端电压为

$$u_+ = \frac{R_3}{R_2 + R_3} u_{i1} \qquad (7.32)$$

则输出电压为

$$u_{o1} = (1+\frac{R_F}{R_1})u_+ = (1+\frac{R_F}{R_1})(\frac{R_3}{R_2+R_3})u_{i1} \qquad (7.33)$$

当 u_{i1} 和 u_{i2} 同时输入时，有

$$u_o = u_{o1} + u_{o2} = (1+\frac{R_F}{R_1})(\frac{R_3}{R_2+R_3})u_{i1} - \frac{R_F}{R_1}u_{i2} \qquad (7.34)$$

当 $R_1 = R_2 = R_3 = R_F$ 时，有

$$u_o = u_{i1} - u_{i2} \qquad (7.35)$$

于是实现了两信号的减法运算。

例 7.7 加减法运算电路如图 7.23 所示，求输出与各输入电压之间的关系。

解 本题输入信号有四个，可利用叠加定理来求。

① 当 u_{i1} 单独输入、其他输入端接地时，有

$$u_{o1} = -\frac{R_F}{R_1}u_{i1} \approx -1.3u_{i1}$$

② 当 u_{i2} 单独输入、其他输入端接地时，有

$$u_{o2} = -\frac{R_F}{R_2}u_{i2} \approx -1.9u_{i2}$$

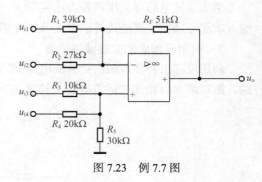

图 7.23 例 7.7 图

③ 当 u_{i3} 单独输入、其他输入端接地时，有

$$u_{o3} = (1+\frac{R_F}{R_1 /\!/ R_2})(\frac{R_4 /\!/ R_5}{R_3 + R_4 /\!/ R_5})u_{i3} \approx 2.3u_{i3}$$

④ 当 u_{i4} 单独输入、其他输入端接地时，有

$$u_{o4} = (1+\frac{R_F}{R_1 /\!/ R_2})(\frac{R_3 /\!/ R_5}{R_4 + R_3 /\!/ R_5})u_{i4} \approx 1.15u_{i4}$$

由此可得到

$$u_o = u_{o1} + u_{o2} + u_{o3} + u_{o4} = -1.3u_{i1} - 1.9u_{i2} + 2.3u_{i3} + 1.15u_{i4}$$

7.3.5　积分与微分运算电路

1. 积分运算

积分运算电路如图 7.24 所示。输入信号由反相输入端通过电阻 R 接入，反馈元件为电容 C。

根据虚地有 $u_A \approx 0$，$i_R = u_i/R$。再根据虚断有 $i_c \approx i_R$，即电容 C 以 $i_c = u_i/R$ 进行充电。假设电容 C 的初始电压为零，那么

$$u_o = -\frac{1}{C}\int i_c \mathrm{d}t = -\frac{1}{C}\int \frac{u_i}{R}\mathrm{d}t = -\frac{1}{RC}\int u_i \mathrm{d}t \qquad （7.36）$$

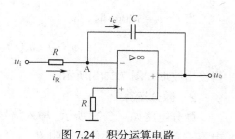

图 7.24　积分运算电路

式（7.36）表明，输出电压为输入电压对时间的积分，因此称实现该运算的功能电路为积分电路，式中的负号表示输出电压与输入电压的相位相反。

当求解 t_1 到 t_2 时间段的积分值时，有

$$u_o(t_2) - u_o(t_1) = -\frac{1}{RC}\int_{t_1}^{t_2} u_i \mathrm{d}t \qquad （7.37）$$

式中，$u_o(t_1)$ 为 t_1 时刻的初始值；积分的终值是 t_2 时刻的输出电压。当 u_i 为常量 U_i 时，有

$$u_o(t_2) - u_o(t_1) = -\frac{1}{RC}U_i(t_2 - t_1) \qquad （7.38）$$

积分电路的波形变换作用如图 7.25 所示。当输入为阶跃波时，若 t_0 时刻电容上的电压为零，则输出电压波形如图 7.25(a) 所示。当输入为方波和正弦波时，输出电压波形分别如图 7.25(b) 和 (c) 所示。

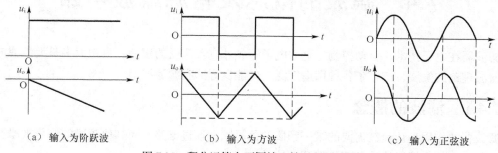

（a）输入为阶跃波　　　　　　（b）输入为方波　　　　　　（c）输入为正弦波

图 7.25　积分运算在不同输入情况下的波形

例 7.8　电路及输入分别如图 7.26(a) 和 (b) 所示，电容器 C 的初始电压 $u_c(0)=0$，试画出输出电压 u_o 稳态的波形，并标出 u_o 的幅值。

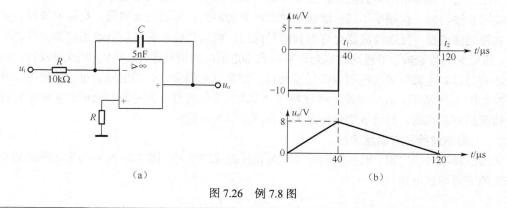

（a）　　　　　　　　　　　　　　（b）

图 7.26　例 7.8 图

解 当 $t=t_1=40\mu s$ 时，有

$$u_o(t_1) = -\frac{u_i}{RC}t_1 = -\frac{-10\times40\times10^{-6}}{10\times10^3\times5\times10^{-9}} = 8V$$

当 $t=t_2=120\mu s$ 时，有

$$u_o(t_2) = u_o(t_1) - \frac{u_i}{RC}(t_2-t_1) = 8 - \frac{5\times(120-40)\times10^{-6}}{10\times10^3\times5\times10^{-9}} = 0V$$

得输出波形如图 7.26(b)所示。

2. 微分运算

微分电路如图 7.27 所示。输入信号由反相输入端通过电容 C 接入，反馈元件为电阻 R。

在这个电路中，根据虚短，$u_A\approx0$；再根据虚断，有 $i_R\approx i_c$。假设电容 C 的初始电压为零，那么有 $i_c = C\dfrac{du_i}{dt}$，则输出电压为

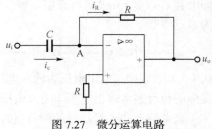

图 7.27 微分运算电路

$$u_o = -i_R R = -RC\frac{du_i}{dt} \tag{7.39}$$

式（7.39）表明，输出电压为输入电压对时间的微分，因此称实现该运算的功能电路为微分电路，式中的负号表示输出电压与输入电压的相位相反。

7.4 滤波的概念及有源滤波电路

滤波器在电子技术、自动控制、电力电子等领域有着广泛的用途。最初大多是无源滤波器，随着滤波理论的发展，产生了各种用途广泛、性能良好的有源滤波器。

7.4.1 滤波的概念

滤波器的作用是让负载需要的某一频段的信号顺利通过电路，而其他频段的信号被滤波电路加以抑制和衰减，即过滤掉负载不需要的信号。

1. 滤波器分类

在滤波电路中，对于电路的幅频特性，通常把能够通过的信号频率范围定义为通带，而把受阻或衰减的信号频率范围称为阻带，通带与阻带的界限频率称为截止频率。

按照滤波器的工作频率不同，滤波器通常可分为四类，即低通滤波器、高通滤波器、带通滤波器和带阻滤波器。低通滤波器允许低频信号通过，将高频信号衰减；高通滤波器允许高频信号通过，将低频信号衰减；带通滤波器允许某一频带范围内的信号通过，将此频带以外的信号衰减；带阻滤波器是阻止某一频带范围内的信号通过，而允许此频带以外的信号通过。各种滤波器的幅频特性如图 7.28 所示，其中实线为理想特性，虚线为实际特性。各种滤波电路的实际幅频特性与理想情况是有差别的，设计者的任务是力求向理想特性逼近。

2. 无源滤波器与有源滤波器

无源滤波器是由电阻、电容及电感等无源元件组成的电路。图 7.29 所示的是无源低通滤波电路和无源高通滤波电路。

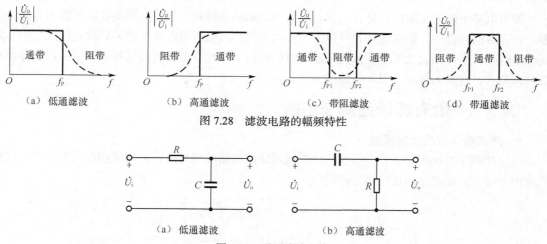

（a）低通滤波　　　　（b）高通滤波　　　（c）带阻滤波　　　（d）带通滤波

图 7.28　滤波电路的幅频特性

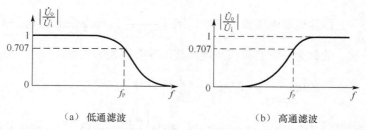

（a）低通滤波　　　　　　　　（b）高通滤波

图 7.29　无源滤波电路

对于图 7.29(a)，电压放大倍数为

$$A(\mathrm{j}\omega)=\frac{\dot{U}_\mathrm{o}}{\dot{U}_\mathrm{i}}=\frac{\dfrac{1}{\mathrm{j}\omega C}}{R+\dfrac{1}{\mathrm{j}\omega C}}=\frac{1}{1+\mathrm{j}\omega RC}=\frac{1}{1+\mathrm{j}\dfrac{\omega}{\omega_0}}=\frac{1}{1+\mathrm{j}\dfrac{f}{f_0}} \qquad (7.40)$$

对于图 7.29(b)，电压放大倍数为

$$A(\mathrm{j}\omega)=\frac{\dot{U}_\mathrm{o}}{\dot{U}_\mathrm{i}}=\frac{R}{R+\dfrac{1}{\mathrm{j}\omega C}}=\frac{1}{1+\dfrac{1}{\mathrm{j}\omega RC}}=\frac{1}{1-\mathrm{j}\dfrac{\omega_0}{\omega}}=\frac{1}{1-\mathrm{j}\dfrac{f_0}{f}} \qquad (7.41)$$

其中，$f_0=f_\mathrm{p}=\dfrac{\omega_0}{2\pi}=\dfrac{1}{2\pi RC}$ 是信号的截止频率。当信号频率等于截止频率，即 $f=f_\mathrm{p}$ 时，

$\left|\dot{U}_\mathrm{o}\right|=0.707\left|\dot{U}_\mathrm{i}\right|$。对于频率 $f<f_\mathrm{P}$ 的信号，有容抗 $X_\mathrm{C}>R$，信号能从图 7.29(a)电路通过，但不能从

图 7.29 (b)电路通过；对于频率 $f>f_\mathrm{P}$ 的信号，有容抗 $X_\mathrm{C}<R$，信号不能从图 7.29 (a)电路通过，但

能从图 7.29 (b)电路通过。它们的幅频特性如图 7.30 所示。

（a）低通滤波　　　　　　　　（b）高通滤波

图 7.30　无源滤波幅频特性

无源滤波电路的优点是结构简单，但存在以下问题：

① 电路的增益小，最大仅为 1；

② 带负载能力差，当在输出端接入负载 R_L 时，滤波特性随之改变；

③ 品质因数 Q 值小，滤波性能也不大理想，通带与阻带之间存在着一个频率较宽的过渡区。

如果电路中除了无源器件外还包含有源器件，如晶体管和运放，这样的滤波器称为有源滤波器。在有源滤波器中，集成运放起着放大的作用。若引入电压串联负反馈，以提高输入电阻、降低输出电阻，则可克服无源滤波带负载能力差的缺点。因此有源滤波器能提供一定的信号增益和带负载能力，这是无源滤波器所不能做到的。

7.4.2 一阶有源低通滤波电路

1. 同相输入有源低通滤波

电路如图 7.31(a)所示，把一阶无源 RC 低通滤波电路接到集成运放的同相输入端。它不仅使低频信号通过，还能使通过的信号得到放大。

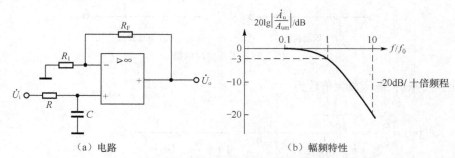

（a）电路　　　　　　　　　（b）幅频特性

图 7.31　同相输入一阶有源低通滤波电路及幅频特性

根据虚断特性，有

$$\dot{U}_+ = \frac{1}{1+j\omega RC}\dot{U}_i \tag{7.42}$$

根据虚短特性，又有

$$\dot{U}_+ = \dot{U}_- = \frac{R_1}{R_1+R_F}\dot{U}_o \tag{7.43}$$

因此有

$$\dot{A}_u = \frac{\dot{U}_o}{\dot{U}_i} = \frac{\dot{U}_o}{\dot{U}_+}\times\frac{\dot{U}_+}{\dot{U}_i} = \frac{R_1+R_F}{R_1}\times\frac{1}{1+j\omega RC} = \frac{A_{um}}{1+j\frac{\omega}{\omega_0}} = \frac{A_{um}}{1+j\frac{f}{f_0}} \tag{7.44}$$

式中，$A_{um} = 1+\dfrac{R_F}{R_1}$，称为通带电压放大倍数；$f_0 = \dfrac{1}{2\pi RC}$，称为截止频率。由于式(7.44)中分母 f 的最高次幂为一次，故称为一阶有源滤波器，其幅频特性表达式为

$$20\lg\left|\frac{\dot{A}_u}{A_{um}}\right| = -20\lg\sqrt{1+(\frac{f}{f_0})^2}\ (dB) \tag{7.45}$$

幅频特性曲线如图 4.31(b)所示。当 $f = f_0$ 时，$20\lg\left|\dfrac{\dot{A}_u}{A_{um}}\right| = -3dB$，所以通带的截止频率 $f_P = f_0$。

当 $f \ll f_P$ 时，$|\dot{A}_u| = A_{um}$，$20\lg\left|\dfrac{\dot{A}_u}{A_{um}}\right| = 0dB$。当 $f \gg f_P$ 时，特性曲线按 $-20dB$/十倍频程速率下降。

一阶低通滤波的滤波特性与理想特性相比，差距很大。在理想情况下，希望当 $f>f_P$ 后，电压放大倍数立即下降到零，使大于截止频率的信号完全不能通过低通滤波器。但是，一阶低通滤波的对数幅频特性只是每十倍频程以 $-20dB$ 的缓慢速率下降。为了使滤波特性接近于理想情况，可采用二阶低通滤波电路。

2. 反相输入有源低通滤波

反相输入有源低通滤波电路如图 7.32 所示。与图 7.31(a)所示同相输入不同的是，滤波电容 C 与负反馈电阻 R_F 并联，因此信号频率不同，负反馈深度也不同。当信号频率趋于零时，滤波电容 C 视为开路，电压放大倍数为最大；信号频率趋于无穷大时，滤波电容 C 视为短路，电压放大倍数为最小。由此可见，这属于低通滤波电路。

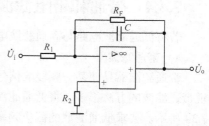

图 7.32　反相输入一阶有源低通滤波电路

电压放大倍数可写成

$$\dot{A}_u = \frac{\dot{U}_o}{\dot{U}_i} = -\frac{R_F // \dfrac{1}{j\omega C}}{R_1} = -\frac{R_F}{R_1} \times \frac{1}{1+j\omega R_F C} = A_{um}\frac{1}{1+j\dfrac{f}{f_0}} \qquad (7.46)$$

式中，$A_{um} = -\dfrac{R_F}{R_1}$，称通带电压放大倍数；$f_0 = \dfrac{1}{2\pi R_F C}$，称特征频率。通带截止频率 f_P 与 f_0 相同，幅频特性曲线与图 7.31(b)相同。

7.4.3　一阶有源高通滤波电路

一阶有源低通滤波器和一阶有源高通滤波器的通带和阻带是相反的，具有对偶性，因此可以将一阶低通滤波电路中电容换成电阻，电阻换成电容，得到相应的一阶高通滤波器，如图 7.33（a）所示。其电压放大倍数为

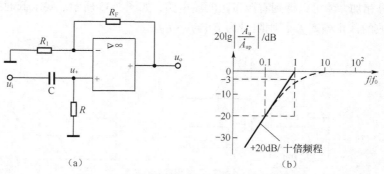

图 7.33　一阶有源高通滤波电路和其幅频特性

$$A(j\omega) = \frac{\dot{U}_o}{\dot{U}_i} = \frac{\dot{U}_+}{\dot{U}_i} \cdot \frac{\dot{U}_o}{\dot{U}_+} = \frac{R}{R+\dfrac{1}{j\omega C}}\left(1+\frac{R_F}{R_1}\right) = \frac{A_{up}}{1+\dfrac{1}{j\omega RC}} = \frac{A_{up}}{1-j\dfrac{\omega}{\omega_0}} \qquad (7.47)$$

其中，$A_{up} = 1+\dfrac{R_F}{R_1}$ 为滤波器通带电压放大倍数。其幅频特性如图 7.33(b) 所示。由图可知，

$f = f_0 = \dfrac{1}{2\pi RC}$ 为截止频率。当 $f < f_0$ 时，特性曲线按 $+20dB$ / 十倍频的斜率上升，可对频率小于 f_0 的信号进行抑制。

7.4.4 带通和带阻滤波电路

若将低通滤波电路与高通滤波电路进行适当的组合，就可构成带通和带阻滤波电路。

1. 带通滤波器

带通滤波器是使某一频段的信号通过，而高于或低于该频段的所有信号将被抑制或衰减。实现带通滤波的方法很多，将低通滤波电路与高通滤波电路串联，就可以得到带通滤波电路，如图7.34所示。要求低通滤波的截止频率 f_{P1} 应大于高通滤波的截止频率 f_{P2}，通带为 $BW=f_{P1}-f_{P2}$。

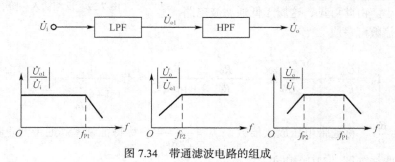

图7.34 带通滤波电路的组成

将带通滤波电路与放大环节结合，就得到有源带通滤波电路。

2. 有源带阻滤波

与带通滤波电路相反，带阻滤波电路阻止或衰减某一频段的信号，而让该频段以外的所有信号通过。带阻滤波电路又称陷波电路。

实现带阻滤波的方法很多，将输入信号同时作用在低通滤波电路和高通滤波电路，再将两个电路的输出信号相加，就可以得到有源带阻滤波电路，如图7.35所示。要求低通滤波的截止频率 f_{P1} 小于高通滤波的截止频率 f_{P2}，则阻带为 $BW=f_{P1}-f_{P2}$。

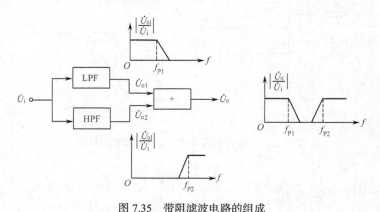

图7.35 带阻滤波电路的组成

将带阻滤波电路与放大环节结合，就得到有源带阻滤波电路。

7.5 电压比较器

电压比较器是将模拟输入电压与固定参考电压进行比较，通过输出端输出电压的高低电平 U_{OH} 和

U_{OL} 来反映二者之间的关系。在模数转换、自动控制及波形发生电路中得到广泛应用。在电压比较器中，集成运放工作在非线性区，若集成运放的输入信号 $u_+ > u_-$ 时，输出 $u_o = U_{OH}$，则集成运放工作在正向饱和区；若集成运放的输入信号 $u_+ < u_-$ 时，输出 $u_o = U_{OL}$，则集成运放工作在反向饱和区。另外由于理想运放的输入电阻无穷大，故仍然满足虚断，即 $i_+ = i_- = 0$。

分析电压比较器时，通常用阈值电压和传输特性来描述比较器的工作特性。阈值电压 U_{TH} 又称为门限电压，是比较器输出电压发生跳变时的输入电压；传输特性是指比较器的输入电压和输出电压之间的关系，一般用输入电压为横坐标，输出电压为纵坐标的曲线来表示。根据比较器的传输特性不同，电压比较器可分为单限比较器、滞回比较器和双限比较器等。

7.5.1 单限比较电路

单限比较器又称为电平检测器，通常只含有一个运放，而且大多数情况下是开环工作的，只有一个门限电压，如图 7.36 所示，其中 U_R 是基准电压，u_i 是输入电压，u_o 是输出电压。图 7.36（a）是同相比较器，工作原理为当 $u_i < U_R$ 时，$u_o = U_{OL}$；当 $u_i > U_R$ 时，$u_o = U_{OH}$，传输特性为图 7.37(a)所示，图 7.36（b）是反相比较器，工作原理为当 $u_i < U_R$ 时，$u_o = U_{OH}$；当 $u_i > U_R$ 时，$u_o = U_{OL}$，传输特性为图 7.37(b)所示。

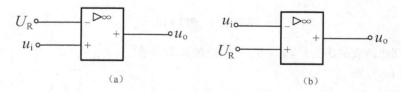

图 7.36　单限电压比较器

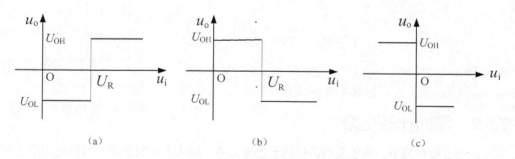

图 7.37　单限电压比较器的传输特性

如果单限比较器的门限电压 $U_R = 0$，则称为过零比较器。过零比较器的传输特性如图 7.37(c)所示，当输入电压大于零时，输出发生跃变；当输入电压小于零时，输出也发生跃变。

图 7.36 所示的比较器的输出电压是由集成运放的内部设计决定的，其值是固定的，而在实际应用中，输出电压往往不能满足负载的需要，为了解决这一问题，常在运放的输出端接限幅电路。如图 7.38(a)所示电路中两个稳压管相同，但也可以采用不同的稳压管，这样负载可以获得不同的输出电压。电阻 R 为限流电阻，用来保护输出级。另外，为了限制运放的输入电压，可在输入端接二极管，利用二极管的限幅作用来保护输入级，如图 7.38(b)所示。

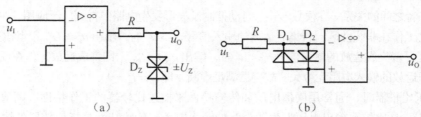

图 7.38　具有输出限幅和输入保护的比较器

例 7.9　图 7.39 所示电路中，$R_1 = R_2 = 5\text{k}\Omega$，参考电压 $U_R = 2\text{V}$，稳压二极管的稳定电压 $U_Z = 5\text{V}$，输入电压为图 7.40(a)所示的三角波。试画出输出电压波形。

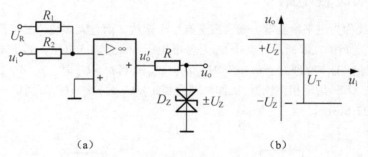

（a）　　　　　　　　　　　　（b）

图 7.39　例 7.9 图

解：根据理想运放的虚断 $i_- = i_+ = 0$，可知流过 R_1 和 R_2 的电流相等，由 KVL 知

$$u_- = \frac{u_i - U_R}{R_1 + R_2}R_1 + U_R = \frac{R_1}{R_1 + R_2}u_i + \frac{R_2}{R_1 + R_2}U_R$$

因为当 $u_+ = u_- = 0$，输出状态将发生跳变，求的其门限电压为

$$U_{TH} = u_i = -\frac{R_2}{R_1}U_R = -2\text{V}$$

因此当 $u_i < -2\text{V}$ 时，$u_o = +U_Z = 5\text{V}$；当 $u_i > -2\text{V}$ 时，$u_o = -U_Z = -5\text{V}$。输出波形如图 7.40 (b)所示。

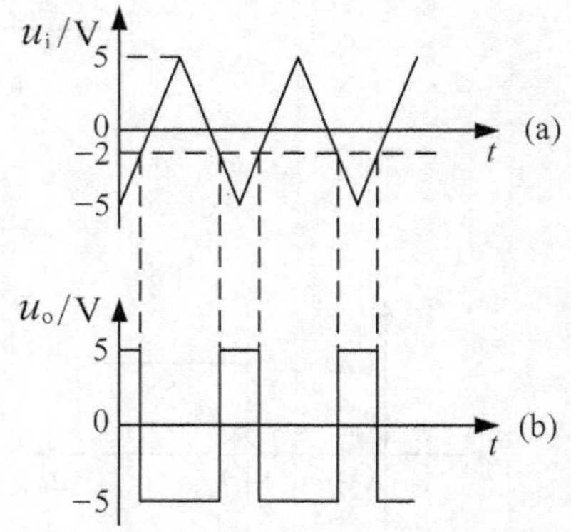

图 7.40　例 7.9 输入输出波形

7.5.2　滞回比较电路

单限比较器结构简单，灵敏度高，但抗干扰能力差。输入电压因干扰在门限电压附近有较小的变化时，输出信号就发生多次跃变，造成检测结果不稳定，使输出状态产生误动作，如图 7.41 所示。为解决这个问题，常采用滞回比较器来提高电路的抗干扰能力。

滞回比较器是在单限比较器的基础上，通过 R_2 把输出电压反馈到运放同相输入端形成正反馈。输入电压加到同相输入端的称为同相滞回比较器，输入电压加到反相输入端的称为反相滞回比较器。图 7.42 是一个反相滞回比较器。输出端通过电阻 R 及两个背靠背的稳压二极管 D_Z 将输出电压限幅，使输出电压为 $+U_Z$ 和 $-U_Z$。

集成运放的反相输入电压为 $u_- = u_i$，同相输入电压

$$u_+ = U_R - \frac{U_R - u_o}{R_1 + R_2}R_1 = \frac{R_2}{R_1 + R_2}U_R + \frac{R_1}{R_1 + R_2}u_o \tag{7.48}$$

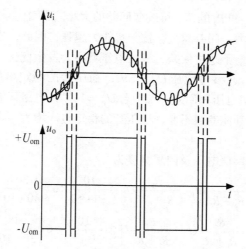

图 7.41 干扰对单限比较器的影响

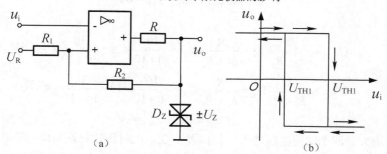

(a)   (b)

图 7.42 滞回比较电路及电压传输特性

因输出电压发生跳变的临界电压为 $u_- = u_+$，即可求出阈值电压为

$$U_{TH} = \frac{R_2}{R_1 + R_2} U_R \pm \frac{R_1}{R_1 + R_2} U_Z \tag{7.49}$$

当 $u_o = -U_z$，得下阈值电压

$$U_{TH1} = \frac{R_2}{R_1 + R_2} U_R - \frac{R_1}{R_1 + R_2} U_Z \tag{7.50}$$

当 $u_o = U_z$，得上阈值电压

$$U_{TH2} = \frac{R_2}{R_1 + R_2} U_R + \frac{R_1}{R_1 + R_2} U_Z \tag{7.51}$$

下面分析图 7.42 的传输特性。

若 $u_o = U_z$，此时的阈值电压为 U_{TH2}，当 $u_i < U_{TH2}$，输出保持高电平不变，只有当 u_i 不断增大，且 $u_i > U_{TH2}$ 时，输出电压才会由高电平变为低电平，即 u_o 由 $+U_z$ 变为 $-U_z$。一旦 u_o 由 $+U_z$ 变为 $-U_z$，u_+ 也随着变化，阈值电压由 U_{TH2} 变成 U_{TH1}，此时输出电压若要再次发生跳变，即由低电平变成高电平，只有当 u_i 逐渐减小，且 $u_i < U_{TH1}$ 时 u_o 由 $-U_z$ 变为 $+U_z$。比较器的传输特性如图 7.42(b) 所示，呈滞回形状。

两个阈值的差值称为回差或门限宽度，即

$$\Delta U_{TH} = U_{TH2} - U_{TH1} = \frac{2R_1}{R_1 + R_2} U_Z \tag{7.52}$$

由式（7.52）知，改变 R_1 和 R_2 的值，可改变回差的大小。滞回比较器由于有回差电压的存在，大大提高了电路的抗干扰能力，回差越大，抗干扰能力越强，因此，当输入信号因受干扰或其他原因发生变化时，只要变化量不超过回差，输出电压就不会发生变化。

例 7.10 图 7.42 中，设参考电压 $U_R = 6V$，稳压管的稳定电压 $U_Z = 4V$，$R_1 = 30k\Omega$，$R_2 = 10k\Omega$。（1）求两个阈值电压和回差；（2）若 $U_R = 18V$，电路其他参数不变，估算此时的阈值电压和回差；（3）若电路其他参数不变，稳压管的稳定电压增大，定性分析两个阈值电压和回差如何变化。

解：（1）该电路的两个阈值电压及门限宽度为

$$U_{TH1} = \frac{R_2}{R_1+R_2}U_R - \frac{R_1}{R_1+R_2}U_Z = \frac{10}{30+10}\times 6 - \frac{30}{30+10}\times 4 = -1.5V$$

$$U_{TH2} = \frac{R_2}{R_1+R_2}U_R + \frac{R_1}{R_1+R_2}U_Z = \frac{10}{30+10}\times 6 + \frac{30}{30+10}\times 4 = 4.5V$$

$$\Delta U_{TH} = U_{TH2} - U_{TH1} = 6V$$

（2）$U_R = 18V$，有

$$U_{TH1} = \frac{R_2}{R_1+R_2}U_R - \frac{R_1}{R_1+R_2}U_Z = \frac{10}{30+10}\times 18 - \frac{30}{30+10}\times 4 = 1.5V$$

$$U_{TH2} = \frac{R_2}{R_1+R_2}U_R + \frac{R_1}{R_1+R_2}U_Z = \frac{10}{30+10}\times 18 + \frac{30}{30+10}\times 4 = 7.5V$$

$$\Delta U_{TH} = U_{TH2} - U_{TH1} = 6V$$

可见，U_R 增大，两个阈值电压增大，但回差不变，此时传输特性将向右平移。

（3）由式知，当 U_Z 增大时，U_{TH1} 将减小，而 U_{TH2} 将增大，故回差将增大，传输特性向两侧伸展。

7.5.3 双限比较电路

双限比较器又称为窗口比较器。前面讲的单限比较器和滞回比较器有一个共同的特点，就是输入信号单方向变化时，输出信号只跳变一次，只能检测一个输入信号的电平。而双限比较器的特点是输入信号单方向变化时，输出信号可以跳变两次。双限比较器的电路如图 7.43（a）所示。

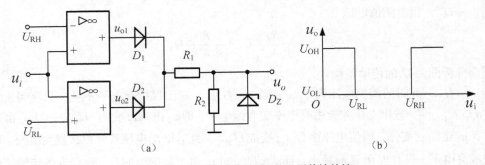

图 7.43　双限比较器电路图及电压传输特性

在图 7.43（a）所示双限比较器中，设参考电压 $U_{RH} > U_{RL}$，其工作原理如下：

当输入电压 $u_i > U_{RH}$，集成运放输出 u_{o1} 为高电平，u_{o2} 为低电平，二极管 VD_1 导通，VD_2 截止，稳压管工作在稳压状态，输出电压 $u_o = +U_Z$；

当输入电压 $u_i < U_{RL}$，集成运放输出 u_{o1} 为低电平，u_{o2} 为高电平，二极管 VD_1 截止，VD_2 导通，稳压管工作在稳压状态，输出电压 $u_o = +U_Z$；

当输入电压 $U_{RL} < u_i < U_{RH}$ 时，集成运放输出 u_{o1} 和 u_{o2} 都为低电平，二极管 VD_1 和 VD_2 都截止，稳压管截止，输出电压 $u_o = 0$。

双限比较器的传输特性如图 7.43 (b)所示，由于形状像窗口，因此又称为窗口比较器。窗口比较器提供了两个阈值电压和两种工作状态，可以用来判断输入信号是否存在某两个电平之间。需要注意的是 U_{RH} 和 U_{RL} 不能接错，一旦 U_{RH} 和 U_{RL} 反接，则无论输入信号 u_i 如何变换，其输出 u_o 始终是高电平，无法实现电压比较。

7.6　Multisim 集成运算放大器应用分析

本节从运放工作在线性区和非线性区两个方面进行仿真实验。

1. 运放在线性区的应用

为了讨论运放在线性区的应用，在 Multisim 中搭建同向输入。反向输入、加法和减法电路。应用直流电压源作为输入，在输出端加入万用表用来观测输出电压，测试结果在表 7.2 中给出。具体步骤如下。

① 在 Multisim 2011 的工作区中建立如图 7.44 所示的测试电路，并对电阻和电源的值进行设置。

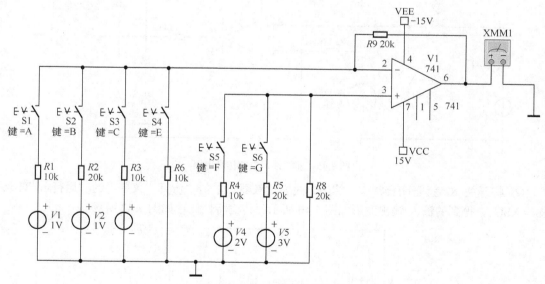

图 7.44　线性运放的仿真电路

② 将开关 S1 置于闭合状态，构造出反向输入比例运算电路，当输入电压为 1V 时，单击"仿真"菜单中的"运行"，由 XMM1 表的读数可得到输出电压，如表 7.2 所示。

③ 将开关 S4 和 S5 置于闭合状态，构造出同向输入比例运算电路，当输入电压为 2V 时，单击"仿真"菜单中的"运行"，由 XMM1 表的读数可得到输出电压，如表 7.2 所示。

④ 将开关 S2 和 S6 置于闭合状态，构造出差分输入比例运算电路，输入电压 $V2=1V$、$V5=3V$ 时，单击"仿真"菜单中的"运行"，由 XMM1 表的读数可得到输出电压，如表 7.2 所示。

⑤ 将开关 S1 和 S5 置于闭合状态，构造出减法电路，输入电压 $V2=1V$、$V5=3V$ 时，单击"仿真"菜单中的"运行"，由 XMM1 表的读数可得到输出电压，如表 7.2 所示。

⑥ 将开关 S1 和 S3 置于闭合状态，构造出加法电路，输入电压 $V1=1V$、$V3=1V$ 时，单击"仿真"菜单中的"运行"，由 XMM1 表的读数可得到输出电压，如表 7.2 所示。

表 7.2 仿真数据表

反向输入	输入电压 $V1=1V$	输出电压 $u_o=-1.999V$
同相输入	输入电压 $V4=2V$	输出电压 $u_o=4.003V$
差分输入	输入电压 $V1=1V$、$V4=3V$	输出电压 $u_o=2.002V$
差分输入	输入电压 $V2=1V$、$V5=2V$	输出电压 $u_o=2.003V$
加法运算	输入电压 $V1=1V$、$V3=1V$	输出电压 $u_o=-3.999V$

2. 运放在非线性区的应用

为了讨论运放在非线性区的应用，在 Multisim 中搭建过零比较器和滞回比较器。应用示波器来观测输入/输出波形和传输特性，具体步骤如下。

① 在 Multisim 2011 的工作区中建立如图 7.45 所示的测试电路，并对电阻和电源的值进行设置。

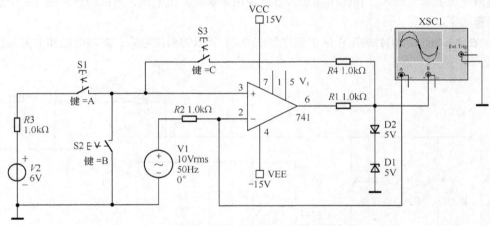

图 7.45 非线性运放的仿真电路

② 将开关 S2 置于闭合状态，构造出过零比较器，单击"仿真"菜单中的"运行"，双击示波器 XSC1，得到的输入/输出波形如图 7.46 所示，传输特性波形如图 7.47 所示。

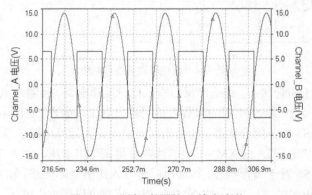

图 7.46 过零比较器输入/输出波形

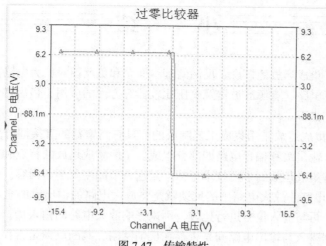

图 7.47　传输特性

③ 将开关 S1 和 S3 置于闭合状态，构造出滞回比较器，单击"仿真"菜单中的"运行"，双击示波器 XSC1，得到的输入/输出波形如图 7.48 所示，传输特性波形如图 7.49 所示。

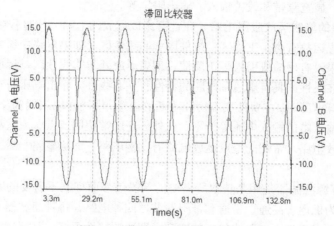

图 7.48　滞回比较器输入/输出波形

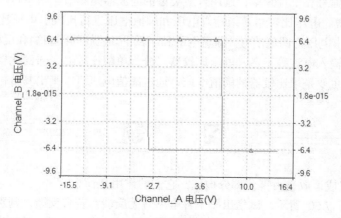

图 7.49　传输特性

小　结

本章首先讲述了集成运放的概念、反馈的基本概念和负反馈对放大电路性能的影响，接着讨论了集成运放在运算电路、有源滤波器及电压比较器等方面的应用，最后搭建了运放的 Multisim 仿真电路。主要内容如下。

1. **集成运放**。集成运放是用集成工艺制成的、具有高增益的直接耦合多级放大电路。一般由输入级、中间级、输出级和偏置电路四部分组成。了解集成运放的特点和分类，掌握集成运放各部分的作用，理解集成运放的主要技术指标，是这一节的主要学习内容。

2. **负反馈放大电路**。放大电路中的反馈就是将放大电路的输出量的全部或部分，通过一定的方式送回输入端，再与输入信号进行比较，用来影响放大电路的输入量。反馈类型及组态的判别方法是难点。根据输入与输出电路间是否存在反馈网络，判断反馈是否存在；根据反馈是在放大电路的交流通路还是直流通路，判断交流反馈和直流反馈；用瞬时极性法判断正负反馈；根据反馈信号与输入信号的连接关系判断是串联反馈还是并联反馈；用短路法判断是电压反馈还是电流反馈。负反馈使放大倍数减小，但可使放大电路的一些指标得到改善，如提高放大倍数的稳定性、改善波形失真、展宽频带和改善输入、输出阻抗等。

3. **具有负反馈的集成运放应用电路**。在含有集成运放的电路分析过程中，常常将集成运放看做理想运放。理想运放有两个工作区：线件区和非线性区。如果电路中引入了负反馈，理想运放处于线性区；如果没有反馈或引入了正反馈，理想运放处于非线性区。运放在不同的工作状态具有不同的特性，在线性区具有虚短和虚断的特性；在非线件区输出电压只有两种取值。在分析理想运放构成的运算电路时，主要使用虚短和虚断的概念，即同相输入端和反相输入端电位相等，同相输入端和反相输入端的输入电流等于零。此外，还经常使用节点电流法和叠加原理来分析具有负反馈的集成运放电路。常用的集成运放电路有比例电路、加法电路、减法电路、积分和微分运算电路等。

4. **滤波器**。有源滤波器是用来选取所需要的频段信号而抑制不需要的频段信号，其本质是选频放大器，可分为低通、高通、带通和带阻滤波器四种电路，每种滤波器又有一阶、二阶和多阶之别，阶数越高，在阻带内有更快的衰减速度，即滤波特性更好。掌握滤波器的基本概念，根据有用信号、无用信号和干扰频率，选用合适类型的滤波器是本节学习重点。

5. **电压比较器**。电压比较器是指输入电压和阈值电压进行比较。电压比较器中运放处于非线性区工作，其输出电压是两值信号，即高电平和电低平。运放的同相端和反相端电位不再相等，但同相端和反相端输入电流等于零。电压比较器可分为单限比较器、滞回比较器和双限比较器。分析电压比较器，主要是求比较器的阈值电压，通过阈值电压可以画出其传输特性曲线。

习　题

7.1　试说明集成运放是由哪几部分构成？它们的作用是什么？

7.2　电路如图 7.50 所示，试指出图中各电路有无反馈？若有反馈，判别反馈极性及反馈类型（说明各电路中的反馈是正、负、交流、直流、电压、电流、串联、并联反馈）。

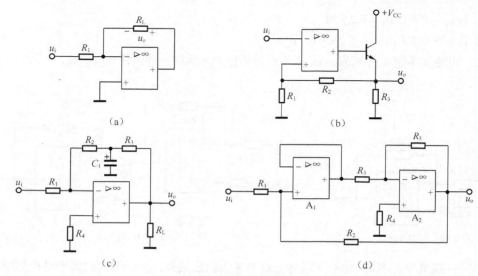

图 7.50 题 7.2 图

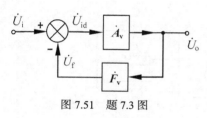

图 7.51 题 7.3 图

7.3 某负反馈放大电路的方框图如图 7.51 所示，已知其开环电压增益 $\dot{A}_V = 2\,000$，反馈系数 $\dot{F}_V = 0.049\,5$。若输出电压 $\dot{U}_o = 2V$，求输入电压 $\dot{U}_i$、反馈电压 $\dot{U}_f$ 及净输入电压 $\dot{U}_{id}$ 的值。

7.4 已知一个负反馈放大电路的 $A = 10^5$，$F = 2 \times 10^{-3}$。求 （1）$\dot{A}_F$ （2）若 A 的相对变化率为 20%，则 $\dot{A}_F$ 的相对变化率为多少？

7.5 已知一个电压串联负反馈放大电路的电压放大倍数 $\dot{A}_{VF} = 20$，其基本放大电路的电压放大倍数 $\dot{A}_V$ 的相对变化率为 10%，$\dot{A}_{VF}$ 的相对变化率小于 0.1%，试问 F 和 $\dot{A}_V$ 各为多少？

7.6 从反馈的效果来看，为什么说串联负反馈电路中，信号源内阻越小越好？而在并联负反馈电路中，信号源内阻越大越好？

7.7 电路如题图 7.52 所示，设运放是理想的。分析其输入与输出之间的关系。

7.8 电路如图题 7.53 所示，设运放是理想的。当输入电压 $u_i = 2V$ 时，试求其输出电压。

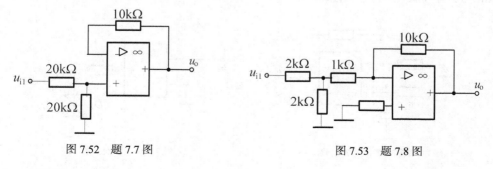

图 7.52 题 7.7 图

图 7.53 题 7.8 图

7.9 如图题 7.54 电路，问：

（1）若 $u_{i1} = 0.2V$，$u_{i2} = 0V$ 时，$u_o = ?$

（2）若 $u_{i1} = 0V$ ，$u_{i2} = 0.2V$ 时，$u_o = ?$

（3）若 $u_{i1} = 0.2V$ ，$u_{i2} = 0.2V$ 时，$u_o = ?$

7.10 电路如图题 7.55 所示，试求当 R_5 的阻值为多大时，才能使 $u_o = -55u_i$。

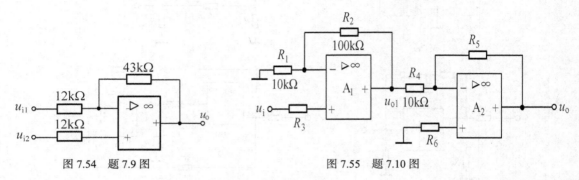

图 7.54 题 7.9 图   图 7.55 题 7.10 图

7.11 分别推导出图题 7.56 所示各电路的输入输出关系，并说明它们属于哪种类型的滤波电路。

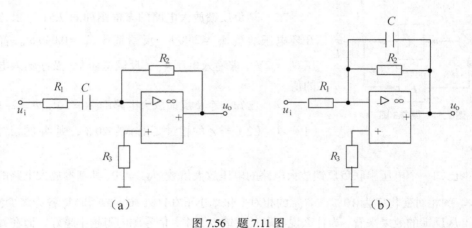

（a）   （b）

图 7.56 题 7.11 图

7.12 一阶有源低通滤波电路如图 7.57 所示，已知 $R_1 = 50k\Omega, R = R_f = 150k\Omega$ ，$C = 0.033\mu F$ 。（1）试求通带电压放大倍数；（2）计算通带截止频率；（3）若在输入端加入信号 $u_i = 5\sin120tV$ 时，试求此信号频率下的电压放大倍数。

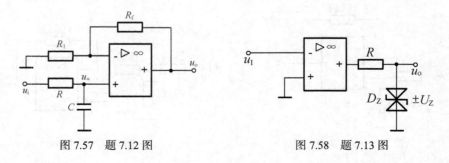

图 7.57 题 7.12 图   图 7.58 题 7.13 图

7.13 图 7.58 是一电压比较器，假设集成运放是理想化的，稳压二极管稳定电压均为 5V，请画出它的传输特性。若在同相输入端接−2V 电压，则传输特性有何变化？

7.14　图 7.59 所示，稳压管的稳压值是 6V，二极管是锗开关管，其正向压降可忽略不计，试求该电压比较器的阈值电平，并画出它的电压传输特性曲线。

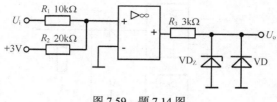

图 7.59　题 7.14 图

7.15　试求图 7.60 所示电压比较器的阈值电平，并画出它的电压传输特性曲线。设稳压管的稳压值是 8V，运放的饱和输出电压为 ±10V。

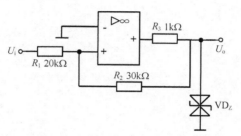

图 7.60　题 7.15 图

7.16　指出图 7.61 所示电路是什么类型的电路，并画出它们的电压传输特性曲线。

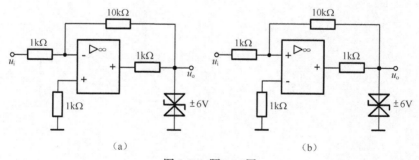

图 7.61　题 7.16 图

7.17　分析图 7.62(a)所示的滞回比较器电路，输入三角波如图 7.62(b)所示，设输出饱和电压为 ±10V，试画出输出波形。

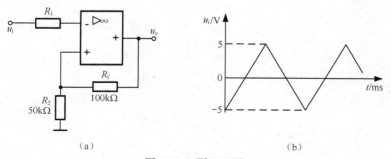

图 7.62　题 7.17 图

7.18 分析图 7.63 所示的双限比较器电路，已知运放输出饱和电压为 ±12V，画出电路的电压传输特性曲线。

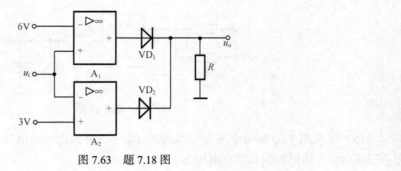

图 7.63 题 7.18 图

第三篇
数字电子技术

将产生、存储、变换、处理、传送数字信号的电子电路叫做数字电路（Digital Circuit）。

与模拟电路相比，数字电路主要具有以下优点。

① 电路结构简单，制造容易，便于集成和系列化生产，成本低，使用方便。

② 数字电路不仅能够进行算术运算，而且能够进行逻辑运算，具有逻辑推理和逻辑判断的能力，因此被称为数字逻辑电路或逻辑电路。

③ 由数字电路构成的数字系统，抗干扰能力强，可靠性高，精确性和稳定性好，便于使用、维护和故障诊断。

本篇主要以逻辑代数为基础，在简要介绍集成门电路的基础上，重点介绍组合逻辑电路、时序逻辑电路的功能特点、分析与设计方法以及典型的应用。

第 8 章
数字逻辑基础

逻辑代数又称布尔代数，是 19 世纪英国数学家乔治·布尔创立的一门研究客观事物逻辑关系的代数学。随着数字技术的发展，逻辑代数已成为计算机、通信、自动化等领域研究数字电路必不可少的重要工具。本章将详细介绍计算机中常用的数制、编码以及有关逻辑代数的基础知识。

8.1 数制与编码

8.1.1 数制

1. 进位计数制

数制是人类表示数值大小的方法。

进位计数制（简称进位制）是人们常用的按照进位方式来实现计数的一种方法。大家熟悉的十进制，就是一种典型的进位计数制。

一种数制中允许使用的数字符号个数称为这种数制的基数（Radix）或基（Base）。在基数为 R 的计数制中，包含 0、1、…、$R-1$ 共 R 个数字符号，进位规律是"逢 R 进一"，称为 R 进制。例如十进制，每个数位规定使用的数字符号为 0，1，2，…，9，共 10 个，故其基数 $R=10$。设一个 R 进制数 N_R 包含 n 位整数和 m 位小数，其位置记数法的表示式为

$$(N)_R = a_{n-1}a_{n-2}...a_2a_1a_0 . a_{-1}a_{-2}...a_{-m}$$

某个数位上数字符号为 1 时所表征的数值，称为该数位的权值，简称"权"。各个数位的权值均可表示成 R^i 的形式，其中 R 是进位基数，i 是各数位的序号。对整数部分，以小数点为起点，自右向左依次为 0，1，2，…，$n-1$；小数部分，以小数点为起点，自左向右依次为-1，-2，…，$-m$。"权"的概念表明，处于不同位置上的相同数字符号所代表的数值大小是不同的。

按此规律，任意一个 R 进制数 N_R 都可以写成按权的展开式（也称多项式表示式）。

$$(N)_R = a_{n-1} \times R^{n-1} + a_{n-2} \times R^{n-2} + \cdots + a_2 \times R^2 + a_1 \times R^1 + a_0 \times R^0$$
$$+ a_{-1} \times R^{-1} + a_{-2} \times R^{-2} + \cdots + a_{-m} \times R^{-m}$$
$$= \sum_{i=-m}^{n-1} a_i R^i$$

例如，十进制数$(235.14)_{10}$的多项式表示式为

$$(235.14)_{10} = 2 \times 10^2 + 3 \times 10^1 + 5 \times 10^0 + 1 \times 10^{-1} + 4 \times 10^{-2}$$

在计算机等数字设备中，用得最多的是二进制数，这是因为当前数字设备中所用的数字电路

通常只有低电平和高电平两个状态，正好可用二进制数的 0 和 1 来表示。由于采用二进制来表示一个数时数位太多，所以常用与二进制数有简单对应关系的十六进制数（或八进制数）来表示一个数。

十进制（Decimal System）、二进制（Binary System）、八进制（Octal System）和十六进制（Hexadecimal System）的对应关系详见表 8.1。需要特别注意的是，在十六进制数中，用英文字母 A、B、C、D、E、F 分别表示十进制数的 10、11、12、13、14 和 15。

表8.1　　　　　　　　　　　　　　　　几种数制对照表

十进制	二进制	八进制	十六进制
0	0	0	0
1	1	1	1
2	10	2	2
3	11	3	3
4	100	4	4
5	101	5	5
6	110	6	6
7	111	7	7
8	1000	10	8
9	1001	11	9
10	1010	12	A
11	1011	13	B
12	1100	14	C
13	1101	15	D
14	1110	16	E
15	1111	17	F
16	10000	20	10

2. 不同数制间的转换

人们习惯使用的是十进制数，但数字系统（如数字计算机）普遍采用二进制数，为了书写和阅读的方便，又常常使用八进制和十六进制，因此必须明确这几种数制间的转换关系。从实际应用出发，掌握二进制数与十进制数、八进制数和十六进制数之间的相互转换方法。

（1）二进制数转换成十进制数

将一个二进制数转换成十进制的方法很简单，只要写出该进制的按权展开式，然后相加，就可得到对应的十进制数。例如

$$(1101.101)_2 = 1 \times 2^3 + 1 \times 2^2 + 0 \times 2^1 + 1 \times 2^0 + 1 \times 2^{-1} + 0 \times 2^{-2} + 1 \times 2^{-3} = (13.625)_{10}$$

（2）十进制数转换成二进制数

将一个十进制数转换成二进制数，应对整数和小数分别进行处理。

对整数，采用"除 2 取余"法：将十进制整数 N 除以 2，取余数记为 a_0；再将所得商除以 2，取余数记为 a_1；……。依此类推，直至商为 0，取余数记为 a_{n-1} 为止，这样即可得到与 N 对应的 n 位二进制整数 $a_{n-1} \cdots a_1 a_0$。

例如，将十进制数 57 转换成二进制数。

$$
\begin{array}{r|l}
2 & 57 \quad\quad\quad\quad\quad\quad \text{余数} \\
2 & 28 \quad\cdots\cdots\cdots\cdots\cdots a_0 =1 \\
2 & 14 \quad\cdots\cdots\cdots\cdots\cdots a_1 =0 \\
2 & 7 \quad\cdots\cdots\cdots\cdots\cdots a_2 =0 \\
2 & 3 \quad\cdots\cdots\cdots\cdots\cdots a_3 =1 \\
2 & 1 \quad\cdots\cdots\cdots\cdots\cdots a_4 =1 \\
& 0 \quad\cdots\cdots\cdots\cdots\cdots a_5 =1
\end{array}
$$

所以（57）$_{10}$=（111001）$_2$。

对小数，采用"乘 2 取整"法：将十进制小数 N 乘以 2，取积的整数记为 a_{-1}；再将积的小数乘以 2，取整数记为 a_{-2}；……。依此类推，直至其小数为 0 或达到规定精度要求，取整数记作 a_{-m} 为止，这样就得到与 N 对应的 m 位二进制小数 $0.a_{-1}a_{-2}...a_{-m}$。

例如，将十进制小数 0.725 转换成二进制数。

$$
\begin{array}{lll}
& & \text{取整数} \\
0.725 & \times 2 = 1.45 \cdots\cdots\cdots & a_{-1} =1 \\
0.45 & \times 2 = 0.9 \cdots\cdots\cdots & a_{-2} =0 \\
0.9 & \times 2 = 1.8 \cdots\cdots\cdots & a_{-3} =1 \\
0.8 & \times 2 = 1.6 \cdots\cdots\cdots & a_{-4} =1 \\
0.6 & \times 2 = 1.2 \cdots\cdots\cdots & a_{-5} =1 \\
0.2 & \times 2 = 0.4 \cdots\cdots\cdots & a_{-6} =0
\end{array}
$$

所以，（0.725）$_{10}$≈(0.101110)$_2$。

（3）二进制数与八进制数之间的转换

由于 1 位八进制数所能表示的数值等于 3 位二进制数所能表示的数值，即八进制中的 0~7 正好对应 3 位二进制数的 8 种取值 000~111，所以二进制和八进制之间的转换可以按位进行。

二进制数转换成八进制数：以小数点为界，分别往高、往低每 3 位为一组，最后不足 3 位时用 0 补充，然后写出每组对应的八进制字符，即为相应八进制数。

例如，将二进制数 10111101.00111 转换成八进制数。

$$
\begin{array}{ccccc}
010 & 111 & 101. & 001 & 110 \\
| & | & | & | & | \\
2 & 7 & 5. & 1 & 6
\end{array}
$$

所以，(10111101.00111)$_2$=(275.16)$_8$。

八进制数转换成二进制数时，只需将每位八进制数用 3 位二进制数表示，小数点位置保持不变。

例如，将八进制数 451.36 转换成二进制数。

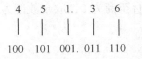

所以，$(451.36)_8 = (100101001.011110)_2$。

（4）二进制数与十六进制数之间的转换

二进制数与十六进制数之间的转换与二进制数与八进制数之间的转换类似，只不过是 4 位的二进制数对应 1 位的十六进制数，即 4 位的二进制数 0000～1111 分别对应十六进制的 0～F。

二进制数转换成十六进制数：以小数点为界，分别往高、往低每 4 位为一组，最后不足 4 位时用 0 补充，然后写出每组对应的十六进制字符。

例如，将二进制数 1010111101.00111 转换成十六进制数。

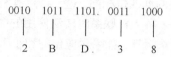

```
0010   1011   1101.  0011   1000
 |      |      |      |      |
 2      B      D.     3      8
```

所以，$(1010111101.00111)_2 = (2BD.38)_{16}$。

十六进制数转换成二进制数时，只需将每位十六进制数用 4 位二进制数表示，小数点位置保持不变。

例如，将十六进制数 4AF.E2 转换成二进制数。

```
4      A      F.     E      2
|      |      |      |      |
0100   1010   1111.  1110   0010
```

所以，$(4AF.E2)_{16} = (010010101111.11100010)_2$。

8.1.2　编码

在数字电路中，具有两种状态的电子元件只能表示 0 和 1 两种数码，这就要求在以数字电路为基础的计算机中处理的文字、数字、图形、声音等信息都要用一组二进制代码来表示。用 n 位二进制数组成 2^n 个不同的代码，可用来表示 2^n 个不同的数据或信息。将一组二进制代码按某种规律排列起来表示给定信息的过程称为编码。

1.十进制数的编码表示

在计算机中，有时要输入、输出大量的数据，而这些数据在计算机中只进行简单的处理，并不需要进行复杂的运算。为了避免输入、输出时二进制数和十进制数之间进行的复杂转换，可以采用一种用二进制数表示十进制数的编码方法，这种编码具有二进制数的表示形式、十进制数的特点。在某些情况下，计算机可以对这种形式表示的数直接进行运算。十进制数编码的方法有多种，常用的有 8421 码和余 3 码，表 8.2 中给出了 8421 码、余 3 码和十进制数之间的对应关系。

表 8.2　　　　　　　　十进制数和 8421 码、余 3 码之间的对应关系

十进制数	8421 码	余 3 码	十进制数	8421 码	余 3 码
0	0000	0011	5	0101	1000
1	0001	0100	6	0110	1001
2	0010	0101	7	0111	1010
3	0011	0110	8	1000	1011
4	0100	0111	9	1001	1100

（1）8421 码

8421 码是最常用的一种有权码，也叫 BCD 码（Binary Coded Decimal）。它是用四位二进制数 0000 到 1001 来表示一位十进制数，每一位都有固定的权。从左到右，各位的权依次为：2^3、2^2、2^1、2^0，即 8、4、2、1。可以看出，8421 码对十进数的十个数字符号的编码表示和二进制数中表示的方法完全一样，但不允许出现 1010 到 1111 这六种编码，因为没有相应的十进制数符号和其对应。

8421 码具有编码简单、直观、表示容易等特点，尤其是和 ASCII 码之间的转换十分方便，十进制数的 8421 码与相应 ASCII 码的低四位相同，这一特点有利于简化输入输出过程中 BCD 码与字符代码的转换。所以 8421 码是一种人机联系时广泛使用的中间形式。

两个 8421 码还可直接进行加法运算，如果对应位的和小于 10，结果还是正确的 8421 码；如果对应位的和大于 9，可以加上 6 校正，仍能得到正确的 8421 码。

8421 码与十进制数之间的转换是按位进行的，即十进制数的每一位与 4 位二进制编码对应。例如

$(1987.35)_{10} = (0001\ 1001\ 1000\ 0111.0011\ 0101)_{BCD 码}$

$(0001\ 0010\ 0000\ 1000)_{BCD 码} = (1208)_{10}$

（2）余 3 码

余 3 码是由 8421 码加上 0011 形成的一种无权码，由于它的每个字符编码比相应 8421 码多 3，故称为余 3 码。余 3 码用 0011 到 1100 这十种编码表示十进制数的十个数字符号。

余 3 码的表示不像 8421 码那样直观，各位也没有固定的权。但余 3 码是一种对 9 的自补码，即将一个余 3 码按位取反，可得到其对 9 的补码，这在某些场合是十分有用的。

两个余 3 码表示的十进制数进行加法运算时，能正确产生进位信号，对和的修正方法是：如果对应位的和小于 10，结果减 3 校正，如果对应位的和大于 9，可以加上 3 校正，最后结果仍是正确的余 3 码。

余 3 码与十进制数之间的转换也是按位进行的。例如

$(256)_{10} = (0101\ 1000\ 1001)_{余 3 码}$

$(1000\ 1001\ 1011\ 1010)_{余 3 码} = (5687)_{10}$

2. 可靠性编码

表示信息的代码在形成、存储和传送过程中，由于某些原因可能会出现错误。为了提高信息的可靠性，需要采用可靠性编码。可靠性编码具有某种特征或能力，使得代码在形成过程中不容易出错，或者在出错时能发现，有的还能纠正错误。

（1）循环码

循环码又叫格雷码（GRAY），具有多种编码形式，但都有一个共同的特点，就是任意两个相邻的循环码仅有一位编码不同。这个特点有着非常重要的意义。例如四位二进制计数器，在从 0101 变成 0110 时，最低两位都要发生变化。当两位不是同时变化时，如最低位先变，次低位后变，就会出现一个短暂的误码 0100。采用循环码表示时，因为只有一位发生变化，就可以避免出现这类错误。

循环码是一种无权码，每一位都按一定的规律循环。表 8.3 给出了一种四位循环码的编码方案。可以看出，任意两个相邻的编码仅有一位不同，而且存在一个对称轴（在 7 和 8 之间），对称轴上边和下边的编码，除最高位是互补外，其余各个数位都是以对称轴为中线镜像对称的。

表 8.3 四位循环码

十进制数	二进制数	循环码	十进制数	二进制数	循环码
0	0000	0000	8	1000	1100
1	0001	0001	9	1001	1101
2	0010	0011	10	1010	1111
3	0011	0010	11	1011	1110
4	0100	0110	12	1100	1010
5	0101	0111	13	1101	1011
6	0110	0101	14	1110	1001
7	0111	0100	15	1111	1000

（2）奇偶校验码

为了提高存储和传送信息的可靠性，广泛使用一种称为校验码的编码。校验码是将有效信息位和校验位按一定的规律编成的码。校验位是为了发现和纠正错误添加的冗余信息位。在存储和传送信息时，将信息按特定的规律编码，在读出和接收信息时，按同样的规律检测，看规律是否被破坏，从而判断是否有错。

奇偶校验码是一种最简单的校验码。它的编码规律是在有效信息位上添加一位校验位，使编码中 1 的个数是奇数或偶数。编码中 1 的个数是奇数的称为奇校验码，1 的个数是偶数的称为偶校验码。

奇偶校验码在编码时可根据有效信息位中 1 的个数决定添加的校验位是 1 还是 0，校验位可添加在有效信息位的前面，也可以添加在有效信息位的后面。表 8.4 给出了数字 0～9 的 BCD 码的奇校验码和偶校验码，校验位是添加在 BCD 码的前面。

表 8.4 数字 0～9 的 BCD 码的奇校验码和偶校验码

十进制数	BCD 码	奇校验码	偶校验码
0	0000	10000	00000
1	0001	00001	10001
2	0010	00010	10010
3	0011	10011	00011
4	0100	00100	10100
5	0101	10101	00101
6	0110	10110	00110
7	0111	00111	10111
8	1000	01000	11000
9	1001	11001	01001

在读出和接收到奇偶校验码时，检测编码中 1 的个数是否符合奇偶规律，如不符合则是有错。奇偶校验码可以发现错误，但不能纠正错误。其次，这种编码只能发现单错，不能发现双错，但是由于单错的概率远远大于双错，所以还是很有实用价值的。加上它编码简单，容易实现，因此在数字系统中被广泛采用。

3. ASCII 码

在计算机处理的数据中，有许多是字符型数据，如英文字母、标点符号、数学运算符号等。

这些字符型数据在计算机中也是以二进制编码形式表示的。下面着重介绍 ASCII 码字符在计算机内的表示。

ASCII 码是美国国家信息交换标准代码（American National Standard Code for Information Interchange）的简称，是当前计算机中使用最广泛的一种字符编码，主要用来为英文字符编码。当用户将包含英文字符的源程序、数据文件、字符文件从键盘上输入到计算机中时，计算机接收并存储的就是 ASCII 码。

ASCII 码包含 52 个大、小写英文字母，10 个十进制数字字符，32 个标点符号、运算符号、特殊符号，还有 34 个不可显示打印的控制字符编码，一共是 128 个编码。表 8.5 给出了标准的 7 位 ASCII 码字符表。从表中可看出 ASCII 码分为两类。一类是字符编码，这类编码代表的字符可以显示打印。另一类编码是控制字符编码，每个都有特定的含义，起控制功能。

表 8.5　　　　　　　　　　　　　　标准 ASCII 码字符表

低位＼高位	000	001	010	011	100	101	110	111
0000	NUL	DLE	SP	0	@	P	`	p
0001	SOH	DC1	!	1	A	Q	a	q
0010	STX	DC2	"	2	B	R	b	r
0011	ETX	DC3	#	3	C	S	c	s
0100	EOT	DC4	$	4	D	T	d	t
0101	ENQ	NAK	%	5	E	U	e	u
0110	ACK	SYN	&	6	F	V	f	v
0111	BEL	ETB	'	7	G	W	g	w
1000	BS	CAN	(	8	H	X	h	x
1001	HT	EM	)	9	I	Y	i	y
1010	LF	SUB	*	:	J	Z	j	z
1011	VT	ESC	+	;	K	[	k	{
1100	FF	PS	,	<	L	\	l		
1101	CR	GS	-	=	M	}	m	]
1110	SO	RS	.	>	n	^	n	~
1111	SI	US	/	?	O	_	o	DEL

在表 8.5 中控制字符的含义如下。

NUL	空白	SOH	序始	STX	文始	ETX	文终
EOT	送毕	ENQ	询问	ACK	承认	BEL	告警
BS	退格	HT	横表	LF	换行	VT	纵表
FF	换页	CR	回车	SO	移出	SI	移入
SP	间隔	DLE	转义	DC1	机控 1	DC2	机控 2
DC3	机控 3	DC4	机控 4	NAK	否认	SYN	同步
ETB	组终	CAN	作废	EM	载终	SUB	取代
ESC	扩展	FS	卷隙	GS	群隙	RS	录隙
US	元隙	DEL	删除				

8.2 逻辑代数及其运算

和普通代数一样，在逻辑代数中也有变量和常量。逻辑代数中的变量称为逻辑变量，一般用大写字母 A、B、C、…表示，其代表的值在逻辑运算中可以发生变化。常量称为逻辑常量，它们在逻辑运算中不发生变化。但是，逻辑代数又和普通代数有着本质的区别，它是一种二值代数，变量和常量的取值只有两种可能，即 0 和 1。但必须指出，这里的逻辑 0 和 1 本身并没有数值意义，它们并不代表数量的大小，仅用来表示所研究问题的两种可能性，代表事物矛盾双方的两种状态。如电平的高与低，电流的有与无，命题的真与假，事情的是与非。

8.2.1 基本逻辑运算

在逻辑代数中，有三种最基本的运算，这就是逻辑与、逻辑或、逻辑非运算，其运算规则是按照"逻辑"规则来定义的。使用这三种基本的逻辑运算可以完成任何复杂的逻辑运算功能。

1. 逻辑与运算

逻辑与运算也叫逻辑乘，简称与运算，通常用符号"$\cdot$"、"$\wedge$"来表示，在计算机程序设计语言中也用"And"表示。它表示这样一种逻辑关系：只有当决定一个事件结果的所有条件同时具备时，结果才能发生。例如在图 8.1 所示的串联开关电路中，只有在开关 A 和 B 都闭合的条件下，灯 F 才亮，这种灯亮与开关闭合的关系就称为与逻辑。如果设开关 A、B 闭合为 1，断开为 0，设灯 F 亮为 1，灭为 0，则灯和开关之间的逻辑关系可用下面的逻辑表达式表示。

$$F = A \cdot B \quad 或 \quad F = A \wedge B$$

上式读作 F 等于 A 与 B。有时为了书写方便，在不会产生二义性的前提下，与运算符号也可以省略，即写成

$$F = AB$$

在逻辑表达式中，等号左边的逻辑变量和等号右边的逻辑变量存在着一一对应的关系，即当逻辑变量 A 和 B 取任意一组确定值后，逻辑变量 F 的值也被唯一地确定了。和普通代数类似，逻辑变量 A 和 B 称为自变量，F 称为因变量，描述因变量和自变量之间的关系称为逻辑函数。逻辑函数可以用逻辑表达式、真值表、逻辑电路、卡诺图等方法表示。

所谓真值表，就是将自变量的各种可能的取值组合与其因变量的值一一列出来的表格。真值表在以后的逻辑电路分析和设计中是十分有用的。逻辑与运算也可以用表 8.6 所示的真值表来描述。

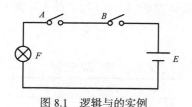

图 8.1 逻辑与的实例

表 8.6 与运算真值表

A	B	F
0	0	0
0	1	0
1	0	0
1	1	1

当逻辑变量取不同值时，与运算的规则为

$$0 \cdot 0 = 0 \qquad 0 \cdot 1 = 0$$
$$1 \cdot 0 = 0 \qquad 1 \cdot 1 = 1$$

对与运算分析可得出结论：在参加运算的两个逻辑变量中，只要有一个为 0（False），则结果为 0（False），只有两个逻辑变量都为 1（True）时，结果才为 1（True）。这一结论也适合于有多个变量参加的与运算。

与运算的例子在日常生活中经常会遇到，例如，要在人事档案数据库中查找一位具有大学学历、高级工程师职称的处长，则学历 = "大学"、职称 = "高级工程师"、职务 = "处长"这三个条件就是与的关系，要查找的这个人必须同时满足这三个条件才行。

数字电路的输入和输出一般用高电平和低电平来表示，正好对应逻辑代数中的 0 和 1。由于数字电路的输入和输出之间存在着逻辑关系，所以可以用逻辑函数来描述，并称为逻辑电路。

能实现基本逻辑运算的电路称为门电路，用基本的门电路可以构成复杂的逻辑电路，完成任何逻辑运算功能，这些逻辑电路是构成计算机及其他数字系统的重要基础。

实现与逻辑的单元电路称为与门，其逻辑符号如图 8.2 示。与门电路具有两个或两个以上的输入端和一个输出端，符合与运算规则。当输入端只要有一个为低电平时，输出端就为低电平；只有输入端全是高电平时，输出端才是高电平。

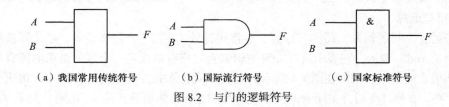

（a）我国常用传统符号　　　（b）国际流行符号　　　（c）国家标准符号

图 8.2　与门的逻辑符号

2．逻辑或运算

逻辑或运算也叫逻辑加运算，简称或运算，通常用符号" + "、" $\vee$ "来表示，在计算机程序设计语言中也用"Or"表示。它表示这样一种逻辑关系：决定一个事件结果的所有条件中只要有一个具备，则结果就能发生。如图 8.3 所示为逻辑或的实例，灯 F 亮的条件是只要有一个开关或一个以上的开关接通就可以。灯和开关之间的逻辑关系可用下式表示

$$F = A + B \quad \text{或} \quad F = A \vee B$$

上式读作 F 等于 A 或 B。

当逻辑变量取不同值时，逻辑或运算的规则为

$$0 + 0 = 0 \qquad 0 + 1 = 1$$
$$1 + 0 = 1 \qquad 1 + 1 = 1$$

或运算的真值表如表 8.7 所示。对或运算分析可得出结论：在参加运算的两个变量中，只要有一个为 1（True），则结果为 1（True），只有两个变量都为 0（False）时，结果才为 0（False ）。这一结论也适合于有多个变量参加的或运算。

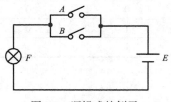

图 8.3　逻辑或的例子

表 8.7　　或运算真值表

A	B	F
0	0	0
0	1	1
1	0	1
1	1	1

或门电路用图 8.4 所示的逻辑符号表示。或门电路也具有两个或两个以上的输入端和一个输出端，符合或运算规则。当输入端有一个或一个以上为高电平时，输出端就为高电平；只有输入端全是低电平时，输出端才为低电平。

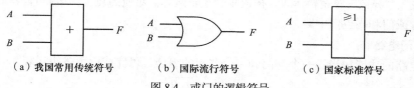

（a）我国常用传统符号　　　　（b）国际流行符号　　　　（c）国家标准符号

图 8.4　或门的逻辑符号

或运算的例子在日常生活中也会经常遇到，如要在人事档案数据库中查找一位具有大学学历或高级工程师职称的职工，则对这两个条件来说，大学学历和工程师职称就是或的关系，即满足大学学历或者满足工程师职称都可以。当然，两个条件都满足也可以。

3. 逻辑非运算

逻辑非运算也叫取反运算，简称非运算，通常在逻辑变量的上面加"￣"来表示非运算，在计算机程序设计语言中则用"Not"表示。它表示这样一种逻辑关系：结果是对条件的否定。图 8.5 反映了灯 F 和开关 A 之间的非运算关系。如果闭合开关，灯则不亮；如果断开开关，灯则会亮。设 A、F 分别为逻辑变量，则非运算的表达式可写成以下形式

$$F = \overline{A}$$

上式读作 F 等于 A 非。

非运算的规则十分简单，只有下面两条

$$\overline{0} = 1 \qquad \overline{1} = 0$$

非运算的真值表如表 8.8 所示。当变量取值为 1（True）时，结果为 0（False）；当变量取值为 0（False）时，结果为 1（True）。

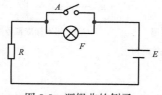

图 8.5　逻辑非的例子

表 8.8　非运算真值表

A	F
0	1
1	0

非门电路用图 8.6 所示的逻辑符号表示。非门电路具有一个输入端和一个输出端，符合非运算规则。当输入端是低电平时，输出端是高电平；而输入端是高电平时，输出端是低电平。

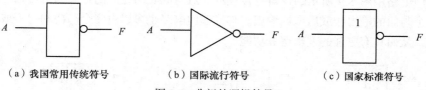

（a）我国常用传统符号　　　　（b）国际流行符号　　　　（c）国家标准符号

图 8.6　非门的逻辑符号

非运算的例子在数据库操作中也会遇到。当在数据库进行查找操作时，如已查到数据库的末尾仍没有找到，就应停止查找并给出信息。如设变量 A 代表数据库记录指针是否指向库末尾，当指针指向数据库末尾时，A 为真，否则为假，则停止查找操作的条件是数据库指针指到数据库的末尾。

8.2.2 复合逻辑

"与"、"或"、"非"三种基本逻辑运算按不同的方式组合，还可以构成"与非"、"或非"、"与或非"、"同或"、"异或"等逻辑运算，构成复合逻辑运算。对应的复合门电路有与非门、或非门、与或非门、异或门和同或门电路。

1. 与非门电路

与非门电路的功能相当于一个与门和一个非门的组合，可完成以下逻辑运算

$$F = \overline{A \cdot B}$$

与非门电路用图 8.7 所示的逻辑符号表示。与非门的功能正好和与门相反，仅当所有的输入端是高电平时，输出端才是低电平。

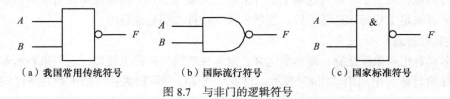

（a）我国常用传统符号　　　　（b）国际流行符号　　　　（c）国家标准符号

图 8.7　与非门的逻辑符号

2. 或非门电路

或非门电路的功能相当于一个或门和一个非门的组合，可完成以下逻辑运算

$$F = \overline{A + B}$$

或非门电路用图 8.8 所示的逻辑符号表示。或非门的功能正好和或门相反，仅当所有的输入端是低电平时，输出端才是高电平。

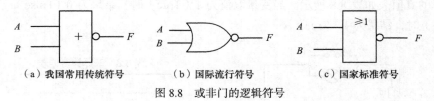

（a）我国常用传统符号　　　　（b）国际流行符号　　　　（c）国家标准符号

图 8.8　或非门的逻辑符号

3. 与或非门电路

与或非门电路的功能相当于两个与门、一个或门和一个非门的组合，可完成以下逻辑表达式的运算

$$F = \overline{AB + CD}$$

与或非门电路用图 8.9 所示的逻辑符号表示。对与或非门完成的运算分析可知，与或非门的功能是将两个与门的输出相或后取反输出。与或非门电路也可以由多个与门和一个或门、一个非门组合而成，从而具有更强的逻辑运算功能。

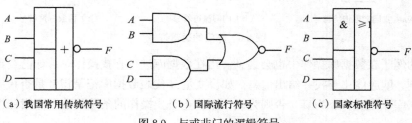

（a）我国常用传统符号　　　　（b）国际流行符号　　　　（c）国家标准符号

图 8.9　与或非门的逻辑符号

以上三种复合门电路都允许有两个以上的输入端。

4. 异或门电路

异或门电路可以完成逻辑异或运算，运算符号用"⊕"表示。异或运算逻辑表达式为

$$F = A \oplus B$$

异或运算的规则如下

$$0 \oplus 0 = 0 \qquad 0 \oplus 1 = 1$$
$$1 \oplus 0 = 1 \qquad 1 \oplus 1 = 0$$

对异或运算的规则分析可得出结论：当两个变量取值相同时，运算结果为 0；当两个变量取值不同时，运算结果为 1。如推广到多个变量异或时，当变量中 1 的个数为偶数时，运算结果为0；1 的个数为奇数时，运算结果为 1。

异或门电路用图 8.10 所示的逻辑符号表示。需要指出的是，异或运算也可以用与、或、非运算的组合完成，表 8.9 说明逻辑表达式：$F = A\bar{B} + \bar{A}B$ 也可完成异或运算。

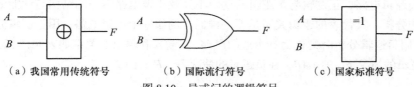

（a）我国常用传统符号　　　　（b）国际流行符号　　　　（c）国家标准符号

图 8.10　异或门的逻辑符号

表 8.9　　　　　　　　　　　　　　　　　　　异或运算真值表

A	B	$F = A \oplus B$	$F = A\bar{B} + \bar{A}B$
0	0	0	0
0	1	1	1
1	0	1	1
1	1	0	0

逻辑异或运算也是一种常用的逻辑运算，如奇偶校验码就是用异或门电路实现校验的，补码加减运算的溢出判断也是用异或门电路实现的。

从异或运算的基本规则还可推出下列一组常用公式。

$$A \oplus 0 = A \qquad\qquad A \oplus 1 = \bar{A}$$
$$A \oplus A = 0 \qquad\qquad A \oplus \bar{A} = 1$$
$$A \oplus B = B \oplus A \qquad A \oplus (B \oplus C) = (A \oplus B) \oplus C$$
$$A(B \oplus C) = AB \oplus AC$$

以上公式都可以用真值表加以证明。

5. 同或门电路

同或门电路用来完成逻辑同或运算，运算符号是"⊙"。同或运算的逻辑表达式为

$$F = A \odot B$$

同或逻辑运算正好和异或逻辑运算相反，同或运算的规则如下

$$0 \odot 0 = 1 \qquad\qquad 0 \odot 1 = 0$$
$$1 \odot 0 = 0 \qquad\qquad 1 \odot 1 = 1$$

对同或运算的规则分析可得出结论：当两个变量取值不同时，运算结果为 0；当两个变量取值相同时，运算结果为 1。可见，同或逻辑和异或逻辑互为反函数。还可证明，同或逻辑和异或

逻辑互为对偶函数。同或门电路用图 8.11 所示的逻辑符号表示。

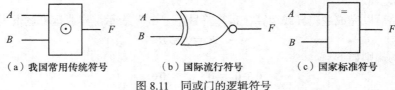

（a）我国常用传统符号　　　　（b）国际流行符号　　　　（c）国家标准符号

图 8.11　同或门的逻辑符号

8.2.3　正逻辑和负逻辑

在设计逻辑电路时，通常规定高电平代表 1，低电平代表 0，是正逻辑。如果规定高电平代表 0，低电平代表 1，则称为负逻辑。在前面介绍的逻辑电路均以正逻辑为例，在以后如不专门声明时，指的都是正逻辑。

对同一个逻辑电路，正逻辑与负逻辑的规定不涉及逻辑电路本身的结构与性能的好坏，但从不同的规定去分析，其代表的逻辑关系是不一样的。例如一个逻辑电路，用正逻辑分析时是一个与门电路，而用负逻辑分析时则成为一个或门电路，其输入和输出的关系如表 8.10 所示。从表 8.10 看出，在正逻辑的情况下，$F = AB$，在负逻辑的情况下，$F = A + B$。

表 8.10　　　　　　　　　　　　　正逻辑与和负逻辑或关系表

A			B			F		
电平	正逻辑	负逻辑	电平	正逻辑	负逻辑	电平	正逻辑	负逻辑
低	0	1	低	0	1	低	0	1
低	0	1	高	1	0	低	0	1
高	1	0	低	0	1	低	0	1
高	1	0	高	1	0	高	1	0

负逻辑门的逻辑符号和正逻辑门的逻辑符号画法一样，但要在输入端和输出端分别加上一个小圆圈或一个小三角，以便和正逻辑门区分。

8.3　逻辑代数的基本公式和规则

逻辑代数有和普通代数类似的运算规则，也有自己特殊的运算规则。依据逻辑与、逻辑或、逻辑非这三种最基本的逻辑运算规则，可得出在逻辑运算中使用的基本公式和三个重要的运算规则。

8.3.1　逻辑代数的基本公式

（1）0-1 律

$$A + 1 = 1 \qquad A \cdot 0 = 0$$

（2）自等律

$$A + 0 = A \qquad A \cdot 1 = A$$

（3）互补律

$$A \cdot \overline{A} = 0 \qquad A + \overline{A} = 1$$

（4）交换律

$$A + B = B + A \qquad A \cdot B = B \cdot A$$

（5）结合律

$$A + (B + C) = (A + B) + C \qquad A \cdot (B \cdot C) = (A \cdot B) \cdot C$$

（6）分配律

$$A + B \cdot C = (A + B) \cdot (A + C) \qquad A \cdot (B + C) = A \cdot B + A \cdot C$$

（7）吸收律

$$A + A \cdot B = A \qquad A \cdot (A + B) = A$$
$$A + \overline{A} \cdot B = A + B \qquad A \cdot (\overline{A} + B) = A \cdot B$$

（8）重叠律

$$A + A = A \qquad A \cdot A = A$$

（9）反演律

$$\overline{A \cdot B} = \overline{A} + \overline{B} \qquad \overline{A + B} = \overline{A} \cdot \overline{B}$$

（10）还原律

$$\overline{\overline{A}} = A$$

（11）包含律

$$AB + \overline{A}C + BC = AB + \overline{A}C$$
$$(A + B) \cdot (\overline{A} + C) \cdot (B + C) = (A + B) \cdot (\overline{A} + C)$$

可以看出，除还原律外所有公式都是成对出现的，有的公式和普通代数中的公式完全一样，如结合律、交换律，但大部分公式是不一样的。这些公式对逻辑表达式化简和进行逻辑变换，都是十分有用的。

以上公式都可以按逻辑与、逻辑或、逻辑非的运算规则用真值表加以证明，表 8.11 给出了分配律的证明，从表 8.11 可看出，分配律是正确的。有的公式，如吸收律、包含律还可用逻辑代数的方法证明。

表 8.11　　　　　　　　　　　用真值表证明分配律

A	B	C	$F = A + BC$	$F = (A + B) \cdot (A + C)$	$F = A \cdot (B + C)$	$F = AB + AC$
0	0	0	0	0	0	0
0	0	1	0	0	0	0
0	1	0	0	0	0	0
0	1	1	1	1	0	0
1	0	0	1	1	0	0
1	0	1	1	1	1	1
1	1	0	1	1	1	1
1	1	1	1	1	1	1

例 8.1　证明：$A + AB = A$，$A \cdot (A + B) = A$

证：　$A + AB = A \cdot (1 + B) = A \cdot 1 = A$

　　　$A \cdot (A + B) = A + AB = A$

例 8.2　证明：$AB + \overline{A}C + BC = AB + \overline{A}C$

证：$AB+\overline{A}C+BC=AB+\overline{A}C+(\overline{A}+A)\cdot BC$

$\qquad\qquad\qquad =AB+\overline{A}C+\overline{A}BC+ABC$

$\qquad\qquad\qquad =AB\cdot(1+C)+\overline{A}C\cdot(1+B)$

$\qquad\qquad\qquad =AB+\overline{A}C$

8.3.2 逻辑代数的三个重要运算规则

逻辑代数有三个重要的运算规则，即代入规则、反演规则和对偶规则。这三个规则在逻辑函数的化简和变换中是十分有用的。

1. 代入规则

代入规则是指：将逻辑等式中的一个逻辑变量用一个逻辑函数代替，则逻辑等式仍然成立。这是因为任何一个逻辑函数和逻辑变量一样，只有 0 和 1 两种取值，所以用逻辑函数代替逻辑变量后，逻辑等式肯定成立。使用代入规则，可以容易地证明许多等式，扩大基本公式的应用范围。

例 8.3 已知等式 $A\cdot(B+C)=AB+AC$，试证用逻辑函数 $F=D+E$ 代替等式中的变量 B 后，等式依然成立。

证：左 $=A\cdot(B+C)=A\cdot((D+E)+C)$

$\qquad\quad =A\cdot(D+E+C)=AD+AE+AC$

右 $=AB+AC=A\cdot(D+E)+AC\ =AD+AE+AC$

例 8.4 已知等式 $\overline{A+B}=\overline{A}\cdot\overline{B}$，试用 $F=B+C$ 代替等式中的 B。

解： $\overline{A+(B+C)}=\overline{A}\cdot\overline{(B+C)}$

$\qquad \overline{A+B+C}=\overline{A}\cdot(\overline{B}\cdot\overline{C})$

$\qquad \overline{A+B+C}=\overline{A}\cdot\overline{B}\cdot\overline{C}$

利用代入规则可以将逻辑代数定理中的变量用任意函数代替，从而推导出更多的等式。这些等式可直接当作公式使用，无需另加证明。上式说明，对三个变量反演律也成立，进一步可推广到多变量的反演律也成立，即

$$\overline{X_1+X_2+X_3+\cdots+X_n}=\overline{X}_1\cdot\overline{X}_2\cdot\overline{X}_3\cdot\ \cdots\ \cdot\overline{X}_n$$

$$\overline{X_1\cdot X_2\cdot X_3\cdot\ \cdots\ \cdot X_n}=\overline{X}_1+\overline{X}_2+\overline{X}_3+\cdots\ +\overline{X}_n$$

特别需要注意，使用代入规则时，必须将等式中所有出现同一变量的地方均以同一函数代替，否则代入后的等式将不成立。

2. 反演规则

如果将逻辑函数 F 的表达式中所有的"·"都换成"$+$"，"$+$"都换成"·"，常量"1"都换成"0"，"0"都换成"1"，原变量都换成反变量，反变量都换成原变量，并保持原函数中的运算顺序不变，则得到的新的逻辑函数就是原函数 F 的反函数 $\overline{F}$。

反演规则实际上是反演律的推广，利用反演规则可以很方便地求出一个逻辑函数的反函数。在使用反演规则时要注意以下两点：

（1）不能破坏原表达式的运算顺序，先括号里的，后括号外的，非运算的优先级最高，其次是与运算，优先级最低的是或运算；

（2）不属于单变量上的非运算符号应当保留不变。

例 8.5 求逻辑函数 $F=\overline{A}+\overline{B}\cdot(\overline{C}+\overline{D}E)$ 的反函数。

解： 根据反演规则有：$\overline{F}=A\cdot[B+C\cdot(D+\overline{E})]$

而不应该是 $\overline{F}=A\cdot B+C\cdot D+\overline{E}$

例 8.6　求逻辑函数 $F=\overline{AB+C}+\overline{C}D$ 的反函数。

解：根据反演规则有：$\overline{F}=\overline{(\overline{A}+\overline{B})\cdot\overline{C}}\cdot(C+\overline{D})$

3. 对偶规则

如果将逻辑函数 F 的表达式中所有的"·"都换成"+"，"+"都换成"·"，常量"1"都换成"0"，"0"都换成"1"，而变量都保持不变，则得到的新的逻辑函数就是原函数 F 的对偶式，记为 F'。

在使用对偶规则时也要注意运算的优先顺序不能改变，表达式中的非运算符号也不能改变。

例 8.7　求逻辑函数 $F=\overline{A\cdot B\cdot C}$ 的对偶式。

解：根据对偶规则有：$F'=\overline{A+B+C}$

例 8.8　求逻辑函数 $F=A\overline{B}+\overline{(C+D)\cdot E}$ 的对偶式。

解：根据对偶规则有：$F'=(A+\overline{B})\cdot\overline{(CD+E)}$

利用对偶规则很容易写出一个逻辑函数的对偶式。如果证明了某逻辑表达式的正确性，其对偶式也是正确的，就不用再证明了。由于逻辑代数的基本公式除还原律外都是成对出现的，且互为对偶式，使用对偶规则可以使基本公式的证明减少一半。

8.4　逻辑函数的化简

逻辑函数表达式和逻辑电路是一一对应的，表达式越简单，用逻辑电路去实现也越简单。通常，从逻辑问题直接归纳出的逻辑函数表达式不一定是最简单的形式，需要进行分析、化简，找出最简表达式。

在传统的设计方法中，最简表达式的标准应该是表达式中的项数最少，每项含的变量也最少。这样用逻辑电路去实现时，用的逻辑门最少，每个逻辑门的输入端也最少，并可提高逻辑电路的可靠性和速度。

在现代的设计方法中，多采用可编程的逻辑器件进行逻辑电路的设计。设计并不一定要追求最简单的逻辑函数表达式，而是追求设计简单方便、可靠性好、效率高。但是，逻辑函数的化简仍是需要掌握的重要基础技能。

逻辑函数的化简方法有多种，最常用的方法是逻辑代数化简法和卡诺图化简法。

8.4.1　逻辑函数的代数化简法

逻辑代数化简法就是利用逻辑代数的基本公式和规则对给定的逻辑函数表达式进行化简。由于一个逻辑函数可以有多种表达形式，而最基本的是与或表达式。如果有了最简与或表达式，通过逻辑代数的基本公式进行变换，就可以得到其他形式的最简表达式。

采用逻辑代数法化简，不受逻辑变量个数的限制，但要求能熟练掌握逻辑代数的公式和规则，具有较强的化简技巧。常用的逻辑代数化简法有并项法、吸收法、消去法和配项法。

1. 并项法

并项法是利用公式 $A+\overline{A}=1$，把两项并成一项进行化简。例如

$$F=AB\overline{C}D+\overline{AB}\,\overline{C}D$$
$$=(AB+\overline{AB})\cdot\overline{C}D=\overline{C}D$$

$$F = \overline{A}BC + \overline{A}B\overline{C} = \overline{A}B(C + \overline{C}) = \overline{A}B$$

2. 吸收法

吸收法是利用公式 $A + AB = A$，吸收多余的与项进行化简。例如

$$F = \overline{A} + \overline{A}BC + \overline{A}BD + \overline{A}E = \overline{A} \cdot (1 + BC + BD + E) = \overline{A}$$

$$F = \overline{A}B + \overline{A}B\overline{C} = \overline{A}B$$

3. 消去法

消去法是利用公式 $A + \overline{A}B = A + B$，消去与项中多余的因子进行化简。例如

$$F = A + \overline{A}B + \overline{B}C + \overline{C}D = A + B + \overline{B}C + \overline{C}D$$

$$= A + B + C + \overline{C}D = A + B + C + D$$

$$F = AB + \overline{A}\overline{C} + \overline{B}\overline{C} = AB + (\overline{A} + \overline{B}) \cdot \overline{C} = AB + \overline{AB}\overline{C} = AB + \overline{C}$$

4. 配项法

配项法是利用公式 $A + \overline{A} = 1$，把一个与项变成两项再和其他项合并，有时也添加 $A \cdot \overline{A} = 0$ 等多余项进行化简。例如

$$F = A\overline{B} + B\overline{C} + \overline{B}C + \overline{A}B$$

$$= A\overline{B} + B\overline{C} + (A + \overline{A}) \cdot \overline{B}C + \overline{A}B \cdot (C + \overline{C})$$

$$= A\overline{B} + B\overline{C} + A\overline{B}C + \overline{A}\,\overline{B}C + \overline{A}BC + \overline{A}B\overline{C}$$

$$= A\overline{B} + B\overline{C} + \overline{A}C$$

$$F = A\overline{B} + \overline{A} \cdot \overline{AB} = A\overline{B} + \overline{A} \cdot \overline{A}\,\overline{B} + A \cdot \overline{A}$$

$$= A \cdot (\overline{A} + \overline{B}) + \overline{A} \cdot \overline{A}\,\overline{B}$$

$$= A \cdot \overline{AB} + \overline{A} \cdot \overline{AB} = \overline{AB} \cdot (A + \overline{A}) = \overline{AB}$$

实际应用中遇到的逻辑函数往往比较复杂，化简时应灵活使用所学的定理及规则，综合运用各种方法。

例 8.9 化简 $F = BC + D + \overline{D} \cdot (\overline{B} + \overline{C}) \cdot (AD + B\overline{C})$

解：

$$F = BC + D + \overline{D} \cdot (\overline{B} + \overline{C}) \cdot (AD + B\overline{C})$$

$$= BC + D + (\overline{B} + \overline{C}) \cdot (AD + B\overline{C})$$

$$= BC + D + \overline{BC} \cdot (AD + B\overline{C})$$

$$= BC + D + AD + B\overline{C}$$

$$= B + D$$

例 8.10 化简 $F = \overline{\overline{A}(B + \overline{C})}(A + \overline{B} + C)\overline{\overline{A}\,\overline{B}\,\overline{C}}$

解：

$$F = \overline{\overline{A}(B + \overline{C})} \cdot (A + \overline{B} + C)\overline{\overline{A}\,\overline{B}\,\overline{C}}$$

$$= (A + \overline{B + \overline{C}})(A + \overline{B} + C)(A + B + C)$$

$$= (A + \overline{B}C) \cdot (A + C)$$

$$= A + \overline{B}CC$$

$$= A + \overline{B}C$$

8.4.2　卡诺图化简法

卡诺图是逻辑函数的又一种表示方法，简称 K 图。它是一种根据最小项之间的相邻关系画出的一种方格图，每个小方格代表逻辑函数的一个最小项。由于卡诺图能形象地表示最小项之间的相邻关系，采用相邻项不断合并的方法就能对逻辑函数进行化简。卡诺图化简法简单、直观、有规律可循，当变量较少时，用来化简逻辑函数是十分方便的。

1. 最小项和最小项表达式

（1）最小项

如果一个具有 n 个变量的逻辑函数的"与项"包含全部 n 个变量，每个变量以原变量或反变量的形式出现，且仅出现一次，则这种"与项"被称为最小项。

对两个变量 A、B 来说，可以构成 4 个最小项：$\overline{A}\,\overline{B}$、$\overline{A}B$、$A\overline{B}$、$AB$；对三个变量 A、B、C 来说，可构成 8 个最小项：$\overline{A}\,\overline{B}\,\overline{C}$、$\overline{A}\,\overline{B}C$、$\overline{A}B\overline{C}$、$\overline{A}BC$、$A\overline{B}\,\overline{C}$、$A\overline{B}C$、$AB\overline{C}$、$ABC$；同理，对 n 个变量来说，可以构成 2^n 个最小项。

为了叙述和书写方便，通常用符号 m_i 表示最小项，i 是最小项的编号，是一个十进制数。编号 i 的确定方法是，将最小项中的变量按顺序 A、B、C、D …排列后，原变量用 1 表示，反变量用 0 表示，得到 1 组二进制数，其对应的十进制数就是该最小项的编号。例如，对三变量的最小项来说，ABC 的编号是 7，$A\overline{B}C$ 的编号是 5。表 8.12 给出了三变量逻辑函数的最小项真值。

表 8.12　　　　　　　　　　　　　　三变量逻辑函数的最小项真值

变	量		最　小　项　取　值							
A	B	C	m_0	m_1	m_2	m_3	m_4	m_5	m_6	m_7
0	0	0	1	0	0	0	0	0	0	0
0	0	1	0	1	0	0	0	0	0	0
0	1	0	0	0	1	0	0	0	0	0
0	1	1	0	0	0	1	0	0	0	0
1	0	0	0	0	0	0	1	0	0	0
1	0	1	0	0	0	0	0	1	0	0
1	1	0	0	0	0	0	0	0	1	0
1	1	1	0	0	0	0	0	0	0	1

对表 8.12 进行分析，可知最小项有如下性质。

① 仅有一组变量的取值能使某个最小项的取值为 1，其他组变量的取值全部使该最小项的取值为 0。

② 任意两个不同最小项的逻辑与恒为 0，即

$$m_i \cdot m_j = 0 \quad (i \neq j)$$

③ 对 n 个变量的最小项，每个最小项有 n 个相邻项。相邻项是指两个最小项仅有一个变量互为相反变量，如最小项 ABC 的相邻项是 $\overline{A}BC$、$A\overline{B}C$、$AB\overline{C}$。

以上性质是显而易见的。例如，当变量 A、B、C 的取值都是 1 时，最小项 m_7 的值为 1，其他最小项的取值都是 0；当变量 A、B、C 取值不都是 1 时，最小项 m_7 的值肯定为 0，而其他最小项必有一个取值为 1。当任意两个最小项相与时，不论变量取何值，两个最小项中至少有一个取值为 0，其相与的结果必然恒为 0。

（2）最小项表达式

如果一个逻辑函数表达式是由最小项构成的与或式，则这种表达式称为逻辑函数的最小项表达式，也叫标准与或式。例如

$$F = \overline{A}BC\overline{D} + ABC\overline{D} + ABCD$$

是一个四变量的最小项表达式。

对一个最小项表达式可以采用简写的方式，例如

$$F(A,B,C) = \overline{A}\,\overline{B}\,\overline{C} + \overline{A}B\overline{C} + A\overline{B}C + ABC$$
$$= m_0 + m_2 + m_5 + m_7$$
$$= \sum m\,(0, 2, 5, 7)$$

要写出一个逻辑函数的最小项表达式，可以有多种方法，但最简单的方法是先给出逻辑函数的真值表，将真值表中能使逻辑函数取值为 1 的各个最小项相或就可以了。

例 8.11 已知三变量逻辑函数 $F = AB + BC + AC$，写出 F 的最小项表达式。

解： 首先画出 F 的真值表，如表 8.13 示，将表中能使 F 为 1 的最小项相或可得下式

$$F = \overline{A}BC + A\overline{B}C + AB\overline{C} + ABC$$
$$= \sum m\,(3, 5, 6, 7)$$

表 8.13 $F = AB + BC + AC$ 的真值表

A	B	C	$F = AB + BC + AC$
0	0	0	0
0	0	1	0
0	1	0	0
0	1	1	1
1	0	0	0
1	0	1	1
1	1	0	1
1	1	1	1

2. 卡诺图的构成

由于 n 个变量的逻辑函数有 2^n 个最小项，每个最小项对应一个小方格，所以，n 个变量的卡诺图由 2^n 个小方格构成。这些小方格按一定的规则排列，使每两个相邻的小方格代表的最小项都是相邻项。

（1）二变量卡诺图

两个变量 A、B 可构成 4 个最小项，用四个相邻的小方格表示，如图 8.12（a）所示。变量 A 为一组，表示在卡诺图的上边线，用来表示小方格的列，第一列小方格表示 $\overline{A}$，第二列小方格表示 A；变量 B 为另一组，表示在卡诺图的左边线，用来表示小方格的行，第一行小方格表示 $\overline{B}$，第二行小方格表示 B。如果原变量用 1 表示，反变量用 0 表示，在卡诺图上行和列的交叉处的小方格就是输入变量取值对应的最小项。如每个最小项用符号表示，则卡诺图如图 8.12（b）所示，最小项也可以简写成编号，如图 8.12（c）所示。

（2）三变量卡诺图

三个变量 A、B、C 可构成 8 个最小项，用 8 个相邻的小方格表示，如最小项用符号表示，三变量卡诺图如图 8.13（a）所示。变量 A、B 为一组，表示在卡诺图的上边线，标注按两位循环码

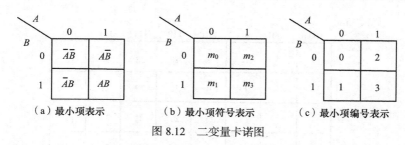

（a）最小项表示　　　（b）最小项符号表示　　　（c）最小项编号表示

图 8.12　二变量卡诺图

排列，即：00，01，11，10，变量 C 为另一组，表示在卡诺图的左边线，第一行小方格表示 $\bar{C}$，第二行小方格表示 C。如果最小项简写成编号，如图 8.13（b）所示。

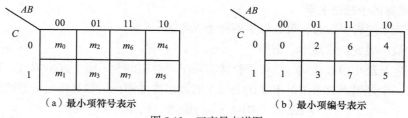

（a）最小项符号表示　　　　　　　　　　（b）最小项编号表示

图 8.13　三变量卡诺图

从图 8.13 可看出，三变量卡诺图是以二变量卡诺图为基础，以二变量卡诺图的右边线为对称轴作一个对称图形得到的。在三变量的卡诺图上，除任意两个相邻的列是相邻的外，还要注意最左边一列和最右边一列也是相邻的。

（3）四变量卡诺图

四个变量 A、B、C、D 可构成 16 个最小项，用 16 个相邻的小方格表示，四变量卡诺图如图 8.14 所示。变量 A、B 为一组，表示在卡诺图的上边线。变量 C、D 为另一组，表示在卡诺图的左边线，都按循环码排列，即 00，01，11，10。

从图 8.14 可看出，四变量卡诺图是以三变量卡诺图为基础，以三变量卡诺图的下边线为对称轴作一个对称图形得到的。在四变量的卡诺图上，除任意相邻的两行是相邻的外，还要注意最上边一行和最下边一行也是相邻的。

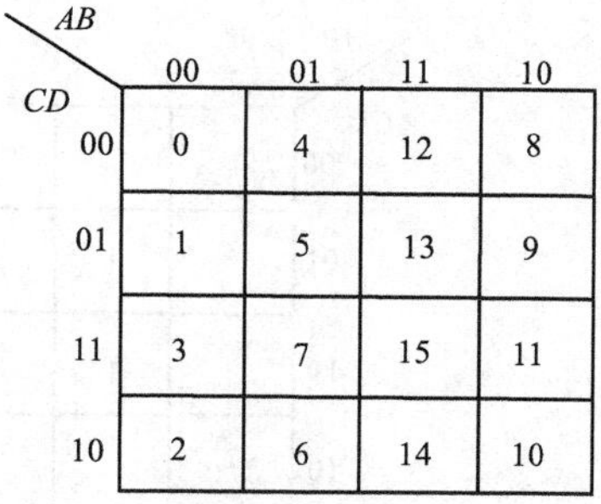

（4）五变量卡诺图

五个变量 A、B、C、D、E 可构成 32 个最小项，用 32 个相邻的小方格表示，五变量卡诺图如图 8.15 所示。变量 A、B、C 为一组，表示在卡诺图的上边线，标注方法按三位循环码排列，即：000，001，011，010，110，111，101，100，变量 D、E 为另一组，表示在卡诺图的左边线，标注和四变量卡诺图完全一样。

AB CD	00	01	11	10
00	0	4	12	8
01	1	5	13	9
11	3	7	15	11
10	2	6	14	10

图 8.14　四变量卡诺图

从图 8.15 可看出，五变量卡诺图是以四变量卡诺图为基础，以四变量卡诺图的右边线为对称轴作一个对称图形得到的。要注意，在五变量的卡诺图上，当以对称轴折叠时，重合的列也是相邻的。

以上是二变量到五变量卡诺图的构成方法。可以看出，变量每增加一个，小方格就增加一倍，当变量增多时，卡诺图迅速变大、变复杂，相邻项也变得不很直观，所以卡诺图一般仅用于六个变量以下的逻辑函数化简。

ABC\DE	000	001	011	010	110	111	101	100
00	0	4	12	8	24	28	20	16
01	1	5	13	9	25	29	21	17
11	3	7	15	11	27	31	23	19
10	2	6	14	10	26	30	22	18

图 8.15　五变量卡诺图

3. 逻辑函数的卡诺图表示

用卡诺图表示逻辑函数时，可分以下两种情况考虑。

（1）利用最小项表达式画出卡诺图

当逻辑函数是最小项表达式时，可以直接将最小项对应的卡诺图小方格填 1，其余的填 0。这是因为任何一个逻辑函数等于其卡诺图上填 1 的最小项之和。例如对四变量的逻辑函数：

$$F_1(A,B,C,D) = \sum m(0,5,7,10,13,15)$$

其卡诺图如图 8.16 所示。

（2）通过一般与或式画出卡诺图

有时逻辑函数是以一般与或式形式给出的，在这种情况下画卡诺图时，可以将每个与项覆盖的最小项对应的小方格填 1，重复覆盖时，只填一次就可以了。对那些与项没覆盖的最小项对应的小方格填 0 或者不填。例如三变量逻辑函数

$$F_2(A,B,C) = \overline{A}\,\overline{C} + A\overline{B} + AC$$

与项 $\overline{A}\,\overline{C}$ 对应的最小项是 $\overline{A}B\overline{C}$ 和 $\overline{A}\,\overline{B}\,\overline{C}$ ，与项 $A\overline{B}$ 对应的最小项是 $AB\overline{C}$ 和 $A\overline{B}\,\overline{C}$ ，与项 AC 对应的最小项是 ABC 和 $A\overline{B}C$ 。逻辑函数 F_2 的卡诺图如图 8.17 所示。

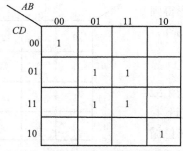

CD\AB	00	01	11	10
00	1			
01		1	1	
11		1	1	
10				1

图 8.16　逻辑函数 F_1 的卡诺图

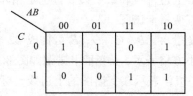

C\AB	00	01	11	10
0	1	1	0	1
1	0	0	1	1

图 8.17　逻辑函数 F_2 的卡诺图

当逻辑函数表达式为其他形式时，可将其变换成上述形式后再做卡诺图。

4. 用卡诺图化简逻辑函数的过程

用卡诺图表示出逻辑函数后，化简可分成三步进行：第一步是找出每个 1 方格和其他哪些 1 方格是相邻；第二步是根据合并规则最大限度地合并那些 1 方格代表的最小项；第三步是根据合并后的情况写出最简的逻辑表达式。

（1）找出 1 方格之间的相邻关系

用卡诺图化简逻辑函数，关键是要找出每个 1 方格之间的相邻关系。由于卡诺图的构成特点，

在卡诺图中的相邻关系有三种情况。第一种情况是相接，凡是在卡诺图上紧挨着的小方格都是相邻，如在四变量卡诺图上，m_7 的相邻项是 m_3、m_5、m_6、m_{15}。第二种情况是相对，在卡诺图上一行或一列的两头的小方格是相邻，如在四变量卡诺图上，m_2 的相邻项除了 m_3 和 m_6 外，还有 m_0 和 m_{10}。第三种情况是相重，当卡诺图以对称轴折叠时，重合的小方格也是相邻，如在五变量卡诺图上，m_7 的相邻项除了 m_3、m_5、m_6，m_{15} 还有 m_{23}。

（2）合并具有相邻关系的 1 方格

在卡诺图上将具有相邻关系的 1 方格用一个称为卡诺圈的圈圈起来，卡诺圈中 1 方格应是 2 的整次幂，即 2，4，8，…，对两个小方格的卡诺圈，两个小方格代表的最小项可以合并成一项，消去互为反变量的一个变量；对 4 个小方格的卡诺圈，4 个小方格代表的最小项可以合并成一项，消去两个变量；依次类推，对 2^n 个小方格的卡诺圈，可将 2^n 个小方格代表的最小项合并成一项，消去 n 个变量。

根据合并的需要，每个 1 方格可以处在多个卡诺圈中，但每个卡诺圈中至少要有一个 1 方格在其他卡诺圈中没有出现过。

（3）写出最简逻辑函数表达式

根据卡诺图上卡诺圈的情况，就可以写出逻辑函数化简后的表达式，每一个卡诺圈可以用一个与项表示，如果某个 1 方格不和任何其他 1 方格相邻，这个 1 方格也要用一个与项表示，最后将所有与项相或得到化简后的逻辑表达式。

为了保证能写出最简单的逻辑表达式，应保证卡诺圈的个数最少（表达式中的与项最少），每个卡诺圈中 1 方格最多（与项中的变量最少）。由于卡诺圈的画法在某些情况下不是唯一的，因此写出的最简逻辑表达式也不是唯一的。

例 8.12　用卡诺图化简逻辑函数

$$F(A,B,C)=\sum m(1,4,5,6)$$

解： 首先根据表达式画出卡诺图，根据合并的原则将具有相邻关系的 1 方格圈起来，如图 8.18 所示，根据卡诺图可写出最简与或表达式。

$$F=A\bar{C}+\bar{B}C$$

例 8.13　用卡诺图化简逻辑函数

$$F(A,B,C,D)=\bar{A}\,\bar{B}C+A\bar{B}C+B\bar{C}\,\bar{D}+ABC$$

解： 首先根据逻辑表达式画出 F 的卡诺图，根据合并的原则将具有相邻关系的 1 方格圈起来，如图 8.19 所示，根据卡诺图可写出最简与或表达式。

$$F=AC+\bar{B}C+B\bar{C}\,\bar{D}$$

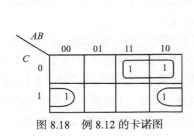

图 8.18　例 8.12 的卡诺图

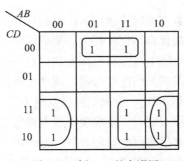

图 8.19　例 8.13 的卡诺图

例 8.14 化简五变量逻辑函数 $F=A\bar{B}\,\bar{C}+AB\bar{C}+AD\,\bar{E}+\bar{A}\,BCE+ABCE$ 为最简与或表达式。

首先根据逻辑表达式画出 F 的卡诺图，根据合并的原则将具有相邻关系的 1 方格圈起来，如图 8.20 所示，根据卡诺图可写出最简表达式。

$$F=A\bar{B}+AD\,\bar{E}+BCE$$

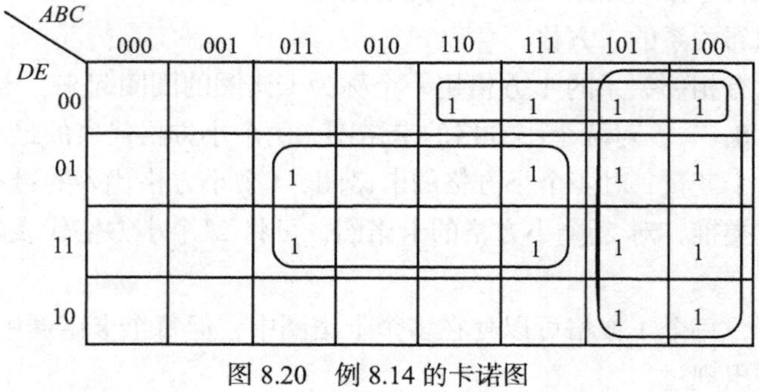

图 8.20　例 8.14 的卡诺图

以上例子都是求出最简与或式，如要求出最简或与式，可以在卡诺图上将填 0 的小方格圈起来进行合并，然后写出每一个卡诺圈表示的或项，最后将所得或项相与就可得到最简或与式。但变量取值为 0 时要写原变量，变量取值为 1 时要写反变量。

8.5　集成逻辑门电路

集成逻辑门是构成数字电路的基本单元，了解集成逻辑门的基本特性及使用方法，对合理地选择和使用数字电路器件是十分必要的。

8.5.1　数字集成逻辑门电路的分类

数字集成逻辑门电路按其内部所采用的半导体器件不同，可分为双极型集成逻辑门电路和单极型集成逻辑门电路两大类。双极型集成逻辑门电路在晶体管中运动的载流子有多数载流子和少数载流子（电子和空穴），而单极型集成逻辑门电路在晶体管中运动的载流子只有多数载流子一种。

双极型集成逻辑门电路又可分为 TTL（晶体管-晶体管逻辑）、ECL（射极耦合逻辑）、I^2L（集成注入逻辑）等几种类型的逻辑门电路。单极型集成逻辑门是采用金属－氧化物－半导体场效应管构成的，简称 MOS 集成逻辑门电路。MOS 集成逻辑门电路也可分为 NMOS、PMOS、CMOS 等几种类型。

目前在数字系统中使用最广泛的是 TTL 和 CMOS 集成电路。TTL 集成电路具有驱动能力强、工作速度快的优点，但功耗大、集成度低；CMOS 集成电路具有制造简单、集成度高、功耗小、抗干扰强、电源电压工作范围宽的优点，但工作速度较慢。

数字集成逻辑门电路按照集成度（每片集成逻辑门电路中包含的元器件数）可分为小规模集成电路（简称 SSI）、中规模集成电路（简称 MSI）、大规模集成电路（简称 LSI）和超大规模集成电路（简称 VLSI）。小规模集成电路包含的元器件只有几十个，如基本逻辑门电路和复合逻辑门电路；中规模集成电路包含的元器件可有几百个，如译码器、计数器、寄存器等器件；大规模集成电路包含的元器件在 1 000 以上，超大规模集成电路包含的元器件在 1 000 000 个以上，如计算机中的只读存储器、随机存储器、CPU 等部件。

8.5.2　OC 门

在使用一般的逻辑门时，输出端是不允许接地或与电源短接的，否则会有一个大的电流流过逻辑门将其烧毁。将两个逻辑门的输出端并接起来使用，也是不允许的。因为，当一个门输出高电平，另一个门输出低电平时，也会出现一个大的电流流过逻辑门将其烧毁。OC 门（Open Collector Gate）是一种集电极开路的 TTL 门电路，这种门电路具有特殊的性能，可以直接将输出端并接实现线与的功能。实现与非功能的 OC 门的逻辑符号如图 8.21 所示。同样可以有实现与、或、或非等功能的 OC 门。图 8.22 是两个 OC 门线与的例子，其逻辑功能是

$$Y=\overline{ABC}\cdot\overline{DEF}=\overline{ABC+DEF}$$

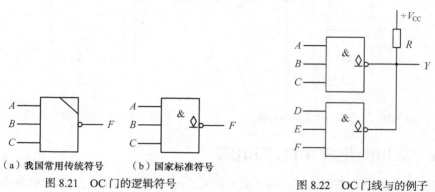

（a）我国常用传统符号　　（b）国家标准符号
图 8.21　OC 门的逻辑符号　　　　　图 8.22　OC 门线与的例子

要注意的是使用 OC 门时要接上拉电阻 R，R 的选取应保证能输出正确的高电平和低电平。

利用 OC 门除了可实现线与功能外，还可用于实现 TTL 逻辑电平和 CMOS 逻辑电平之间的转换、构成锯齿波发生器等功能电路。

8.5.3　三态门

三态门（Three State Gate）也简称 TS 门，是一种计算机中广泛使用的特殊门电路。三态门有三种输出状态：高电平、低电平和高阻状态，前两种为工作状态，后一种为禁止状态。要注意的是，三态门不是具有三个逻辑值。在工作状态下，三态门的输出可为逻辑"1"或逻辑"0"；在禁止状态下，其输出高阻相当于开路，并不是一个逻辑值。此时，表示该电路与其他电路无关。

三态非门的逻辑符号如图 8.23 所示，EN 为使能控制端。当 $EN=0$ 时，三态非门处于工作状态，和普通非门的功能完全一样；当 $EN=1$ 时，三态非门处于禁止工作状态，其输出为高阻。由于该三态非门是在使能控制端为低电平时工作，也称其为使能控制端低电平有效的三态非门。

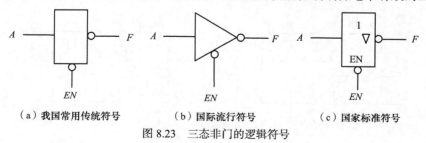

（a）我国常用传统符号　　　　（b）国际流行符号　　　　（c）国家标准符号
图 8.23　三态非门的逻辑符号

三态门在计算机中主要用于总线传输，多路数据通过三态门共享总线，分时传输。图 8.24 所示为三态非门构成的单向数据总线，通过在使能控制端给出控制信号，可以在任意时刻只允许一

个三态非门和总线连通传输数据。图 8.25 所示为三态非门构成的双向数据总线，两个三态非门采用不同的使能控制端，在任意时刻，只允许向总线传输数据或接收来自总线的数据。

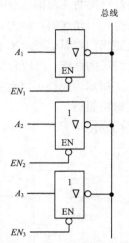

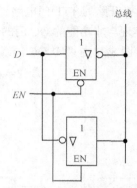

图 8.24　三态非门用于单向总线　　　　图 8.25　三态非门用于双向总线

8.5.4　常用的集成 TTL 门电路

TTL 系列产品始终向着低功耗、高速度方向发展。74LS 系列是当前 TTL 电路的主要产品系列，品种和生产厂家都非常多，性价比较高，目前在中小规模集成电路中应用非常普遍；74ALS 系列是"先进的低功耗肖特基"系列，为 74LS 系列的后继产品，速度、功耗等方面都有较大的改进，但价格比较高。

图 8.26 所示为常用的 TTL 集成电路的型号、功能和引脚排列图。

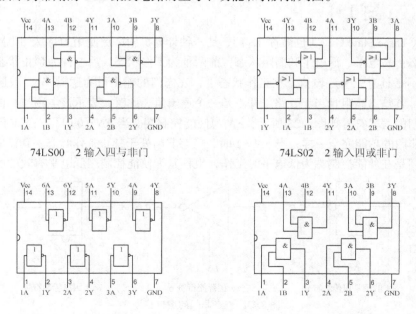

74LS00　2 输入四与非门　　　　　　74LS02　2 输入四或非门

74LS04　六反相器　　　　　　　　74LS08　2 输入四与门

图 8.26　常用的 TTL 集成电路

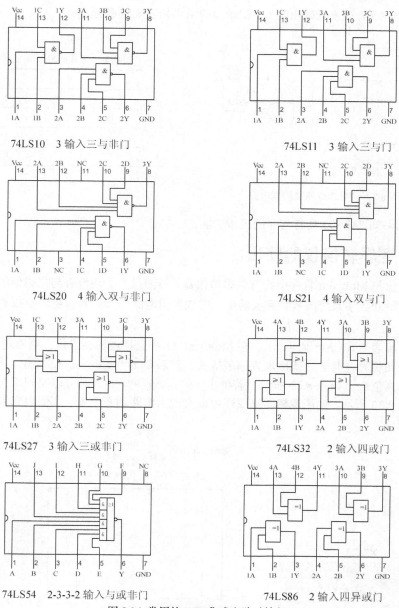

图 8.26 常用的 TTL 集成电路（续）

8.6　Multisim 门电路分析

8.6.1　与非门逻辑功能测试

使用 Multisim 11 测试 74LS00 与非门的逻辑功能。

在 Multisim 11 中建立如图 8.27 所示的测试电路。接通仿真开关，通过按键 A、B 改变开关 J1、J2 的位置，J1、J2 接+5V 表示输入为 1，否则接地表示输入为 0；同时观察指示灯 F 的亮灭，

F 亮表示输出为 1，F 灭表示输出为 0，记录实验结果如表 8.14 所示。

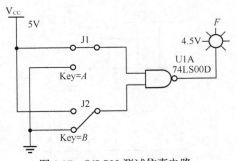

图 8.27　74LS00 测试仿真电路

表 8.14　74LS00 测试结果

A	B	F
0	0	1
0	1	1
1	0	1
1	1	0

由表 8.14 可知 74LS00 具有与非的逻辑功能。

8.6.2　逻辑转换仪的使用

逻辑转换仪是 Multisim 软件中特有的虚拟仪器，目前世界上还没有与之类似的真实仪器，主要用于数字逻辑和数字系统的教学和实验中，完成逻辑电路、真值表、逻辑函数表达式之间的相互转换。

如果有逻辑表达式 $F=\overline{A}C+B\overline{C}$，在 Multisim 11 中选择逻辑转换仪，则出现如图 8.28 所示图标。双击该图标并在其表达式区输入该表达式，然后单击 [AIB → 1○1]，可以得到该表达式对应的真值表，如图 8.29 所示；若单击 [AIB → NAND]，则可以得到用与非门实现的逻辑电路，如图 8.30 所示。使用逻辑转换仪还可以实现由电路到真值表、真值表到表达式的转换以及表达式化简。

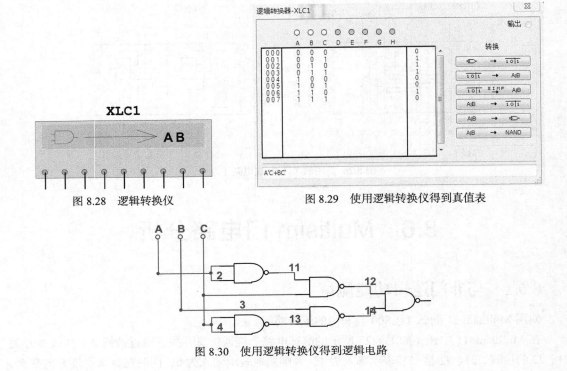

图 8.28　逻辑转换仪

图 8.29　使用逻辑转换仪得到真值表

图 8.30　使用逻辑转换仪得到逻辑电路

小　结

逻辑代数是计算机、通信、自动化等领域研究数字逻辑电路必不可少的重要工具，本章主要介绍了逻辑代数的基础知识。这些基础知识包括：

（1）计算机中常用的编码、逻辑代数的基本运算、基本公式和重要规则；

（2）数字逻辑电路中使用的基本逻辑门电路的功能和表示这些逻辑门电路的逻辑符号；

（3）逻辑函数中的最小项和最小项表达式以及逻辑表达式的变换方法，特别是用逻辑代数法和卡诺图法化简逻辑函数的方法。

学习和掌握好这些基础知识，对后续内容的学习是十分重要的。

习　题

8.1　列举日常生活中具有逻辑与、逻辑或、逻辑非关系的实例。

8.2　用真值表的方法证明下列等式。

（1）$\overline{A+B}=\overline{A}\ \overline{B}$

（2）$\overline{AB}=\overline{A}+\overline{B}$

（3）$AB+\overline{A}C+BC=AB+\overline{A}C$

（4）$A\oplus(B\oplus C)=(A\oplus B)\oplus C$

8.3　用逻辑代数的方法证明下列等式。

（1）$\overline{AB+AC}=\overline{A}+\overline{B}\ \overline{C}$

（2）$AB+\overline{A}C+\overline{B}D+\overline{C}D=AB+\overline{A}C+D$

（3）$\overline{A}\oplus\overline{B}=A\oplus B$

（4）$A\cdot(B\oplus C)=AB\oplus AC$

（5）$(A+B)\cdot(\overline{A}+C)\cdot(B+C)=(A+B)\cdot(\overline{A}+C)$

8.4　写出下列逻辑函数的对偶函数。

（1）$F=\overline{AB}+ABC+CD$

（2）$F=(\overline{A}+B)\cdot(A+\overline{C})\cdot(\overline{A}+C)$

（3）$F=A\cdot(\overline{B}+C\overline{D}+E)$

（4）$F=\overline{(\overline{A}+B)\cdot\overline{(C+D)}}$

（5）$F=A+\overline{B+\overline{C}+\overline{D+E}}$

（6）$F=(A+B+C+D)\cdot\overline{ABCD}$

8.5　基本的逻辑门电路有哪些？这些门电路如何表示？

8.6　写出逻辑函数：$F=\overline{A}B+AC$ 的或与式、与非与非式、或非或非式、与或非式，并用相应的门电路去实现。

8.7　写出下列逻辑函数的反函数。

（1）$F=AB+C\overline{D}+AC$

（2）$F=AB+BC+AC$

（3）$F=\overline{A}\ \overline{B}\ C+\overline{A}\ B\overline{C}+A\overline{B}\ \overline{C}+ABC$

（4）$F=\overline{\overline{ABC}\cdot\overline{(C+D)}}$

（5）$F=\overline{(A+B)\cdot\overline{C}+\overline{D}}$

（6）$F=A\overline{B}\cdot C\cdot\overline{DE}$

8.8　用逻辑代数法化简下列函数。

（1）$F=\overline{\overline{A}\cdot(B+\overline{C})\cdot(A+\overline{B}+C)\cdot\overline{A}\ \overline{B}\ \overline{C}}$

（2）$F=A\overline{C}+ABC+AC\overline{D}+CD$

（3）$F=\overline{A}\ \overline{B}\ \overline{C}+AB\overline{C}+A\ \overline{B}\ \overline{C}+\overline{A}\ BC$

（4）$F=\overline{ABC}+\overline{AB}$

（5）$F=(A+B+C)\cdot(\overline{A}+B)\cdot(A+B+\overline{C})$

（6）$F=A\overline{B}+B+\overline{A}B$

8.9 已知逻辑函数 $F(A,B,C)=\overline{A\overline{B}}+\overline{B\overline{C}}+AB$，求 F 的最小项表达式。

8.10 用卡诺图化简逻辑函数，如何才能保证写出最简单的逻辑表达式？

8.11 用卡诺图化简下列逻辑函数为最简与或式。

（1）$F(A,B,C)=\sum m\ (0,2,5,6,7)$

（2）$F(A,B,C,D)=\sum m\ (1,\ 3,\ 5,\ 7,\ 8,\ 13,\ 15)$

（3）$F(A,B,C,D)=BC+D+\overline{D}(\overline{B}+C)(AD+B)$

（4）$F(A,B,C,D)=\overline{A}\,\overline{B}+\overline{A}\,\overline{C}D+AC+\overline{B}C$

8.12 比较 TTL 和 CMOS 集成电路的优缺点。

8.13 普通集成逻辑门的输出端为什么不能并接？哪些集成逻辑门的输出端可以并接？

8.14 三态门的输出有哪三种状态？主要用途是什么？

第9章
组合逻辑电路

数字逻辑电路按照逻辑功能的不同，可以分为两大类：一类是组合逻辑电路；另一类是时序逻辑电路。本章主要介绍组合逻辑电路的特点、一般分析方法和设计方法，以及常用的组合逻辑电路，如编码器、译码器、加法器、数据选择器和数值比较器等部件的工作原理、功能特点及应用。

9.1　组合逻辑电路概述

9.1.1　组合逻辑电路的特点

组合逻辑电路是一些逻辑门电路的组合，是指电路在任意时刻的输出仅仅取决于该时刻各输入值的组合，而与过去的输入值无关。组合逻辑电路的结构框图如图 9.1 所示。

组合逻辑电路一般具有多输入、多输出形式，其中，a_1、a_2、$\cdots$、a_n 表示 n 个输入变量，y_1、y_2、$\cdots$、y_m 表示 m 个输出变量，输出与输入之间的逻辑关系可以用一组逻辑函数表示，即

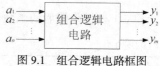

图 9.1　组合逻辑电路框图

$$y_1 = f_1(a_1, a_2, \cdots, a_n)$$
$$y_2 = f_2(a_1, a_2, \cdots, a_n)$$
$$\vdots$$
$$y_m = f_m(a_1, a_2, \cdots, a_n)$$

从电路结构看，组合逻辑电路具有两个特点：

（1）不包含任何记忆（存储）元件；

（2）信号是单向传输的，不存在由输出到输入的反馈回路。

可以用真值表、卡诺图、逻辑图或逻辑函数表达式描述组合电路。

9.1.2　组合逻辑电路的分析

组合逻辑电路的分析，是指根据一个给定的逻辑电路，找出其输出变量与输入变量的逻辑关系，从而确定电路的逻辑功能。

分析组合逻辑电路，一般遵循如下步骤。

（1）根据逻辑电路图，从输入端到输出端，开始逐级推导，直至写出所有输出端的逻辑表

达式。

（2）根据逻辑电路写出的输出函数表达式不一定是最简表达式，应采用公式法或卡诺图法对逻辑表达式进行化简。

（3）根据输出函数最简表达式，列出输出函数真值表。

（4）根据真值表，或化简后的逻辑函数表达式，用文字描述概括出组合电路的逻辑功能。

例9.1 分析图 9.2 所示逻辑电路的功能。

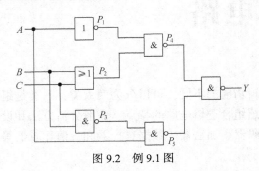

图 9.2　例 9.1 图

解： 根据组合逻辑电路的分析方法，可按如下步骤进行。

（1）写出逻辑表达式：由前级到后级逐级写出各个逻辑门的输出函数。

$$P_1 = \overline{A} \quad P_2 = B + C \quad P_3 = \overline{BC} \quad P_4 = \overline{P_1 \cdot P_2} = \overline{\overline{A}(B+C)} \cdot$$

$$P_5 = \overline{A \cdot P_3} = \overline{A\overline{BC}} \quad Y = \overline{P_4 \cdot P_5} = \overline{\overline{\overline{A}(B+C)} \cdot \overline{A\overline{BC}}}$$

（2）用公式法化简输出函数表达式。

$$Y = \overline{\overline{\overline{A}(B+C)} \cdot \overline{A\overline{BC}}} = \overline{A}(B+C) + A\overline{BC}$$

$$= \overline{A}B + \overline{A}C + A\overline{B} + A\overline{C} = A \oplus B + A \oplus C$$

（3）根据化简后的函数表达式，列出真值表如表 9.1 所示。

表 9.1　　　　　　　　　　　　　　真值表

A	B	C	Y
0	0	0	0
0	0	1	1
0	1	0	1
0	1	1	1
1	0	0	1
1	0	1	1
1	1	0	1
1	1	1	0

（4）逻辑功能描述。

由真值表可知，该电路仅当 A、B、C 取值同为 0 或同为 1 时，输出 Y 的值为 0；其他情况下输出 Y 为 1。也就是说，当输入取值一致时输出为 0，不一致时输出为 1。可见，该电路具有检查输入信号是否一致的逻辑功能，一旦输出为 1，则表明输入不一致。因此，通常称该电路为"不一致电路"。

9.1.3　组合逻辑电路的设计

组合逻辑电路的设计过程与分析相反，它是根据给定的逻辑问题，列出逻辑函数的最简表达式，以便最终的逻辑图所含的门电路尽可能少。在设计中，通常采用中、小规模集成电路，一片集成电路包括几个甚至几十个同一类型的门电路。因此，尽可能减少所用器件的数目和种类，这样使组装好的电路结构紧凑，达到工作可靠的目的。

设计组合逻辑电路，一般遵循以下步骤。

（1）根据实际问题，确定输入变量与输出变量，及它们之间的逻辑关系；定义变量逻辑状态含义，即确定逻辑状态 0 和 1 的实际意义；列写真值表。

（2）根据真值表写逻辑表达式，并化简成最简"与或"逻辑表达式。

（3）选择门电路和型号。

（4）按照门电路类型和型号变换逻辑函数表达式。

（5）根据逻辑函数表达式画逻辑图。

例 9.2　设计一个三人表决器电路，当两个或两个以上的人表示同意时，决议才能通过。

解：根据组合逻辑电路的设计方法，可按如下步骤进行。

（1）确定输入、输出变量，定义逻辑状态的含义。

设 A、B、C 代表三个人，作为电路的三个输入变量，当 A、B、C 为 1 时表示同意，为 0 表示不同意。将 Y 设定为输出变量，代表决议是否通过的结果，当 Y 为 1 表示该决议通过，当 Y 为 0 表示决议没有通过。

（2）根据题意列出真值表，如表 9.2 所示。

表 9.2　　　　　　　　　　　　　　　　真值表

A	B	C	Y
0	0	0	0
0	0	1	0
0	1	0	0
0	1	1	1
1	0	0	0
1	0	1	1
1	1	0	1
1	1	1	1

（3）由真值表写出输出变量函数表达式并化简。

$$Y = \overline{A}BC + A\overline{B}C + AB\overline{C} + ABC = AB + BC + AC$$

（4）画出逻辑电路如图 9.3 所示。

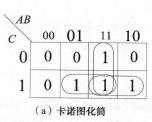

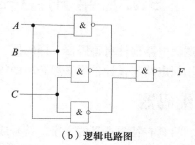

（a）卡诺图化简　　　　　　　（b）逻辑电路图

图 9.3　例 9.2 图

例 9.3 设有甲、乙、丙三台电动机，它们运转时必须满足在任何时间必须有且仅有一台电动机运行，如不满足该条件，就输出报警信号，试设计该报警电路。

解：（1）将甲、乙、丙三台电动机的状态设定为输入变量，分别表示为 A、B、C；且用 1 表示电动机运行，用 0 表示停转；将报警信号设定为输出变量，用 Y 表示，当 Y 为 0 时表示正常状态，当 Y 为 1 时为报警状态。

（2）根据题意列出真值表，如表 9.3 所示。

表 9.3 真值表

A	B	C	Y
0	0	0	1
0	0	1	0
0	1	0	0
0	1	1	1
1	0	0	0
1	0	1	1
1	1	0	1
1	1	1	1

（3）由真值表写出输出变量函数表达式并化简。

$$Y = \overline{A}\,\overline{B}\,\overline{C} + \overline{A}BC + A\overline{B}C + AB\overline{C} + ABC$$

（4）若 74 系列中各种门电路均可以使用，逻辑函数表达式可化简为

$$Y = \overline{A}\,\overline{B}\,\overline{C} + BC + AC + AB$$

（5）画出逻辑电路如图 9.4 所示。

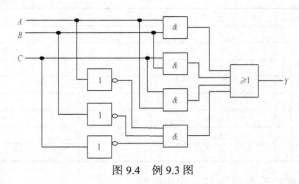

图 9.4　例 9.3 图

9.2　常用组合逻辑电路部件

常用组合逻辑电路部件有编码器、译码器、加法器、数据选择器和数值比较器等，这些组合逻辑电路可以用门电路来设计，但一般是用中规模集成电路实现的。

9.2.1　编码器

一般地说，将具有特定意义的文字、符号或者数字编成相应的若干进制代码的过程，称为编码。能够实现编码的电路称为编码器，最常见的有二-十进制编码器和优先编码器。

1. 普通编码器

用 n 位二进制代码对 2^n 个信号进行编码的电路称为二进制编码器。一般来说，N 个不同的信号，至少需要 n 位二进制编码。N 和 n 之间满足以下关系。

$$2^n \geqslant N$$

以 3 位二进制编码器为例介绍普通编码器原理，此时，$n=3$，$N=8$。

（1）输入信号是 8 个需要编码的信号，由于低电平有效，因此"I"上面有非号，分别表示为 $\bar{I}_0$，$\bar{I}_1 \cdots \bar{I}_7$，它们之间相互排斥，即不允许有两个或多个输入信号同时为有效电平。

（2）输出信号是 3 位二进制码，由于为原码，所以"Y"上面没有反号，分别用 Y_2，Y_1，Y_0 表示。

因此，该二进制编码器也可称为 8 线-3 线（8/3 线）编码器，其真值表如表 9.4 所示。图 9.5 所示是该 8/3 互斥编码器的逻辑符号。

表 9.4　　　　　　　　　　　　　　　　3 位二进制编码器真值表

$\bar{I}_7$	$\bar{I}_6$	$\bar{I}_5$	$\bar{I}_4$	$\bar{I}_3$	$\bar{I}_2$	$\bar{I}_1$	$\bar{I}_0$	Y_2	Y_1	Y_0
0	1	1	1	1	1	1	1	1	1	1
1	0	1	1	1	1	1	1	1	1	0
1	1	0	1	1	1	1	1	1	0	1
1	1	1	0	1	1	1	1	1	0	0
1	1	1	1	0	1	1	1	0	1	1
1	1	1	1	1	0	1	1	0	1	0
1	1	1	1	1	1	0	1	0	0	1
1	1	1	1	1	1	1	0	0	0	0

2. 优先编码器

优先编码器允许同时有两个以上的输入信号为有效电平，编码器给所有的输入信号规定了优先顺序；当有多个输出信号同时出现时，只对其中优先级别最高的一个进行编码。

以 8/3 线优先编码器为例，多用 TTL 集成 74LS148 实现，其逻辑图如图 9.6 所示，它的输入和输出均以低电平作为有效信号（在本书，在逻辑图的输入输出端加小圆圈表示低电平有效），其真值表如表 9.5 所示。

由表 9.5 可以看出，74LS148 除了具备表 9.4 所示的 8/3 线优先编码器的功能外，还增加了功能端：$\overline{ST}$ 为使能输入端，Y_s 为使能输出端，$\bar{Y}_{ES}$ 为片选扩展输出端。

当 $\overline{ST}=1$ 时，编码器不工作，编码器输出 $\bar{Y}_2 = \bar{Y}_1 = \bar{Y}_0 = 1$，$\bar{Y}_{ES} = 1$，$Y_s = 1$。

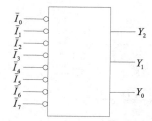

图 9.5　3 位二进制编码器逻辑符号

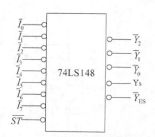

图 9.6　8/3 线优先编码器逻辑符号

表 9.5   8/3 线优先编码器真值表

				输入							输出		
$\overline{ST}$	$\overline{I_7}$	$\overline{I_6}$	$\overline{I_5}$	$\overline{I_4}$	$\overline{I_3}$	$\overline{I_2}$	$\overline{I_1}$	$\overline{I_0}$	$\overline{Y_2}$	$\overline{Y_1}$	$\overline{Y_0}$	$\overline{Y_{ES}}$	Y_S
1	×	×	×	×	×	×	×	×	1	1	1	1	1
0	1	1	1	1	1	1	1	1	1	1	1	1	0
0	0	×	×	×	×	×	×	×	0	0	0	0	1
0	1	0	×	×	×	×	×	×	0	0	1	0	1
0	1	1	0	×	×	×	×	×	0	1	0	0	1
0	1	1	1	0	×	×	×	×	0	1	1	0	1
0	1	1	1	1	0	×	×	×	1	0	0	0	1
0	1	1	1	1	1	0	×	×	1	0	1	0	1
0	1	1	1	1	1	1	0	×	1	1	0	0	1
0	1	1	1	1	1	1	1	0	1	1	1	0	1

当 $\overline{ST} = 0$ 时，编码器进入工作状态，此时按照输入的优先级别进行编码。例如，当 $\overline{I_7}$ 为 0 时，无论 $\overline{I_6} \sim \overline{I_0}$ 有无输入信号（表中以 "×" 表示），电路只对 $\overline{I_7}$ 进行编码，其输出为 000，即对 "7" 对应二进制数据反码。

其中有两种情况：

（1）无输入信号要求编码时，输出为 111，$\overline{Y_{ES}} = 1$，$Y_s = 0$；

（2）对 $\overline{I_0}$ 信号进行编码，输出为 111，$\overline{Y_{ES}} = 0$，$Y_s = 1$。所以，$\overline{Y_{ES}}$ 和 Y_s 也是编码工作状态的辅助识别信号。

3. 编码器的应用

例 9.4 一片 8/3 线优先编码器 74LS148 只具有 8 级优先编码功能，试用两片 74LS148 构成 16 级优先级别的 16/4 线优先编码器。

图 9.7 所示为两片 74LS148 实现 16/4 线优先编码器的电路图。它有 16 个输入端 $\overline{A_0} \sim \overline{A_{15}}$，4 个输出端 $\overline{Z_0} \sim \overline{Z_3}$。芯片（I）的输入端作为 $\overline{A_0} \sim \overline{A_7}$ 的输入，输出 Y_S 作为电路总的使能输出端 Z_S；芯片（II）的输入端作为 $\overline{A_8} \sim \overline{A_{15}}$ 的输入，输出 Y_S 接芯片（I）的 $\overline{ST}$ 输入端。芯片（II）的 $\overline{Y_{ES}}$ 输出为 $\overline{Z_3}$。两片的 $\overline{Y_2}$ 相与为 $\overline{Z_2}$，两片的 $\overline{Y_1}$ 相与为 $\overline{Z_1}$，两片的 $\overline{Y_0}$ 相与为 $\overline{Z_0}$，两片的 $\overline{Y_{ES}}$ 相与为 $\overline{Z_{ES}}$。当高位芯片（II）的 $\overline{ST} = 0$，而 $\overline{A_8} \sim \overline{A_{15}}$ 又没有输入信号时，高位芯片的 $\overline{Y_{ES}} = 1$，$Y_S = 0$，将使低位芯片（I）的 $\overline{ST} = 0$，则低位芯片（I）可以进行编码，此时，若 $\overline{A_5} = 0$，则低位芯片（I）的 $\overline{Y_2Y_1Y_0} = 010$，高位芯片（II）的 $\overline{Y_2Y_1Y_0} = 111$，电路总输出为 $\overline{Z_3Z_2Z_1Z_0} = 1010$；当高位芯片（II）的 $\overline{ST} = 0$，$\overline{A_{10}} = 0$

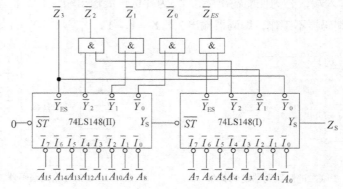

图 9.7 例 9.4 图

时，则高位芯片的 $\overline{Y}_{ES} = 0$ ，$Y_S = 1$ ，高位芯片（Ⅱ）可以进行编码，此时，由于低位芯片的 $\overline{ST} = 1$ ，不进行编码，电路总输出为 $\overline{Z_3}\,\overline{Z_2}\,\overline{Z_1}\,\overline{Z_0} = 0101$ 。

9.2.2　译码器

译码是将具有特定含义的二进制代码转换成原始信息的过程，是编码的逆过程。能够实现译码功能的电路称为译码器。

设定译码器有 n 个输入信号和 N 个输出信号，则有：

（1）若 $N = 2^n$ ，则称为全译码器，常见的全译码器有 2/4 线译码器、3/8 线译码器、4/16 译码器等；

（2）若 $N < 2^n$ ，则称为部分译码器，如二-十进制译码器，也即 4/10 线译码器。

1.　3 位二进制译码器

74LS138 是典型的 3/8 线二进制译码器，A_2，A_1，A_0 为二进制译码输入端，$\overline{Y}_7 \cdots \overline{Y}_0$ 为译码输出端，E_1，$\overline{E}_2$，$\overline{E}_3$ 为使能输入端。当 $E_1 = 1$ ，$\overline{E}_2 + \overline{E}_3 = 0$ 时，译码器处于工作状态；否则，译码器处于非工作状态。其真值表如表 9.6 所示。

表 9.6　　　　　　　　　　　　　　　　　　　74LS138 真值表

输入					输出							
使能		选择										
E_1	$\overline{E}_2 + \overline{E}_3$	A_2	A_1	A_0	$\overline{Y}_0$	$\overline{Y}_1$	$\overline{Y}_2$	$\overline{Y}_3$	$\overline{Y}_4$	$\overline{Y}_5$	$\overline{Y}_6$	$\overline{Y}_7$
×	1	×	×	×	1	1	1	1	1	1	1	1
0	×	×	×	×	1	1	1	1	1	1	1	1
1	0	0	0	0	0	1	1	1	1	1	1	1
1	0	0	0	1	1	0	1	1	1	1	1	1
1	0	0	1	0	1	1	0	1	1	1	1	1
1	0	0	1	1	1	1	1	0	1	1	1	1
1	0	1	0	0	1	1	1	1	0	1	1	1
1	0	1	0	1	1	1	1	1	1	0	1	1
1	0	1	1	0	1	1	1	1	1	1	0	1
1	0	1	1	1	1	1	1	1	1	1	1	0

其逻辑符号如图 9.8 所示。

例 9.5　利用两片 74LS138 实现 4/16 译码器的功能。

如图 9.9 所示，4/16 译码器的最高位输入 A_3 接至片（Ⅰ）的使能端 $\overline{E}_3$ 和片（Ⅱ）的使能端 E_1 ，片（Ⅰ）的 $\overline{E}_2$ 和片（Ⅱ）的 $\overline{E}_2$、$\overline{E}_3$ 接在一起作为 4/16 译码器的使能端 $\overline{EN}$ 。当 $\overline{EN} = 1$ 时，片（Ⅰ）和片（Ⅱ）均被禁止，译码器不工作。当 $\overline{EN} = 0$ 时，若 $A_3 = 0$ 时，则片（Ⅰ）被选中，片（Ⅱ）被禁止，当 $A_2 A_1 A_0$ 输入变化时，片（Ⅰ）的 $\overline{Y}_7 \cdots \overline{Y}_0$ 有相应的输出；若 $A_3 = 1$ 时，则片（Ⅰ）被禁止，片（Ⅱ）

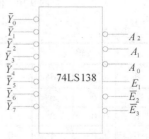

图 9.8　74LS138 逻辑符号

被选中。当 $A_2 A_1 A_0$ 变化时，片（Ⅱ）的 $\overline{Y}_8 \cdots \overline{Y}_{15}$ 有相应的输出。当 $A_4 A_2 A_1 A_0$ 从 0000 至 1111 变化时，$\overline{Y}_0 \cdots \overline{Y}_{15}$ 每次只有一个输出低电平，从而完成 4/16 译码器的功能。

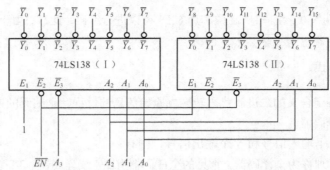

图 9.9　采用 2 片 3/8 译码器扩展成 4/16 译码器

例 9.6　试用 3/8 译码器，并辅以适当门电路实现下列组合逻辑函数。

$$Y = \overline{A}B + AB + \overline{B}C$$

解： 将所给表达式化成最小项表达式如下。

$$Y = \overline{A}B + AB + \overline{B}C = \overline{A}B\overline{C} + \overline{A}BC + AB\overline{C} + AB\overline{C} + A\overline{B}\overline{C}$$

$$= m_0 + m_1 + m_5 + m_6 + m_7 = \overline{\overline{m_0}\,\overline{m_1}\,\overline{m_5}\,\overline{m_6}\,\overline{m_7}} = \overline{\overline{Y_0}\,\overline{Y_1}\,\overline{Y_5}\,\overline{Y_6}\,\overline{Y_7}}$$

由表达式可知，需外接与非门实现，其逻辑图如图 9.10 所示。

2.　二–十进制译码器

二–十进制译码器的功能是将 4 位 BCD 码（四位二进制代码）译成十进制数字符号与之相对应，故称为 BCD 译码器，也可称为 4/10 译码器。

二–十进制译码器 74LS42 的逻辑符号如图 9.11 所示，其功能表如表 9.7 所示。

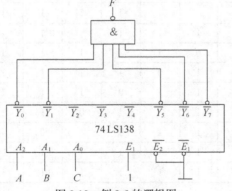

图 9.10　例 9.6 的逻辑图

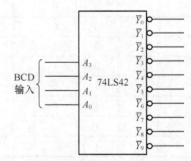

图 9.11　二–十进制译码器 74LS42 的逻辑符号

表 9.7　　　　　　　　　　　　二–十进制译码器 74LS42 功能表

输入				输出									
A_3	A_2	A_1	A_0	$\overline{Y_0}$	$\overline{Y_1}$	$\overline{Y_2}$	$\overline{Y_3}$	$\overline{Y_4}$	$\overline{Y_5}$	$\overline{Y_6}$	$\overline{Y_7}$	$\overline{Y_8}$	$\overline{Y_9}$
0	0	0	0	0	1	1	1	1	1	1	1	1	1
0	0	0	1	1	0	1	1	1	1	1	1	1	1
0	0	1	0	1	1	0	1	1	1	1	1	1	1
0	0	1	1	1	1	1	0	1	1	1	1	1	1
0	1	0	0	1	1	1	1	0	1	1	1	1	1
0	1	0	1	1	1	1	1	1	0	1	1	1	1

续表

输入				输出									
A_3	A_2	A_1	A_0	$\overline{Y_0}$	$\overline{Y_1}$	$\overline{Y_2}$	$\overline{Y_3}$	$\overline{Y_4}$	$\overline{Y_5}$	$\overline{Y_6}$	$\overline{Y_7}$	$\overline{Y_8}$	$\overline{Y_9}$
0	1	1	0	1	1	1	1	1	1	0	1	1	1
0	1	1	1	1	1	1	1	1	1	1	0	1	1
1	0	0	0	1	1	1	1	1	1	1	1	0	1
1	0	0	1	1	1	1	1	1	1	1	1	1	0
1	0	1	0	1	1	1	1	1	1	1	1	1	1
1	0	1	1	1	1	1	1	1	1	1	1	1	1
1	1	0	0	1	1	1	1	1	1	1	1	1	1
1	1	0	1	1	1	1	1	1	1	1	1	1	1
1	1	1	0	1	1	1	1	1	1	1	1	1	1
1	1	1	1	1	1	1	1	1	1	1	1	1	1

　　从该表中可以看出，该译码器的输出电平为低电平有效。其次，对于 8421 码中不允许的出现非法码（即伪码，1011～1111），译码器输出无低电平信号，即对这六个非法码拒绝翻译。

　　3. 显示译码器

　　在数字测量仪表或其他数字设备中，常常将测量或运算结果用数字、文字或符号显示出来，因此要用到数码显示器和显示译码器等部件。

　　（1）七段半导体数码显示器

　　图 9.12（a）所示为由七段发光二极管组成的半导体数码显示器的示意图，利用发光段的不同组合，可显示出 0～9 十个数字，如图 9.12（b）所示。DP 为小数点。发光二极管简称 LED，所以，发光二极管数码显示器又称为 LED 数码显示器。

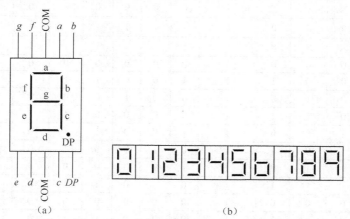

图 9.12　七段半导体显示器和显示的数字

　　半导体数码显示器的内部接法有两种，如图 9.13 所示。图（a）为共阳接法，$a\sim g$ 和 DP 通过限流电阻 R 接低电平时发光。图（b）为共阴法，$a\sim g$ 和 DP 通过限流电阻 R 接高电平时发光。

　　半导体显示器的工作电压低（1.5～3V），体积小，寿命长，工作可靠性高，响应速度快（1～100ns），亮度高，颜色丰富。它的缺点是工作电流大，每个字段的工作电流为 10mA。为防止发光二极管因电流过大而损坏，通常在发光二极管支路中串接一个限流电阻 R。

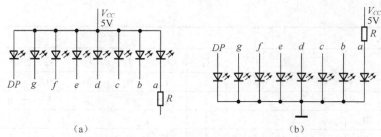

图 9.13 半导体数码显示器的内部接法

（2）显示译码器

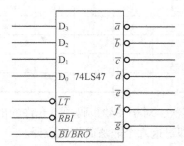

图 9.14 七段显示译码器 74LS47 的逻辑符号

显示译码器的输入是一位 8421BCD 码，输出是数码显示管各段的驱动信号，用 a、b、c、d、e、f、g 表示。由于数码管有共阴、共阳之分，因此常用的显示译码器也分为可驱动共阳极数码管，如 74LS46、74LS47；以及可驱动共阴极数码管，如 74LS48、74LS49 等。如图 9.14 所示为 74LS47 逻辑符号，功能表如表 9.8 所示。其中，D_0、D_1、D_2、D_3 为 8421BCD 码输入；$\bar{a}$、$\bar{b}$、$\bar{c}$、$\bar{d}$、$\bar{e}$、$\bar{f}$、$\bar{g}$ 为译码器的输出；$\overline{LT}$ 为灯测试输入端（低电平有效）；$\overline{RBI}$ 为灭零输入端，用来熄灭无意义 0 的显示；$\overline{BI/RBO}$ 为熄灭输入端

/灭零输出端（低电平有效）。

表 9.8 74LS47 功能表

输入						$\overline{BI/RBO}$	输出							功能
$\overline{LT}$	$\overline{RBI}$	D_3	D_2	D_1	D_0		$\bar{a}$	$\bar{b}$	$\bar{c}$	$\bar{d}$	$\bar{e}$	$\bar{f}$	$\bar{g}$	
0	×	×	×	×	×	1	0	0	0	0	0	0	0	灯测试输入
1	0	0	0	0	0	0	1	1	1	1	1	1	1	灭零输入
×	×	×	×	×	×	0	1	1	1	1	1	1	1	熄灭输入
1	1	0	0	0	0	1	0	0	0	0	0	0	1	0
1	×	0	0	0	1	1	1	0	0	1	1	1	1	1
1	×	0	0	1	0	1	0	0	1	0	0	1	0	2
1	×	0	0	1	1	1	0	0	0	0	1	1	0	3
1	×	0	1	0	0	1	1	0	0	1	1	0	0	4
1	×	0	1	0	1	1	0	1	0	0	1	0	0	5
1	×	0	1	1	0	1	1	1	0	0	0	0	0	6
1	×	0	1	1	1	1	0	0	0	1	1	1	1	7
1	×	1	0	0	0	1	0	0	0	0	0	0	0	8
1	×	1	0	0	1	1	0	0	0	1	1	0	0	9

各控制端的功能如下。

（1）当 $\overline{LT}$、$\overline{BI/RBO}$ 均无效（高电平），$\overline{RBI}$ 为 1 或任意时，可以进行字段译码。例如 $D_0 \sim D_3 = 0101$ 时，$\bar{g} \sim \bar{a} = 0100100$，即七字段中 b 和 e 不亮，其他均亮，因此可驱动数码管显示 5。74LS47 对于 1010～1111 非法 8421BCD 码的输入显示了一些特殊的符号，本表未列出。有些显示译码器将 $D_3 \sim D_0$ 的输入按二进制数处理，可显示 0～9、A、B、C、D、E、F 这 16 个字符。

（2）当 $\overline{LT} = 0$、$\overline{BI/RBO} = 1$ 时，无论 $\overline{RBI}$ 和 $D_3 \sim D_0$ 输入任何值，输出 $\bar{a} \sim \bar{g}$ 均为 0（表中

第 1 行），此时数码管全亮，显示数字 8，因此可用 $\overline{LT}=0$ 测试数码管各段能否正常显示，故 $\overline{LT}$ 称为试灯输入。

（3）$\overline{BI}/\overline{RBO}=0$ 有以下两种情况。

①当 $\overline{LT}=1$、$\overline{RBI}=1$ 时，且 $D_3 \sim D_0 =0000$ 时，$\overline{a} \sim \overline{g}$ 全为高，数码管全灭，不显示 0，此时 $\overline{BI}/\overline{RBO}$ 用作输出端，$\overline{RBO}=0$。由于灭零是 $\overline{RBI}$ 控制的，因此 $\overline{RBI}$ 称为纹波灭零输入端。

②当 $\overline{BI}=0$，$\overline{BI}/\overline{RBO}$ 用作输入端，$\overline{LT}$、$\overline{RBI}$ 和 $D_3 \sim D_0$ 为任意时，$\overline{a} \sim \overline{g}$ 全为高，数码管全部熄灭，$\overline{BI}/\overline{RBO}$ 称为熄灭输入。

图 9.15 所示是用 74LS47 与数码管连接的显示系统，图中 $\overline{RBI}$ 的接法如下：整数部分最高位接 0（灭 0），最低位接 1（不灭 0），其实各位均接受高位 $\overline{RBO}$ 的输出信号，进行灭 0 控制；小数部分除最高位接 1、最低位接 0 外，其他各位均接受低位 $\overline{RBO}$ 的输出信号，进行灭 0 控制。这样，整数部分只有高位是 0 且被熄灭时低才有灭 0 输入；小数部分只有最低位是 0 且被熄灭时高位才有灭 0 输入。

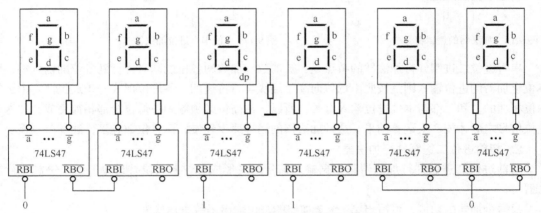

图 9.15　具有灭 0 控制功能的数码显示系统

9.2.3　加法器

加法器是计算机中重要的运算部件。

在加法器中，如果用 A_i、B_i 表示 A、B 两个数的第 i 位，用 C_{i-1} 表示来自低位（第 $i-1$ 位）的进位，用 S_i 表示全加和，用 C_i 表示送给高位（第 $i+1$ 位）的进位，那么根据全加运算的规则便可以列出全加器的真值表，如表 9.9 所示。

表 9.9 全加器真值表

A_i	B_i	C_{i-1}	S_i	C_i	A_i	B_i	C_{i-1}	S_i	C_i
0	0	0	0	0	1	0	0	0	0
0	0	1	1	0	1	0	1	1	0
0	1	0	1	0	1	1	0	1	0
0	1	1	0	1	1	1	1	0	1

根据真值表可得

$$S_i = \overline{A}_i\overline{B}_iC_{i-1} + \overline{A}_iB_i\overline{C}_{i-1} + A_i\overline{B}_i\overline{C}_{i-1} + A_iB_iC_{i-1}$$

$$C_i = \overline{A}_iB_iC_{i-1} + A_i\overline{B}_iC_i + A_iB_i\overline{C}_{i-1} + A_iB_iC_{i-1} = A_iB_i + A_iC_{i-1} + B_iC_{i-1}$$

全加器的逻辑符号如图 9.16 所示。

按进位方式的不同，可分为串行进位二进制并行加法器和超前进位二进制并行加法器两种类型。

1. 串行进位二进制并行加法器

串行进位二进制并行加法器是由全加器级联构成的，高位的"和"依赖于来自低位的进位输入。

74H183、74LS183 是集成双全加器，把 4 个全加器（例如两片 74LS183）依次级联起来，便可构成 4 位串行进位加法器，如图 9.17 所示。

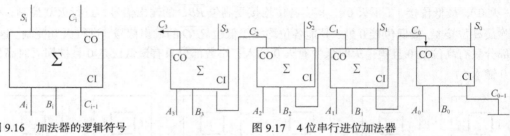

图 9.16　加法器的逻辑符号　　　　　　图 9.17　4 位串行进位加法器

串行进位二进制并行加法器的特点是：被加数和加数的各位能同时并行到各位的输入端，而各位全加器的进位输入则是按照由低位向高位逐级串行传递的，各进位形成一条进位链。由于每一位相加的"和"都与本位进位输入有关，所以，最高位必须等到各低位全部相加完成，并送来进位信号之后才能产生运算结果。这种加法器的运算速度较慢，而且位数越多，速度就越慢。

2. 超前进位二进制并行加法器

超前进位二进制并行加法器是根据输入信号同时形成各位向高位"进位"的二进制并行加法器。

根据全加器的功能，可写出第 i 位全加器的进位输出函数表达式为

$$C_i = \overline{A_i}B_i C_{i-1} + A_i \overline{B_i} C_{i-1} + A_i B_i \overline{C_{i-1}} + A_i B_i C_{i-1}$$
$$= (A_i \oplus B_i)C_{i-1} + A_i B_i$$

由进位函数表达式可知，当第 i 位的被加数 A_i 和加数 B_i 均为 1 时，有 $A_i B_i = 1$，不论低位运算结果如何，本位必然产生进位输出 $C_i = 1$。因此，将 $G_i = A_i B_i$ 定义为进位产生函数；当 $A_i \oplus B_i = 1$ 时，可使得 $C_i = C_{i-1}$，即来自低位的进位输入能传送到本位的上位输出。因此，将 $P_i = A_i \oplus B_i$ 定义为进位传递函数。

将 P_i 和 G_i 代入全加器的"和"及"进位"输出表达式，可得到

$$F_i = A_i \oplus B_i \oplus C_{i-1} = P_i \oplus C_{i-1} \quad , \quad C_i = P_i C_{i-1} + G_i$$

3. 应用举例

常用并行加法器有 4 位超前进位二进制并行加法器 74283，该器件的逻辑符号如图 9.18 所示。

例 9.7　用 4 位二进制并行加法器设计一个将 8421 码转换成余 3 码的代码转换电路。

解：根据余 3 码的定义可知，余 3 码是由 8421 码加 3 形成的代码。所以，用 4 位二进制并行加法器实现从 8421 码到余 3 码的转换，只需从 4 位二进制并行加法器的输入端 $A_4 A_3 A_2 A_1$ 输入 8421 码，而从输入端 $B_4 B_3 B_2 B_1$ 输入二进制数 0011，进位输入端 C_0 加上"0"，便可从输出端 $F_4 F_3 F_2 F_1$ 得到与 8421 码对应的余 3 码。其逻辑电路如图 9.19 所示。

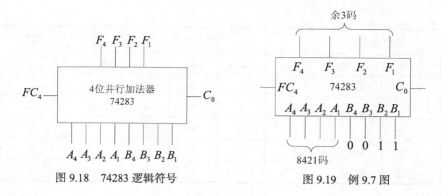

图 9.18　74283 逻辑符号　　　　　图 9.19　例 9.7 图

9.2.4　数值比较器

比较两个二进制数 A 和 B 大小关系的电路称为数值比较器。比较的结果有 3 种情况，A>B、A=B、A<B，分别通过 3 个输出端给以指示。

1. 1 位数值比较器

1 位数值比较器是比较两个 1 位二进制数大小关系的电路。它有两个输入端 A 和 B 三个输出端 $Y_{0(A>B)}$、$Y_{1(A=B)}$ 和 $Y_{2(A<B)}$。根据 1 位数值比较器的定义，可列出真值表如表 9.10 所示。

表 9.10　　　　　　　　　　　　1 位数值比较器真值表

A	B	$Y_{0(A>B)}$	$Y_{1(A=B)}$	$Y_{2(A<B)}$
0	0	0	1	0
0	1	0	0	1
1	0	1	0	0
1	1	0	1	0

根据表 9.10 可得

$$Y_0 = A\bar{B}, \quad Y_1 = \bar{A}\bar{B} + AB = \overline{\bar{A}B + A\bar{B}}, \quad Y_2 = \bar{A}B$$

2. 4 位数值比较器

4 位数值比较器是比较两个 4 位二进制数大小关系的电路，一般由 4 个 1 位数值比较器组合而成。输入是两个相比较的 4 位二进制数 $A = A_3A_2A_1A_0$，$B = B_3B_2B_1B_0$，输出同 1 位数值比较器，也是三个输出端。其真值表如表 9.11 所示。

表 9.11　　　　　　　　　　　　4 位集成数值比较器的真值表

比较输入				级联输入			输出		
$A_3\ B_3$	$A_2\ B_2$	$A_1\ B_1$	$A_0\ B_0$	$I_{(A<B)}$	$I_{(A=B)}$	$I_{(A>B)}$	$Y_{2\,(A<B)}$	$Y_{1(A=B)}$	$Y_{0\,(A>B)}$
$A_3 > B_3$	×	×	×	×	×	×	0	0	1
$A_3 = B_3$	$A_2 > B_2$	×	×	×	×	×	0	0	1
$A_3 = B_3$	$A_2 = B_2$	$A_1 > B_1$	×	×	×	×	0	0	1
$A_3 = B_3$	$A_2 = B_2$	$A_2 = B_2$	$A_0 > B_0$	×	×	×	0	0	1
$A_3 = B_3$	$A_2 = B_2$	$A_2 = B_2$	$A_0 = B_0$	0	0	1	0	0	1
$A_3 = B_3$	$A_2 = B_2$	$A_2 = B_2$	$A_0 = B_0$	0	1	0	0	1	0

续表

比较输入				级联输入			输出		
A_3 B_3	A_2 B_2	A_1 B_1	A_0 B_0	$I_{(A<B)}$	$I_{(A=B)}$	$I_{(A>B)}$	$Y_{2(A<B)}$	$Y_{1(A=B)}$	$Y_{0(A>B)}$
$A_3=B_3$	$A_2=B_2$	$A_2=B_2$	$A_0=B_0$	1	0	0	1	0	0
$A_3<B_3$	×	×	×	×	×	×	1	0	0
$A_3=B_3$	$A_2<B_2$	×	×	×	×	×	1	0	0
$A_3=B_3$	$A_2=B_2$	$A_2<B_2$	×	×	×	×	1	0	0
$A_3=B_3$	$A_2=B_2$	$A_2=B_2$	$A_0<B_0$	×	×	×	1	0	0

分析表 9.11 可以看出：

（1）4 位数值比较器实现比较运算是依照"高位数大则该数大，高位数小则该数小，高位数相等看低位"的原则，从高位到低位依次进行比较而得到的；

（2）$I_{(A>B)}$、$I_{(A=B)}$、$I_{(A<B)}$ 是级联输入端，应用级联输入端可以扩展比较器的位数，方法是将低位片的输出 $Y_{0(A>B)}$、$Y_{1(A=B)}$ 和 $Y_{2(A<B)}$ 分别与高位片的级联输入端 $I_{(A>B)}$、$I_{(A=B)}$、$I_{(A<B)}$ 相连。不难理解，只有当高位数相等，低 4 位比较的结果才对输出起决定性的作用。

3. 集成数值比较器及其应用

74LS85 是集成 4 位数值比较器，逻辑符号如图 9.20 所示。

例 9.8 试用两片 4 位数值比较器 74LS85 组成 8 位数值比较器。

根据以上分析，两片数值比较器级联，只要将低位片的输出 $Y_{0(A>B)}$、$Y_{1(A=B)}$ 和 $Y_{2(A<B)}$ 分别与高位片的级联输入端 $I_{(A>B)}$、$I_{(A=B)}$、$I_{(A<B)}$ 相连，再将低位片的 $I_{(A>B)}$、$I_{(A<B)}$ 接地，$I_{(A=B)}$ 接高电平即可，如图 9.21 所示。

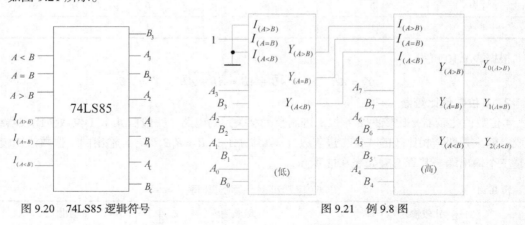

图 9.20　74LS85 逻辑符号　　　　　　　图 9.21　例 9.8 图

9.2.5　数据选择器

根据输入地址码的不同，从多路输入数据中选择一路进行输出的电路称为数据选择器。又称为多路开关。在数字系统中，经常利用数据选择器将多条传输线上的不同数字信号按要求选择其中之一送到公共数据线。

图 9.22 所示是数据选择器的结构框图。设地址输入端有 n 个，这 n 个地址输入端组成 n 位二进制代码，则数据输入端最多可有 2^n 个输入信号，但输出端却只有一个。根据输入信号的个数，

可分为 4 选 1、8 选 1、16 选 1 数据选择器等。

1. 4 选 1 数据选择器

图 9.23 所示是 4 选 1 数据选择器的框图，图中 $D_0 \sim D_3$ 是 4 个数据输入端，Y 为输出端，A_1A_0 为地址输入端，$\overline{S}$ 为选通（使能）输入端，低电平有效。

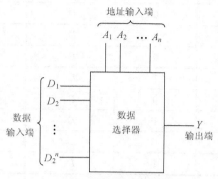

图 9.22　数据选择器框图

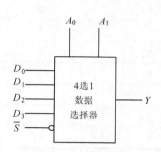

图 9.23　4 选 1 数据选择器框图

当 $\overline{S}=0$ 时，$Y=0$，数据选择器不工作。

当 $\overline{S}=1$ 时，$Y = \overline{A_1}\,\overline{A_0}D_0 + \overline{A_1}A_0D_1 + A_1\overline{A_0}D_2 + A_1A_0D_3$，此时，根据地址码 A_1A_0 不同，将从 $D_0 \sim D_3$ 中选出一个数据输出。如果地址码 A_1A_0 依次改变，由 $00 \rightarrow 01 \rightarrow 10 \rightarrow 11$，则输出端将依次输出 D_0、D_1、D_2、D_3，这样就可以将并行输入的代码变为串行输出的代码了。

4 选 1 数据选择器的典型电路是 74LS153。74LS153 实际上是双 4 选 1 数据选择器，其内部有两片功能完全相同的 4 选 1 数据选择器，表 9.12 是它的真值表。除了数据和地址输入端外，还有一个使能（选通）输入端 $\overline{ST}$，低电平有效。74LS153 的逻辑符号如图 9.24 所示。

表 9.12　　　　　　　　　　74LS153 真值表

$\overline{ST}$	输入						输出
	A_1	A_0	D_0	D_1	D_2	D_3	Y
1	×	×	×	×	×	×	0
0	0	0	D_0	×	×	×	D_0
0	0	1	×	D_1	×	×	D_1
0	1	0	×	×	D_2	×	D_2
0	1	1	×	×	×	D_3	D_3

2. 8 选 1 数据选择器

集成 8 选 1 数据选择器 74LS151 的真值表如表 9.13 所示。可以看出，74LS151 有一个使能端 $\overline{ST}$，低电平有效；两个互补输出端 Y 和 $\overline{W}$，其输出信号相反。当 $\overline{ST}=0$ 时，$Y=0$，数据选择器不工作；当 $\overline{ST}=1$ 时，根据地址码 $A_2A_1A_0$ 的不同，将从 $D_0 \sim D_7$ 中选出一个数据输出。

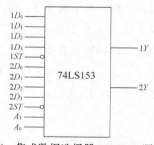

图 9.24　集成数据选择器 74LS153 逻辑符号

表9.13　　　　　　　　　　　　74LS151真值表

输入				输出	
选通输入	地址输入				
$\overline{ST}$	A_2	A_1	A_0	Y	$\overline{W}$
1	×	×	×	0	1
0	0	0	0	D_0	$\overline{D_0}$
0	0	0	1	D_1	$\overline{D_1}$
0	0	1	0	D_2	$\overline{D_2}$
0	0	1	1	D_3	$\overline{D_3}$
0	1	0	0	D_4	$\overline{D_4}$
0	1	0	1	D_5	$\overline{D_5}$
0	1	1	0	D_6	$\overline{D_6}$
0	1	1	1	D_7	$\overline{D_7}$

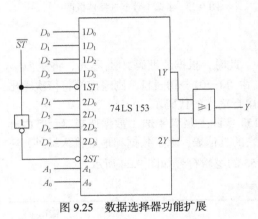

图9.25　数据选择器功能扩展

3. 数据选择器的典型应用

（1）数据选择器通道的扩展

利用选通端及外加辅助门电路实现通道扩展。例如，用两个4选1数据选择器（可选1片74LS153）通过级联，构成8选1数据选择器，其连线图如图9.25所示。

在图9.25中，当$\overline{ST}$=0时，选中第一块4选1数据选择器，根据地址码A_1A_0的组合，从$D_0\sim D_3$中选一路数据输出；当$\overline{ST}$=1时，选中第二块，根据地址码A_1A_0的组合，从$D_4\sim D_7$中选一路数据输出。

（2）实现逻辑函数

用数据选择器也可以实现逻辑函数，主要是因为数据选择器输出信号逻辑表达式具有以下特点：①具有标准与或表达式形式；②提供了地址变量的全部最小项；③一般情况下，输入信号D_i可以当成一个变量处理。由于任何组合逻辑函数都可以写成唯一的最小项表达式的形式，因此，从原理上讲，应用对照比较的方法，用该数据选择器可以不受限制地实现任何组合逻辑函数。如果函数的变量数为k，那么应选用地址变量数为$n=k$或$n=k-1$的数据选择器。

例9.9　用数据选择器实现下列函数
$$F = \overline{A}\,\overline{B}\,\overline{C}D + \overline{A}\,\overline{B}C\overline{D} + \overline{A}B\overline{C}D + \overline{A}BC\overline{D} + A\overline{B}\,\overline{C}D + A\overline{B}C\overline{D} + AB\overline{C}\,\overline{D} + ABC\overline{D}$$

解：函数变量个数为4，则应选用地址变量为3的8选1数据选择器实现，可选用74LS151。将函数F的前3个变量A、B、C作为8选1的数据选择器的地址码$A_2A_1A_0$，剩下一个变量D作为数据选择器的输入数据。已知8选1数据选择器的逻辑表达式为
$$Y = \overline{A_2}\,\overline{A_1}\,\overline{A_0}D_0 + \overline{A_2}\,\overline{A_1}A_0D_1 + \overline{A_2}A_1\overline{A_0}D_2 + \overline{A_2}A_1A_0D_3 + A_2\overline{A_1}\,\overline{A_0}D_4 + A_2\overline{A_1}A_0D_5 + A_2A_1\overline{A_0}D_6 + A_2A_1A_0D_7$$
比较Y与F的表达式可知
$$D_0 = \overline{D},\ D_1 = D,\ D_2 = 1,\ D_3 = 0$$
$$D_4 = D,\ D_5 = \overline{D},\ D_6 = 1,\ D_7 = 0$$

根据以上结果画出的连线图，如图9.26所示。用74LS151也可实现3变量逻辑函数。

例 9.10　使用数据选择器实现逻辑函数 $F=AB+BC+AC$。

解：将函数表达式 Y 整理成最小项之和形式。

$$F = AB + BC + AC = AB(C + \overline{C}) + BC(A + \overline{A}) + AC(B + \overline{B})$$
$$= \overline{A}BC + A\overline{B}C + AB\overline{C} + ABC$$

比较逻辑表达式 F 和 8 选 1 数据选择器的逻辑表达式 Y，最小项的对应关系为 $F=Y$，则 $A=A_2$，$B=A_1$，$C=A_0$，Y 中包含 F 的最小项时，函数 $D_n=1$，未包含最小项时，$D_n=0$。于是可得

$$D_0 = D_1 = D_2 = D_4 = 0$$
$$D_3 = D_5 = D_6 = D_7 = 1$$

根据上面分析结果，画出连线图，如图 9.27 所示。

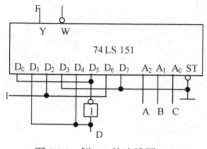

图 9.26　例 9.9 的连线图

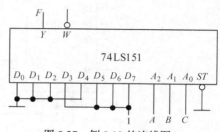

图 9.27　例 9.10 的连线图

9.2.6　数据分配器

根据输入地址码的不同，将一个数据源输入的数据传送到多个不同输出通道的电路称为数据分配器，又叫多路分配器。如一台计算机的数据要分时传送到打印机、绘图仪和监控终端中去，就要用到数据分配器。

根据输出端的个数，数据分配器可分为 1 路-4 路、1 路-8 路、1 路-16 路数据分配器等。下面以 1 路-4 路数据分配器为例介绍。图 9.28 所示为 1 路-4 路数据分配器的结构框图。其中，1 个输入数据用 D 表示；两个地址输入端用 A_1A_0 表示；4 个数据输出端，用 Y_0、Y_1、Y_2、Y_3 表示。

令 $A_1A_0=00$ 时，选中输出端 Y_0，即 $Y_0=D$；$A_1A_0=01$ 时，选中输出端 Y_1，即 $Y_1=D$；$A_1A_0=10$ 时，选中输出端 Y_2，即 $Y_2=D$；$A_1A_0=11$ 时，选中输出端 Y_3，即 $Y_3=D$。据此，可列出真值表如表 9.14 所示。

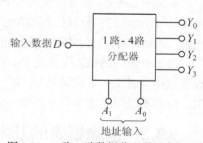

图 9.28　1 路-4 路数据分配器示意框图

表 9.14　　　　　　　　　　　　　1 路-4 路数据分配器的真值表

	输入		输出			
	A_1	A_0	Y_0	Y_1	Y_2	Y_3
D	0	0	D	0	0	0
	0	1	0	D	0	0
	1	0	0	0	D	0
	1	1	0	0	0	D

根据真值表可以看出，1 路-4 路数据分配器的与 2/4 线译码器完全一样，A_1A_0 相当于译码器的代码输入端，D 相当于使能端。因此，任何使能端的二进制译码器都可作为数据分配器使用。

将数据选择器和数据分配器结合起来，可以实现多路数据的分时传送，以减少传输线的条数。用 8 选 1 数据选择器 74LS151 和 3/8 线译码器 74LS138 组合构成的分时传送电路如图 9.29 所示。从图中可以看出，数据从输入到输出只用了 5 根传输线——3 根地址线、1 根地线和 1 根数据传输线。然而按常规，若将 8 路数据从发送端同时传送到接收端，需要 9 根线（包括 1 根地线）。当输入数据增多时，这种连接所带来的节省更为明显。

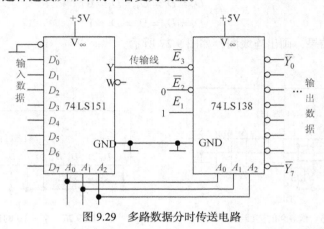

图 9.29　多路数据分时传送电路

9.3　组合逻辑电路的竞争与冒险

9.3.1　竞争与冒险的基本概念

在实际电路中，信号的变化不是同时进行的，有一定的延迟时间。竞争是指当逻辑门出现互补输入变量时，由于它们分别从不同的电平向相反电平跳变的时刻不同，导致门电路输出结果也不确定的现象。例如"与非"门的两个输入变量 A 和 $\overline{A}$，当 A 由 0 变为 1，$\overline{A}$ 由 1 变为 0 时，就存在竞争。

由于逻辑门的输入存在竞争，在组合电路的输出就可能产生与逻辑关系相违背的尖脉冲，这种现象称为冒险。冒险又分为"0"冒险和"1"冒险两种。有竞争的存在，可能会导致冒险的产生，但并不是说有竞争的存在就一定会产生冒险。

9.3.2　消除冒险的基本方法

由于冒险现象会使系统产生误动作，因此必须消除，消除冒险的方法有以下几种。

1. 修改逻辑设计

例如，$F=AB+\overline{A}C$ 在 $B=C=1$ 时，$F=A+\overline{A}$ 会产生冒险，可以通过增加冗余项 BC 使原来函数表达式变为 $F=AB+\overline{A}C+BC$（其逻辑关系并未改变），当 $B=C=1$ 时 $F=1$，从而消除了冒险。

2. 引入选通脉冲

组合电路中的冒险总是出现在输入信号变化后的一段短暂时间，可以用一个与该段时间错开的选通脉冲来选取正常的输出，选通脉冲在组合逻辑电路达到稳定状态后才到来，在选通脉冲到来之前的任何冒险都会被屏蔽，这样就可以消除冒险现象。

3. 加电容滤波

不论哪种冒险，由于冒险产生的脉冲大都很窄，可以在输出端加上小电容进行滤波，以削减冒险脉冲对电路输出的影响。

9.4　Multisim 组合逻辑电路仿真分析

例 9.11　组合逻辑电路的设计与测试：用"与非"门设计一个表决电路，当 4 个输入端有 3 个或 4 个为"1"时，输出端才为"1"。

解：（1）根据题意，列出真值表，再画出卡诺图；（2）由卡诺图得出逻辑表达式，并变换成"与非"形式，即 $Z = ABC + BCD + ACD + ABD = \overline{\overline{ABC} \cdot \overline{BCD} \cdot \overline{ACD} \cdot \overline{ABC}}$ ；（3）构造逻辑电路图；（4）观察其如何完成表决过程，如图 9-30 所示。

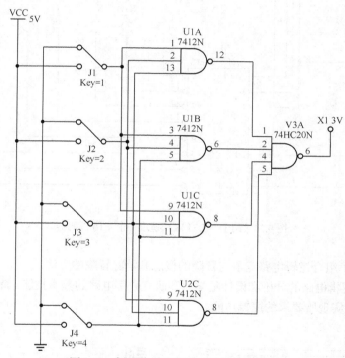

图 9.30　例 9.13 组合逻辑电路及其仿真图

例 9.12　运用 Multisim 熟悉 3/8 译码器 74LS138 功能，并利用两个 74LS138 构造成一个 4/16 译码器，其仿真图如图 9.31 所示。

小　　结

1. 本章介绍了组合逻辑电路的结构与特点，重点叙述组合电路的分析与设计方法。

2. 以中规模集成电路芯片为例，介绍了常用组合逻辑功能部件加法器、译码器、编码器、数据选择器、数据分配器、数值比较器的功能特点及应用方法。

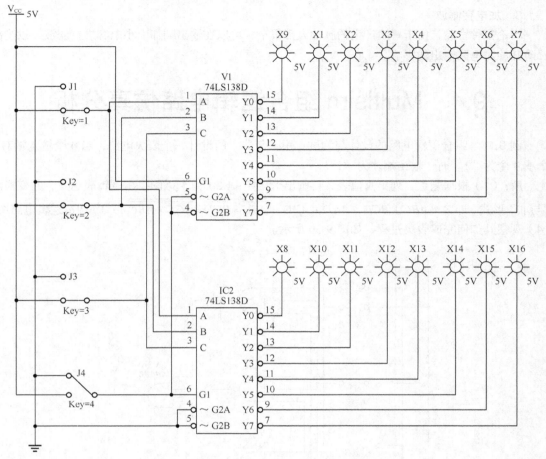

图 9.31　两个 74LS138 构造成一个 4/16 译码器

3. 最后给出了组合逻辑电路竞争与冒险的概念和消除冒险的方法。

4. 掌握组合逻辑电路的分析和设计是学习和研究数字电路的基本技能,特别是要学会如何使用通用的标准芯片实现所要求的逻辑功能。

习　　题

9.1　电路如题图 9.32 所示,试写出输出变量 Y 的表达式,列出真值表,并说明各电路的逻辑功能。

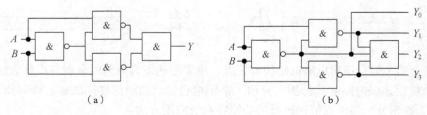

（a）　　　　　　　　　　　　　　　（b）

图 9.32

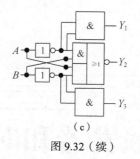

图 9.32（续）

9.2　化简下列逻辑函数，并用最少的与非门实现它们。

（1）$Y_1 = A\bar{B} + A\bar{C}D + \bar{A}C$

（2）$Y_2 = A\bar{B} + \bar{A}C + B\bar{C}D + ABD$

（3）$Y_3 = \sum m(0,2,3,4,6)$

（4）$Y_4 = \sum m(0,2,8,10,12,14,15)$

9.3　试用门电路设计如下功能的组合逻辑电路。

（1）3 变量的判奇电路，要求 3 个输入变量中有奇数个为 1 时输出为 1，否则为 0；

（2）4 变量多数表决电路，要求 4 个输入变量中有多数个为 1 时输出为 1，否则为 0。

9.4　设计一个路灯控制电路，要求实现的功能是：当总电源开关闭合时，安装在三个不同地方的三个开关都能独立地将灯打开或熄灭；当总电源开关断开时，路灯不亮。

9.5　设计一个 3 人表决电路，要求实现：大多数人同意时，结果才能通过。

9.6　设计一个组合电路，其输入是 4 位二进制数 $D = D_3 D_2 D_1 D_0$，要求能判断下列 3 中情况：（1）D 中没有一个 1；（2）D 中有两个 1；（3）D 中有奇数个 1。

9.7　试用门电路实现一个优先编码器，对 4 种电话进行控制。优先顺序由高到低为火警电话（11），急救电话（10），工作电话（01），生活电话（00）。编码如括号内所示，输入低电平有效。

9.8　用二-十进制编码器、译码器、七段数码管显示器组成 1 位数码显示电路。当 0～9 十个输入端有一个接地时，显示相应数码。选择合适的器件，画出连线图。

9.9　试用集成译码器 74LS138 和与非门实现全加器。

9.10　试用两片 2/4 线译码器（如图 9.33 所示）构成一个 3/8 线译码器。

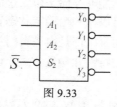

图 9.33

9.11　试用 2 个半加器和一个或门构成一全加器。

（1）写出 S_i 和 C_i 的逻辑表达式；

（2）画出逻辑图。

9.12　试用一片双 4 选 1 数据选择器 74LS153 和尽可能少的门电路实现 2 个判断功能，要求输入信号 A，B，C 中有奇数个为 1 时输出 Y_1 为 1，否则 Y_1 为 0；输入信号 A，B，C 中有多数个为 1 时输出 Y_2 为 1，否则 Y_2 为 0。

第10章
触发器和时序逻辑电路

时序逻辑电路简称时序电路，由具有记忆功能的触发器及门电路构成。按触发器动作方式，时序电路分成同步时序电路和异步时序电路两大类；按输出方式，时序电路分成米里型和摩尔型两大类。本章首先分析触发器的特点、构成和工作方式，然后在简要介绍时序电路的功能、特点及其工作原理的基础上，重点讨论时序电路的分析方法，最后给出常用时序逻辑部件的应用。

10.1 触发器

在时序电路中必须包含存储电路，存储电路由触发器构成，一个触发器可以看作是一个最简单的时序电路。在数字电路中，除了需要实现逻辑运算的逻辑门之外，还需要有能够保存信息的逻辑器件，触发器就是具有这种存储、记忆功能的基本逻辑单元。

10.1.1 基本 RS 触发器

1. 触发器的基本特性
触发器是一种具有记忆功能的基本逻辑电路，它具有以下基本特性。

（1）有两个互补的输出端 Q 和 $\bar{Q}$，当 $Q=0$ 时，$\bar{Q}=1$；当 $Q=1$ 时，$\bar{Q}=0$。

（2）触发器有两个稳定状态，具有记忆功能。通常将 $Q=0$（$\bar{Q}=1$）称为"0"状态，表示存储信息"0"；将 $Q=1$（$\bar{Q}=0$）称为"1"状态，表示存储信息"1"。当输入信号（包括时钟信号）不发生变化时，触发器状态稳定不变，能够存储 1 位二进制数。

（3）在输入信号作用下，触发器可以从一个稳定状态转移到另一个稳定状态。

触发器的种类很多，但就其结构而言，都是由逻辑门加上适当的反馈线耦合而成。下面讨论各种类型触发器的逻辑功能、外部工作特性和触发方式，内部电路构成仅做简单介绍。

2. 与非门构成的基本 RS 触发器
基本 RS 触发器是直接复位（Reset）、置位（Set）触发器的简称，它是构成各类型触发器的基本单元。

图 10.1（a）所示是用与非门构成的基本 RS 触发器，其中 R、S 为触发器的输入信号，即驱动信号或激励信号，Q、$\bar{Q}$ 是触发器的输出信号。分析电路可知，由于存在着输出到输入的反馈，则 $Q=\overline{\bar{Q} \cdot S}$、$\bar{Q}=\overline{Q \cdot R}$。基本 RS 触发器的工作原理如下。

（1）当 $R=1$、$S=1$ 时，$Q=\overline{\bar{Q} \cdot 1}=Q$，$\bar{Q}=\overline{Q \cdot 1}=\bar{Q}$。即当基本 RS 触发器的输出处于"1"态时，则将一直保持"1"态；输出在"0"态时，则将一直保持"0"态，这就是触发器的记忆、保持功能。

（2）当 $R=1$、$S=0$ 时，因为 $S=0$，门 G_1 的输出 $Q=\overline{\overline{Q}\cdot 0}=1$，这样使 G_2 的两个输入均为 1，所以 $\overline{Q}=\overline{Q\cdot R}=\overline{1\cdot 1}=0$；当 $R=0$，$S=1$ 时，因为 $R=0$，门 G_2 的输出 $\overline{Q}=\overline{Q\cdot 0}=1$，这样使 G_1 的两个输入均为 1，则 $Q=\overline{\overline{Q}\cdot S}=\overline{1\cdot 1}=0$。

不管基本 RS 触发器在"1"态还是"0"态，当 $S=0$、$R=1$ 时，它将转化为"1"态，该过程称为触发器置 1；当 $S=1$、$R=0$ 时，它将转化为"0"态，该过程称为触发器置 0。基本 RS 触发器具有接收外界信息的能力，外界信号可通过输入端 R、S 来改变基本 RS 触发器的状态。同时基本 RS 触发器通过 Q 端或 $\overline{Q}$ 端可向外界输出"1"态或"0"态，表明其具有传递信息的能力。图 10.1（b）所示是基本 RS 触发器的逻辑符号，图中的 R、S 端各有一个小圆圈，表示置 1 和置 0 信号都是低电平有效。

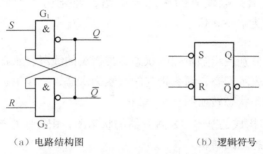

（a）电路结构图　　　　　　　　（b）逻辑符号

图 10.1　与非门构成的基本 RS 触发器

（3）当 $R=0$、$S=0$ 时，$Q=\overline{\overline{Q}\cdot 0}=1$，$\overline{Q}=\overline{Q\cdot 0}=1$。$Q$ 和 $\overline{Q}$ 的输出都是 1，破坏了触发器两个输出端 Q 和 $\overline{Q}$ 的状态应该互补的逻辑关系，已不是一个触发器正常工作的状态。此外，当两个输入端的低电平同时被撤消时，低电平信号消失的快慢程度不同，触发器的新状态将是不确定的，可能是"1"态，也可能是"0"态。因而 $R=0$、$S=0$ 是不允许出现的，其约束条件可以表示为 $R+S=1$。

（4）基本 RS 触发器没有同步脉冲输入端，它是异步方式工作的。当 R 或 S 由 1 变成 0 时，触发器的输出端 Q 和 $\overline{Q}$ 马上发生变化，具有直接复位、置位的功能。但由于 R、S 之间的约束关系，使它的应用受到一定限制。

3. 触发器逻辑功能的描述

通常使用特性表、特性方程、状态图等工具来描述触发器的功能。下面使用不同的描述工具，以与非门构成的基本 RS 触发器为例进行讨论。

（1）特性表

在输入信号作用下，为表明触发器的现态、次态之间的转换关系，将触发器的输入信号、现态、次态画成一张表，这样的表称为特性表。表 10.1 为与非门构成的基本 RS 触发器特性表，为便于讨论，触发器现态表示为 Q^n，次态为 Q^{n+1}，×表示任意值。

表 10.1　　　　　　　　　　与非门构成的基本 RS 触发器特性表

S	R	Q^n	Q^{n+1}	说明
0	0	0	×	不确定
0	0	1	×	
0	1	0	1	置　1
0	1	1	1	

S	R	Q^n	Q^{n+1}	说明
1	0	0	0	置 0
1	0	1	0	
1	1	0	0	保 持
1	1	1	1	

（2）特性方程

特性方程就是描述触发器逻辑功能的逻辑函数表达式。根据特性表，并考虑约束条件 $R+S=1$，将输入 R、S 和现态 Q^n 看作逻辑变量，Q^{n+1} 为这三个变量的逻辑函数，可以画出如图 10.2 所示、与非门构成的基本 RS 触发器的次态卡诺图，经化简可得到触发器的特性方程是：$Q^{n+1}=\overline{S}+RQ^n$，约束条件为 $R+S=1$。

（3）状态图

使用带 0 或 1 的圆圈分别表示触发器的状态，带箭头的线段表示在输入信号作用下状态转移的方向，箭头离开的圆圈表示现态，箭头指向的圆圈为次态，线段上标注触发器驱动信号，这样的图形就是状态图，也称为状态转换图。

图 10.3 所示为与非门构成的基本 RS 触发器的状态图，由图中可知，在输入信号 R、S 的作用下，触发器在 0 态和 1 态之间转移。

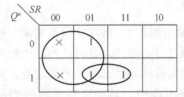

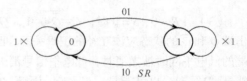

图 10.2　与非门构成的基本 RS 触发器次态卡诺图　　　图 10.3　与非门构成的基本 RS 触发器状态图

基本 RS 触发器电路结构简单，是构成各种性能完善的触发器的基础，有一定的应用场合。在数字系统的设计过程中，如果用开关的输出直接驱动逻辑门，输出会是一串抖动的脉冲信号，这时可以使用基本 RS 触发器构成去抖动电路。

10.1.2　其他类型触发器

1. 钟控 D 触发器

对基本 RS 触发器，只要输入信号发生变化，输出状态就会随之发生相应的变化。但是在数字电路的实际应用中，往往需要触发器按照一定的节拍进行工作，为此，增加时钟信号来控制触发器状态的变化。

基本 RS 触发器的控制需要两个输入信号完成，在数字系统中，经常要利用触发器的记忆功能实现数据的存储，为了使用方便，希望触发器的输入只有一个。另外对与非门构成的基本 RS 触发器，有一定的约束条件，给实际使用带来困难。基于以上考虑，对其基本电路进行改进，增加两个与非门和一个反相

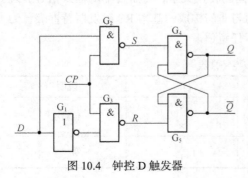

图 10.4　钟控 D 触发器

器，将两个输入合并为一个，构成钟控 D 触发器，如图 10.4 所示。图中，G_4、G_5 构成基本 RS 触发器，G_2、G_3 是两个引导门，输入端 D 通过引导门到达 S 端，通过反相门和引导门到达 R 端，$S=\overline{\overline{D}\cdot CP}$，$R=\overline{\overline{\overline{D}}\cdot CP}$。当 $CP=0$ 时，$S=1$、$R=1$，触发器保持原来的状态。在 $CP=1$ 时钟信号作用期间，$S=\overline{D}$、$R=D$，触发器状态发生变化。钟控 D 触发器的特性表如表 10.2 所示，当 $CP=0$ 时，钟控 D 触发器保持原来的状态，与 D 值无关。当 $CP=1$ 时，若 $D=0$，触发器置 0，若 $D=1$，触发器置 1。

表 10.2　　　　　　　　　　　　　　钟控 D 触发器特性表

CP	D	Q^n	Q^{n+1}
0	×	Q^n	Q^n
1	0	×	0
1	1	×	1

$CP=1$ 时的 D 触发器次态卡诺图如图 10.5（a）所示，状态图如图 10.5（b）所示，由次态卡诺图可得其特性方程为 $Q^{n+1}=D$，特性方程表明当时钟控制信号 CP 有效，即 $CP=1$ 时，D 触发器的次态同输入 D 相同，而与触发器的现态无关。

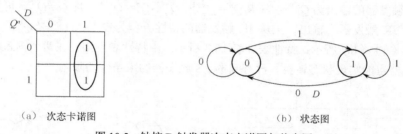

（a）　次态卡诺图　　　　　　　　　　　（b）　状态图

图 10.5　钟控 D 触发器次态卡诺图与状态图

钟控触发器是电位触发方式，它在一个时钟周期的约定有效电平期间内（$CP=1$ 或 $CP=0$）接收输入信号，从而引起触发器状态的变化。若约定有效电平宽度较宽，触发器在一个时钟周期内可能会发生状态的多次翻转，这种现象称为空翻；在非约定有效电平（$CP=0$ 或 $CP=1$）期间内不接收任何输入信号，不论输入信号如何变化，触发器状态不会发生变化。

2. 主从 JK 触发器

钟控触发器在约定有效电平期间对输入信号敏感，所以造成在某些输入条件下触发器发生多次翻转，克服和避免多次翻转的有效方法是采用主从结构的触发器。

图 10.6（a）所示为主从 JK 触发器的电路图，它由两个钟控 RS 触发器构成，其中由 G_1、G_2、G_3、G_4 组成的与输入相连的为主触发器，由 G_5、G_6、G_7、G_8 组成的与输出相连的为从触发器，时钟 CP 直接连接到主触发器，反相后接到从触发器。从触发器的输出 Q、$\overline{Q}$ 反馈连接到主触发器的输入，从而改变了 RS 触发器的特性，构成主从 JK 触发器，图 10.6（b）所示是其逻辑符号。从触发器的输出就是主从 JK 触发器的输出，主触发器的输入就是主从 JK 触发器的输入信号。

主从 JK 触发器的工作原理如下。

当 $CP=1$ 时，主触发器工作，接收 J、K 端的输入信号；从触发器被封锁，状态不变。$R_m=\overline{KQ^n}$，$S_m=\overline{J\overline{Q^n}}$，此时主触发器的特性方程为 $Q_m^{n+1}=\overline{S_m}+R_m Q_m^n=J\overline{Q^n}+\overline{KQ^n}\cdot Q_m^n$。

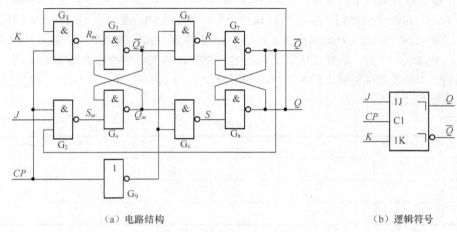

（a）电路结构 　　　　　　　　　　　　　　　（b）逻辑符号

图 10.6　主从 JK 触发器

CP 由 1 负跳变到 0 时，由于 $CP=0$，$\overline{CP}=1$，主触发器状态维持不变，从触发器随主触发器 CP 由 1 变化到 0 时刻的状态而变化，接收在这一时刻主触发器的状态，此时 $S=\overline{Q_m^{n+1}}$，$R=Q_m^{n+1}$，所以主从 JK 触发器的输出为 $Q^{n+1}=\overline{S}+R\cdot Q^n=Q_m^{n+1}+Q_m^{n+1}\cdot Q^n=Q_m^{n+1}$，即 $Q=Q_m$。可见主触发器的输出就是主从 JK 触发器的输出，主从 JK 触发器的特性方程为 $Q^{n+1}=J\overline{Q^n}+\overline{K}Q^n$。其波形图、状态图如图 10.7（a）、（b）所示，特性表如表 10.3 所示。由特性表可知，在两个输入端同时为 1 的情况下，触发器也能实现状态转换，没有基本 RS 触发器约束条件的限制。

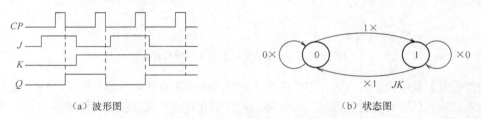

（a）波形图　　　　　　　　　　　　　　　（b）状态图

图 10.7　主从 JK 触发器波形图和状态图

表 10.3　　　　　　　　　　　　　主从 JK 触发器特性表

J　K	Q^{n+1}	说　明
0　0	Q^n	保　持
0　1	0	置 0
1　0	1	置 1
1　1	$\overline{Q^n}$	翻　转

由以上分析可知，当 $CP=1$ 时，主触发器接收 J、K 端的输入信号，从触发器不动作；当 CP 下降沿到来时，从触发器接收主触发器信息，JK 触发器状态翻转，这种工作方式可以简单地描述为"前沿触发，后沿翻转"。在 $CP=1$ 的全过程中，J、K 端的输入都对主触发器起作用，为保证 CP 下降沿到来时输入决定的触发器的状态是正确的，要求在 $CP=1$ 的全部时间内 J、K 端的输入都保持不变。

3. 边沿触发器

主从触发器对输入信号的要求严格，它的使用受到一定的限制。边沿触发器不仅可以克服电位触发方式的多次翻转现象，而且仅仅在时钟 CP 的上升沿或下降沿时刻才响应输入的驱动信号，提高了抗干扰能力。

边沿触发器根据触发方式可分为上升沿触发或下降沿触发，根据功能可分为 RS、D、JK 触发器等，根据电路结构可分为维持阻塞边沿触发器和利用传输延迟时间的边沿触发器。

（1）维持阻塞 D 触发器

维持阻塞 D 触发器的电路图如图 10.8（a）所示，图 10.8（b）为其逻辑符号，其中包含一个由门 G_1、G_2、G_3、G_4 组成的钟控 RS 触发器以及两个信号接收门 G_5 和门 G_6，后面的两个门形成互补的数据 D 和 $\overline{D}$，加在钟控 RS 触发器的输入端。D 触发器是利用内部反馈来保证边沿触发的。当 $CP = 0$ 和 $CP = 1$ 时，由于维持阻塞线的存在，触发器保持原来的状态。当 CP 由 0 正跳变到 1 时，门 G_3、G_4 打开，互补数据 D、$\overline{D}$ 进入基本 RS 触发器，按照 D 触发器的规律变化，即 $Q^{n+1} = D$。当 $CP = 1$ 时，输入信号被封锁，由于维持阻塞线的存在，触发器的输出不会随输入信号 D 的变化而变化。

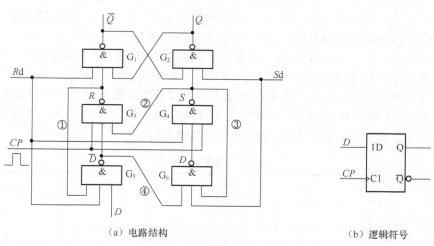

（a）电路结构　　　　　　　　　　　　（b）逻辑符号

图 10.8　维持阻塞 D 触发器

正边沿 D 触发器的特性表如表 10.4 所示，当时钟脉冲上升沿到来时，输出 Q 随输入 D 变化，否则触发器保持原来的状态。

表 10.4　　　　　　　　　　　　　　正边沿 D 触发器特性表

CP	D	Q^{n+1}	$\overline{Q^{n+1}}$
↑	1	1	0
↑	0	0	1
0	×	Q^n	$\overline{Q^n}$

（2）利用传输延迟时间的 JK 触发器

如图 10.9 所示是一种负边沿触发的 JK 触发器，它是利用触发器内部门电路延迟时间的差异来实现负边沿触发的，由两个与或非门构成的基本 RS 触发器和两个用于接收 JK 信号的与非门构成。

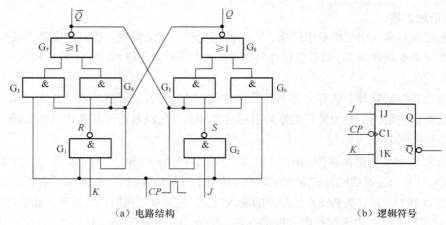

（a）电路结构　　　　　　　　　　　　（b）逻辑符号

图 10.9　负边沿 JK 触发器

当 $CP=0$ 时，用于接收的与非门 G_1、G_2 封锁，$\overline{R}=\overline{S}=1$，触发器状态保持不变；当 $CP=1$ 时，G_1、G_2 门打开，但不论 S、R 如何变化，由于 $Q^{n+1}=\overline{Q^n}\cdot CP+\overline{Q^n}\cdot S=Q^n$，$\overline{Q^{n+1}}=Q^n\cdot CP+Q^n\cdot R=\overline{Q^n}$ 输出状态保持不变，触发器自锁；当 CP 由 0 正跳变到 1 时，由于基本 RS 触发器的变化快于接收门，J、K 的变化传到 RS 触发器时，触发器已自锁，其状态不会发生变化；当 CP 由 1 负跳变到 0 时，自锁解除，但 S、R 变化要慢，在变化为 1 之前，仍维持 CP 下降前的值，即 $S=J\overline{Q^n}$，$R=\overline{KQ^n}$，则负边沿 JK 触发器的特性方程为 $Q^{n+1}=\overline{S}+R\cdot Q^n=J\overline{Q^n}+\overline{K}Q^n$。

通过以上分析，可得出如表 10.5 所示负边沿 JK 触发器的特性表。CP 下降沿到来时，触发器接收输入信号 J、K 并按 JK 触发器的规律变化。因为在 $CP=0$、$CP=1$ 期间，负边沿 JK 触发器的状态保持不变，可以抑制干扰信号，所以其抗干扰能力强。

表 10.5　　　　　　　　　　　　　　负边沿 JK 触发器特性表

J	K	CP	Q^{n+1}	$\overline{Q^{n+1}}$	说　明
0	0	↓	Q^n	$\overline{Q^n}$	保　持
0	1	↓	0	1	置　0
1	0	↓	1	0	置　1
1	1	↓	$\overline{Q^n}$	Q^n	翻　转

4. T 触发器和 T′ 触发器

T 触发器同 D 触发器一样，只有一个输入端 T。它可以用 JK 触发器或 D 触发器来实现。图 10.10（a）所示是由 JK 触发器构成的钟控 T 触发器，图 10.10（b）是它的逻辑符号。将 JK 触发器的两个输入端 J、K 连接在一起作为数据的输入端 T，由于 $J=K=T$，得到 T 触发器的特性方程

$$Q^{n+1}=J\overline{Q^n}+\overline{K}Q^n=T\overline{Q^n}+\overline{T}Q^n$$

T 触发器的特性表如表 10.6 所示，每来一个有效的 CP 脉冲信号，当 $T=1$ 时，触发器状态翻转一次；当 $T=0$ 时，不论有无脉冲信号，触发器都保持不变。当 T 恒为 1 时，即构成 T′ 触发器，其特性方程为 $Q^{n+1}=\overline{Q^n}$，表明每来一个时钟脉冲，触发器的状态就发生一次翻转，Q 端波形的频率为时钟频率的一半，故这种触发器可用作二分频器。

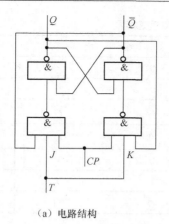

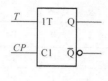

（a）电路结构　　　　　　　　　　　　　　（b）逻辑符号

图 10.10　钟控 T 触发器

表 10.6　　　　　　　　　　　　　　　　T 触发器特性表

T	Q^{n+1}	$\overline{Q^{n+1}}$	说　明
0	Q^n	$\overline{Q^n}$	保　持
1	$\overline{Q^n}$	Q^n	翻　转

5. 集成触发器

前面介绍的触发器都是用与非门、或非门等门电路通过适当连接得到的，实际使用时，通常采用集成触发器。集成触发器作为一种能存储信息的基本单元，种类很多，应用广泛，下面介绍几种常用的集成触发器。

（1）上升沿触发的双 D 触发器 74LS74

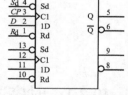

74LS74 是常用的双 D 触发器，它的逻辑符号如图 10.11 所示。在一片 74LS74 集成电路上有两个独立的 D 触发器，具有异步置位和异步复位功能。功能表如表 10.7 所示，S_d 和 R_d 分别为异步置位端和异步复位端，低电平有效。

图 10.11　74LS74 逻辑符号

表 10.7　　　　　　　　　　　　双 D 触发器 74LS74 的功能表

输　　入				输　　出		说　明
S_d	R_d	CP	D	Q^{n+1}	$\overline{Q^{n+1}}$	
0	1	×	×	1	0	预置 1
1	0	×	×	0	1	预置 0
0	0	×	×	Illegal		非　法
1	1	↑	0	0	1	置　0
1	1	↑	1	1	0	置　1
1	1	0	×	Q_0	$\overline{Q_0}$	保　持

（2）双 JK 触发器 74LS73

图 10.12 所示为 74LS73 的逻辑符号，在一片 74LS73 集成电路上有两个独立的 JK 触发器，下降沿触发，具有异步清零功能，其功能表如表 10.8 所示，当 $CLR = 0$ 时，触发器清零。

表 10.8   双 JK 触发器 74LS73 的功能表

输 入				输 出		说 明
CLR	CP	J	K	Q^{n+1}	$\overline{Q^{n+1}}$	
0	×	×	×	0	1	清 0
1	0	×	×	Q_0	$\overline{Q_0}$	保 持
1	↓	0	0	Q_0	$\overline{Q_0}$	保 持
1	↓	0	1	0	1	置 0
1	↓	1	0	1	0	置 1
1	↓	1	1	$\overline{Q_0}$	Q_0	翻 转

（3）与门输入的主从 JK 触发器 74LS72

图 10.13 所示为与门输入的主从 JK 触发器 74LS72 的逻辑符号，多个输入信号的"与"为触发器的输入信号，即 $J = J_1 \cdot J_2 \cdot J_3$， $K = K_1 \cdot K_2 \cdot K_3$，具有异步置 0 和异步置 1 的功能。

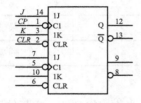

图 10.12   74LS73 逻辑符号

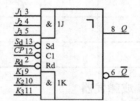

图 10.13   74LS72 逻辑符号

10.2 时序逻辑电路

10.2.1 时序逻辑电路的概述

在时序逻辑电路中，任何时刻的输出信号不仅取决于当时的输入信号，而且还取决于电路原来的状态，即电路的输出与电路以前的输入有关。时序逻辑电路结构框图如图 10.14 所示，它在结构上除包含组合电路外，重要的是包含有由触发器构成的存储电路，存在输出到输入的反馈，所以与组合逻辑电路有着本质的区别。时序逻辑电路具有记忆功能，其功能是依靠存储电路来实现的，在时序电路中可以没有组合电路，但是必须有存储电路，没有存储电路就构不成时序电路。

若时序电路的输出不仅与电路状态有关，同时还与输入有关，则这种电路属于米里（Mealy）型时序电路。在米里型时序电路中，存储电路的输出反馈到组合电路与组合电路的输入信号共同决定时序电路的输出。若时序电路的输出仅与电路的状态有关，而与输入无关，则这种电路属于摩尔（Moore）型时序电路。在摩尔型时序电路中，存储电路的输出就是时序电路的输出。

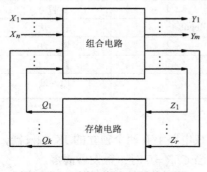

图 10.14   时序逻辑电路结构框图

时序电路按触发方式分为两类：一类是同步时序电

路，另一类是异步时序电路。在同步时序电路中，所有存储电路受统一时钟信号的控制，存储电路中各触发器状态的更新与时钟脉冲同步进行；而异步时序电路则不同，没有统一的时钟信号，各存储电路不受统一时钟信号控制，电路状态的改变由输入信号引起，各触发器状态的更新不是同步进行的。

10.2.2　时序逻辑电路功能的描述方法

从图 10.14 中看到，X_1、X_2、$\cdots$、X_n 源于时序电路外部，是时序电路的输入，称它们为时序电路的输入变量；Y_1、Y_2、$\cdots$、Y_m 离开时序电路，是时序电路的输出，称它们为时序电路的输出变量。Q_1、Q_2、$\cdots$、Q_k 是存储电路触发器的输出信号，也是组合电路的内部输入，称它们为状态变量；Z_1、Z_2、$\cdots$、Z_r 是存储电路的输入，也是组合电路的内部输出，即触发器的驱动信号，是能够使触发器状态发生改变的信号，称它们为驱动变量。时序电路的状态是由全部触发器的输出信号构成的，把状态变量按规定的次序排列起来构成的二进制代码称为该时刻时序电路的状态，时序电路的每一个状态都是状态变量的唯一组合，每一个状态区别于其他所有状态。若状态变量个数为 n，状态数为 M，则 $M = 2^n$。

组合逻辑电路是由逻辑门电路构成的，电路的输出与输入之间不存在反馈，输出、输入有严格的函数关系，用一组逻辑表达式就可以描述组合逻辑函数的特性。时序电路的描述方法与组合电路的描述方法不同，时序电路需要用三个方程来描述。

时序电路中存储电路变化前的状态是现态，用 Q_1^n、Q_2^n、$\cdots$、Q_k^n 表示，变化后的状态是存储电路的次态，用 Q_1^{n+1}、Q_2^{n+1}、$\cdots$、Q_k^{n+1} 表示。时序电路的输入和现态通过组合电路得到时序电路的输出，描述输出变量与输入变量和状态变量之间关系的逻辑表达式就是输出方程：。

$$Y_i = G_i\left(X_1, \cdots, X_n, Q_1^n, \cdots, Q_k^n\right) \qquad i = 1, \cdots, m$$

时序电路的输入和现态通过组合电路同时得到存储电路的驱动信号，描述驱动变量与输入变量、状态变量之间关系的逻辑表达式就是驱动方程。

$$Z_i = H_i\left(X_1, \cdots, X_n, Q_1^n, \cdots, Q_k^n\right) \qquad i = 1, \cdots, r$$

描述次态与现态、驱动信号之间关系的逻辑表达式是状态方程。

$$Q_i^{n+1} = F_i(Z_1, \cdots, Z_r, Q_1^n, \cdots, Q_k^n) \qquad i = 1, \cdots, k$$

10.2.3　同步时序逻辑电路分析举例

1. 同步时序逻辑电路的描述

描述时序逻辑电路可以用驱动方程、状态方程和输出方程，也可以用状态表、状态图与时序图。以后为了简单起见，一般省略现态的上标 n，用 Q 和 $\bar{Q}$ 表示现态。

状态图是以几何图形的方式来描述时序逻辑电路的一种方法。用状态图这种图解的方法描述时序电路比文字描述更形象、方便，状态图用图形的方式表示输入信号、现态、次态以及输出信号之间的关系，使用圆圈中的数字或字母表示状态，使用箭头表示状态的变化并且在转换线上标记输入和输出，标记时将输入和输出用斜线隔开。状态图中的状态若用字母表示，称为字母状态图，用于时序逻辑电路原始状态的描述。若用数字表示状态，则称为编码状态图。实际使用时，并不特意区分字母状态图和编码状态图，统称为状态图。状态图是分析和设计时序电路的重要工具，其作用相当于真值表在组合电路中的作用。图 10.15 给出某时序电路的状态图，观察状态图可知，该电路有四个状态，当输入 X 为 0 时，状态 00 的次态仍然为 00 且输出 Y 为 0，同理可以得到其余状态的转换情况。

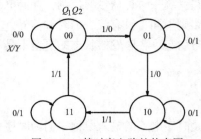

图 10.15　某时序电路的状态图

如把状态图中包含的全部信息列成表格，则这样的表格称为状态表。状态表有两种表现形式：第一种是在横轴上标记输入变量的所有组合，在纵轴上标记现态变量的所有组合，将输入变量、现态变量、次态变量和输出变量画成一个类似数据透视表的表格；第二种是将输入变量、现态变量、次态变量和输出变量纵向排列画成的一个表，现态和输入的组合作为第一部分，第二部分是在每个现态和输入组合的情况下引起的次态及输出。将图 10.15 的状态图以状态表的形式表示出来，如表 10.9 和表 10.10 所示。

表 10.9　　　　　　　　　　　　　　图 10.15 的第一种状态表

Q_1Q_2 ╲ X	0	1
0　　0	00/0	01/0
0　　1	01/1	10/0
1　　0	10/1	11/1
1　　1	11/1	00/1

$$(Q_1^{n+1} Q_2^{n+1} / Y)$$

表 10.10　　　　　　　　　　　　　　图 10.15 的第二种状态表

现　态		输入	次　态		输　出
Q_1	Q_2	X	Q_1^{n+1}	Q_2^{n+1}	Y
0	0	0	0	0	0
0	0	1	0	1	0
0	1	0	0	1	1
0	1	1	1	0	0
1	0	0	1	0	1
1	0	1	1	1	1
1	1	0	1	1	1
1	1	1	0	0	1

　　时序图是时序电路的输入、状态和输出按时间顺序变化的工作波形图，是以波形方式描述时序电路特性的一种方法。在同步时序电路中，状态的变化受时钟脉冲的控制，CP 到来之前的状态为现态，CP 到来之后的状态为次态，而输出是组合电路部分的输出，只取决于当时的输入和状态，时序图主要用于在实验测试中检查电路的逻辑功能，画出时序图的方法将结合具体电路在后面给出。

　　2. 同步时序逻辑电路的分析

　　同步时序逻辑电路的分析是根据给定的逻辑电路图确定其逻辑功能的过程。在时钟信号作用下，随着输入信号的变化，同步时序电路的状态相应地发生变化。分析同步时序逻辑电路的关键是找出该时序电路的状态变化规律，从而确定该时序电路的逻辑功能。

　　时序逻辑电路的分析一般遵循以下步骤。

　　（1）根据给定的时序逻辑电路图，确定哪一部分是组合电路，哪一部分是存储电路，明确输入变量、输出变量和状态变量，写出输出方程和驱动方程。

（2）根据触发器的类型，写出其特性方程，结合驱动方程，求得状态方程。

（3）根据已有的状态方程或驱动方程和输出方程，列出状态表或画出状态图。

（4）根据状态图、状态表分析所给时序电路的逻辑功能。有些情况下可根据需要画出时序图，因为时序图可以形象地说明时序电路的工作情况并且可以和实验观察的波形比较，便于理解输出和输入之间的关系。

例 10.1　分析如图 10.16 所示时序电路的逻辑功能。

解：该电路包含有三个 D 触发器，触发器的输出就是时序电路的输出，无输入信号，为摩尔型时序电路。

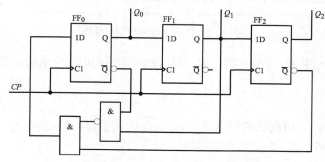

图 10.16　例 10.1 时序逻辑电路图

（1）写出驱动方程。

$$D_0=\overline{\overline{Q_0Q_1}\cdot\overline{Q_2}}=(Q_0+\overline{Q_1})\overline{Q_2} \qquad D_1=Q_0 \qquad D_2=Q_1$$

（2）结合 D 触发器特性方程 $Q^{n+1}=D$，写出状态方程。

$$Q_0^{n+1}=(Q_0+\overline{Q_1})\overline{Q_2} \qquad Q_1^{n+1}=Q_0 \qquad Q_2^{n+1}=Q_1$$

（3）由状态方程得到如表 10.11 所示的状态表，由状态表画出该时序电路的状态图，如图 10.17 所示。

表 10.11　例 10.1 时序逻辑电路状态表

Q_2	Q_1	Q_0	Q_2^{n+1}	Q_1^{n+1}	Q_0^{n+1}
0	0	0	0	0	1
0	0	1	0	1	1
0	1	0	1	0	0
0	1	1	1	1	1
1	0	0	0	0	0
1	0	1	0	1	0
1	1	0	1	0	0
1	1	1	1	1	0

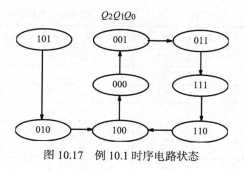

图 10.17　例 10.1 时序电路状态

（4）由状态图可以看出，该电路的 8 个状态中只有 6 个状态是有效序列。当电路进入有效序列后，在 CP 的作用下，按状态图所示的计数次序在 6 个状态中循环，因此为一个 6 进制计数器。其余两个状态（010、101）是无效状态，但是经过一个或两个 CP 脉冲作用后就会进入有效状态，所以它是一个能自启动的六进制计数器。

例 10.2　分析如图 10.18 所示时序电路的逻辑功能。

解：该电路的输出不仅取决于触发器的状态，还取决于输入 X，电路为米里型时序电路。

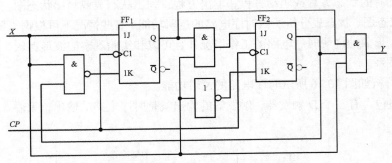

图 10.18　例 10.2 时序逻辑电路图

（1）该电路由门电路和 JK 触发器组成，与门和与非门构成组合逻辑电路，两个 JK 触发器构成存储电路。

输入变量：X

状态变量：Q_1、Q_2，可构成的状态是 $\overline{Q_1}\,\overline{Q_2}$、$\overline{Q_1}Q_2$、$Q_1\overline{Q_2}$、$Q_1Q_2$。

驱动变量：J_1、K_1、J_2、K_2，即激励信号

输出变量：Y

（2）由组合逻辑电路分析，得出其驱动方程、输出方程。

驱动方程：

$$J_1=X \qquad\qquad J_2=XQ_1$$
$$K_1=\overline{XQ_2} \qquad\qquad K_2=\overline{X}$$

输出方程：$Y=XQ_1Q_2$

（3）根据 JK 触发器的特性方程，将驱动方程代入特性方程，得到其状态方程。

$$Q_1^{n+1}=X\overline{Q_1}+XQ_2Q_1 \qquad\qquad Q_2^{n+1}=XQ_1\overline{Q_2}+XQ_2$$

（4）根据状态方程、输出方程，得到该时序电路的状态表，如表 10.12 所示。由状态表可画出状态图，如图 10.19 所示。

表 10.12　　　　　　　　　　　　例 10.2 的状态表

X	Q_2	Q_1	Q_2^{n+1}	Q_1^{n+1}	Y
0	0	0	0	0	0
0	0	1	0	0	0
0	1	0	0	0	0
0	1	1	0	0	0
1	0	0	0	1	0
1	0	1	1	0	0
1	1	0	1	1	0
1	1	1	1	1	1

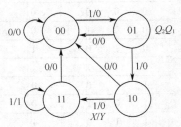

图 10.19　例 10.2 的状态图

（5）根据时序电路状态方程以及触发器的动作特点，画出其时序图如图 10.20 所示。

在画时序图时，应特别注意触发器的触发方式，以便确定状态转移的时刻是时钟脉冲的前沿还是后沿。由于存储电路是下降沿 JK 触发器，时序的划分以时钟脉冲的下降沿为基准，下降沿

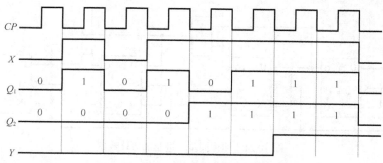

图 10.20 例 10.2 时序逻辑电路时序图

之前的是现态，下降沿之后的为次态。输出 Y 往往是组合电路部分的输出，只取决于当时的输入和状态的变化。

根据状态图和状态表或时序图，分析可知，当输入信号 $X = 0$ 时，无论电路处于何种状态都要回到 00 态，同时输出 $Y = 0$；只有连续输入 4 个或 4 个以上的 1 时，才能使 $Y = 1$。所以该电路的逻辑功能是对输入信号进行检测，当检测到连续 4 个或 4 个以上 1 时，输出 $Y = 1$，否则 $Y = 0$，故该电路为 1111 序列检测器。

10.3 常用中规模时序逻辑电路

10.3.1 计数器

计数器是数字系统中使用最多的时序电路，是一种用来记录时钟脉冲个数的逻辑器件，其核心元件是触发器。

计数器按计数脉冲触发方式不同可分为同步计数器和异步计数器。对同步计数器，各触发器的时钟脉冲是统一的，各触发器状态同时翻转；对异步计数器，各触发器的翻转不是同时进行的。按计数容量（模、基数、计数长度）来分类，可分为二进制计数器、十进制计数器、任意进制计数器，计数容量是计数器所能记忆脉冲的最大数目或计数循环回路中的状态数。按计数器计数数值的增减来分类，可分为加法计数器、减法计数器和可逆计数器，随计数脉冲的输入递增计数的为加法计数器，随计数脉冲的输入递减计数的为减法计数器，既可以进行递增又可以进行递减计数的为可逆计数器。

计数器应用广泛，除了能用于时钟脉冲计数，还可用于定时、分频、产生节拍脉冲以及数字运算。

1. 同步计数器

同步计数器电路中，各触发器共用同一时钟脉冲，其状态变化与时钟脉冲同步且同时进行。同步计数器的设计按照同步时序电路的设计方法进行，如图 10.21 所示为四位同步二进制加法计数器。

状态方程为

$$Q_0^{n+1} = \overline{Q_0} \qquad\qquad Q_1^{n+1} = Q_0\overline{Q_1} + \overline{Q_0}Q_1$$
$$Q_2^{n+1} = Q_0Q_1\overline{Q_2} + \overline{Q_0Q_1}Q_2 \qquad Q_3^{n+1} = Q_0Q_1Q_2\overline{Q_3} + \overline{Q_0Q_1Q_2}Q_3$$

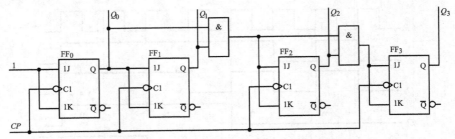

图 10.21 四位同步二进制加法计数器

根据状态方程得出其状态表如表 10.13 所示，当时钟脉冲到来时，Q_0 就翻转；当 Q_0 为 1 时，Q_1 才翻转；当 Q_0、Q_1 都为 1 时，Q_2 才翻转；当 Q_0、Q_1、Q_2 都为 1 时，Q_3 才翻转；依此类推，可以得到 n 位同步二进制加法计数器的组成规律：当 Q_0、Q_1、Q_2、…、Q_{n-2} 都为 1 时，Q_{n-1} 翻转。

表 10.13　　　　　　　　　　　　　　　四位二进制加法计数器状态表

CP	Q_3	Q_2	Q_1	Q_0
0	0	0	0	0
1	0	0	0	1
2	0	0	1	0
3	0	0	1	1
4	0	0	1	0
5	0	1	0	1
6	0	1	1	0
7	0	1	1	1
⋮	⋮	⋮	⋮	⋮
15	1	1	1	1

对于同步十进制计数器，在第十个脉冲到来之前，状态变化与同步二进制计数器相同，只是在第十个脉冲后，要回到第一个计数状态，所以对其驱动方程要做一些改动，分析设计方法与同步二进制加法计数器完全相同。

2. 异步计数器

异步计数器没有统一的时钟脉冲，各触发器的状态翻转不同步，由于其电路结构简单，所用元件较少，被广泛使用。

异步计数器在电路结构上与同步计数器不同，其充分利用了各触发器输出状态作为时钟脉冲，高位触发器的时钟往往由低一位触发器的输出提供。在分析异步计数器时应把时钟信号当作输入信号来处理，分析应从第一级触发器开始，写出其时钟信号表达式和触发器的状态方程，直到最后一级。根据全部的状态方程作出状态表和状态图。

异步十进制计数器电路图 10.22 所示，加入时钟信号后，JK 触发器的特性方程为 $Q^{n+1}=(J\overline{Q}+\overline{K}Q)CP+Q\overline{CP}$，当 $CP=1$ 时，按 JK 触发器规律变化；当 $CP=0$ 时，触发器维持原来的状态。

触发器 FF_0：　$CP_0=CP\downarrow$，　$J_0=K_0=1$　$Q_0{}^{n+1}=\overline{Q}\,CP_0$。

触发器 FF_1：　$CP_1=Q_0\downarrow$，　时钟 CP_1 取 Q_0 的下降沿。

$$J_1=\overline{Q}_3,\ K_1=1\qquad Q_1{}^{n+1}=(J_1\overline{Q}_1+\overline{K}_1Q_1)CP_1=\overline{Q}_3\overline{Q}_1CP_1$$

触发器 FF_2：　$CP_2=Q_1\downarrow$，　时钟 CP_2 取 Q_1 的下降沿。

$$J_2=K_2=1\qquad Q_2{}^{n+1}=(J_2\overline{Q}_2+\overline{K}_2Q_2)CP_2=\overline{Q}_2CP_2$$

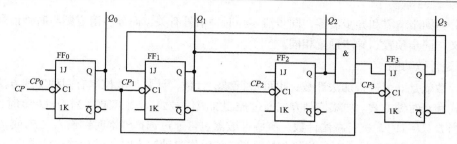

图 10.22 异步十进制计数器

触发器 FF_3: $CP_3 = Q_0\downarrow$, 时钟 CP_3 取 Q_0 的下降沿。

$$J_3 = Q_2Q_1 \quad K_3 = 1 \quad Q_3^{n+1}=(J_3\overline{Q}_3+\overline{K}_3Q_3)CP_3=\overline{Q}_3Q_2Q_1CP_3$$

根据以上方程，得到异步十进制计数器状态表，如表 10.14 所示。若 Q_0 由 1 变化到 0，则 CP_1 有效，即 $CP_1 = 1$ 时，触发器 FF_1 的状态方程有效，按照 $Q_1^{n+1}=\overline{Q}_3\overline{Q}_1$ 变化，其余触发器的分析类似。由状态表可知该电路是 8421 码十进制异步计数器。

表 10.14　　　　　　　　　　　　异步十进制计数器状态表

现　　态				时　　钟				次　　态			
Q_3	Q_2	Q_1	Q_0	CP_3	CP_2	CP_1	CP_0	Q_3^{n+1}	Q_2^{n+1}	Q_1^{n+1}	Q_0^{n+1}
0	0	0	0	0	0	0	1	0	0	0	1
0	0	0	1	1	0	1	1	0	0	1	0
0	0	1	0	0	0	0	1	0	0	1	1
0	0	1	1	1	1	1	1	0	1	0	0
0	1	0	0	0	0	0	1	0	1	0	1
0	1	0	1	1	0	1	1	0	1	1	0
0	1	1	0	0	0	0	1	0	1	1	1
0	1	1	1	1	1	1	1	1	0	0	0
1	0	0	0	0	0	0	1	1	0	0	1
1	0	0	1	1	0	1	1	0	0	0	0

3. 集成计数器

前面分析了同步计数器、异步计数器的电路特点及工作原理，根据以上原理可以构成不同进制的同步计数器和异步计数器。实际应用中，直接采用中规模集成计数器。

集成同步计数器种类繁多，计数速度快，除基本的计数功能外，还有其他附加功能。

① 预置功能

计数器的 LD 或 $LOAD$ 为预置端，当它为低电平时，可以使计数器置数为预先设置的值，即 $Q_3Q_2Q_1Q_0 = D_3D_2D_1D_0$。

预置功能有两种实现方式，即同步预置和异步预置。同步预置需要有时钟信号的参与，即当 LD 为低电平时并不马上实现预置，而是等到有效脉冲到来时，才能实现预置功能；异步预置只需预置信号的参与，不需时钟信号的配合，即当 LD 有效时马上实现预置。不同类型的计数器，其预置功能的实现方式不同。

② 清零功能

清零功能是当 CLR 有效（为低电平）时，将触发器输出直接清零，即 $Q_3Q_2Q_1Q_0 = 0000$。清零功能也分为同步清零和异步清零，同步清零与时钟信号有关，而异步清零则与时钟信号无关，其具体含义与同步预置、异步预置相同。

③ 可逆计数功能

可逆计数就是既可进行加法计数，也可进行减法计数，计数加减控制有两种实现方法。即加减控制方式和双时钟方式。加减控制方式通过控制加减信号 $D/\overline{U}$ 来实现，当 $D/\overline{U}=0$ 时，进行加法计数；当 $D/\overline{U}=1$ 时，进行减法计数。有些计数器也可通过选择外部时钟输入 CP_+ 或 CP_- 来实现加减控制，CP_+ 作时钟输入时，进行加法计数，CP_- 作时钟输入时，进行减法计数。

④ 计数控制

计数控制信号用来控制计数器是否进行正常的计数，只有当计数控制信号有效时，计数器才进行有效的计数。

⑤ 进位输出

计数器正常计数，当计数达到最大计数状态时，进位输出端会输出一个有效信号，该输出端通常用于多片同步计数器的级联。

表 10.15 列出几种常用的中规模同步计数器，实际使用时，可根据需要进行选择。

表 10.15　　　　　　　　　　　　常用中规模同步计数器

型　号	模　式	预　置	清　零	工作频率
74LS162A	十进制	同　步	同　步	25MHz
74LS160A	十进制	同　步	异　步	25MHz
74LS168	十进制可逆	同　步	无	40MHz
74LS190	十进制可逆	异　步	无	20MHz
74ALS568	十进制可逆	同　步	同　步	20MHz
74LS163A	4 位二进制	同　步	同　步	25MHz
74LS161A	4 位二进制	同　步	异　步	25MHz
74ALS561	4 位二进制	同　步	同　步 异　步	30MHz
74LS193	4 位二进制可逆	异　步	异　步	25MHz
74LS191	4 位二进制可逆	异　步	无	20MHz
74ALS569	4 位二进制可逆	同　步	异　步	20MHz
74ALS867	8 位二进制	同　步	同　步	115MHz
74ALS869	8 位二进制	异　步	异　步	115MHz

（1）74LS161 四位二进制同步加法计数器

四位二进制同步加法计数器 74LS161 的逻辑符号如图 10.23 所示，74LS161 具有如下功能。

① 具有计数功能。74LS161 为同步四位二进制加法计数器，模为 16，上升沿触发。

② 具有异步清零功能。当 $CLR=0$ 时，计数器输出 $Q_3Q_2Q_1Q_0=0000$；当 $CLR=1$ 时，计数器正常工作。

③ 具有同步预置功能。在 CP 上升沿作用下，外加输入数据 D_3、D_2、D_1、D_0 同时置入，使 $Q_3Q_2Q_1Q_0=D_3D_2D_1D_0$，实现同步预置。

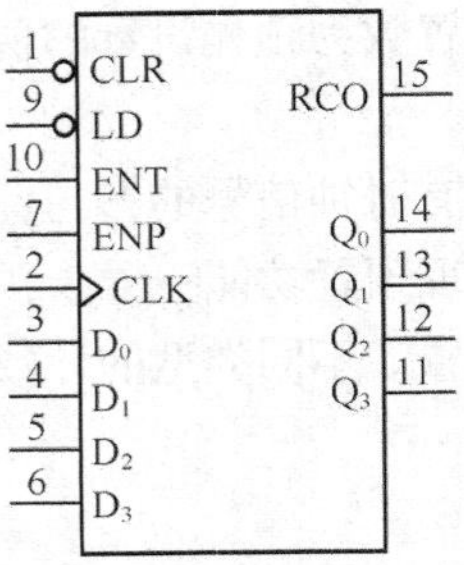

图 10.23　74LS161 逻辑符号

④ $CLR = 1$、$LD = 1$ 且计数使能 $ENT = ENP = 1$ 时，完成计数工作。计数状态在 0000～1111 之间递增，同时当达到最大计数状态，即 $Q_3Q_2Q_1Q_0 = 1111$ 时，进位输出端 $RCO = 1$。

⑤ 具有保持功能。若 $ENT = 0$、$ENP = 1$（且 $CLR = 1$、$LD = 1$）时，计数器处于保持状态；若 $ENT = 1$、$ENP = 0$（且 $CLR = 1$、$LD = 1$）时，计数器输出状态保持不变且 $RCO = 0$。

四位同步二进制加法计数器 74LS161 的功能表如表 10.16 所示。

表 10.16　　　　　　　　　　　　　　74LS161 功能表

输				入					输		出	
CLR	LD	ENP	ENT	CP	D_0	D_1	D_2	D_3	Q_0	Q_1	Q_2	Q_3
0	×	×	×	×	×	×	×	×	0	0	0	0
1	0	×	×	↑	D_0	D_1	D_2	D_3	D_0	D_1	D_2	D_3
1	1	1	1	↑	×	×	×	×	计			数
1	1	0	×	×	×	×	×	×	保			持
1	1	×	0	×	×	×	×	×	保			持

（2）74LS190 可预置同步可逆十进制计数器

74LS190 是可预置同步可逆十进制计数器，图 10.24 所示是其逻辑符号图。它具有预置端 LD、加减控制端 $D/\overline{U}$ 和计数控制端 CT，为方便级联，设置有两个进位输出端 RCO 和 MAX/MIN，没有清零功能。其工作原理如下。

① 当 $LD = 0$ 时，计数器输出 $Q_3Q_2Q_1Q_0 = D_3D_2D_1D_0$，实现异步预置。

② CT 为控制计数的使能端。当 $CT = 0$ 时，计数器进行正常计数；当 $CT = 1$ 时，计数器处于禁止的状态。

③ 当 $CT = 0$ 且 $D/\overline{U} = 0$ 时，进行加法计数，计数顺序为状态 0～9；当 $CT = 0$ 且 $D/\overline{U} = 1$ 时，为减法计数，计数顺序为状态 9～0。

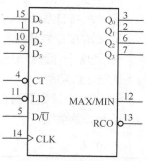

图 10.24　74LS190 逻辑符号

④ 计数器在达到最大计数状态时，即加法计数到 1001，减法计数到 0000 时，MAX/MIN 端输出与时钟周期宽度相等的正脉冲，RCO 则产生一个等于时钟低电平宽度的负脉冲。

可预置同步可逆计数器 74LS190 的功能表如表 10.17 所示。

表 10.17　　　　　　　　　　　　　　74LS190 功能表

输								入		输		出	
LD	CT	$D/\overline{U}$	D_3	D_2	D_1	D_0	CP		Q_3	Q_2	Q_1	Q_0	
0	×	×	D_3	D_2	D_1	D_0	×		D_3	D_2	D_1	D_0	
1	0	0	×	×	×	×	↑		加	法	计	数	
1	0	1	×	×	×	×	↑		减	法	计	数	
1	1	×	×	×	×	×	×		保		持		

（3）中规模集成异步计数器

异步计数器电路结构简单，为达到多功能之目的，采用组合结构形式，即由两个独立模值的计数器组合而成。如 74LS290 是由模 2 和模 5 计数器构成，简称 2-5-10 进制计数器，其内部电路结构如图 10.25（a）所示，图 10.25（b）是其逻辑图；74LS293 是由模 2 和模 8 计数器构成，简称 2-8-16 进制计数器。74LS290 功能如表 10.18 所示。

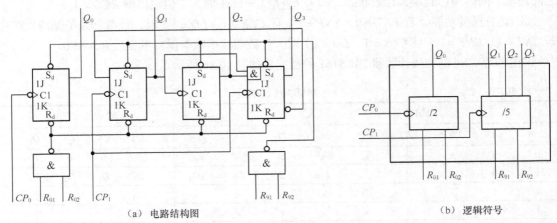

（a）电路结构图　　　　　　　　　　　　　　　　（b）逻辑符号

图 10.25　异步计数器 74LS290

① 当 $R_{01} = R_{02} = 1$，且（$R_{91} = 0$ 或 $R_{92} = 0$）时，计数器清零，即 $Q_3Q_2Q_1Q_0 = 0000$。

② 当 $R_{91} = R_{92} = 1$，且（$R_{01} = 0$ 或 $R_{02} = 0$）时，计数器置 9，即 $Q_3Q_2Q_1Q_0 = 1001$。

③ CP_0 接计数脉冲，Q_0 作为输出，计数器为二进制计数器。

④ CP_1 接计数脉冲，$Q_3Q_2Q_1$ 作为输出，计数器为五进制计数器。

⑤ 若两个计数器组合，CP_0 接计数脉冲，CP_1 连接 Q_0，$Q_3Q_2Q_1Q_0$ 作为输出，计数器完成 8421 码十进制计数功能。

⑥ 若两个计数器组合，CP_1 接计数脉冲，CP_0 连接 Q_3，$Q_0Q_3Q_2Q_1$ 作为输出，计数器实现 5421 码十进制计数功能。

表 10.18　　　　　　　　　　　　　异步计数器 74LS290 功能表

输 入						输 出				功 能
R_{01}	R_{02}	R_{91}	R_{92}	CP_0	CP_1	Q_3	Q_2	Q_1	Q_0	
1	1	0	×	×	×	0	0	0	0	异步清零
1	1	×	0	×	×	0	0	0	0	
0	×	1	1	×	×	1	0	0	1	异步置 9
×	0	1	1	×	×	1	0	0	1	
×	0	×	0	1	0	由 Q_0 输出				二进制计数器
×	0	0	×	0	1	由 $Q_3Q_2Q_1$ 输出				五进制计数器
0	×	×	0	1	Q_0	由 $Q_3Q_2Q_1Q_0$ 输出				8421 码十进制计数器
0	×	0	×	Q_3	1	由 $Q_0Q_3Q_2Q_1$ 输出				5421 码十进制计数器

4. 计数器的应用

计数器在数字系统中应用广泛，其中序列信号发生器是计算机和通信设备中常用的逻辑器件。

序列信号发生器是用来循环地产生规定的串行脉冲序列信号，如 100110011001，序列信号在每个周期中都将"1"和"0"按照一定的规律加以排列。

图 10.26 所示为用计数器和数据选择器实现的序列信号发生器，74LS161 用作 3 位二进制计数器，输出 $Q_2Q_1Q_0$ 分别接到 74LS151 的地址输入端 $A_2A_1A_0$。随着 CP 脉冲的不断输入，计数状态 $Q_2Q_1Q_0$ 即 $A_2A_1A_0$ 依次变化 $000 \rightarrow 001 \rightarrow 010 \rightarrow 011 \rightarrow 100 \rightarrow 101 \rightarrow 110 \rightarrow 111 \rightarrow 000$，…，74LS151 则

依次选择数据 $D_0 \sim D_7$，并循环输出。将 $D_0 \sim D_7$ 设置为不同的值，就可以在数据选择器的输出端获得不同的序列信号。图中，$D_0 = D_2 = D_4 = D_6 = D_7 = 1$，$D_1 = D_3 = D_5 = 0$，所以得到的信号序列为 10101011。

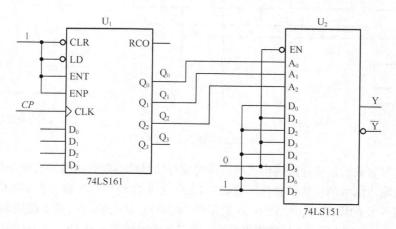

图 10.26　计数器和数据选择器实现的序列信号发生器

10.3.2　寄存器

寄存器是计算机中的一个重要部件，用来暂时存放参加运算的数据、运算结果等。寄存器的主要逻辑元件是触发器，所用触发器的触发方式不同，寄存器便有不同的触发方式；一个触发器只能存储一位二进制代码，n 个触发器构成的寄存器能够存储 n 位二进制代码。寄存器按逻辑功能分为数码寄存器和移位寄存器。

1.　数码寄存器

数码寄存器用来存储一组二进制代码，由若干个 D 触发器组成，常称作 n 位 D 触发器。例如 74LS175 是由 4 个 D 触发器构成的 4 位数码寄存器，其功能表如表 10.19 所示。图 10.27（a）所示是其电路结构图，图 10.27（b）所示是它的逻辑符号。在 CP 上升沿到来时，实现四位数据的并行输入和并行输出。该寄存器具有异步清零的功能，当 $CLR = 0$ 时，输出 Q 为 0；又如，74LS374 是由 8 个 D 触发器构成的 8 位数码寄存器，具有三态门输出控制，适合于在总线上的操作。

表 10.19　　　　　　　　　　　　寄存器 **74LS175** 功能表

输　　入			输　　出	说　　明
CLR	CP	D	Q^{n+1}	
0	×	×	0	清　0
1	↑	1	1	置　1
1	↑	0	0	置　0
1	0	×	Q_0	保持

2.　锁存器

锁存器也是一种存放二进制代码的部件，通常由若干个钟控 D 触发器构成，可将若干个钟控 D 触发器的控制端 CP 连接在一起，用一个公共的使能控制信号来控制，各个数据端各自独立地接收数据，这样构成的锁存器一次能传送或存储多位数据。

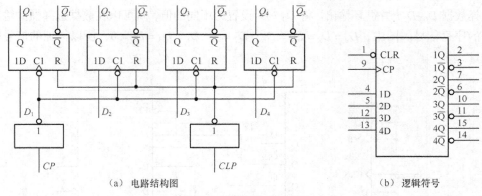

（a）电路结构图   （b）逻辑符号

图 10.27　寄存器 74LS175

　　当锁存信号有效时，锁存器输出的状态保持锁存信号跳变前的状态，当锁存信号无效时，锁存器的输出随输入信号的变化而变化。例如 74LS75 是 4 位 D 型锁存器，在使能信号 C 的作用下完成对输入信号 D 的锁存；常用的 8 位 D 锁存器 74LS373 为三态输出，其电路逻辑符号如图 10.28 所示，功能表如表 10.20 所示。从功能表可知，当三态输出使能信号 $OC = 0$ 且使能信号 $C = 1$ 时，

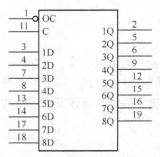

图 10.28　74LS373 逻辑符号

74LS373 正常工作，进行置 0 或置 1，信号直通传输；$OC = 1$ 时，不论 C 为何值，锁存器呈现高阻状态。74LS373 具有较强的驱动能力，常在单片机系统中锁存地址信息。数码寄存器和锁存器对于寄存数据来讲，功能是相同的，但它们的工作原理是有区别的，锁存器是电位信号控制，而数码寄存器是由同步时钟信号控制的，所以根据控制方式的不同以及控制信号和数据之间的时间关系，两者应用于不同场合，当数据有效滞后于控制信号有效时，只能使用锁存器；当数据有效先于控制信号且要求同步时，可选用数码寄存器来存放数据。

表 10.20　　　　　　　　　　　　　　8D 锁存器 74LS373 的功能表

输　　入			输　　出	说　明
OC	C	D	Q^{n+1}	
0	1	1	1	置 1
0	1	0	0	置 0
0	0	×	Q_0	保持
1	×	×	Z	高阻

3.　移位寄存器

　　移位寄存器与数码寄存器相比，除可以存放二进制代码外，在时钟信号控制下，还可将寄存的数据向左或向右移动。

　　移位寄存器的数据输入方式有串行输入和并行输入两种，串行输入是在时钟脉冲作用下将数据逐位输入，工作速度较慢；并行输入是把全部输入数据在一个时钟周期内同时存入寄存器，其工作速度较快。

　　移位寄存器有两种输出方式，第一种为并行输出方式，即寄存器中所有触发器均设有向外的输出端，数据同时输出；第二种是串行输出方式，只有寄存器的最高位触发器才设有向外的输出端，数据逐位输出。

要实现移位寄存器的右移功能，需要把左面一位触发器的输出端接到右面一位触发器的输入端，满足 $D_i = Q_{i-1}$ 的连接关系；同样的方法可以构成左移的移位寄存器，右面一位寄存器的输出端连接到到左面一位触发器的输入端，即 $D_i = Q_{i+1}$。若要求移位寄存器既具有左移功能又具有右移的功能，应增加控制移位方向的控制信号。另外，有些移位寄存器还具有置数、保持、异步清零等功能。

74LS194 为四位双向移位寄存器，它具有以下功能。

（1）清零：当 $R_d = 0$ 时，$Q_3 = Q_2 = Q_1 = Q_0 = 0$，触发器全部清零。当移位寄存器正常工作时，$R_d$ 应为高电平。

（2）保持：$S_1 S_0 = 00$ 时，时钟信号不能加到触发器时钟端，其状态保持不变。

（3）右移：$S_1 S_0 = 01$ 时，CP 上升沿到达后，实现数据右移，SR 为串行右移数据输入。

（4）左移：$S_1 S_0 = 10$ 时，CP 上升沿到达后，实现数据左移，SL 为串行左移数据输入。

（5）并入：$S_1 S_0 = 11$ 时，并行输入数据 D_3、D_2、D_1、D_0 经过并行输入端送入，CP 上升沿到达后，$Q_3 Q_2 Q_1 Q_0 = D_3 D_2 D_1 D_0$，实现了并行数据输入。

可见，通过对 $S_1 S_0$ 设置不同的值，74LS194 可以选择不同的工作方式。其功能表如表 10.21 所示，图 10.29 所示为 74LS194 的逻辑符号。

表 10.21　　　　74LS194 功能表

R_d	S_1	S_0	工作状态
0	×	×	清 零
1	0	0	保 持
1	0	1	右 移
1	1	0	左 移
1	1	1	送 数

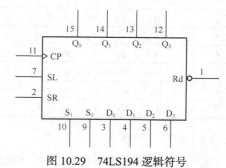

图 10.29　74LS194 逻辑符号

4. 移位寄存器的应用

移位寄存器不仅可以存储数据，而且还可以通过移位功能，对数据进行串-并或并-串转换，对数据进行乘、除运算。此外，移位寄存器在计数/分频、序列信号发生器、数据检测、模数转换等领域也有广泛应用。

（1）串行-并行转换

移位寄存器可将数据由串行传送转换为并行传送，如计算机系统中外部设备与主机之间交换信息，就需要进行串行-并行转换。

图 10.30 所示为七位带转换完成标志的串-并转换电路。由两片 74LS194 U_1、U_2 构成，串行数据输入端同时连接 U_1 的串行右移数据输入 SR 及其最低位并行输入端 D_0。设串入数据七位一组，即 $d_6 d_5 d_4 d_3 d_2 d_1 d_0$，数据输出为 $Q_0 Q_1 Q_2 Q_3 Q_4 Q_5 Q_6 Q_7$。

开始时，电路进行清零，此时 $S_{1(1)} = S_{1(2)} = \overline{Q_7} = 1$，且 $S_{0(1)} = S_{0(2)} = 1$，这样两片 74LS194 都进行送数操作。当第一个 CP 上升沿到来时，$Q_0 \sim Q_7$ 的状态为 $d_0 0111111$，由于 $S_{1(1)} = S_{1(2)} = \overline{Q_7} = 0$，每来一个 CP 上升沿，电路都执行右移操作，串行输入的数据依次通过右移送到输出端。当第七个 CP 脉冲到来后，输出状态 $Q_0 \sim Q_7$ 为 $d_6 d_5 d_4 d_3 d_2 d_1 d_0 0$，这样，就实现了七位的串-并转换。

Q_7 是转换标志，用来表示转换过程结束与否，$Q_7 = 1$ 时，执行串-并转换；当 $Q_7 = 0$ 时，表示转换过程完成并为下一次转换准备条件，数据转换过程如表 10.22 所示。

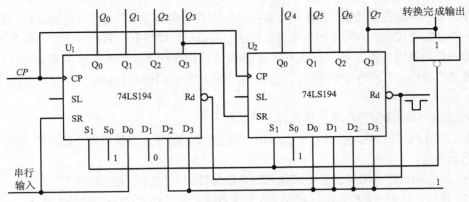

图 10.30　74LS194 实现的串-并转换电路

表 10.22　　　　　　　　　　　　串 - 并转换电路数据转换过程表

CP	Q_0	Q_1	Q_2	Q_3	Q_4	Q_5	Q_6	Q_7	S_0	$S_1 = \overline{Q_7}$	操　作
0	0	0	0	0	0	0	0	0	1	1	并行送数
1	d_0	0	1	1	1	1	1	1	1	0	右　移
2	d_1	d_0	0	1	1	1	1	1	1	0	右　移
3	d_2	d_1	d_0	0	1	1	1	1	1	0	右　移
4	d_3	d_2	d_1	d_0	0	1	1	1	1	0	右　移
5	d_4	d_3	d_2	d_1	d_0	0	1	1	1	0	右　移
6	d_5	d_4	d_3	d_2	d_1	d_0	0	1	1	0	右　移
7	d_6	d_5	d_4	d_3	d_2	d_1	d_0	0	1	1	并行送数

（2）扭环计数器

扭环计数器把移位寄存器最后一级输出 $\overline{Q}$ 端反馈到串行右移数据输入端 SR。扭环计数器的状态利用率要比环形计数器提高一倍。图 10.31 所示为扭环八进制计数器。

开始工作前 $R_d = 0$，电路清零，工作时 $R_d = 1$，电路进行右移操作，计数顺序如表 10.23 所示，该电路无自启动能力。

表 10.23　　　　　　　　　　　　扭环八进制计数器计数顺序表

CP	Q_0	Q_1	Q_2	Q_3
0	0	0	0	0
1	1	0	0	0
2	1	1	0	0
3	1	1	1	0
4	1	1	1	1
5	0	1	1	1
6	0	0	1	1
7	0	0	0	1

（3）分频器

计数器对输入时钟脉冲来说，实际上就是分频器，如扭环八进制计数器，其 Q_0、Q_3 输出脉冲周期是时钟脉冲 CP 的 8 倍，因此频率为 CP 的 1/8，可作为八分频器使用。图 10.32 所示为六分频器，该电路的计数状态如表 10.24 所示，Q_3 输出脉冲的频率显然是 CP 的 1/6。

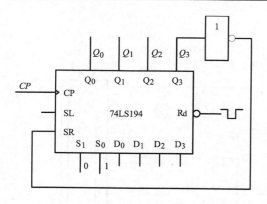

图 10.31　扭环八进制计数器

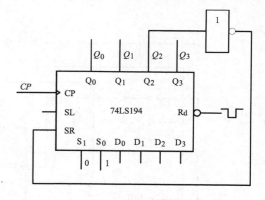

图 10.32　六分频器

表 10.24　　　　　　　　　　　　　　六分频器计数顺序表

CP	Q_0	Q_1	Q_2	Q_3
0	1	0	0	0
1	1	1	0	0
2	1	1	1	0
3	0	1	1	1
4	0	0	1	1
5	0	0	0	1

10.4　Multisim 时序电路仿真分析

10.4.1　触发器逻辑功能测试

74LS76 是下降沿触发的双 JK 触发器,具有异步清零 $\overline{CLR}$ 和置位 $\overline{PR}$ 的功能,在 Multisim 11 中建立如图 10.33 所示的实验电路,通过按键 J3、J4 设置 $\overline{PR}$、$\overline{CLR}$ 为高、低电平,可以发现,只有在 $\overline{PR}$=0、$\overline{CLR}$=1 时,实现异步置位;在 $\overline{PR}$=1、$\overline{CLR}$=0 时,实现异步清零。只有在 $\overline{PR}$=1,$\overline{CLR}$=1 时,触发器才能正常工作,通过按键 J1、J2 设置 J、K 为高、低电平,观察 Q、$\overline{Q}$ 的状态,可以测试得到功能表如表 10.25 所示。

表 10.25　　　　　　　　　　　　　　74LS76 功能表

输入					输出	
$\overline{CLR}$	$\overline{PR}$	CLK	J	K	Q^{n+1}	$\overline{Q^{n+1}}$
0	1	×	×	×	0	1
1	0	×	×	×	1	0
1	1	↓	0	0	Q	$\overline{Q}$
1	1	↓	0	1	0	1
1	1	↓	1	0	1	0
1	1	↓	1	1	$\overline{Q}$	Q

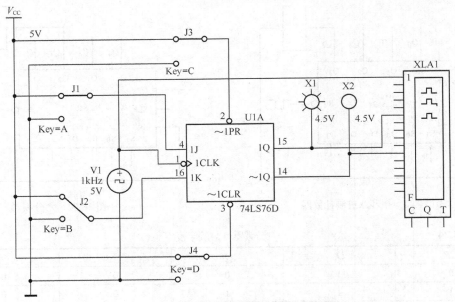

图 10.33　74LS76 逻辑功能仿真实验电路

　　当 $J=K=1$ 时，双击逻辑分析仪图标，可以看到如图 10.34 所示的工作波形图，从中可以明显看到，当时钟下降沿时，Q、$\bar{Q}$ 波形翻转，且 Q、$\bar{Q}$ 的频率是时钟频率的 1/2。

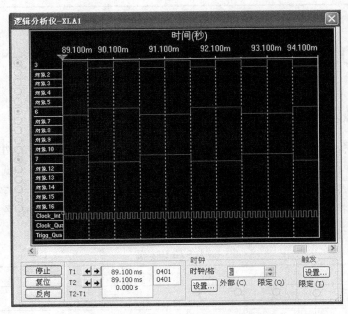

图 10.34　74LS76 $J=K=1$ 时的工作波形

10.4.2　计数器逻辑功能测试

　　74LS161 是 16 进制加法计数器，具有异步清零 $\overline{CLR}$ 和同步预置 $\overline{LOAD}$ 的功能，在 Multisim 11 中建立如图 10.35 所示的测试电路，接通仿真开关，观察数码管的显示数字，我们可以发现计数器从 0～F 循环计数，且到达最大计数状态时 RCO 输出为 1。

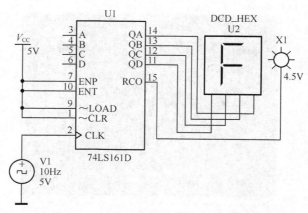

图 10.35 74LS161 逻辑功能仿真实验电路

10.4.3 同步时序逻辑电路分析

时序逻辑电路分析的目的就是明确其逻辑功能,我们可以采用传统方法来进行分析,而应用 Multisim 11 仿真软件可以直接给出形象的逻辑指示信号、数码显示信号、输入输出端的波形图,给时序逻辑电路分析提供了便利。

如图 10.36 所示,在仿真工作区搭建仿真电路。其中,U1、U2、U3 为上升沿触发、高电平置位(复位)的 JK 触发器。

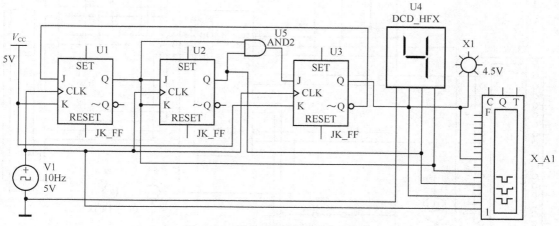

图 10.36 同步时序逻辑仿真实验电路

双击逻辑分析仪图标,打开逻辑分析仪面板,选择合适的时钟/格参数,得到仿真波形如图 10.37 所示。观测指示灯、数码管的显示状态以及逻辑分析仪显示的输出电压波形图,由分析可知,图 10.36 所示电路是一个五进制加法计数器,按"0→1→2→3→4"的顺序循环计数,并且到达状态 4 时输出一个高电平。

10.4.4 移位寄存器功能测试

从数字器件库中选出 74LS194,放置在仿真工作区并搭建电路,如图 10.38 所示。打开仿真开关,进行仿真实验。

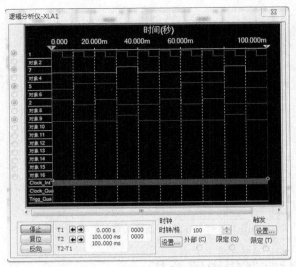

图 10.37 同步时序逻辑仿真波形图

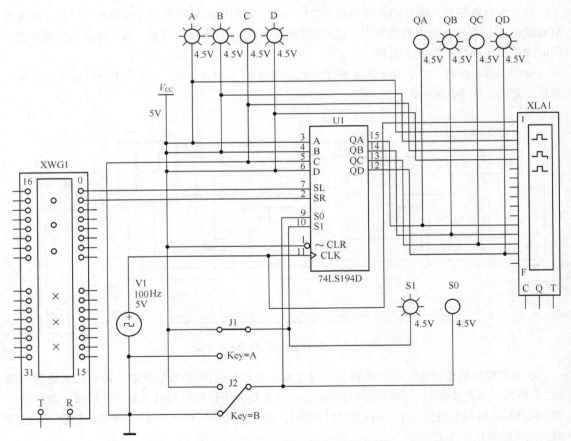

图 10.38 74LS194 逻辑功能仿真实验电路

　　双击数字信号发生器图标，打开数字信号发生器面板，设置对应串行输入信号 SR 和 SL 代码的 4 位十六进制数码；设置输出数据的起始地址（Initial）和终止地址（Final）；设置循环（Cycle）和单帧（Burse）输出速率的输出频率（Frequency）；选择循环（Cycle）输出方式，如图 10.39 所示。

图 10.39　数字信号发生器控制面板

分别按下开关 A 键或 B 键，设置 S1S0 参数，确定双向移位寄存器的工作方式。通过观测指示灯的显示状态可以发现，当 S1S0=00 时，寄存器输出保持状态不变，当 S1S0=01 时，寄存器工作在右移方式，此时右移输入端 SR 的串行输入数据如图 10.39 所示，为 "0011" 4 个数循环，所以可以观测到 4 个逻辑指示灯状态为依次向右，同时点亮两盏指示灯；当 S1S0=10 时，寄存器工作在左移方式，此时左移输入端 SL 的串行输入数据如图 10.39 所示，为 "0101" 4 个数循环，所以可以观测到 4 个指示灯分 QA、QC 和 QB、QD 两组间隔点亮；当 S1S0=11 时，寄存器工作在并行输入方式，可观测到并行输出端 QA、QB、QC 和 QD 的 4 个指示灯的状态与输入端 A、B、C、D 的 4 个指示灯的状态一一对应且完全相同。

最后打开逻辑分析仪面板观测时序图，如图 10.40 所示，仿真结果与工作原理完全相符。

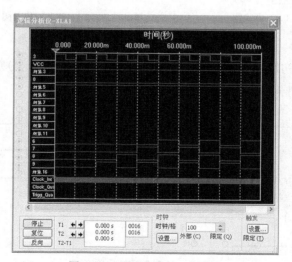

图 10.40　测试电路的工作波形

小　　结

1. 触发器是构成时序逻辑电路的基本单元，它具有两个稳定状态，能够接收、保存和输出数码 0、1。按照触发器的逻辑功能分类，有 RS、D、JK 和 T 等类型触发器；按照触发器的动作特点分类，有电平触发器和边沿触发器；按照触发器电路结构分类，有基本 RS 触发器、主从触发器、维持阻塞触发器和边沿触发器。触发器的描述可以采用特性方程、特性表和状态图等方法进行。

2. 时序逻辑电路是数字系统中极其重要的组成部分，它由组合电路和存储电路构成，电路任一时刻的输出不仅和当前的输入有关，而且与电路原来所处的状态有关。时序电路必须包含有存储电路，存储电路的基本单元是触发器。根据时序电路内部触发器时钟端连接方式的不同，时序电路分为同步时序电路和异步时序电路两大类型。描述时序电路的逻辑功能通常采用逻辑代数法（包括状态方程、驱动方程和输出方程）、状态表和时序图等方法。本章重点介绍了时序电路的分析方法以及在数字系统中广泛应用的寄存器、计数器等时序逻辑部件的结构特点、工作原理及其应用。

习 题

10.1 由或非门构成的触发器电路如图 10.41 所示，设触发器的初始状态为 1，写出触发器输出 Q 的特性方程，并画出输出 Q 的波形。

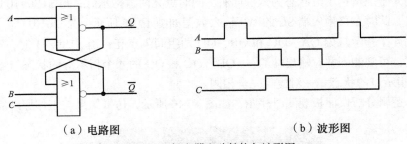

（a）电路图　　　　　　　　　　（b）波形图

图 10.41　触发器电路结构与波形图

10.2 设触发器的初始状态为 0，J、K 输入信号如图 10.42 所示，分别画出主从 JK 触发器和负边沿 JK 触发器的输出波形 Q_1、Q_2。

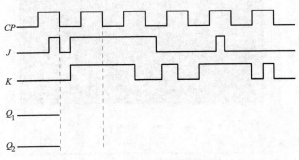

图 10.42　触发器输出波形图

10.3 写出如图 10.43 中各个触发器输出 Q 的特性方程，并按照所给的 CP 信号，画出各个触发器的输出波形（设初始状态为 0，悬空输入端按 1 取值）。

10.4 时序逻辑电路按照触发器动作方式可分为哪两类？对同步时序电路的描述需要用哪三个方程来完成？

10.5 分析如图 10.44 所示电路，写出状态方程，作出状态表和状态图。

10.6 分析如图 10.45 所示的同步时序电路，作出状态表和状态图，当 $X = 1$ 和 $X = 0$ 时，电路分别完成什么功能？

10.7 图 10.46 所示是一个序列信号发生器电路，它由一个计数器和一个 4 选 1 数据选择器构成。分析计数器的工作原理，确定其模值和状态转换关系；确定在计数器输出控制下，数据选择器的输出序列。

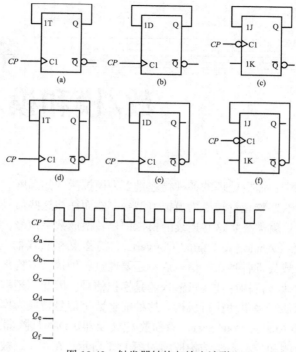

图 10.43 触发器结构与输出波形

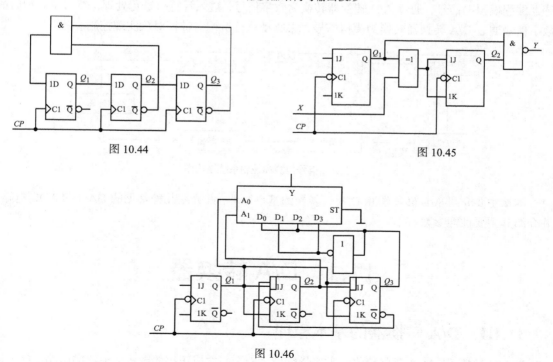

图 10.44

图 10.45

图 10.46

10.8 试用计数器 74LS161 和数据选择器 74LS151 设计一个输出序列为 01001100 的序列信号发生器，画出逻辑电路。

第 11 章

数/模和模/数转换

在实际的工程应用中，需要处理的各种物理量多为模拟量，如温度、压力、速度和流量等，通过传感器我们可以将这些物理量转换为模拟电型号。然而往往这些信号的传输、处理等都是通过数字系统来实现的，这就需要将这些连续的模拟信号转换成数字信号，能够完成这种转换的电路称为模拟-数字转换器（Analog to Digital Converter，简称模/数转换器、A/D 转换器或 ADC）。当整个的控制系统获取或处理各种数字信号后，还要通过各种执行机构来执行这些数字信号，去控制被控对象。但各种执行机构往往要求输入的是模拟信号。因此，还需要将处理好的数字信号再转换为模拟信号，以便于去驱动执行机构。这种能将数字信号转换为模拟信号的电路称为数字-模拟转换器（Digital to Analog Converter，简称数/模转换器、D/A 转换器或 DAC）。

一个典型的信号检测和控制系统结构框图如图 11.1 所示。在图中，被控对象的物理量通过传感器编程模拟电信号，通过 A/D 转换器转换为数字信号，进入计算机进行处理，然后将处理后的数字信号通过 D/A 转换器转换为模拟信号，去驱动执行机构对被控对象实现控制。

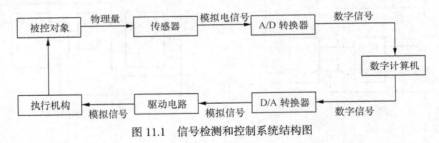

图 11.1　信号检测和控制系统结构图

本章主要介绍 A/D 转换器和 D/A 转换器的基本原理，并介绍几种常见的 DAC 和 ADC 电路，并介绍其主要性能参数。

11.1　D/A 转换器

11.1.1　D/A 转换器的基本原理

D/A 转换器（DAC）是将接收的数字量转换为一个与之成正比的电压或电流的电路。D/A 转换器一般由电阻网络、模拟电子开关、运算放大器和基准电压源等组成。根据电阻网络的不同，D/A 转换器可以分为权电阻网络 D/A 转换器、倒 T 型电阻网络 D/A 转换器等。

1. 权电阻网络 D/A 转换器

图 11.2 所示为一个 4 位权电阻网络 D/A 转换器。电路由基准电压源 V_{PEF}、模拟电子开关 $S_0 \sim$ S_3、权电阻网络及求和运算放大器组成。电路的输入为 4 位二进制数 D（D_3、D_2、D_1、D_0），输出为模拟电信号 u_0。

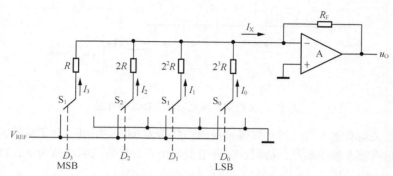

图 11.2　4 位权电阻网络 D/A 转换器

数字信号由输入端 D_3、D_2、D_1、D_0 并行输入，分别控制电子开关 S_3、S_2、S_1、S_0，当数字量 D_i 为 "1" 时，开关接基准电压 V_{PEF}，有支路电流 I_i 流向求和放大器；当数字量 D_i 为 "0" 时，开关接地，此时支路电流为 0。由图 11.2 分析可得

$$I_0 = \frac{V_{REF}}{2^3 R}, I_0 = \frac{V_{REF}}{2^2 R}, I_0 = \frac{V_{REF}}{2^1 R}, I_0 = \frac{V_{REF}}{2^0 R}$$

$$I_\Sigma = I_3 + I_2 + I_1 + I_0 = I_0 = \frac{V_{REF}}{2^0 R} D_3 + \frac{V_{REF}}{2^1 R} D_2 + \frac{V_{REF}}{2^2 R} D_1 + \frac{V_{REF}}{2^3 R} D_0$$

$$= \frac{V_{REF}}{2^3 R} (2^0 D_0 + 2^1 D_1 + 2^2 D_2 + 2^3 D_3) \tag{11.1}$$

设 $R_F = R/2$，则可得

$$u_0 = -R_F I_F = -\frac{V_{REF}}{2^4} (2^0 D_0 + 2^1 D_1 + 2^2 D_2 + 2^3 D_3) \tag{11.2}$$

由上式可知，若 $V_{REF} = 5V$，则当输入的数字量为 0000～1111 时，输出电压的变化范围为 0～ −4.7V。即输出的模拟电压正比于输入的二进制数，实现了数模转换。

当数字量大于 4 位时，可以增加电子开关和权电阻，构成 n 位权电阻网络 D/A 转换器，其输出电压为

$$0 \sim -\frac{2^n - 1}{2^n} V_{REF} \tag{11.3}$$

由式（11.3）可知，当数字量的位数越多，则输出电压的精度也越高。

权电阻网络 D/A 转换器电路简单，但由于权电阻种类多，阻值较分散，造成集成电路制造比较困难，尤其当输入信号的位数增多时，该问题就更为突出。

2. 倒 T 型电阻网络 D/A 转换器

图 11.3 所示为 4 位倒 T 型电阻网络 D/A 转换器的原理图。电路由基准电压 V_{REF}、模拟电子开关 $S_0 \sim S_3$、R 和 $2R$ 倒 T 型电阻网络及求和运算放大器组成。电路的输入为 4 位二进制数 D（D_3、D_2、D_1、D_0），输出为模拟电压信号 u_0。

图中，R-2R 倒梯形电阻网络有 4 位二进制数输入，有 4 个节点，从节点 A 向右看有电阻 $2R$，从节点 B 向右看，也有等效电阻 $R_{eq} = R + 2R // 2R = 2R$；依次类推，每个节点向右，均有等效电阻 $2R$。

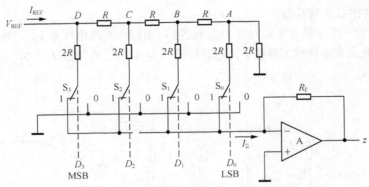

图 11.3　4 位倒 T 型电阻网络 D/A 转换器

电路中的电子开关均有输入的二进制数码来控制，数码为 0 时，则电子开关接地，数码为 1 时，则电子开关接运算放大器虚地点。所以，从各节点向地看，等效电阻均值为 R，这样，从基准电压 V_{REF} 流出的电流 $I = \dfrac{V_{\text{ERF}}}{R}$ 保持恒定。此电流每经过一个节点，分为相等的两路电流流出，故流过 $2R$ 电阻的电流从高位到低位依次为：$I_{\text{REF}}/2$，$I_{\text{REF}}/4$，$I_{\text{REF}}/8$，$I_{\text{REF}}/16$。若 V_{REF} 保持恒定，电阻阻值也恒定不变，则每个支路的电流为恒流，并且其电流值与数字量的权成正比。当某位输入数字 $D_i=1$ 时，该位电子开关 S_i 将 $2R$ 中的电流引向运算放大器虚地，当 $D_i=0$ 时，S_i 将电流通入地，故图中电子开关又称为电流开关。

综上所述，图 11.3 所示电路中，流入运算放大器虚地的总电流 I_{Σ} 为

$$I_{\Sigma} = D_3 \frac{I_{\text{REF}}}{2} + D_2 \frac{I_{\text{REF}}}{2^2} + D_1 \frac{I_{\text{REF}}}{2^3} + D_0 \frac{I_{\text{REF}}}{2^4}$$

$$= \frac{V_{\text{REF}}}{2^4}(D_3 2^3 + D_2 2^2 + D_1 2^1 + D_0 2^0)$$

$$= \frac{V_{\text{REF}}}{R \cdot 2^4}(D_3 2^3 + D_2 2^2 + D_1 2^1 + D_0 2^0)$$

$$u_0 = -R_{\text{F}} I_{\text{F}}$$

$$= \frac{V_{\text{REF}}}{2^4 R}(2^0 D_0 + 2^1 D_1 + 2^2 D_2 + 2^3 D_3) \tag{11.4}$$

当 $R_{\text{F}}=R$ 时，则

$$u_0 = \frac{V_{\text{REF}}}{2^4}(2^0 D_0 + 2^1 D_1 + 2^2 D_2 + 2^3 D_3) \tag{11.5}$$

倒 T 型电阻网络 D/A 转换器由于只有两种电阻阻值 R 和 $2R$，便于集成制造。同时由于电子开关在地与虚地之间转换，支路电流始终不变，不需要建立电流，有利于提高工作速度。因此，倒 T 型电阻网络 D/A 转换器是目前使用最多的一种转换电路。

11.1.2　D/A 转换器的主要参数

1. 分辨率

分辨率是指电路能够分辨的最小输出电压（对应于输入数字只有最低有效位为 1）与满量程输出电压（对应于输入数字量所有有效位全为 1）之比，它说明分辨最小电压的能力。对于 n 位 DAC，其分辨率为

$$\text{分辨率} = \frac{1}{2^n - 1}$$

例如对于一个 10 位的 DAC，其分辨率为

$$\frac{1}{2^{10}-1}=\frac{1}{1023}\approx 0.001=0.1\%$$

如果输入模拟电压满足量程为 10V，那么，10 位 DAC 能分辨的最小电压为

$$V_{\mathrm{LSB}}=10\times\frac{1}{2^{10}-1}=10\times\frac{1}{1023}\approx 0.01\mathrm{V}$$

式中，LSB 为最低有效位的缩写；V_{LSB} 指输入最低为数字所对应的输出电压。

很显然，位数越高，分辨率也越高，所以，有时也用位数来表示分辨率。

2. 转换精度和非线性度

转换精度是指 D/A 转换器输出的实际值和理论值之差，该值一般应低于 $\frac{1}{2}V_{\mathrm{LSB}}$。在满刻度范围内，偏离理想的转换特性的最大值称非线性误差，它与满刻度值之比称为非线性度，常用百分比来表示。如图 11.4 所示，DAC 输入-输出特性曲线理想情况下是一条直线，各个数字量与所对应的模拟量的交点必然位于这条直线上。实际上，转换器总存在着一些误差，因此，这些点并不是位于这条直线上，而产生了误差 ζ。其中 $\zeta_{\max}$ 为误差中最大的一个，而非线性度则是 $\zeta_{\max}$ 与模拟输出量最大值的比值。

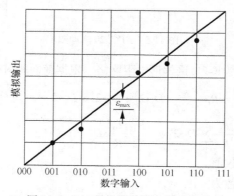

图 11.4 D/A 转换器的输入-输出特性

3. 建立时间

建立时间是描述 D/A 转换器转换速度快慢的一个重要参数，一般是指在输入数字量改变后，输出模拟量达到稳定值所需的时间，也称转换时间。

除了以上参数外，在使用 D/A 转换器时，还必须知道工作电源电压、输出方式（电压输出型还是电流输入型等）、输出值范围和输入逻辑电平等，这些都可在手册中查到。

11.1.3 集成 D/A 转换器

集成 D/A 转换器的种类很多，按照输出方式的不同可分为电流输出型 DAC 和电压输出型 DAC，按照输入方式的不同可分为串行输入型 DAC 和并行输入型 DAC。常用的集成 DAC 芯片型号繁多，可以根据实际情况，从转换速度、转换精度、工作电平、控制端口等因素考虑，选用合适的集成 DAC。

1. AD7520

AD7520 是 10 位 CMOS 开关倒梯形电阻网络 DAC，其原理电路如图 11.5 所示，基准电压 V_{REF} 需外接，芯片有十个输入端，分别输入十位二进制数 $D_9 \sim D_0$，它们分别控制 10 个 CMOS 电子开

关 $S_9 \sim S_0$。当 $D_i=1$ 时，电子开关 S_i 接输出端，当 $D_i=0$ 时，电子开关 S_i 接地。如要转换为模拟电压信号 u_0，还需外接运算放大器（点画线框内为内部电路，点画线框外为外接电路），AD7520 内部有反馈电阻 $R_F=R=10k\Omega$，运放反馈电阻可以用它，也可外接其他阻值的电阻。

AD7520 集成电路的基准电源 V_{REF} 电压一般取+10V。

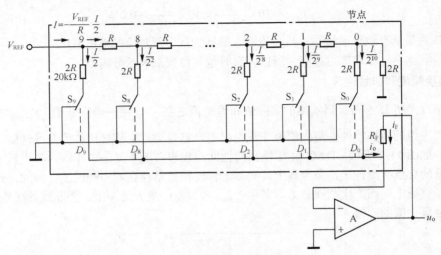

图 11.5　AD7520 原理图

由图可见，电路采用的是 R-2R 倒梯形电阻网络。根据前面所讲的原理，可以得到

$$u_0 = -i_0 R_F = -R_F \frac{V_{REF}}{2^{10} \cdot R}(D_9 \cdot 2^9 + D_8 \cdot 2^8 + D_7 \cdot 2^7 + \cdots + D_1 \cdot 2^1 + D_0 \cdot 2^0)$$

$$= -\frac{V_{REF} R_F}{2^{10} R} \sum_{i=0}^{9} D_i \cdot 2^i = -\frac{V_{REF} R_F}{2^{10} R} \cdot D \tag{11.6}$$

式中，D 为输入二进制数的数值。

因此，电压转换比例系数为

$$k_u = -\frac{V_{REF} R_F}{2^{10} R}$$

若采用 AD7520 内部反馈电阻 $R_F=R=10k\Omega$，则

$$k_u = -\frac{V_{REF}}{2^{10}}$$

对于具有 n 位输入的一般倒梯形 R-2R 电阻网络 DAC，其输出为

$$u_0 = -\frac{V_{REF} R_F}{R \cdot 2^n} \sum_{i=0}^{n-1} D_i \cdot 2^i = -\frac{V_{REF} R_F}{R \cdot 2^n} \cdot D \tag{11.7}$$

为了保证 10 位 DAC 的转换精度，式（11.7）中的 V_{REF}、R_F、R 的精度均应优于 0.1%。

2.DAC0832

DAC0832 芯片如图 11.6 所示，它的建立时间为 $1\mu s$。

DAC0832 与运放组成的 D/A 转换电路如图 11.7 所示，该电路采用倒梯形电阻网络。输入的 8 位数字信号 $D_7 \sim D_0$ 控制对应的 $S_7 \sim S_0$ 电子开关，芯片中无运算放大器，使用时需外加运放。DAC0832 有两路模拟电流输出 I_{01} 和 I_{02}，芯片中已设置了反馈电阻 R_F，使用时将 R_F 输出端接运算放大器的输出端即可。运算放大器的闭环增益不够时仍可外接反馈电阻与片内的 R_F 串联。

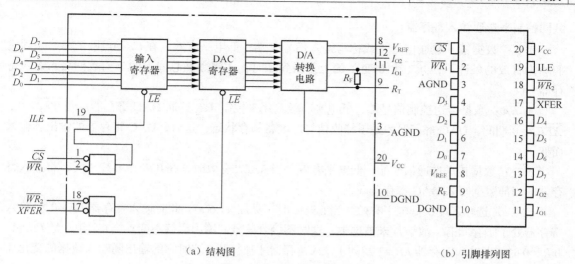

（a）结构图 （b）引脚排列图

图 11.6 DAC0832 芯片图

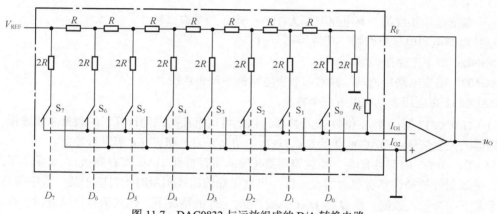

图 11.7 DAC0832 与运放组成的 D/A 转换电路

转换电路工作原理和 AD7520 相同。

$$I_{O1} = \frac{V_{REF}}{R \cdot 2^8} D = \frac{V_{REF}}{R \cdot 256} D$$

$$I_{O2} = \frac{V_{REF}}{R} \times \frac{255 - D}{256}$$

式中，D 为二进制数的数字量（0～255）；V_{REF} 为基准电压；R 为电阻网络中内部电阻 R 的标称值，$R = 15k\Omega$。

由图 11.6(b)中的引脚排列图可知 DAC0832 有 20 个引脚，其引脚信号主要分为以下三类。

（1）输入、输出信号

$D_7 \sim D_0$：数据输入端，D_7 为最高位，D_0 是最低位。

I_{O1}：模拟电流输出端，当 DAC 寄存器全为 1 时，I_{O1} 最大；全为 0 时，I_{O1} 最小。

I_{O2}：模拟电流输出端，一般接地。$I_{O1} + I_{O1} =$ 常数（该常数与 V_{REF} 成正比）。

R_F：为外接运算放大器提供的反馈电阻引出端（可以不用）。

（2）控制信号

ILE：输入允许信号端，高电平有效，即只有 $ILE = 1$ 时，输入寄存器才打开。它与 $\overline{CS}$、$\overline{WR_1}$

共同控制来选通输入寄存器。

$\overline{WR_1}$：数据输入选通信号（或称写输入信号）端，低电平有效。在 $\overline{CS}$ =0 和 ILE=1，即它们均为有效的条件下，$\overline{WR_1}$ 由 0 变 1 的上升沿到来时，才将数据总线上的当前数据写入输入寄存器。

$\overline{XFER}$：数据传送控制信号端，低电平有效，用来控制 $\overline{WR_2}$ 选通 DAC 寄存器。当 $\overline{WR_2}$ = 0，$\overline{XFER}$ =0 期间，DAC 寄存器才处于接收信号、准备锁存状态，这时，DAC 寄存器的输出随输入而变。

$\overline{WR_2}$：数据传送选通信号端，低电平有效。当 $\overline{XFER}$ 有效时，在 $\overline{WR_2}$ 由 0 变 1 时，将输入寄存器的当前数据写入 DAC 寄存器。

$\overline{CS}$：片选输入端，低电平有效。当 $\overline{CS}$ =1 时（见图 11.6(a)，此时输入寄存器 $\overline{LE}$ =0），输入寄存器处于锁存状态，故该片未被选中，这时不接收信号，输出保持不变；当 $\overline{CS}$ =0，且 ILE=1，$\overline{WR_1}$ =0 时（即输入寄存器 $\overline{LE}$ =1 期间）输入寄存器才被打开，这时它的输出随输入数据的变化而变化，输入寄存器处于准备锁存新数据的状态。

（3）电源

R_F：基准电压接线端，其电压范围为-10~+10V，通常取+5V。

V_{cc}：电路电源电压接线端，其值为+5～+15V。

DGND：数字电路接地端。

AGND：模拟电路接地端，通常与数字电路接地端相连接。

DAC0832 在应用上具有以下三个特点。

（1）DAC0832 是一个 8 位数/模转换器，因此可以直接与微型计算机的数据总线连接，利用微处理器的控制信号对 DAC0832 的 $\overline{CS}$ 、$\overline{WR_2}$ 、$\overline{WR_1}$ 、ILE 和 $\overline{XFER}$ 等进行控制。

（2）DAC0832 内部具有两个 8 位寄存器（输入寄存器和 DAC 寄存器），由于采用了两个寄存器，使该器件的操作具有很大的灵活性。当它正在输出模拟量时（对应于某一数字信息），便可以采集下一个输入数据。在多片 DAC0832 同时工作的情况下，输入信号可以分时、按顺序输入，但输出却可以是同时的。当 ILE 有效和 $\overline{CS}$ 有效时，该芯片在 $\overline{WR_1}$ 也有效的时刻，才将 D_7～D_0 数据线上的数据送入到输入寄存器中。当 $\overline{WR_2}$ 和 $\overline{XFER}$ 同时有效时，才将输入寄存器中的数据传送至 DAC 寄存器。

（3）DAC0832 是电流输出型 D/A 转换器，因此需要外加电路才能得到输出电压。如图 11.8 所示电路中，DAC0832 外接一个运算放大器，才能构成完整的 DAC，将 DAC0832 输出的电流转换为输出电压。

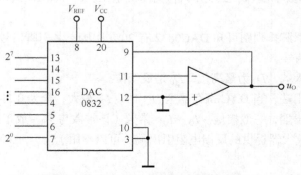

图 11.8　DAC0832 与运算放大器的连接

11.2　A/D 转换器

11.2.1　A/D 转换的基本结构和工作原理

在 A/D 转换器中，输入是在时间上连续变化的模拟信号，而输出则是在时间上、幅度上都是离散的数字信号。要将模拟信号转换成数字信号，首先要按一定的时间间隔抽取模拟信号（即采样），并将抽取的模拟信号保持一段时间，以便进行转换。然后将采样保持下来的采样值进行量化（quantization）和编码（coding），转换成数字量输出。由此可知，一般的 A/D 转换需要通过采样、保持、量化和编码 4 个步骤来完成。

1. 采样保持电路

采样保持电路（Sampling-Hold circuit，S/H 电路）中的采样就是将一个在时间上连续变化的模拟信号按一定的时间间隔和顺序进行采集，形成在时间上离散的模拟信号。采样原理的示意及其波形如图 11.9 所示。电子模拟开关在采样脉冲 $u_S(t)$ 的作用下作周期性的变化，当 u_S 为高电平时，S 闭合，输出 $u_O = u_I$；当 u_S 为低电平时，S 断开，输出 $u_O = 0$。

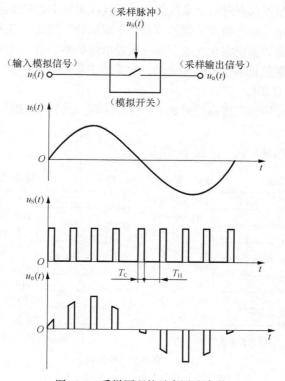

图 11.9　采样原理的示意图及波形

根据采样定理，理论上只要满足：$f_s \geqslant f_{imax}$（式中 f_s 是采样频率，f_{imax} 是输入信号中所包含最高次谐波分量的频率），就能将 $u_o(t)$ 不失真地还原成 $u_1(t)$。

由于采样脉冲的宽度很小，因而使量化装置来不及反应，所以需要在采样门之后加一个保持电路，如图 11.10 所示，它实际上就是一个存储电路，通常利用电容器 C 的存储电荷（电压）的作用以保持样值脉冲。

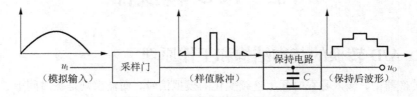

（模拟输入）u_I —— 采样门 —— （样值脉冲） —— 保持电路 C —— u_O（保持后波形）

图 11.10　采样保持电路示意图及波形

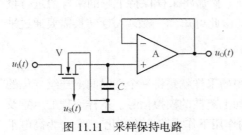

$u_I(t)$　V　$u_S(t)$　C　A　$u_O(t)$

图 11.11　采样保持电路

最简单的采样保持电路如图 11.11 所示。场效应晶体管 V 为采样门，高质的电容器 C 为保持元件，高输入阻抗运算放大器 A 作为跟随器起缓冲隔离负载作用。

假定电容器 C 的充电时间远小于采样脉冲宽度，不考虑电容器 C 的漏电，运算放大器 A 的输入阻抗及场效应晶体管的截止阻抗均趋于无穷大，该电路就成为较理想的采样保持电路。

2. 量化编码电路

我们知道，数字信号不仅在时间上是离散的，而且在幅值上也是不连续的。即任何一个数字量的大小都是以某个规定的最小数量单位的整数倍来表示的。因此，当用数字来表示采样保持电路输出的模拟信号时，也必须把它化成这个最小数量单位的整数倍，这个转化过程叫量化，而所规定的最小数量单位叫做量化单位，用 S 表示，它是数字信号最低位为 "1" 而其他位均为 "0" 时所对应的模拟量，即 1LSB。

将量化的离散量用相应的二进制代码表示，称为编码。这个二进制代码便是 A/D 转换器的输出信号。

量化的方法一般有两种形式（见图 11.12）。

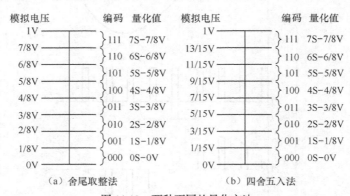

图 11.12　两种不同的量化方法

（a）舍尾取整法　　　（b）四舍五入法

（1）舍尾取整法

舍尾取整法是指当输入幅度 u_I 在某两个相邻量化值之间，即 $(K-1)S \leqslant u_I < KS$（式中 S 为量化单位，K 为整数）时，取 u_I 的量化值为

$$U^*_I = (K-1)S$$

U_1^* 称为 u_1 的量化值。例如：若 $S = 1/8V$，则当 u_1 为 $0\sim1/8V$ 时，$U_1^*=0S=0V$，所对应的输出二进制代码为 000；当 u_1 为 $1/8\sim2/8v$ 时，$U_1^*=1S=1/8V$，所对应的输出二进制代码为 001，……依此类推，当 u_1 为 $7/8\sim8/8V$ 时，$U_1^*=7S=7/8V$，所对应的输出二进制代码为 111。由上可以看出，在量化过程中不可避免地使量化量和输入模拟量之间存在误差，这种误差称量化误差，舍尾取整法的最大误差为 1S。

（2）四舍五入法

四舍五入法是指当 u_1 的尾数不足 $S/2$ 时，则舍去尾数，U_1^* 取其原整数；当 u_1 的尾数大于 $S/2$ 时，则其量化值 U_1^* 为原整数加一个 S。例如：若 $S = 2/15V$，则当 u_1 为 $0\sim1/15V$ 时，$U_1^*=0S=0V$，所对应的输出二进制代码为 000；当 u_1 为 $1/15-2/15V$ 时，$U_1^*=1S=2/15V$，所对应的输出二进制代码为 001，…，依此类推，当 u_1 为 $13/15-14/15V$ 时，$U_1^*=7S=14/15V$，所对应的输出二进制代码为 111。由上可以看出，这种量化方法的最大误差为 $S/2$。

通过对量化和编码整个过程的分析可知，不同的量化方法产生的误差不同，相对而言用四舍五入法量化时的量化误差较小，所以绝大多数 ADC 集成电路均采用四舍五入量化方式。同时，我们也可以发现，如果用不同位数的数字量输出，量化误差也不同，当输出的数字量位数越高，则量化误差就越小。因此，若要减小量化误差，可以增加数字量的位数，但数字量位数的增加往往又会使编码电路复杂。因此，究竟需要分多少个量化级，输出数字量采用多少位，应根据实际需要而定。

11.2.2 A/D 转换器的组成和工作原理

A/D 转换器的种类很多，按照量化编码电路的不同，可分为逐次比较型 ADC、双积分型 ADC 和并行比较型 ADC 等。在集成 ADC 中，最常见的为逐次比较型 ADC 和双积分 ADC，下面我们将对这些不同类型的 ADC 的结构和工作分别进行介绍。

1. 逐次比较型 A/D 转换器

逐次比较型 A/D 转换器又称为逐次逼近型 ADC 或逐次渐近型 ADC，它是一种直接型 A/D 转换器，类似于用天平称物的过程，它通过对模拟量不断地逐次比较、鉴别，直到最末一位为止。

逐次比较型 A/D 转换器原理框图如图 11.13 所示。它是由数码寄存器、D/A 转换器、电压比较器和控制电路等 4 个基本部件组成的。时钟脉冲先将寄存器的最高位置 1，使其输出数字为 10000000（设寄存器为 8 位），经内部的 D/A 转换器转换成相应的模拟电压 u_F，再送到比较器与采样保持电压 u_1 相比较。如果 $u_1<u_F$，表明数字过大，于是将最高位的 1 清除，变为 0；若 $u_1>u_F$，表明寄存器内的数字比模拟信号小，则最高有效位 1 保留。然后再将次高位寄存器置 1，同理，寄存器的输出经 D/A转换并与模拟信号比较。根据比较结果，决定次高位的 1清除或保留。这样，逐位比较下去，一直比较到最低有效位为止。显然，寄存器的最后数字就是 A/D 转换后的数值。

这种 ADC 的主要特点是电路简单，只用一个比较器，而且速度、精确度都较高。因此，这种电路应用较多。

2. 双积分 A/D 转换器

双积分型 ADC 又称积分比较型 ADC，它是间接型 A/D 转换器中最常用的一种，其基本原理是先把输入的模拟信号电压变换成一个与其成正比的时间，然后在这段时间里

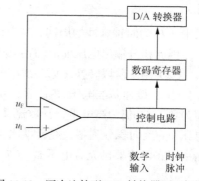

图 11.13 逐次比较型 A/D 转换器原理框图

对固定频率的时钟脉冲进行计数，该计数结果就是正比于输入模拟信号的数字量输出。

双积分型 ADC 的原理框图如图 11.14 所示。它由基准电压、积分器、比较器、计数器、时钟信号源和逻辑控制电路等几部分组成。

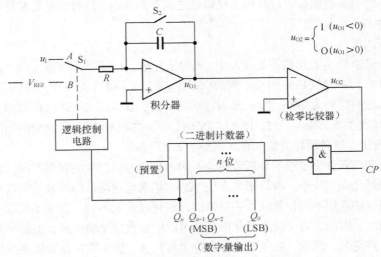

图 11.14　双积分型 ADC 的原理框图

电路的工作分为两个积分阶段。

（1）第一阶段转换（第一次积分）

在转换前，接通开关 S_2 使电容 C 充分放电，同时使计数器清零。

在转换开始（$t=0$）时，令开关 S_1 接通输入模拟电压输入端 u_1，同时断开 S_2，此时，u_1 送入积分器进行积分。积分器输出电压

$$u_{o1}(t)=-\frac{1}{RC}\int_0^t u_1 \mathrm{d}t = -\frac{u_1}{RC} \tag{11.8}$$

因积分器输出电压 u_{O1} 是自零向负方向变化（$u_{O1}<0$），所以比较器输出 $u_{O2}=1$，门 G 选通，周期为 T_C 的时钟脉冲 CP 使计数器从零开始计数，直到 $Q_n = 1$（计数器其余各位为 0，即 $Q_n Q_{n-1}\cdots Q_0 = 1000\cdots 0$），驱动控制电路使开关 S_1 接通基准电压 $-V_{REF}$，这段时间就是第一次积分时间 T_1，如图 11.15 所示。所以

$$T_1=2^n T_C=NT_C \tag{11.9}$$

$$u_{O1}(T_1) = -\frac{u_1}{RC}T_1 = -\frac{u_1}{RC}NT_C \tag{11.10}$$

式中，T_C 为时钟脉冲的周期；N 为计数器的最大容量。

因此积分输出电压 u_{O1}（T_1）与输入电压 u_1 成正比。

（2）第二阶段转换（第二次积分）

当 S_1 接通基准电压 $-V_{REF}$ 后，就开始第二次积分即对基准电压 $-V_{REF}$ 进行反向积分，但 u_{O1} 初值为负，u_{O2} 仍为高电平，计数器又从 0 开始计数。设计数器计数至第 N_2 个脉冲时，积分器输出电压 u_{O1} 反向积分到零，经检零比较器，得输出 $u_{O2}=0$，门 G 关闭，停止计数。由于第一次积分结束时，电容器已充有电压 u_{O1}（T_1），其值为

$$u_{O1}(T_1) = -\frac{u_1}{RC}NT_C = -\frac{2^n T_C u_1}{RC} \tag{11.11}$$

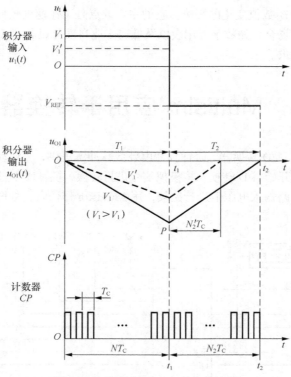

图 11.15 双积分型 ADC 的工作波形

而第二次积分结束时，$u_{O1}=0$，所以，此时积分器输出电压为

$$u_{O1}(t_2) = u_{O2}(t_1) + \frac{-1}{RC} \int_1^{t_2} (-V_{REF}) dt$$

$$= \frac{-2^n T_C u_I}{RC} + \frac{-V_{REF}}{RC}(t_2 - t)$$

$$= \frac{-2^n T_C u_I}{RC} + \frac{-V_{REF}}{RC} T_2 = 0$$

得

$$T_2 = \frac{u_I}{V_{REF}} \cdot 2^n T_C \qquad (11.12)$$

可见 T_2 与 u_I 成正比，T_2 就是双积分转换电路的中间变量。

因为 $T_2 = N_2 T_C$，所以

$$N_2 = \frac{u_I}{V_{REF}} \cdot 2^n \qquad (11.13)$$

可见 N_2 与 u_I 成正比，即计数器的读数与输入模拟电压 u_I 成正比，从而实现了 A/D 转换。图中虚线画出的是 u_I 较小时的工作波形。可以看出，u_I 越大，第一次积分后 $u_{O1}(T_1)$ 的值也越大，而第二次积分时，因 V_{REF} 恒定不变，所以 u_{O1} 的斜率不变，即 $u_{O1}(T_1)$ 越大，T_2 越长，计数器所累计的时钟脉冲个数 N_2 的值也越大。

在积分比较器 ADC 中，由于在输入端使用了积分器，交流干扰在一个周期中的积分结果趋向于零，所以对交流有很强的抑制能力,最好使第—次积分时间 T_1 为 20ms 的整数倍,以抑制 50Hz 干扰。从公式中也可以看出，由于两次积分使用的是同一个积分常数 RC，所以转换结果和精度

不受 R、C 及时钟周期 T_C 数值变化的影响。它的主要缺点是工作速度较低，一般用于高分辨率、低速和抗干扰能力强的场合，如数字万用表以及低速工业自动化设备仪表中。它与计算机接口时要考虑速度是否符合要求。

11.3　Multisim 应用于转换器分析

例 11.1　运用八位 A/D 转换器，时钟脉冲由计数脉冲源提供，在启动端（START）加一正单次脉冲，下降沿一到即开始 A/D 转换；将模拟信号进行转换，换算成十进制数表示的电压值，并与数字电压表实测的各路输入电压值进行比较，用 Multisim 作仿真，如图 11.16 所示。

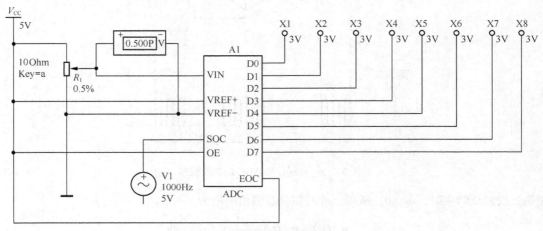

图 11.16　例 11.1 仿真图

小　结

在 D/A 转换器中介绍了权电阻网络、倒 T 型电阻网络 D/A 转换器的工作原理和特点。

在 A/D 转换器中介绍了双积分 A/D 转换器、逐次逼近式 A/D 转换器和并行比较式 A/D 转换器的工作原理和特点以及其应用。

通过本章的学习，要求能掌握各类 D/A 和 A/D 转换器的构成和工作原理，以便能正确地选择和使用这些转换器，在使用时要注意供电电源和基准电源要有足够的稳定度，并尽量减小环境温度的变化，才能保证所选用分辨率高的 A/D 和 D/A 转换器达到较高的转换精度。

习　题

11.1　简述 R–2R 倒 T 型 DAC 的结构特点。

11.2　8 位 DAC 和 10 位 DAC 的分辨率各为多少？分辨率小说明了什么？

11.3　在 A/D 转换过程中量化误差可以避免吗？为什么？如何才能减小量化误差？

11.4　4 位 R-2R 倒 T 型 DAC 的 V_{REF}=10V，R_F=R，试求该 DAC 的输出电压范围。

11.5　10 位逐次逼近式 ADC 的时钟频率为 2MHz，试计算完成一次 A/D 转换需要多少时间？

11.6　双积分 ADC 若被转换电压最大值为 2V，要求该电路能分辨出 1mV 的输入电压，试回答：

（1）需要多少位二进制计数器？

（2）若时钟频率为 2MHz，采样-保持时间至少应为多少？

（3）若参考电压 V_{REF}=2V，完成一次 A/D 转换的最长时间为多少？

参考文献

［1］李翰逊. 简明电路分析. 5 版［M］. 北京：高等教育出版社，2002.

［2］郑秀珍. 电路与信号分析［M］. 北京：人民邮电出版社，2005.

［3］杨忠根，任蕾，陈红亮. 信号与系统［M］. 北京：电子工业出版社，2009.

［4］郑君里，应启衔，杨为理. 信号与系统. 2 版［M］. 北京：人民教育出版社，2001.

［5］王宝祥，胡航. 信号与系统习题及精解［M］. 哈尔滨：哈尔滨工业大学出版社，2000.

［6］将卓勤，邓玉元等. Multsim2001 及其在电子设计中的应用［M］. 西安：西安电子科技大学出版社，2003.

［7］闻跃，高岩，杜普选. 基础电路分析. 2 版［M］. 北京：清华大学出版社，2003.

［8］刘晔. 电工技术［M］. 北京：电子工业出版社，2010.

［9］Allan H Robbins，Wilhelm C Miller. Circuit Analysis：Theory and Practice［M］. 北京：科学出版社，2003.

［10］周井泉，于舒娟，史学军. 电路与信号分析［M］. 西安：西安电子科技大学出版社，2009.

［11］张永瑞，高建宁. 电路、信号与系统［M］. 北京：机械工业出版社，2010.

［12］郭琳，姬罗栓. 电路分析［M］. 北京：人民邮电出版社，2010.

［13］王应生，周茜. 电路分析基础［M］. 北京：电子工业出版社，2003.

［14］常晓玲. 电工技术. 2 版［M］. 西安：西安电子科技大学出版社，2010.

［15］刘辉珞，张秀国，刘文革，夏志华，等. 电路分析与仿真教程与实训［M］. 北京：北京大学出版社，2007.

［16］黄智伟. 基于 Multisim 2001 的电子电路计算机仿真设计与分析［M］. 北京：电子工业出版社，2005.

［17］江晓安. 计算机电子电路技术——电路与模拟电子部分［M］. 西安：西安电子科技大学出版社，2001.

［18］沈元隆，刘陈. 电路分析［M］. 北京：人民邮电出版社，2008.

［19］James W Nilsson，Susan A Riedel. 电路. 7 版［M］. 周玉坤等译. 北京：电子工业出版社，2005.

［20］张永瑞. 电路分析基础. 3 版［M］. 西安：西安电子科技大学出版社，2006.

［21］王友仁，李东新，姚睿. 模拟电子技术基础教程. 北京：科学出版社，2012.

［22］刘祖刚.模拟电子电路原理与设计基础. 北京：机械工业出版社，2012.

［23］范立南，恩莉，代红艳，李雪飞. 模拟电子技术. 北京：中国水利水电出版社，2009.

［24］张虹. 电路与电子技术. 2 版［M］. 北京：北京航空航天大学出版社，2007.

［25］魏淑桃，杨洁，贺海辉，陈志毅.计算机电路基础. 北京：高等教育出版社，2008.

［26］欧阳星明. 数字逻辑. 3 版［M］. 武汉：华中科技大学出版社，2008.

［27］杨颂华. 数字电子技术基础. 2 版［M］. 西安：西安电子科技大学出版社，2009.

［28］沈任元. 数字电子技术基础［M］. 北京：机械工业出版社，2010.